普通高等教育"十一五"国家级规划教材
普通高等教育"九五"国家级重点教材
国家机械工业委员会首届高等学校优秀教材二等奖
机械工业部第三届高等学校机电类优秀教材二等奖

金属切削原理与刀具

第5版

主　编　陆剑中　孙家宁
参　编　周志明　盛善权
主　审　尹洁华　陈　明

机械工业出版社

本书根据当前教学体系及课程改革的要求，结合金属切削和刀具技术的发展情况，在第4版的基础上进行了修改。

本书主要介绍金属切削基础理论与刀具的结构和使用，列举非标准刀具设计原理，修订了高性能刀具材料、新型刀具结构、可转位刀具、数控刀具及工具系统等内容。

本书可供高等院校机械专业教学使用，也可供工程技术人员参考。

图书在版编目（CIP）数据

金属切削原理与刀具/陆剑中,孙家宁主编. —5版.—北京：机械工业出版社,2011.4（2025.1重印）

普通高等教育"十一五"国家级规划教材　普通高等教育"九五"国家级重点教材

ISBN 978-7-111-33500-9

Ⅰ.①金… Ⅱ.①陆…②孙… Ⅲ.①金属切削－高等学校－教材②刀具（金属切削）－高等学校－教材　Ⅳ.①TG

中国版本图书馆 CIP 数据核字（2011）第 026764 号

机械工业出版社（北京市百万庄大街22号　邮政编码100037）
策划编辑：刘小慧　责任编辑：刘小慧　王勇哲　程足芬
版式设计：霍永明　责任校对：李秋荣
封面设计：张　静　责任印制：常天培
北京机工印刷厂有限公司印刷
2025年1月第5版第26次印刷
184mm×260mm・17印张・355千字
标准书号：ISBN 978-7-111-33500-9
定价：49.00元

电话服务　　　　　　　网络服务
客服电话：010-88361066　机　工　官　网：www.cmpbook.com
　　　　　010-88379833　机　工　官　博：weibo.com/cmp1952
　　　　　010-68326294　金　书　网：www.golden-book.com
封底无防伪标均为盗版　机工教育服务网：www.cmpedu.com

前　言

本书是《金属切削原理与刀具》教材的第 5 次修订本。本书用作高等院校机械工程专业有关金属切削原理与刀具内容的教材和教学参考书，也可供工程技术人员和工人师傅参考。

根据目前教学体系及课程改革的要求，并反映当前国内工厂企业在金属切削和刀具技术的发展，对本书第 4 版教学内容作了适当的修改，主要内容包括：金属切削原理的基础理论；常用切削刀具的结构及使用；列举非标刀具主要结构参数的设计特点。为反映当前切削加工技术在"高速、高效、复合和环保"等方面的新发展，本书补充了刀具新材料及表面涂层处理、各类可转位刀具的结构与应用，以及列举了国内外工具制造企业的样本与生产实践资料，例如：简介国产三向压电晶体车削测力仪、先进断屑槽车刀及适用场合、用 CAD、CAM 在加工腔内槽形时铣刀进给方式及路线的选择等。此外，精简了各章节部分内容。

为便于课堂教学和学生自学，本书配有 CAI 教学课件，请需要的教师到机械工业出版社教材服务网下载。

本书主编为上海理工大学陆剑中教授、孙家宁副教授，参编为南京工程学院周志明副教授、上海理工大学盛善权教授；主审为成都工具研究所尹洁华教授级高级工程师和上海交通大学陈明教授。

本书的编写分工为：孙家宁编写绪论，第一、二、七、十一和十二章；陆剑中编写第三、四、六和九章；周志明编写第五、八、十和十三章；盛善权编写第十四章。

在本书各版本的编写过程中，曾得到许多大专院校和研究所的教授、专家、老师以及企业技术人员和工人的指导与帮助，我们在此表示衷心感谢。本书如有错误和不妥之处，敬请指正。

编　者

于上海

目　　录

前言
绪论 ··· 1
　　第一节　我国切削加工技术发展概况 ··· 1
　　第二节　刀具在现代机械制造业中的作用与地位 ·· 3
　　第三节　本课程的内容与学习方法 ·· 4
第一章　刀具几何角度及切削要素 ·· 5
　　第一节　切削运动与切削用量 ··· 5
　　第二节　刀具切削部分的基本定义 ·· 7
　　第三节　刀具角度的换算 ·· 13
　　第四节　刀具角度的一面二角分析法 ··· 15
　　第五节　刀具的工作角度 ·· 17
　　第六节　切削层与切削方式 ··· 20
　　复习思考题 ·· 22
第二章　刀具材料 ··· 23
　　第一节　概述 ··· 23
　　第二节　高速钢 ·· 26
　　第三节　硬质合金 ··· 29
　　第四节　陶瓷 ··· 33
　　第五节　超硬刀具材料 ··· 34
　　复习思考题 ·· 36
第三章　金属切削过程的基本规律 ·· 37
　　第一节　切削变形与切屑形成过程 ·· 37
　　第二节　切削力 ·· 46
　　第三节　切削热与切削温度 ··· 53
　　第四节　刀具磨损与刀具寿命 ·· 56
　　复习思考题 ·· 63
第四章　切削基本理论的应用 ·· 65
　　第一节　切屑控制 ··· 65
　　第二节　工件材料的切削加工性 ··· 69
　　第三节　切削液的选用 ··· 75
　　第四节　已加工表面质量 ·· 77
　　第五节　刀具几何参数的合理选择 ·· 83
　　第六节　切削用量的合理选择 ·· 88
　　第七节　现代切削新技术简介 ·· 92
　　复习思考题 ·· 95
第五章　车刀 ··· 97

	第一节 焊接式车刀	98
	第二节 机夹式车刀	100
	第三节 可转位车刀	102
	复习思考题	108

第六章 成形车刀 109
  第一节 成形车刀的种类与用途 109
  第二节 成形车刀的几何角度 110
  第三节 成形车刀廓形设计 113
  第四节 成形车刀其他部分设计简介 117
  复习思考题 118

第七章 钻削与钻头 120
  第一节 麻花钻 120
  第二节 钻削原理 126
  第三节 钻头的修磨 129
  第四节 先进钻型与结构特点简介 132
  第五节 深孔钻 136
  复习思考题 139

第八章 扩孔钻、锪钻、镗刀、铰刀和复合孔加工刀具 140
  第一节 扩孔钻、锪钻和镗刀 140
  第二节 铰刀 143
  第三节 复合孔加工刀具 150
  复习思考题 153

第九章 拉刀 154
  第一节 拉刀的种类与用途 154
  第二节 拉刀的组成与拉削方式 156
  第三节 圆拉刀设计 158
  第四节 矩形花键拉刀的结构特点 163
  第五节 拉刀的合理使用 165
  复习思考题 166

第十章 铣削与铣刀 167
  第一节 铣刀的几何参数 168
  第二节 铣削用量和切削层参数 169
  第三节 铣削力 172
  第四节 铣削方式 174
  第五节 铣刀的磨损 175
  第六节 常用尖齿铣刀的结构特点与应用 177
  第七节 可转位面铣刀 185
  第八节 铲齿成形铣刀 190
  复习思考题 193

第十一章 螺纹刀具 194
  第一节 丝锥 194
  第二节 其他螺纹刀具 199

复习思考题 ······ 203
第十二章 切齿刀具 ······ 204
第一节 切齿刀具的分类 ······ 204
第二节 齿轮铣刀 ······ 206
第三节 插齿刀 ······ 207
第四节 齿轮滚刀 ······ 212
第五节 蜗轮滚刀简介 ······ 222
复习思考题 ······ 223
第十三章 数控刀具及其工具系统 ······ 224
第一节 对数控刀具的特殊要求 ······ 224
第二节 刀具快换、自动更换和尺寸预调 ······ 225
第三节 数控刀具的工具系统 ······ 229
第四节 刀具尺寸的控制系统与刀具磨损、破损检测 ······ 238
复习思考题 ······ 241
第十四章 磨削与砂轮 ······ 242
第一节 磨削运动 ······ 242
第二节 砂轮 ······ 243
第三节 磨削过程 ······ 247
第四节 磨削表面质量 ······ 254
第五节 先进磨削方法 ······ 257
第六节 石材人造金刚石磨具 ······ 260
复习思考题 ······ 262
参考文献 ······ 263
读者信息反馈表

绪 论

第一节 我国切削加工技术发展概况

切削加工是指利用刀具切除被加工零件多余材料的方法。经切削加工后的零件能获得要求的尺寸精度与表面质量，是机械制造业中最基本的加工方法。切削加工在国民经济中占有重要地位。

古代我国切削加工方面有着光辉的成就。公元前二千多年的青铜时代已出现了金属切削的萌芽。当时青铜刀、锯、锉等已经类似于现代的刀具。春秋中晚期，有一部现存最早的工程技术著作《考工记》，上面介绍了木工、金工等三十个专业技术知识。书中指出，"材美工巧"是制成良器的必要条件。"材美"是指用优良的材料，"工巧"指采用合理的制造工艺。由大量出土文物与文献推测，最迟在8世纪（唐代）我国已有了原始的车床。

公元1668年（明代）加工2m直径的天文仪器铜环，其外径、内孔、平面及刻度的精度与表面粗糙度均达到相当高的水平。如图1所示，当时采用畜力带动铣刀进行铣削，用磨石进行磨削。铣刀已类似现代的镶片铣刀，刀片磨钝后用图2所示的脚踏刃磨机刃磨。

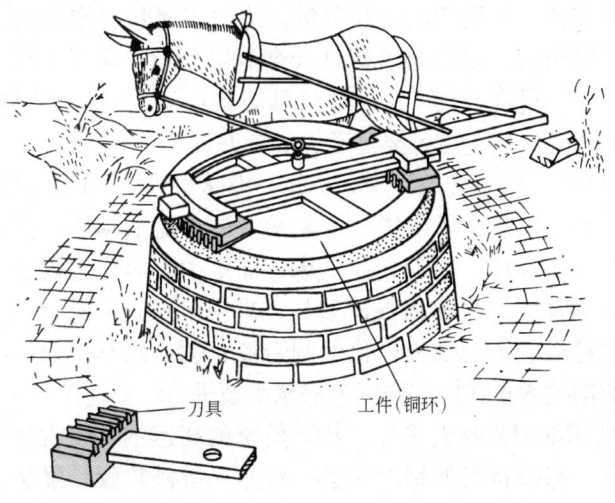

图1　1668年的畜力铣磨机

在长期生产实践中，古人已注意总结刀具的经验。明代张自烈著《正字通》中指出："刀为体，刃为用，利而后能载物，古谓之芒。刃从坚则钝，坚非刃本义也"。由此可见，古人已十分强调切削刃的作用，正确阐明了切削刃的利与坚的关系。对切削原理已有了朴素的唯物辩证的论述。

近代历史中，由于封建制度的腐败和帝国主义的侵略，我国机械工业非常落后。据统计，直到1915年上海荣

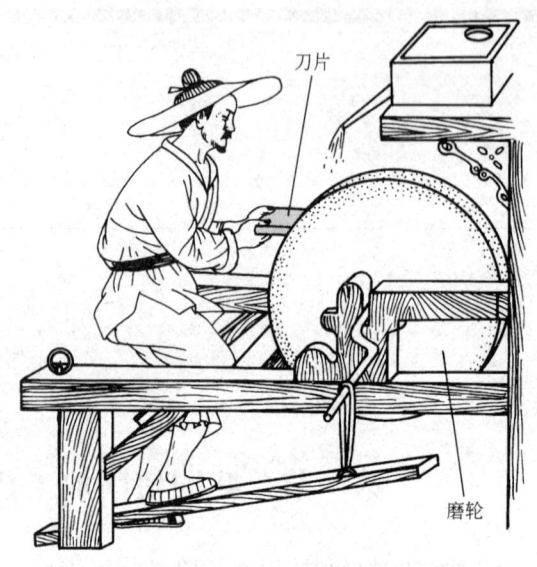

图2　1668年的脚踏刃磨机

昌泰机器厂才制造出国产的第一台车床，1947年民用机械工业只有三千多家，拥有机床两万多台。当时使用的是工具钢刀具，切削速度很低。

新中国成立以来，我国切削加工技术得到飞速的发展。20世纪50年代起广泛使用了硬质合金，推广高速切削、强力切削、多刀多刃切削，兴起了改革刀具的热潮。1950年上海机床厂工人师傅首创了550m/min的切削速度，继而又改革成功了75°强力车刀。1953年北京永定机械厂工人师傅创造了内凹圆弧刃的麻花钻刃形。1965年召开了全国工具展览会，总结交流了全国各地劳动模范、先进工作者创造的先进刀具，如群钻、75°强力车刀、高速螺纹刀、细长轴车刀、宽刃精刨刀、强力铣刀、拉削丝锥、深孔钻等。同时一些工具研究所、大专院校普遍建立了切削实验室，开展了切削机理的研究。有关单位不断生产出了新型刀具材料，如高性能高速钢、粉末高速钢、涂层刀具材料、复合陶瓷、超硬刀具材料等等。上海工具厂有限公司、株洲钻石切削刀具股份有限公司、厦门金鹭特种合金有限公司、汉江工具厂、哈尔滨第一工具厂、哈尔滨量具刃具厂、成都量具刃具厂等主要工具制造企业不断改革工艺，革新产品，制造出各类普通、复杂刀具。

20世纪80年代改革开放以来，机械行业从引进国外的先进技术中得到了进一步发展。在与国际学术组织、专家学者的交流活动中，促进了我国切削技术水平的进一步提高。随着数控机床、加工中心等先进设备的引进，使用高精度的新型复合涂层材料的数控刀具，采用信息技术进行生产、技术、质量管理等，已经形成了一批现代化的制造业，例如汽车工业、航空航天工业等。我国的切削技术正在向着国际先进水平迈进。

21世纪使用的刀具材料更加广泛，传统的高速钢、硬质合金材料的技术性能不断提高。超硬材料如切削陶瓷、聚晶立方氮化硼、聚晶金刚石刀具得到了更多的应用。化学涂层和物理涂层技术的不断发展，使新型复合涂层材

料日新月异。例如氮铝钛硬涂层金刚石涂层以及纳米涂层技术的发展等，为解决高速切削各类高精度、高硬度难加工材料创造了条件。

当今能切削的材料十分广泛，除传统的金属材料外，非金属材料愈来愈多。从软的橡胶、塑料到坚硬的花岗岩石。从普通的钢材到高强度钢、钛合金、冷硬铸铁、淬硬钢以及70HRC左右的热喷涂等硬材料。切削技术不但能解决各种硬、韧、脆、粘等难加工材料的加工，而且能解决各种特高精度、特长、深、薄、小等特形件的加工。计算机已在切削研究、刀具设计与制造、机械加工生产线中得到广泛的应用。已有了一批我国自己开发的刀具CAD、CAM、CAPP、CAI、切削数据库软件。新的刀具标准参照了ISO作了修订，已与国际接轨。

第二节　刀具在现代机械制造业中的作用与地位

机械制造的主要加工方法是切削加工。切削加工系统中包含着硬件与软件两类要素。硬件系统中有机床、夹具、刀具、附具、切削液；软件系统中有运动控制系统、检测控制系统、环境控制系统。硬件中刀具最小，投入比机床要少得多。但刀具最为活跃，灵活多样，对加工质量、效率、成本影响显著。

善于改革刀具的企业家，往往能取得事半功倍的效果。因为变革刀具与变更机床、夹具相比，其投入小、效果大、周期短、见效快。古人早有名言："工欲善其事，必先利其器"。

刀具是机床实现切削加工的直接执行者，没有刀具，机床就无法工作。重视刀具，首先体现在刀具的选型，要选择与加工材料匹配的新型刀具材料，有足够的精度、先进的结构。计算刀具的投入，要以加工零件的单件费用作为比较条件。其次是要优化加工程序，以充分发挥刀具的内在潜力，达到优质、高产、高寿命。

重视刀具，最终还体现在刀具专业的人才培养上，要继续教育，培养既懂刀具选型，又熟悉刀具应用软件的现场工程师。

在制造业的发展中除了能看到高性能刀具所产生的直接切削效果外，还可以看到切削技术在创新工艺方面所产生的更大效果，这是当今切削技术发展的重要特点，也是切削技术进入新时代的显著特征。近几年，不断开发的新切削技术，已成为推动制造业中装备、模具制造业和汽车、航空航天等产业部门快速发展的关键技术。

自20世纪70年代以来，随着数控机床发展而发展起来的"数控刀具"，引领着切削刀具朝着高效率、高精度、高可靠性和专用化方向不断发展，把传统的刀具产品发展成为高附加值、高科技含量的产品。

目前，我国已成为世界的制造大国，并正在朝着建设制造强国的目标迈进。然而，我国的切削加工水平与世界先进切削技术相比，仍有一定差距。切削加工的经济分析指出：由于刀具成本在零件制造成本中所占的比例仅为

3%~5%，如果把刀具的购买价格降低30%，企业也只能节省1%的零件制造成本；但是如果选用性能优异的刀具，从而改善切削能力，提高加工效率，那么就能节省15%的零件制造成本。至今，这个理论已经被很多切削加工的实例所证实。因此，更新观念是应用先进刀具提高切削加工效率的前提，观念新了，实现了高效加工，就能投资少、见效快，企业资源得到充分利用。因此，无论是为了实现建设制造强国的宏伟目标，还是为了企业自身的发展，都必须更新观念，加快开发和应用先进的切削技术和刀具。对于企业来说，提高刀具的使用技术和水平，不仅可以提高企业当前切削加工的效率，而且可为企业今后进一步开发和采用切削新技术打下基础，走上持续发展的道路。

第三节　本课程的内容与学习方法

金属切削原理与刀具是研究金属切削过程基本规律与应用、标准刀具的选型与使用、非标刀具设计原理与方法的一门科学。

金属切削原理的学习内容可归纳为两个方面的问题：

（1）几何问题　主要指刀具的几何参数及其相互关系。一般应先学好车刀几何参数的定义，能正确地画图标注常用坐标系的刀具角度，进而在分析和计算车刀、钻头、铣刀、铰刀、螺纹刀具、切齿刀具等各类刀具中反复应用，深化提高，才能切实掌握。

（2）规律问题　主要指切削变形、切削力、切削温度、刀具磨损等规律。其中应先认识切削变形规律。通过实验建立感性概念，分析各种因素对其影响，进而学习切削力、切削温度、刀具磨损等规律。通过学习有关加工表面质量、切屑的控制、切削加工效率等内容，逐渐掌握切削规律在生产中的应用方法。

刀具种类繁多，有不同的分类方法。本书按加工方式划分刀具的章节：分为车刀、钻头、镗刀、铰刀、拉刀、铣刀、螺纹刀具、切齿刀具、数控刀具等。由单刃到多刃，由简单到复杂顺序讲解。刀具通常分为两大类：

（1）标准刀具　指专业工具厂按国标或部标生产的刀具。如可转位车刀、麻花钻、铰刀、铣刀、丝锥、板牙、插齿刀、齿轮滚刀、数控刀具等，这类刀具的学习重点是刀具结构、工作原理、选用方法。

（2）非标准刀具　指用户需专门设计制造的刀具。如成形车刀、成形铣刀、拉刀、蜗轮滚刀、组合刀具等。这类刀具主要学习设计原理与计算方法。通过课程设计进行练习，以初步了解其设计程序及刀具CAD软件的应用原理。

金属切削原理与刀具是与生产实践紧密联系的、涉及知识面较广的课程。因此，还需阅读有关手册、样本，特别要重视生产实践，参加生产线的调试与维护的工作实践，这样才能做到理论联系实际，提高解决实际问题的工作能力。

第一章 刀具几何角度及切削要素

本章以车刀为代表,讲解刀具切削部分基本定义及有关名词术语,同时说明了刀具几何形状的分析及其图示方法。理解、掌握这些内容,是学习金属切削原理、刀具设计与使用的重要基础。

第一节 切削运动与切削用量

一、切削运动与切削层

切削加工时,按工件与刀具的相对运动所起的作用不同,切削运动可分为主运动与进给运动。图1-1表示了车削运动、切削层及工件上形成的表面。

待加工表面指工件上即将被切除的表面;过渡表面是工件上由切削刃正在形成的表面;已加工表面指工件上切削后形成的表面。

1. 主运动

主运动是切削时最主要的、消耗动力最多的运动,它是刀具与工件之间产生的相对运动。车、镗削等的主运动是机床主轴的旋转运动。

2. 进给运动

进给运动是刀具与工件之间产生的附加运动,以保持切削连续地进行。图1-1中 v_f 是车外圆时纵向进给运动速度,它是连续的。而横向进给运动是间断的。

3. 切削层

切削时刀具切过工件的一个单程所切除的工件材料层。图1-1中工件旋转一周的时间,刀具正好从位置Ⅰ移到Ⅱ,切下Ⅰ与Ⅱ之间的工件材料层。四边形 $ABCD$ 称为切削层公称横截面积。切削层实际横截

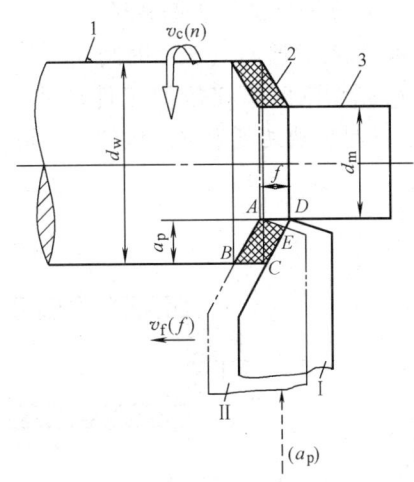

图1-1 车削运动、切削层及形成表面
1—待加工表面 2—过渡表面 3—已加工表面

面积是四边形 $ABCE$，$\triangle AED$ 为残留在已加工表面上的横截面积。

二、切削用量、切削时间与材料切除率

切削用量是切削加工过程中切削速度、进给量和背吃刀量（切削深度）的总称。它表示主运动及进给运动量，用于调整机床的工艺参数。

1. 切削速度 v_c

v_c 指切削刃选定点相对工件主运动的瞬时速度，单位为 m/s 或 m/min。车削时切削速度计算式为

$$v_c = \frac{\pi d n}{1000} = \frac{dn}{318} \tag{1-1}$$

式中　n——工件或刀具的转速，单位为 r/min；

　　　d——工件或刀具选定点旋转直径，单位为 mm。

2. 进给量 f

进给量为刀具在进给运动方向上相对工件的位移量，可用工件每转（行程）的位移量来度量，单位为 mm/r。

进给量又可用进给速度 v_f 表示，v_f 指切削刃选定点相对工件进给运动的瞬时速度，单位为 mm/s 或 m/min。车削时进给运动速度为

$$v_f = nf \tag{1-2}$$

3. 背吃刀量 a_p（切削深度）

a_p 指垂直于进给速度方向测量的切削层最大尺寸，单位为 mm。由图 1-1 可知，车外圆时

$$a_p = \frac{(d_w - d_m)}{2} \tag{1-3}$$

式中　d_w——待加工表面直径；

　　　d_m——已加工表面直径。

4. 切削时间 t_m（机动时间）

t_m 指切削时直接改变工件尺寸、形状等工艺过程所需的时间，单位为 min。它是反映切削效率高低的一个指标。由图 1-2 可知，车外圆时 t_m 的计算式为

$$t_m = \frac{lA}{v_f a_p} \tag{1-4}$$

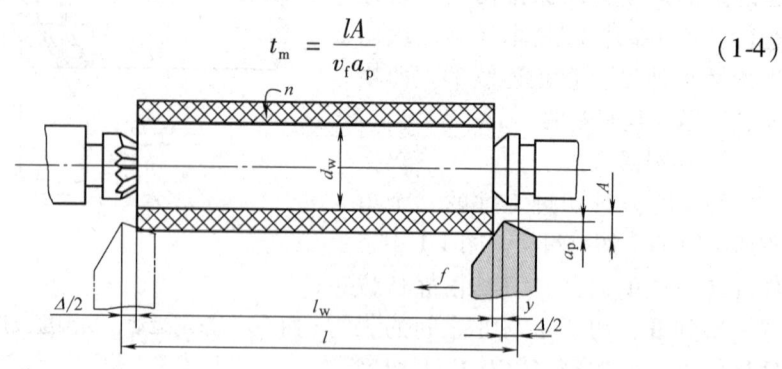

图 1-2　车外圆时切削时间计算图

式中 l——刀具行程长度，单位为 mm；
  A——半径方向加工余量，单位为 mm。

将式（1-1）、式（1-2），代入式（1-4）中，可得

$$t_m = \frac{\pi d l A}{1000 a_p f v_c} \quad (1\text{-}5)$$

由式（1-5）可知，提高切削用量中任一要素均可降低切削时间。

5. 材料切除率 Q

它是单位时间内所切除材料的体积，是衡量切削效率高低的另一个指标，单位为 mm^3/min。

$$Q = 1000 a_p f v_c \quad (1\text{-}6)$$

三、合成切削运动与合成切削速度

主运动与进给运动合成的运动称合成切削运动。切削刃选定点相对工件合成切削运动的瞬时速度称合成切削速度，如图 1-3 所示。

$$\boldsymbol{v}_e = \boldsymbol{v}_c + \boldsymbol{v}_f \quad (1\text{-}7)$$

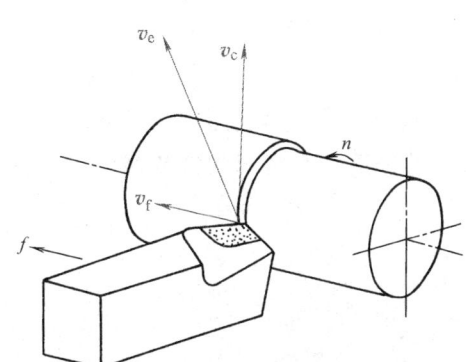

图 1-3　车削时合成切削速度

第二节　刀具切削部分的基本定义

一、刀具的组成

如图 1-4 所示，车刀由刀头、刀柄两部分组成。刀头用于切削，刀柄用于装夹。

刀具切削部分由刀面、切削刃构成。刀面用字母 A 与下角标组成的符号标记，切削刃用字母 S 标记。副切削刃及其相关的刀面在标记时右上角加一撇以示区别。

1. 刀面

（1）前面 A_γ（前刀面）　刀具上切屑流过的表面。

（2）后面 A_α（后刀面）　与过渡表面相对的表面。

(3) 副后面 A_α'（副后刀面） 与已加工表面相对的表面。

前面与后面之间所包含的刀具实体部分称刀楔。

2. 切削刃

(1) 主切削刃 S 前、后面汇交的边缘。

(2) 副切削刃 S' 除主切削刃以外的切削刃。

3. 刀尖

主、副切削刃汇交的一小段切削刃称刀尖。

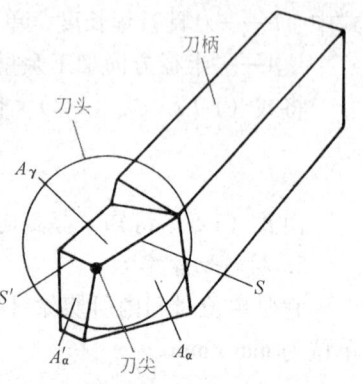

图 1-4 车刀切削部分的构成

由于切削刃不可能刃磨得很锋利，总有一些刃口圆弧，如刀楔的放大部分图 1-5a 所示。刃口的锋利程度在主切削刃上的法断面 $p_n—p_n$ 中钝圆半径 r_n 表示，一般工具钢刀具 r_n 约为 $0.01\sim0.02$mm，硬质合金刀具 r_n 约为 $0.02\sim0.04$mm。

为了提高刃口强度以满足不同加工要求，在前、后面上均可磨出倒棱面 A_{γ_1}、A_{α_1}，如图 1-5a 所示。b_{γ_1} 是第一前面 A_{γ_1} 的倒棱宽度；b_{α_1} 是第一后面 A_{α_1} 的倒棱宽度。在后刀面上磨出的 0°侧棱面俗称刃带。

为了改善刀尖的切削性能，常将刀尖做成修圆刀尖或倒角刀尖，如图 1-5b 所示。其参数有：

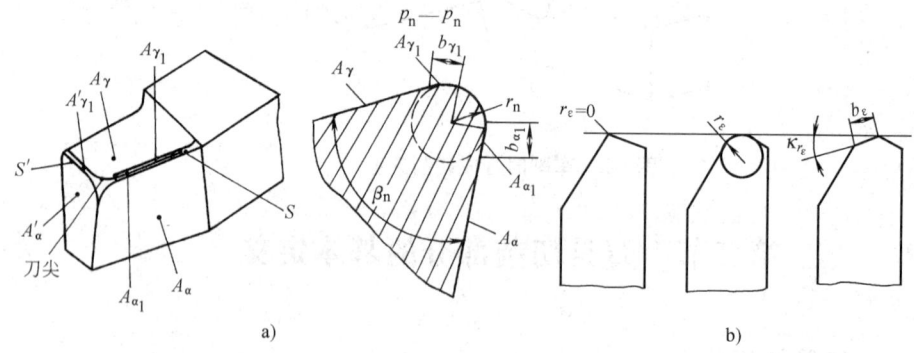

图 1-5 刀楔、刀尖形状参数

a) 刀楔及刀楔断面形状　b) 刀尖形状

1) 刀尖圆弧半径 r_ε，它是在基面上测量的刀尖倒圆的公称半径。

2) 倒角刀尖长度 b_ε。

3) 刀尖倒角偏角 κ_{r_ε}。

不同类型的刀具，其刀面、切削刃数量不同。但组成刀具的最基本单元是两个刀面汇交形成的一个切削刃，简称两面一刃。任何复杂的刀具都可将其分为一个个基本单元进行分析。前后刀面为曲面时，可通过切削刃观察点作前后刀面的切平面，仍可用两面一刃的方法来分析刀具几何参数。

二、刀具角度参考系

刀具角度是确定刀具切削部分几何形状的重要参数。用于定义刀具角度的各基准坐标平面称为参考系。

参考系有两类：

刀具静止参考系，它是刀具设计时标注、刃磨和测量的基准，用此定义的刀具角度称刀具标注角度。

刀具工作参考系，它是确定刀具切削工作时角度的基准，用此定义的刀具角度称刀具工作角度。

刀具设计时标注、刃磨、测量角度最常用的是正交平面参考系。但在标注可转位刀具或大刃倾角刀具时，常用法平面参考系。在刀具制造过程中，如铣削刀槽、刃磨刀面时，常需用假定工作平面、背平面参考系中的角度，或使用前、后面正交平面参考系中的角度。这 4 种参考系刀具角度是 ISO3002/1—1977 标准所推荐的。本书仅介绍前三种。

1. 正交平面参考系（图 1-6）

正交平面参考系由以下三个平面组成：

（1）基面（p_r）　过切削刃选定点平行或垂直刀具上的安装面（轴线）的平面，车刀的基面可理解为平行刀具底面的平面。

（2）主切削平面（p_s）　过切削刃选定点与切削刃相切并垂直于基面的平面。

（3）正交平面（p_o）　过切削刃选定点同时垂直于切削平面与基面的平面。

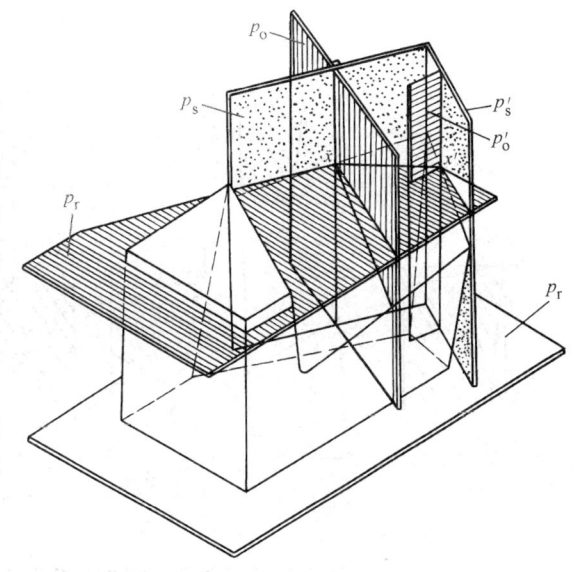

图 1-6　正交平面参考系

在图 1-6 中，过主切削刃某一点 x 或副切削刃某一点 x' 都可建立正交参考系平面。副刃与主刃的基面是同一个面。

2. 法平面参考系（图 1-7）

法平面参考系由 p_r、p_s、p_n 三个平面组成。其中，法平面（p_n）是过切削刃某选定点垂直于切削刃的平面。

3. 假定工作平面参考系（图 1-8）

假定工作平面参考系由 p_r、p_f、p_p 三个平面组成。其中：

（1）假定进给平面 p_f　过切削刃选定点平行于假定进给运动方向并垂直

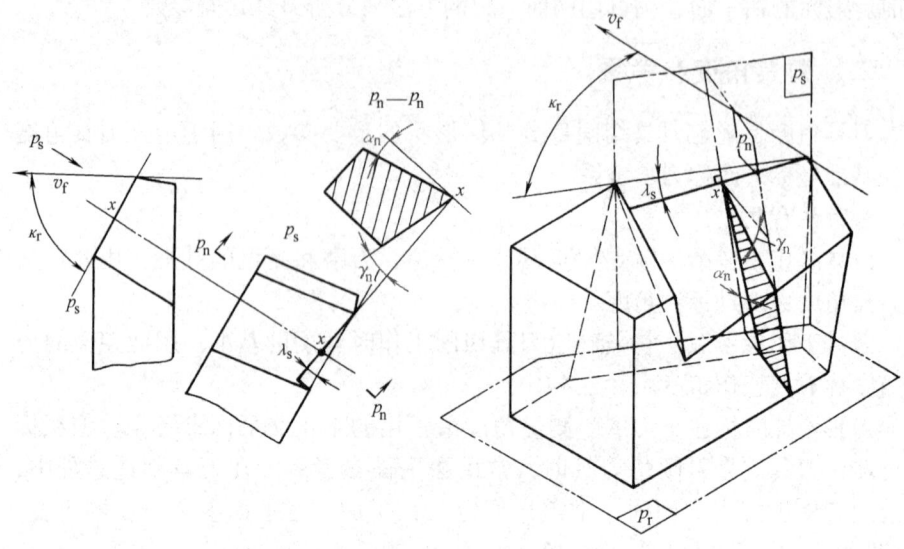

图 1-7　法平面参考系及刀具角度

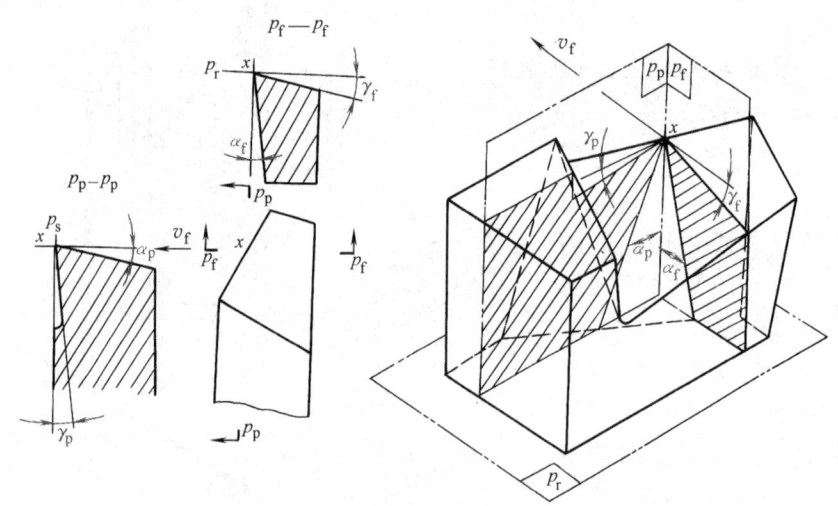

图 1-8　假定进给平面参考系及刀具角度

于基面的平面。

(2) 假定切深平面（背平面）p_p　过切削刃选定点既垂直假定工作平面又垂直于基面的平面。

三、刀具角度

刀具角度是表达刀具表面在空间方位的参数。在各类参考系中最基本的角度类型只有四个，即前角、后角、偏角、刃倾角。其定义如下（图 1-9a）

1. 正交平面参考系刀具角度定义

(1) 前角 γ_o　正交平面中测量的前面与基面间夹角。

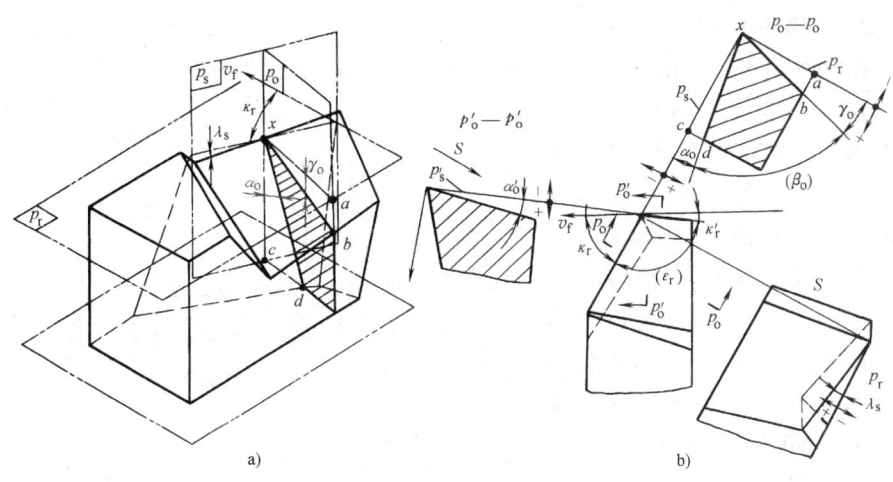

图 1-9 正交参考系刀具角度

（2）后角 α_o　正交平面中测量的后面与切削平面间夹角。

（3）主偏角 κ_r　基面中测量的主切削平面与假定工作平面间夹角。

（4）刃倾角 λ_s　切削平面中测量的切削刃与基面间夹角。

刀具角度标注符号下标的英语小写字母，与测量该角度用的参考系平面符号下标一致。例如 r 就表示 p_r 平面，s 就表示 p_s 平面，o 表示在 p_o 平面。n 表示在 p_n 平面，f 表示在 p_f 平面，p 表示在 p_p 平面。右上角加一撇表示副切削刃上的平面或角度。

如图 1-9 所示，用上述四角就能确定车刀主切削刃及其前、后面的方位。其中用 γ_o、λ_s 两角确定前面的方位，用 α_o、κ_r 两角可确定后面的方位，用 κ_r、λ_s 两角可确定主切削刃的方位。

同理，副切削刃及其相关的前、后面在空间的定向也需要四个角度，即：副前角 γ_o'，副后角 α_o'，副偏角 κ_r'，副刃倾角 λ_s'。它们的定义与主切削刃四个角度类似。

由于图 1-9 中的车刀主切削刃与副切削刃共处在同一前面上，主切削刃的前面也是副切削刃的前面。当标注了 γ_o、λ_s 两角，前面的方位就确定了，副切削刃前面的定向角 γ_o'、λ_s' 就属于派生角度，不必再标注，它们可由 γ_o、λ_s、κ_r、κ_r' 等角度换算得出。

$$\tan\gamma_o' = \tan\gamma_o\cos(\kappa_r + \kappa_r') + \tan\lambda_s\sin(\kappa_r + \kappa_r') \qquad (1\text{-}8)$$

$$\tan\lambda_s' = \tan\gamma_o\sin(\kappa_r + \kappa_r') - \tan\lambda_s\cos(\kappa_r + \kappa_r') \qquad (1\text{-}9)$$

此外，为了比较切削刃、刀尖的强度，刀具上还定义了两个角度，它们也属派生角度。即

（1）楔角 β_o　正交平面中测量的前面与后面间夹角。

$$\beta_o = 90° - (\gamma_o + \alpha_o) \qquad (1\text{-}10)$$

（2）刀尖角 ε_r　基面投影中，主、副切削刃间的夹角。

$$\varepsilon_r = 180° - (\kappa_r + \kappa_r') \qquad (1\text{-}11)$$

2. 其他参考系刀具角度

在法平面测量的前、后角称法前角 γ_n 和法后角 α_n，如图 1-7 所示。

在假定进给平面 p_f 背平面 p_p 参考系中测量的刀具角度有侧前角 γ_f、侧后角 α_f、背前角 γ_p、背后角 α_p，如图 1-8 所示。

3. 刀具角度正负的规定

如图 1-10 所示，前面与基面平行时前角为零。前面与切削平面间夹角小于 90°时，前角为正，大于 90°时，前角为负。后面与基面间夹角小于 90°时，后角为正，大于 90°时，后角为负。

刃倾角是前面与基面在切削平面中的测量值，因此其正负的判断方法与前角类似。切削刃与基面（车刀底平面）平行时，

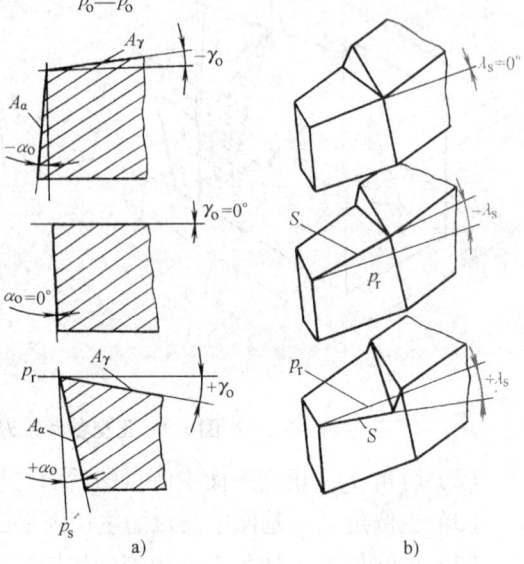

图 1-10 刀具角度正负的规定

刃倾角为零，刀尖相对车刀的底平面处于最高点时，刃倾角为正，处于最低点时，刃倾角为负。

四、不同参考系角度小结

上述各参考系平面及角度的定义归纳在表 1-1 中。

表 1-1 刀具各参考系与刀具角度定义

刀具组成		标注参考系			刀具角度定义			
切削刃	相关刀面	代号	组成平面	特 征	符号	名称	构成平面	测量平面
S	A_γ A_α	p_o	p_r	$\perp v_c$	γ_o	前角	A_γ、p_r	p_o
			p_s	$\perp p_r$ 与 S 相切	α_o	后角	A_α、p_s	
					κ_r	主偏角	p_s、p_f	p_r
			p_o	$\perp p_r \perp p_s$	λ_s	刃倾角	A_γ、p_r	p_s
		p_n	p_r	$\perp v_c$	γ_n	法前角	A_γ、p_r	p_n
			p_s	$\perp p_r$ 与 S 相切	α_n	法后角	A_α、p_s	
					κ_r	主偏角	同 p_o 系	
			p_n	$\perp S$	λ_s	刃倾角		
		p_f	p_r	$\perp v_c$	γ_f	侧前角	A_γ、p_r	p_f
			p_f	$// v_f$、$\perp p_r$	γ_p	背前角		p_p
					α_f	侧后角	A_α、p_s	p_f
				$\perp p_r$、$\perp p_f$	α_p	背后角		p_p

第三节 刀具角度的换算

刀具角度是设计选用刀具的重要参数,也是加工、刃磨时调整机床的原始数据。

刀具角度换算的目的是根据设计、工艺的需要,将某一参考系的角度变换为另一所需参考系的角度。

下面采用解析计算法,通过投影作图将刀具角度空间关系转化为平面几何图形,进而导出刀具角度换算公式,这是分析刀具角度的最基本的方法。

一、正交平面、法平面系前、后角换算

如图1-11a所示,过主切削刃S上O点作参考系平面p_r、p_s、p_o、p_n。图中直线$\overline{Oa}$既是p_r、p_o的交线,也是p_o、p_n的交线。直线$\overline{Ob}$是A_γ、p_o的交线。直线$\overline{Oc}$是A_γ、p_n的交线。因为$p_n \perp S$,前面上直线$\overline{cb} // S$,所以$\overline{ac} \perp \overline{bc}$。由直角三角形$\triangle Oab$、$\triangle Oac$、$\triangle abc$可得

$$\tan\gamma_n = \frac{\overline{ac}}{\overline{Oa}} = \frac{\overline{ab}\cos\lambda_s}{\overline{Oa}}$$

$$\tan\gamma_n = \tan\gamma_o \cos\lambda_s \tag{1-12}$$

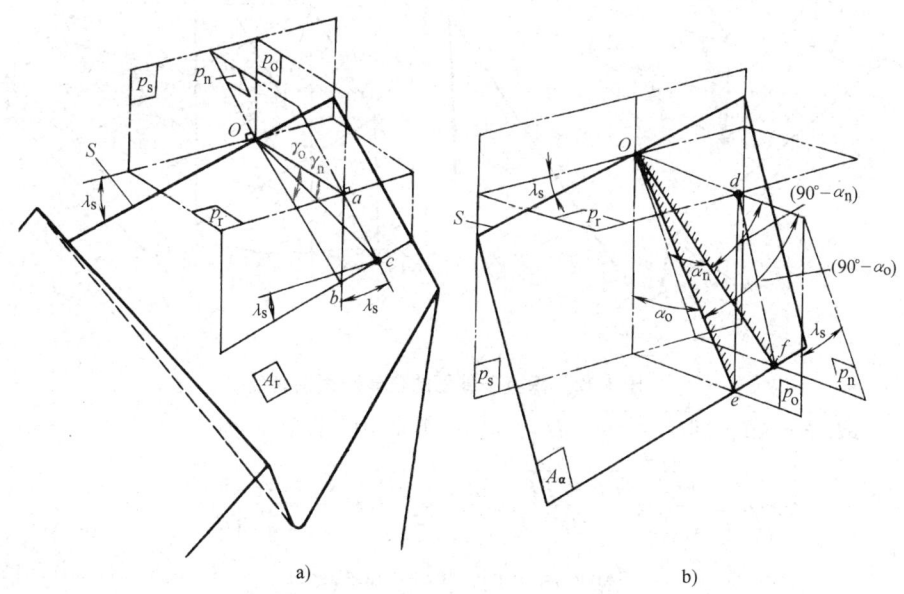

图1-11 正交平面、法平面系前、后角换算
a) $\gamma_o\gamma_n$关系 b) $\alpha_o\alpha_n$关系

在图1-11b中,直线$\overline{Od}$既是p_o、p_r的交线,也是p_r、p_n的交线,直线$\overline{Oe}$是p_o与A_α的交线,直线$\overline{Of}$是p_n与A_α的交线。

因为 $p_r \perp p_s$，所以当 A_α 与 p_s 平面间夹角存在 α_o、α_n 时，A_α 与 p_r 平面间夹角必为 $(90°-\alpha_o)$、$(90°-\alpha_n)$。某一刀面与基面的夹角，可当作该平面与切削平面夹角的余角。这种前、后角互余的关系在任一个断面中都存在。所以从图 1-11b 中知

$$\tan(90°-\alpha_n) = \frac{\overline{df}}{\overline{Od}} = \frac{\overline{de}\cos\lambda_s}{\overline{Od}} = \tan(90°-\alpha_o)\cos\lambda_s$$

$$\cot\alpha_n = \cot\alpha_o\cos\lambda_s \quad \tan\alpha_n = \frac{\tan\alpha_o}{\cos\lambda_s} \tag{1-13}$$

二、垂直于基面的任一断面与正交平面的前、后角换算

如图 1-12 所示，过主切削刃 S 上 O 点作参考系平面 p_r、p_s、p_o，以及任意断面 p_i（与 p_s 夹角为 i、垂直于 p_r 的平面）。图中直线 OA 是 p_r、p_o 的交线；OC 是 p_r、p_s 的交线；OE 是 p_i 与 p_r 的交线。A_γ 与 p_s、p_i、p_o 的交线分别是 $\overline{OD}$、$\overline{OG}$、$\overline{OB}$。

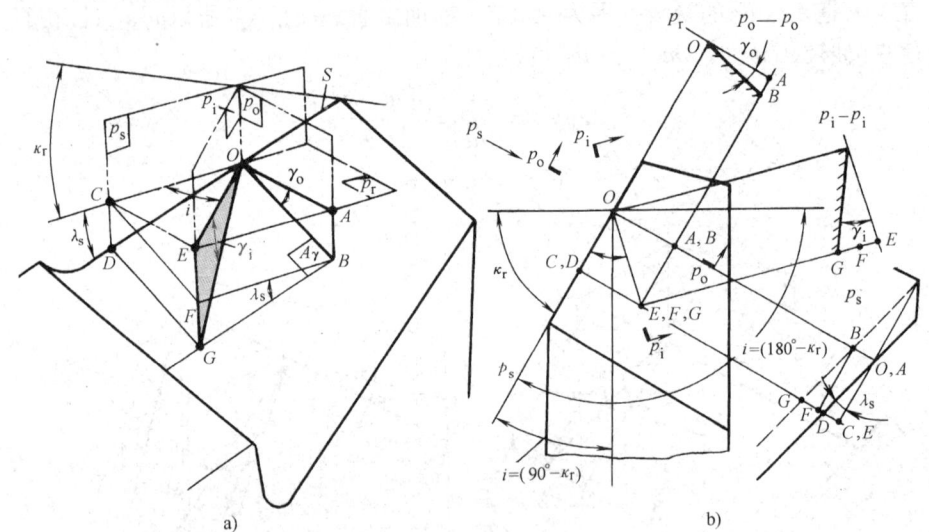

图 1-12　垂直于基面的任意断面前角

取 $\overline{EF} = \overline{AB}$，即 $\overline{CF} \mathbin{/\mkern-6mu/} \overline{OB} \mathbin{/\mkern-6mu/} \overline{DG}$，则 p_i 断面中的前角 γ_i 为

$$\tan\gamma_i = \frac{\overline{EG}}{\overline{OE}} = \frac{\overline{EF}+\overline{FG}}{\overline{OE}} = \frac{\overline{AB}+\overline{CD}}{\overline{OE}} = \frac{\overline{OA}\tan\gamma_o + \overline{OC}\tan\lambda_s}{\overline{OE}}$$

$$\tan\gamma_i = \tan\gamma_o\sin i + \tan\lambda_s\cos i \tag{1-14}$$

式 (1-14) 中 γ_i 角随 i 角而变化。

$i=0°$ 时，p_i 与 p_s 重合，$\gamma_i = \lambda_s$。

$i=90°$ 时，p_i 与 p_o 重合，$\gamma_i = \gamma_o$。

$i=(180°-\kappa_r)$ 时，p_i 与 p_f 重合，$\gamma_i = \gamma_f$

$$\tan\gamma_f = \tan\gamma_o\sin\kappa_r - \tan\lambda_s\cos\kappa_r \tag{1-15}$$

$i = (90° - \kappa_r)$ 时，p_i 与 p_p 重合，$\gamma_i = \gamma_p$

$$\tan\gamma_p = \tan\gamma_o\cos\kappa_r + \tan\lambda_s\sin\kappa_r \tag{1-16}$$

令式（1-15）$\times \sin\kappa_r +$ 式（1-15）$\times \cos\kappa_r$，化简可得

$$\tan\gamma_o = \tan\gamma_f\sin\kappa_r + \tan\gamma_p\cos\kappa_r \tag{1-17}$$

令式（1-15）$\times \cos\kappa_r -$ 式（1-15）$\times \sin\kappa_r$，化简可得

$$\tan\lambda_s = \tan\gamma_p\sin\kappa_r - \tan\gamma_f\cos\kappa_r \tag{1-18}$$

当主、副切削刃均在同一前刀面上时，令

$i = (180° - \kappa_r - \kappa_r')$，则 p_i 与 p_s' 重合，$\gamma_i = \lambda_s'$，可导出 λ_s' 的公式

$$\tan\lambda_s' = \tan\gamma_o\sin(\kappa_r + \kappa_r') - \tan\lambda_s\cos(\kappa_r + \kappa_r') \quad (\text{见式 1-9})$$

$i = (90° - \kappa_r - \kappa_r')$，则 p_i 与 p_o' 重合，$\gamma_i = \gamma_o'$，可导出 γ_o' 的公式

$$\tan\gamma_o' = \tan\gamma_o\cos(\kappa_r + \kappa_r') + \tan\lambda_s\sin(\kappa_r + \kappa_r') \quad (\text{见式 1-8})$$

在图 1-12 中，若设想图中的前面为刀具的"后面"，则各断面中的"后面"与基面的夹角为 $(90° - \alpha_i)$、$(90° - \alpha_o)$ 等。把这种角度互余的关系代入式（1-14）可得

$$\cot\alpha_i = \cot\alpha_o\sin i + \tan\lambda_s\cos i \tag{1-19}$$

在式（1-19）中，分别令 $i = (180° - \kappa_r)$ 或 $i = (90° - \kappa_r)$，则可导出假定进给平面、背平面后角换算式

$$\cot\alpha_f = \cot\alpha_o\sin\kappa_r - \tan\lambda_s\cos\kappa_r \tag{1-20}$$

$$\cot\alpha_p = \cot\alpha_o\cos\kappa_r + \tan\lambda_s\sin\kappa_r \tag{1-21}$$

第四节 刀具角度的一面二角分析法

表示空间任意一个平面方位的定向角度只需两个，所以判断刀具切削部分需要标注的独立角度数量可用一面二角分析法确定，即刀具需要标注的独立角度数量是刀面数量的二倍。

分析任何一种刀具，包括钻头、铣刀、螺纹刀具、切齿刀具等复杂刀具几何参数时，都可将复杂的刃形分为一个个切削刃，每个切削刃应有前、后两个刀面，每个刀面应标注两个独立角度。一般车刀前面定向角用 γ_o、λ_s 表示，后面定向角用 α_o、κ_r 表示；可转位刀具前面定向角可用 γ_n、λ_s 表示，后面定向角可用 α_n、κ_r 表示；面铣刀前面定向角可用 γ_f、γ_p 表示，后面定向角可用 α_f、κ_r 表示。用工作图标注刀具几何参数时首先应判断或假定刀具上哪条是主切削刃，哪条是副切削刃，然后就可确定各切削刃的基准坐标平面及全部标注参数。下面举例分析。

1. 直头外圆车刀

图 1-9 所示的外圆车刀由前面、后面、副后面组成，有 3 个刀面，$3 \times 2 = 6$，需要标注 6 个独立角度。即

前面定向角 γ_o、λ_s；后面定向角 α_o、κ_r；副后面定向角 α_o'、κ_r'。

2. 45°弯头车刀

如图 1-13 所示，弯头车刀磨出 4 个刀面，3 条切削刃，即主切削刃 $\overline{12}$，

副切削刃$\overline{23}$或$\overline{14}$。其用途较广，可用于车外圆（图1-13a）、车端面（图1-13b）、镗孔（图1-13c）或倒角（图1-13d）。

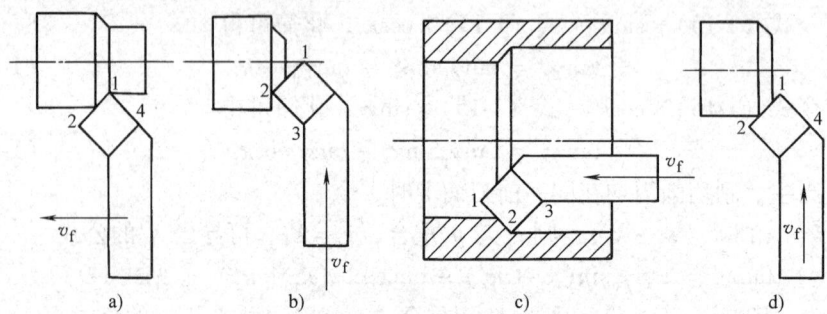

图1-13　45°弯头车刀

a) 车外圆　b) 车端面　c) 镗孔　d) 倒角

45°弯头车刀需要标注的独立角度共有8个，即

主切削刃$\overline{12}$前面定向角γ_o、λ_s;

主切削刃$\overline{12}$后面定向角α_o、κ_r;

副切削刃$\overline{23}$副后面定向角α_o'、κ_r';

副切削刃$\overline{14}$副后面定向角α_o'、κ_r'。

3. 切断刀

如图1-14所示，设车刀以横向进给切槽或切断。刀具有一条主切削刃，两个刀尖，两条副切削刃。可以认为切断刀是两把端面车刀的组合，同时车出左右两个端面。图中两条副切削刃与主切削刃同时处在一个前刀面上，因此，这把切断刀共有4个刀面。4×2=8，需要标注的独立角度共有8个。

当切断刀$\kappa_r=90°$时，p_o平面就是刀具右侧视图。κ_r小于90°时，左（L）右（R）主偏角与刃倾角的关系如下：

$$\kappa_{r_R} = 180° - \kappa_{r_L}$$
$$\lambda_{s_R} = -\lambda_{s_L}$$

习惯上标注左切削刃上的主偏角、刃倾角，而右刃角度是派生角度。因此，切断刀各刀面的定向角是：

前面定向角γ_o、λ_{s_L};

后面定向角α_o、κ_{r_L};

左副后面定向角α_{o_L}'、κ_{r_L}';

右副后面定向角α_{o_R}'、κ_{r_R}'。

4. 倒角刀尖、倒棱的参数

如图1-15所示，当刀具磨出倒角刀尖、平面倒棱时，运用一面二角分析法可知：

倒角刀尖刃的两个定向角是倒角切削刃后角α_{o_ε}和偏角κ_{r_ε}。

倒棱刃的两个定向角是：倒棱刃前角γ_{o1}，倒棱刃倾角λ_{s1}。由于一般倒棱面沿切削刃是等宽的，即$\lambda_{s1}=\lambda_s$，则λ_{s1}角可不再标注。此外，还需要标注倒棱刃宽度$b_{\gamma 1}$。

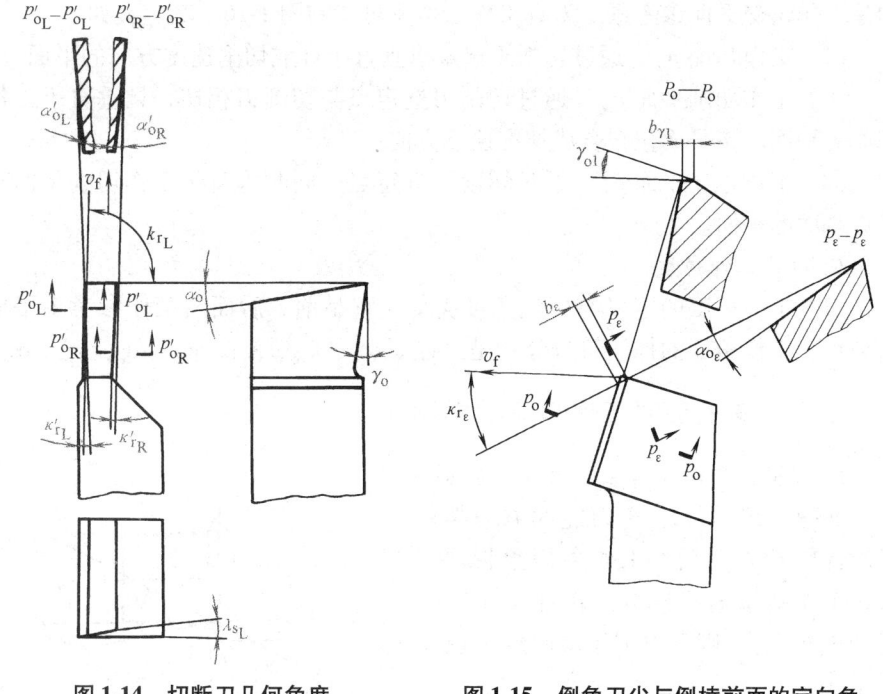

图 1-14　切断刀几何角度　　　　图 1-15　倒角刀尖与倒棱前面的定向角

第五节　刀具的工作角度

一、刀具工作参考系及工作角度

刀具安装位置、切削合成运动方向的变化，都会引起刀具工作角度的变化。因此研究切削过程中的刀具角度，必须以刀具与工件的相对位置、相对运动为基础建立参考系，这种参考系称工作参考系。用工作参考系定义的刀具角度称工作角度。

1. 刀具工作参考系

刀具工作参考系根据 GB/T 12204—1990 推荐了三种，即：工作正交平面参考系 p_{re}、p_{se}、p_{oe}，工作假定工作平面、背平面参考系 p_{re}、p_{fe}、p_{pe}，工作法平面参考系 p_{re}、p_{se}、p_{ne}。其中应用最多

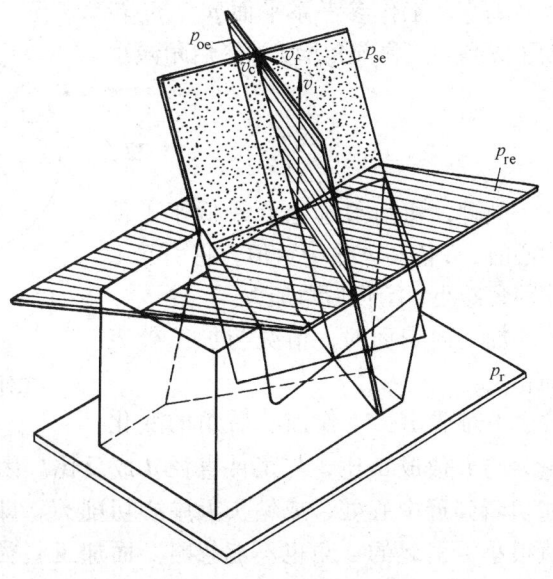

图 1-16　刀具工作参考系

的是工作正交平面参考系。刀具工作参考系可参阅图 1-16。其定义如下：

（1）工作基面 p_{re}　通过切削刃选定点垂直于合成切削速度方向的平面。

（2）工作切削平面 p_{se}　通过切削刃选定点与切削刃相切，且垂直于工作基面的平面。该平面包含合成切削速度方向。

（3）工作正交平面 p_{oe}　通过切削刃选定点，同时垂直于工作切削平面与工作基面的平面。

2. 刀具工作角度

刀具工作角度的定义与标注角度类似，它是前、后面与工作参考系平面的夹角。工作角度的标注符号分别是：γ_{oe}、α_{oe}、κ_{re}、λ_{se}、γ_{fe}、α_{fe}、γ_{pe}、α_{pe}。

二、刀具安装对工作角度的影响

1. 刀柄偏斜对工作主、副偏角的影响

如图 1-17 所示，车刀随四方刀架逆时针转动 θ 角后，工作主偏角将增大，工作副偏角将减少。例如精车时可调正 $\theta = \kappa'_r$，则车刀工作副偏角 κ'_{re} 就等于 0°。

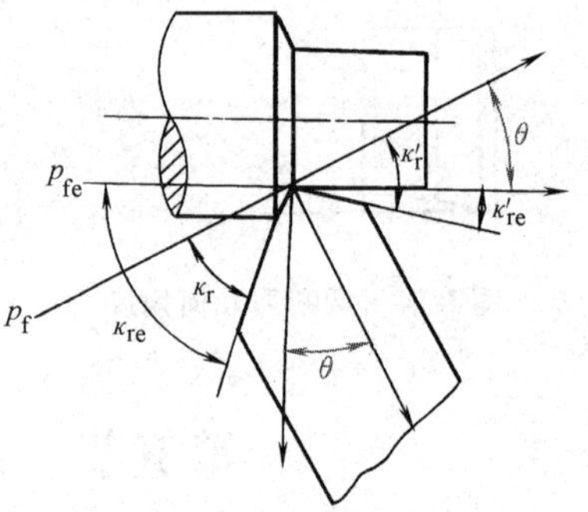

2. 切削刃安装高低对工作前、后角的影响

如图 1-18 所示，车刀切削刃选定点 A 高于工件中心 h 时，将引起工作前、后角的变化。不论是因为刀具安装引起的，还是由于刃倾角引起的，只要切削刃选定点不在工件中心高度上，则 A 点的切削速度方向就不与刀柄底面垂直。工作参考系平面 p_{se}、p_{re} 转动了 ε 角，工作前角增大 ε、后角减小 ε。

$$\sin\varepsilon = \frac{2h}{d} \quad (1-22)$$

同理，切削刃选定点 A 低于工件中心时，h 值与 ε 角为负值，将引起工作前角减小、工作后角加大。

加工内表面时，情况与加工外表面相反。

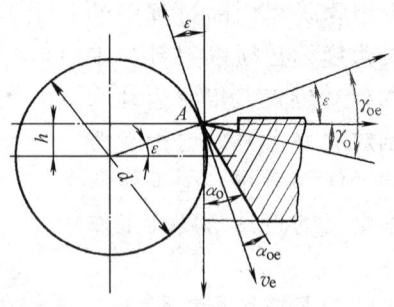

图 1-17　刀柄偏斜对工作主、副偏角影响

图 1-18　切断时切削刃高于工件中心对工作前、后角的影响

不难看出：工作前、后角的变化量 ε 与 h 值成正比，与工件直径 d 成反比。因此，加工小直径的零件，例如切断到近中心处，或钻头近中心切削刃，即使 h 值控制得很小，由于 d 值很小，引起的 ε 角也不能忽略。而加工直径较大的零件，ε 角的影响可不计。

三、进给运动对工作角度的影响

1. 进给运动方向不平行工件旋转轴线时对工作主、副偏角的影响

图 1-19 所示为扳动小拖板车外锥面的情况。由于刀具进给方向与工件轴线偏转了 μ 角（圆锥半角），从而引起工作主偏角减小，工作副偏角增大。

2. 纵向进给运动对工作前、后角的影响

纵向进给车外圆时切削合成运动产生的加工表面为阿基米德螺旋线，如图 1-20 所示。过主切削刃上选定点 A 的加工表面螺旋升角为 η。

$$\tan\eta = \frac{f}{\pi d} \quad (1-23)$$

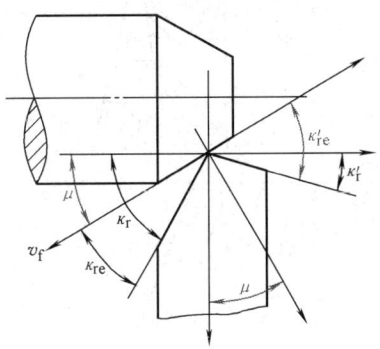

图 1-19 进给运动方向对工作主、副偏角的影响

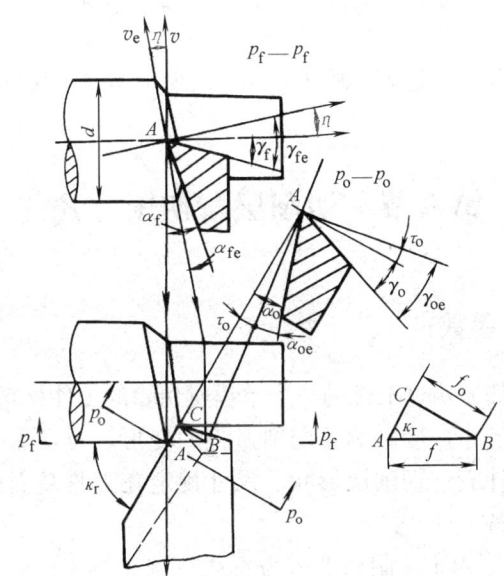

图 1-20 纵车外圆时的工作前、后角

由于在 p_f 断面中加工表面倾斜了 η 角，所以在 p_f 断面中后角减小了 η 角、前角增加了 η 角。

以上讨论的刀具工作角度是单独考虑一个因素的影响，实际工件中的刀具可能既有安装的偏斜或高低的影响，又有进给运动的影响。此时应综合考虑各项影响的结果，将各项叠加起来。

例如图 1-21 所示的梯形螺纹车刀，由于车螺纹合成切削速度方向的变化，使加工表面倾斜了螺旋面螺纹升角 η。但若刀头安装时绕刀柄轴线转动 τ 角，并调正到 $\tau = \eta$，则这两项对工作前、后角的影响正好抵消。工作前、后角仍

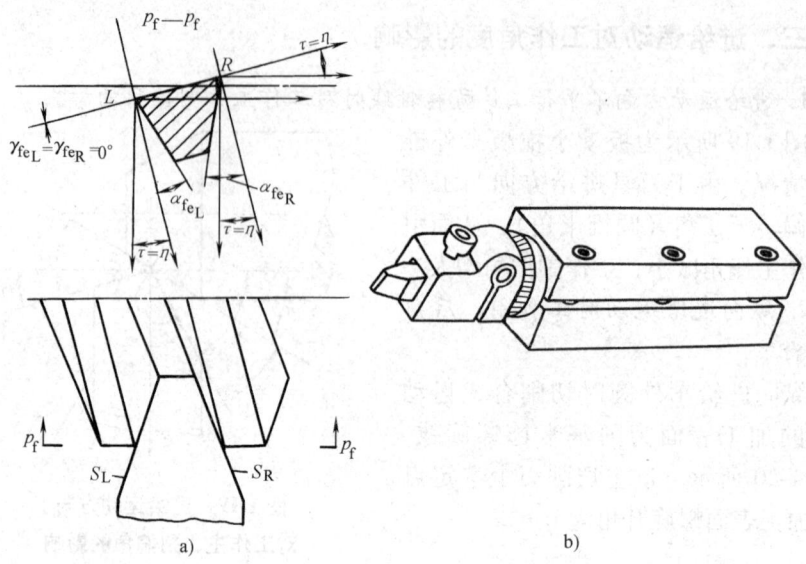

图 1-21 梯形螺纹车刀工作前、后角
a) 工作角度分析　b) 可转动刀架示意图

相当于刃磨的前、后角。这就是图 1-21b 车削梯形螺纹使用的可转动刀架的设计原理。

第六节　切削层与切削方式

一、切削层参数

切削层为切削部分切过工件的一个单程所切除的工件材料层。

切削层形状、尺寸直接影响着切削过程的变形、刀具承受的负荷以及刀具的磨损。为简化计算,切削层形状、尺寸规定在刀具基面中度量,即切削层公称横截面中度量。

如图 1-22 所示,当主、副切削刃为直线,且 $\lambda_s = 0°$、$\kappa_r > 0°$ 时,切削层公称横截面 ABCD 为平行四边形,若 $\kappa_r = 90°$ 时,则为矩形。

切削层尺寸是指在刀具基面中度量的切削层长度与宽度,它与切削用量 a_p、f 大小有关。但直接影响切削过程的是切削层横截面及其厚度、宽度尺寸。它们的定义与符号如下:

1. 切削层公称横截面积 A_D

简称切削层横截面积,它是在切削层尺寸平面里度量的横截面积。

$$A_D = h_D b_D = a_p f \tag{1-24}$$

2. 切削公称厚度 h_D

简称切削厚度,它是在垂直于过渡表面度量的切削层尺寸。

$$h_D = f \sin \kappa_r \tag{1-25}$$

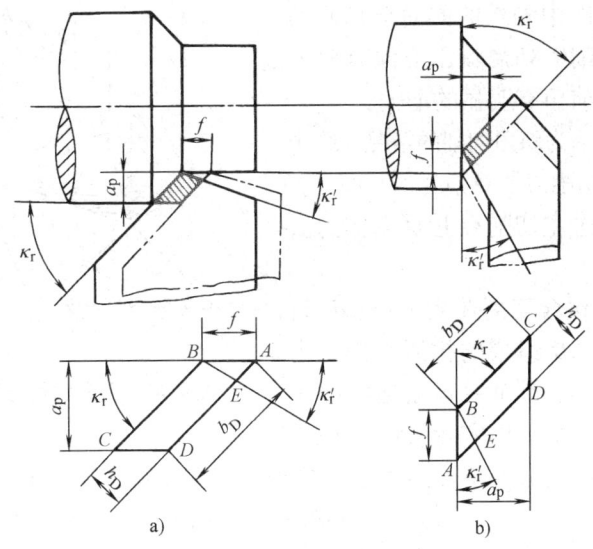

图 1-22　切削层参数
a) 车外圆　b) 车端面

3. 切削公称宽度 b_D

简称切削宽度，它是在平行于过渡表面度量的切削层尺寸。

$$b_D = \frac{a_p}{\sin\kappa_r} \quad (1-26)$$

分析以上三式可知：切削厚度与切削宽度随主偏角大小变化。当 $\kappa_r = 90°$ 时，$h_D = f$，$b_D = a_p$。A_D 只与切削用量 a_p、f 有关，不受主偏角的影响。但切削层横截面的形状则与主偏角、刀尖圆弧半径大小有关。随主偏角的减小，切削厚度将减小，而切削宽度将增大。

按式（1-24）计算得到的 A_D 是公称横截面积，而实际切削横截面积为图 1-22 中的四边形 EBCD。

（四边形 EBCD）= A_D（四边形 ABCD）- $\triangle A$（$\triangle ABE$）

式中，$\triangle A$ 为残留面积，它直接影响已加工表面粗糙度。

二、切削方式

1. 自由切削与非自由切削

只有一个主切削刃参加切削称自由切削，主、副切削刃同时参加切削称非自由切削。自由切削时切削变形过程比较简单，它是进行切削试验研究常用的方法。而实际切削通常都是非自由切削。

2. 正交切削（直角切削）与非正交切削（斜角切削）

切削刃与切削速度方向垂直的切削称直角切削。切削刃不垂直切削速度方向的切削称斜角切削。因此，刃倾角不等于零的刀具均属斜角切削方式。斜角切削具有刃口锋利，排屑轻快等许多特点。

3. 实际前角

切削过程中实际起作用的前角称实际前角，它是包含切屑流出方向并与基面垂直的平面中测量的前面与基面的夹角。斜角切削时切屑流出方向有较大的偏转，实际前角有明显的增大。

图 1-23 所示为斜角切削的情况。图中 △OAD 是过主切削刃上 O 点作的基面 p_r。

△OAB 是过主切削刃上 O 点作的法断面 p_n。

△ODE 是包含切屑流出方向 OE 与切削速度方向 ED 组成的排屑平面，用符号 p_η 标记。p_η 断面中测量到的前角（OE 与 OD 间夹角）即实际前角，记作 γ_η。

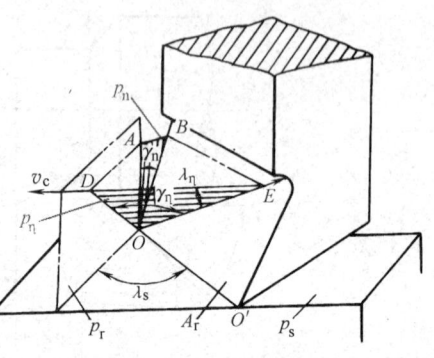

图 1-23 斜角切削与实际前角

由实验可证明流屑角 $\lambda_\eta \approx \lambda_s$，从空间几何关系可推证如下公式：

$$\sin\gamma_\eta = \sin\gamma_n\cos^2\lambda_s + \sin^2\lambda_s \tag{1-27}$$

分析式（1-27）知：λ_s 角较小时，γ_η 角主要由法前角 γ_n 决定；当 λ_s 角很大时，γ_η 角主要由 λ_s 角决定。$\lambda_s > 75°$时，不论 γ_n 角多小，γ_η 角都接近 λ_s 角的数值。这就是大刃倾角薄层加工刀具的原理之一。

复习思考题

1-1 车削直径 80mm，长 200mm 棒料外圆，若选用 $a_p = 4$mm，$f = 0.5$mm/r，$n = 240$r/min，试计算切削速度 v_c、切削机动时间 t_m、材料切除率 Q 为多少？

1-2 刀具正交平面参考系平面中 p_r、p_s、p_o 及其刀具角度 γ_o、α_o、κ_r、λ_s 如何定义？用图表示之。

1-3 p_r、p_s、p_n 的法平面系与其基本角度定义与正交平面系及其刀具角度定义有何异同点？在什么情况下，$\gamma_o = \gamma_n$？

1-4 进给工作平面 p_f、背平面 p_p、参考系刀具角度是如何定义的？在什么情况下 $\gamma_f = \gamma_o$，$\gamma_p = \gamma_o$？

1-5 已知抗冲击车刀几何刀角度为：$\kappa_r = 45°$、$\gamma_o = 30°$、$\alpha_o = 10°$、$\lambda_s = -30°$、$\kappa_r' = 15°$、$\alpha_o' = 8°$。试计算刀具法前角 γ_n、实际前角 γ_η、副切削刃斜角 λ_s'、副切削刃前角 γ_o' 为多少度？

1-6 p_{oe} 系平面 p_{oe}、p_{re}、p_{se} 及工作角度 γ_{oe}、α_{oe}、κ_{re}、λ_{se} 如何定义？

1-7 已知用 $\kappa_r = 90°$、$\kappa_r' = 2°$、$\gamma_o = 5°$、$\alpha_o = 12°$、$\lambda_s = 0°$ 的切断刀切断直径 50mm 棒料。若切削刃安装时高于中心 0.2mm，试计算（不考虑进给运动的影响）切断后工件端面留下的剪断心柱直径。

提示：工件直径被切到较小时，工作后角减小。当工作后角减小到零度时，切削刃无切削作用，刀具继续进给时，后刀面推挤工件料芯，最终被剪断。

1-8 车削外径 36mm、中径 33mm 内径 29mm、螺距 6mm 的梯形螺纹时，若使用刀具前角为 0°、左刃后角 $\alpha_{oL} = 12°$、右刃后角 $\alpha_{oR} = 6°$。试问左、右刃工作前、后角是多少？

1-9 在题 1-1 中，若使用刀具主偏角 $\kappa_r = 75°$。试问其切削厚度、切削宽度、切削层公称横截面积为多少？

1-10 作图表示外圆、端面、镗孔、切槽刀的几何角度。

第二章 刀具材料

刀具材料一般是指刀具切削部分的材料。它的性能优劣是影响加工表面质量、切削效率、刀具寿命的重要因素。选用新型刀具材料不但能有效地提高切削效率、加工质量和降低成本,而且往往是解决某些难加工材料的工艺关键。本章主要讲解常用刀具材料的牌号、性能与选用方法,同时介绍新型复合涂层材料的性能与应用特点。基体材料与涂层是决定刀具性能的内在因素。

第一节 概 述

一、刀具材料应具有的性能

金属切削过程中,刀具切削部分在高温下承受着很大切削力与剧烈摩擦。在断续切削工作时,还伴随着冲击与振动,引起切削温度的波动。因此,刀具材料应具备高硬度和高耐磨性、足够的强度与韧性,以及高耐热性。

一般刀具材料在室温下应具有60HRC以上的硬度。材料硬度越高耐磨性越好,但抗冲击韧性相对就降低。所以要求刀具材料在保持有足够的强度与韧性条件下,尽可能有高的硬度与耐磨性。高耐热性是指在高温下仍能维持刀具切削性的一种特性,通常用高温硬度值来衡量,也可用刀具切削时允许的耐热温度值来衡量。它是影响刀具材料切削性能的重要指标。耐热性越好的材料允许的切削速度就越高。

刀具材料还需有较好的工艺性与经济性。工具钢应有较好的热处理工艺性:淬火变形小、淬透层深、脱碳层浅;高硬度材料需有可磨削加工性;需焊接的材料,宜有较好的导热性与焊接工艺性。此外,在满足以上性能要求时,应尽可能满足资源丰富、价格低廉的要求。

选择刀具材料时,很难找到各方面的性能都具最佳的,因为材料硬度与韧性之间、综合性能与价格之间都是相互制约的。只能根据工艺需要,以保证主要需求性能为前提,尽可能选用价格低的材料。例如粗加工锻件毛坯,刀具材料应保证有较高强度与韧性,而加工高硬度材料需有较高的硬度与耐磨性,高生产率的自动线用刀具需保证有较高的刀具寿命等。

二、刀具材料类型

当前使用的刀具材料主要有：工具钢（包括碳素工具钢、合金工具钢、高速钢），硬质合金，涂层硬质合金，金属陶瓷，非金属陶瓷，立方氮化硼，金刚石等。一般机加工使用最多的是高速钢与硬质合金。各类刀具材料硬度与韧性如图2-1所示。一般硬度越高可允许的切削速度越高，而韧性越高可承受的切削力越大。

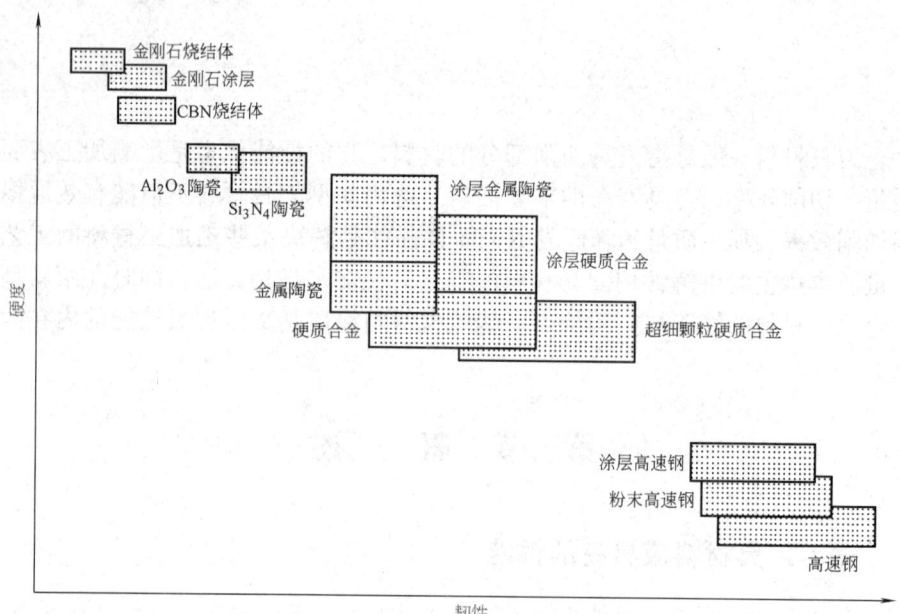

图2-1　各类刀具材料硬度与韧性

工具钢耐热性差，但抗弯强度高，价格便宜，焊接与刃磨性能好，故广泛用于中、低速切削的成形刀具，不宜高速切削。硬质合金耐热性好，切削效率高，但刀片强度、韧性不及工具钢，焊接刃磨工艺性也比工具钢差，多用于制作车刀、铣刀及各种高效切削刀具。

各类刀具材料的主要物理力学性能见表2-1。

2004年国际标准化组织用 ISO-513-2004 取代了 ISO-513-1975。切削加工用硬质合金的应用范围分为 P、M、K 三大类，在此基础上又增加了 H、S、N 三类，以适应不断出现的新型刀具材料，并用于加工各类特性的工程材料。同样，我国也采用了 ISO-513-2004，即国家标准 GB/T 2075—2007。

P类（P01~P50）成分为：5%~40%TiC + 微量的 Ta（Nb）C，其余为 WC + Co。主要用于加工长切屑的钢类材料，国产有 YT、YC、SC 类合金。

M类（M10~M40）成分为：5%~10%TiC + Ta（Nb）C，其余为 WC + Co。主要用于加工不锈钢。这类材料为通用型合金，可用于加工长、短切屑黑色金属及有色金属。国产有 YW、YM 类合金。

K类（K01~K40）成分为：WC + 2%~10%Co 个别牌号添加 2%的 Ta（Nb）

C。主要用于加工铸铁，有色金属或非金属材料。国产有 YG、YD 类合金。

H 类（H01～H30）主要用于加工淬火钢及硬铸铁。通常 PCBN 也被列为 H 类合金。可实现用高速切削（$v_c = 150～400\mathrm{m/min}$）切削高硬度的工件（40～65HRC）。

S 类（S01～S30）包含 PVD 涂层合金及超细颗粒硬质合金，CBN 及氮碳化硼材料也可归于此类。主要用于加工高温合金及耐热材料。

N 类（N10～N30）PCD 金刚石被列为 N 类，主要用于加工有色金属，如铝合金、非金属的纤维强化型塑料。可超高速切削塑料 $v_c = 100～1000\mathrm{m/min}$，高速切削铝合金 $v_c = 200～1200\mathrm{m/min}$。

表 2-1　各类刀具材料的主要物理力学性能

材料种类		相对密度	硬度 HRC (HRA) [HV]	抗弯强度 σ_{bb} /GPa①	冲击韧度 a_K /MJ·m^{-2}②	热导率 κ /W·m^{-1}·K^{-1}③	耐热性 /℃	切削速度大致比值
工具钢	碳素工具钢	7.6～7.8	60～65 (81.2～84)	2.16	—	≈41.87	200～250	0.32～0.4
	合金工具钢	7.7～7.9	60～65 (81.2～84)	2.35	—	≈41.87	300～400	0.48～0.6
	高速钢	8.0～8.8	63～70 (83～86.6)	2.5～4.0	—	16.75～25.1	600～700	1～1.2
硬质合金	钨钴类	14.3～15.3	(89～91.5)	1.08～2.16	0.019～0.059	75.4～87.9	800	3.2～4.8
	钨钛钴类	9.35～13.2	(89～92.5)	0.882～1.37	0.0029～0.0068	20.9～62.8	900	4～4.8
	含有碳化钽(Ta)、铌(Nb)类	—	(～92)	～1.47	—	—	1000～1100	6～10
	碳化钛基类	5.56～6.3	(92～93.3)	0.78～1.08	—	—	1100	6～10
陶瓷	氧化铝陶瓷	3.6～4.7	(91～95)	0.44～0.686	0.0049～0.0117	4.19～20.93	1200	8～12
	氧化铝碳化物混合陶瓷			0.71～0.88			1100	6～10
	氮化硅陶瓷	3.26	[5000]	0.735～0.83		37.68	1300	
超硬材料	立方氮化硼	3.44～3.49	[8000～9000]	≈0.294		75.55	1400～1500	
	人造金刚石	3.47～3.56	[10000]	0.21～0.48		146.54	700～800	≈25

注：法定计量单位与旧单位换算关系如下：

$1\mathrm{kgf/mm^2} = 9.8 \times 10^6 \mathrm{Pa} = 9.8 \times 10^{-3} \mathrm{GPa}$

$1\mathrm{kg·m/cm^2} = 9.8 \times 10^4 \mathrm{J/m^2} = 9.8 \times 10^{-2} \mathrm{MJ/m^2}$

$1\mathrm{cal/(cm·s·℃)} = 4.1868 \times 10^2 \mathrm{W/(m·K)}$

三、刀体材料

刀体一般均用普通碳钢或合金钢制作,如焊接车刀、镗刀、钻头、铰刀的刀柄。尺寸较小的刀具或切削负荷较大的刀具宜选用合金工具钢或整体高速钢制作,如螺纹刀具、成形铣刀、拉刀等。

机夹、可转位硬质合金刀具,镶硬质合金钻头,可转位铣刀等的刀体可用合金工具钢制作,如 9CrSi 或 GCr15 等。

对于一些尺寸较小、刚度较差的精密孔加工刀具,如小直径镗刀、铰刀,为保证刀体有足够的刚度,延长刀具寿命和提高加工精度,可选用整体硬质合金制作。

第二节 高 速 钢

高速钢是含有 W、Mo、Cr、V 等合金元素较多的合金工具钢。

高速钢是综合性能较好、应用范围最广的一种刀具材料。热处理后硬度达 62~66HRC,抗弯强度约 3.3GPa,耐热性为 600℃左右,此外还具有热处理变形小、能锻造、易磨出较锋利的刃口等优点。高速钢的使用占很大比例,特别是用于制造结构复杂的成形刀具。例如各类孔加工刀具、铣刀、拉刀、螺纹刀具、切齿刀具等。

常用高速钢的牌号及其物理力学性能见表 2-2。

表 2-2 常用高速钢的牌号及其物理力学性能

类型		牌 号①		硬度(HRC)			抗弯强度 σ_{bb}/GPa	冲击韧度 a_K/MJ·m^{-2}
		YB12-77 牌号	美国 AISI 代号	国内有关厂代号	室温	500℃	600℃	
通用型高速钢		W18Cr4V (T1)			63~66	56	48.5	2.94~3.33	0.176~0.314
		W6Mo5Cr4V2 (M2)			63~66	55~56	47~48	3.43~3.92	0.294~0.392
		W9Mo3Cr4V			65~66.5	—	—	4~4.5	0.343~0.392
高性能高速钢	高钒	W12Cr4V4Mo (EV4)			65~67		51.7	≈3.136	≈0.245
		W6Mo5Cr4V3 (M3)			65~67		51.7	≈3.136	≈0.245
	含钴	W6Mo5Cr4V2Co5 (M35)			66~68	—	54	≈2.92	≈0.294
		W2Mo9Cr4VCo8 (M42)			67~70	60	55	2.65~3.72	0.225~0.294
	含铝	W6Mo5Cr4V2Al (M2Al) (501)			67~69	60	55	2.84~3.82	0.225~0.294
		W10Mo4Cr4V3Al (5F6)			67~69	60	54	3.04~3.43	0.196~0.274
		W6Mo5Cr4V5SiNbAl (B201)			66~68	57.7	50.9	3.53~3.82	0.255~0.265

① 牌号中化学元素后面数字表示质量分数大致百分比,未注者约在1%左右。

一、通用型高速钢

通用型高速钢应用最广,约占高速钢总量的 75%。碳的质量分数为 0.7%~0.9%,按含钨、钼量的不同分为钨系、钨钼系。主要牌号有以下三种:

1. W18Cr4V（18-4-1）钨系高速钢

18-4-1 高速钢具有较好的综合性能。因含钒量少，刃磨工艺性好；淬火时过热倾向小，热处理控制较容易。缺点是碳化物分布不均匀，不宜做大截面的刀具；热塑性较差；又因钨价高，国内使用逐渐减少，国外已很少采用。

2. W6Mo5Cr4V2（6-5-4-2）钨钼系高速钢

6-5-4-2 高速钢是国内外普遍应用的牌号。加入 3%～5% 质量分数的钼，可改善刃磨工艺性。因此，6-5-4-2 的高温塑性及韧性胜过 18-4-1，故可用于制造热轧刀具如扭制麻花钻等。主要缺点是淬火温度范围窄，脱碳过热敏感性大。

3. W9Mo3Cr4V（9-3-4-1）钨钼系高速钢

9-3-4-1 高速钢是根据我国资源研制的牌号。其抗弯强度与韧性均比 6-5-4-2 好。高温热塑性好，而且淬火过热、脱碳敏感性小，有良好的切削性能。

二、高性能高速钢

高性能高速钢是指在通用型高速钢中增加碳、钒，添加钴或铝等合金元素的新钢种。其常温硬度可达 67～70HRC，耐磨性与耐热性有显著的提高，能用于不锈钢、耐热钢和高强度钢的加工。

表 2-2 已列出各类高性能高速钢的典型牌号。

高碳高速钢的含碳量提高，使钢中的合金元素能全部形成碳化物，从而提高钢的硬度与耐磨性，但其强度与韧性略有下降，目前已很少使用。

高钒高速钢是将钢中的钒的质量分数增加到 3%～5%。由于碳化钒的硬度较高，可达到 2800HV，比普通刚玉高。所以一方面增加了钢的耐磨性，同时也增加了此钢种的刃磨难度。

钴高速钢的典型牌号是 W2Mo9C4VCo8（M42）。在钢中加入了钴，可提高高速钢的高温硬度和抗氧化能力，因此能适用于较高的切削速度。钴在钢中能促进钢在回火时从马氏体中析出钨、钼的碳化物，提高回火硬度。钴的热导率较高，对提高刀具的切削性能是有利的。钢中加入钴尚可降低摩擦因数，改善其磨削加工性。

铝高速钢是我国独创的高性能高速钢。典型的牌号是 W6Mo5Cr4V2Al（501）。铝不是碳化物的形成元素，但它能提高 W、Mo 等元素在钢中的溶解度，并可阻止晶粒长大。因此铝高速钢可提高高温硬度、热塑性与韧性。铝高速钢在切削温度的作用下，刀具表面可形成氧化铝薄膜，减少与切屑的摩擦和粘结。501 高速钢的力学性能与切削性能与美国 M42 高性能高速钢相当，其价格较低廉，铝高速钢的热处理工艺要求较严。

三、粉末冶金高速钢

粉末冶金高速钢（PMHSS）是高速钢中的上品。粉末冶金高速钢是通过高压惰性气体或高压水雾化高速钢液而得到的细小的高速钢粉末，然后压制或热压成形，再经烧结而成的高速钢。粉末冶金高速钢在 20 世纪 60 年代由瑞典首先研制成功，20世纪70年代国产的粉末冶金高速钢开始试用。这种钢使用性能好，因而其应用日益增加。

粉末冶金高速钢与熔炼高速钢比较有如下优点：

1）由于可获得细小均匀的结晶组织（碳化物晶粒 $2 \sim 5\mu m$），从而完全避免了碳化物的偏析，提高了钢的硬度与强度，能达到硬度 $69.5 \sim 70HRC$，抗弯强度 σ_{bb} $2.73 \sim 3.43GPa$。PMHSS 的强度取决于其夹杂含量及尺寸大小，随着制造技术的不断进步，新一代的粉末冶金高速钢的抗弯强度可达 $4.2GPa$。

2）无方向性。粉末高速钢经由极细的钢粒加压烧结而成，所以各个点的压缩强度、冲击性、抗折力、韧性都相同。由于物理力学性能各向同性，热处理变形后，四面八方同时加大，可提高热处理的硬度，减少热处理变形与应力，提高其耐磨性。因此更适合用于制造精密刀具。

3）没有偏析的现象，粉末高速钢的被加工性较好，且不易变形。由于钢中的碳化物细小均匀，使磨削加工性得到显著改善，含钒量多者，改善程度就更显著。这一独特的优点，使得粉末冶金高速钢能用于制造新型的、增加合金元素的、加入大量碳化物的超硬高速钢，而不降低其刃磨工艺性。这是熔炼高速钢无法比拟的。

4）粉末冶金高速钢提高了材料的利用率。

粉末冶金高速钢目前应用尚少的原因是成本较高。因此主要使用范围是制造成形复杂刀具，如精密螺纹车刀、拉刀、切齿刀具等，以及加工高强度钢、镍基合金、钛合金等难加工材料用的刨刀、钻头、铣刀等刀具。

四、涂层高速钢

高速钢刀具的表面涂层是采用物理气相沉积（PVD）方法，在适当的高真空度与温度环境下进行气化的钛离子与氮反应，在阳极刀具表面上生成 TiN。其厚度由气相沉积的时间决定，一般为 $2 \sim 8\mu m$，对刀具的尺寸精度影响不大。

新的镀膜设备使用纳米真空复合离子镀膜工艺，控制在 $500^{\circ}C$ 环境下进行。一般刀具涂覆 TiN 硬膜，厚度约 $2\mu m$。涂层表面结合牢固，呈金黄色，硬度可高达 $2200HV$，有较高的热稳定性，与钢的摩擦因数较低。

涂层高速钢刀具的切削力、切削温度约下降 25%，切削速度、进给量、刀具寿命显著提高。即使刀具重磨后其性能仍优于普通高速钢。适合在钻头、丝锥、成形铣刀、切齿刀具上广泛应用。

除 TiN 涂层外，新的涂层工艺镀膜功能较多，典型的有：TiN、TiC、TiCN、TiAlN、AlTiN、TiAlCN、DLC（diamend-like coating 类金刚石涂层）、CBC（carbon-based coating 硬质合金基类涂层）。它们的特点是：

TiAlN 高性能涂层：耐热温度达 $800^{\circ}C$，可适用高速加工。在基体为 $65HRC$ 的高速钢上涂 $2.5 \sim 3.5\mu m$，刀具寿命比 TiN 明显提高约 $1 \sim 2$ 倍，但涂层费用较高。

AlTiN 高铝涂层：耐热温度达 $800^{\circ}C$，有高硬度、高耐热性，适合对硬材料加工。

TiCN 复合涂层：耐热温度达 400℃。有高韧性，可用于丝锥、成形刀具。

TiAlCN 复合涂层：耐热温度达 500℃，有高韧性、高硬度、高耐热性、低摩擦性能，适合制造铣刀、钻头、丝锥。可加工 60HRC 的高硬度材料。

DLC 涂层：耐热温度 400℃，适用于加工硬木材的成形刀具。

第三节 硬 质 合 金

一、硬质合金的组成与性能

硬质合金是由硬度和熔点很高的碳化物（称硬质相）和金属（称粘结相）通过粉末冶金工艺制成的。硬质合金刀具中常用的碳化物有 WC、TiC、TaC、NbC 等。常用的粘结剂是 Co，碳化钛基的粘结剂是 Mo、Ni。

硬质合金的物理力学性能取决于合金的成分、粉末颗粒的粗细以及合金的烧结工艺。含高硬度、高溶点的硬质相愈多，合金的硬度与高温硬度愈高。含粘结剂愈多，强度愈高。合金中加入 TaC、NbC 有利于细化晶粒，提高合金的耐热性。常用的硬质合金牌号中含有大量的 WC、TiC，因此硬度、耐磨性、耐热性均高于工具钢。常温硬度达 89~94HRA，耐热性达 800~1000℃。切削钢时，切削速度可达 220m/min 左右。在合金中加入熔点更高的 TaC、NbC，可使耐热性提高到 1000~1100℃，切削钢时，切削速度可进一步提高到 200~300m/min。

表 2-3 列出了常用硬质合金牌号、性能和对应的 ISO 标准的牌号。除标准牌号外，各硬质合金厂均开发了许多新牌号，使用性能很好，可参阅各厂产品样本。

表 2-3 常用硬质合金牌号与性能

YS/T400—1994		化学成分×100				物理力学性能			对应 GB/T 2075—2007			使用性能				
类型	牌号	w_{WC}	w_{TiC}	$w_{TaC(NbC)}$	w_{Co}	其他	密度 /g·cm^{-3}	热导率 /W·m^{-1}·K^{-1}	硬度 (HRA)	抗弯强度 /GPa	代号	牌号	颜色	耐磨性	韧性	切削速度	进给量	加工材料类别
钨钴类	YG3	97	—	—	3	—	14.9~15.3	87	91	1.2	K类	K01	红	↑	↓	↑	↓	短切屑的黑色金属，有色金属，非金属材料
	YG6X	93.5	—	0.5	6	—	14.6~15	75.55	91	1.4		K10						
	YG6	94	—	—	6	—	14.6~15.0	75.55	89.5	1.42		K20						
	YG8	92	—	—	8	—	14.5~14.9	75.36	89	1.5		K30						
	YG8C	92	—	—	8	—	14.5~14.9	75.36	88	1.75								

(续)

类型	YS/T400—1994 牌号	化学成分×100					物理力学性能				对应 GB/T 2075—2007			使用性能				
		w_{WC}	w_{TiC}	$w_{TaC(NbC)}$	w_{Co}	其他	密度/g·cm^{-3}	热导率/W·m^{-1}·K^{-1}	硬度(HRA)	抗弯强度/GPa	代号	牌号	颜色	耐磨性	韧性	切削速度	进给量	加工材料类别
钨钛钴类	YT30	66	30	—	4		9.3~9.7	20.93	92.5	0.9	P类	P01	蓝	↑	↓	↑	↓	长切屑的黑色金属
	YT15	79	15		6		11~11.7	33.49	91	1.15		P10						
	YT14	78	14		8		11.2~12	33.49	90.5	1.2		P20						
	YT5	85	5		10		12.5~13.2	62.8	89	1.4		P30						
添加钽(Ta)铌(Nb)类	YG6A	91		3	6		14.6~15.0	—	91.5	1.4	K类	K10	红	—				长、短切屑的黑色金属
	YG8N	91		1	8		14.5~14.9	—	89.5	1.5		K20						
	YW1	84	6	4	6		12.8~13.3	—	91.5	1.2	M类	M10	黄					
	YW2	82	6	4	8		12.6~13.0	—	90.5	1.35		M20						
碳化钛基类	YN05	—	79			Ni7 Mo14	5.56	—	93.3	0.9	P类	P01	蓝	—				长切屑的黑色金属
	YN10	15	62	1		Ni12 Mo10	6.3	—	92	1.1		P01						

注：Y——钨　G——钴　T——钛　X——细颗粒合金　C——粗颗粒合金　A——含TaC(NbC)的YG类合金　W——通用合金。

二、普通硬质合金分类、牌号与使用性能

硬质合金按其化学成分与使用性能分为三类：

K 类：钨钴类（WC + Co）；

P 类：钨钛钴类（WC + TiC + Co）；

M 类：添加稀有金属碳化物类（WC + TiC + TaC（NbC）+ Co）。

1. K 类合金（原冶金部标准 YG 类）（GB/T 2075—2007 标准中）

K 类合金抗弯强度与韧性比 P 类高，能承受对刀具的冲击，可减少切削时的崩刃，但耐热性比 P 类差，因此主要用于加工铸铁、非铁材料与非金属材料。在加工脆性材料时切屑呈崩碎状。K 类合金导热性较好，有利于降低切削温度。此外，K 类合金磨削加工性好，可以刃磨出较锋利的刃口，故也适合加工非铁材料及纤维压层材料。

合金中含钴量愈高，韧性愈好，适于粗加工；钴量少的用于精加工。

2. P类合金（原冶金部标准YT类）（GB/T 2075—2007标准中）

P类合金有较高的硬度，特别是有较高的耐热性、较好的抗粘结、抗氧化能力。它主要用于加工以钢为代表的塑性材料。加工钢时塑性变形大、摩擦剧烈，切削温度较高。P类合金磨损慢，刀具寿命高。合金中含TiC量较多者，含Co量就少，耐磨性、耐热性就更好，适合精加工。但TiC量增多时，合金导热性变差，焊接与刃磨时容易产生裂纹。含TiC量较少者，则适合粗加工。

P类合金中的P01类为碳化钛基类（TiC + WC + Ni + Mo）（原冶金部标准YN类），它以TiC为主要成分，Ni、Mo作粘结金属。适合高速精加工合金钢、淬硬钢等。

TiC基合金的主要特点是硬度非常高，达90~93HRA，有较好的耐磨性。特别是TiC与钢的粘结温度高，使抗月牙洼磨损能力强。有较好的耐热性与抗氧化能力，在1000~1300℃高温下仍能进行切削。切削速度可达300~400m/min。此外，该合金的化学稳定性好，与工件材料亲和力小，能减少与工件摩擦，不易产生积屑瘤。

最早出现的TiC基硬质合金（又称金属陶瓷），其主要缺点是抗塑性变形能力差，抗崩刃性差。现在已发展为以TiC、TiN、TiCN为基，且以TiN为主，因而使耐热冲击性及韧性都有了显著提高。

3. M类合金（原冶金部标准YW类）（GB/T 2075—2007标准中）

M类合金加入了适量稀有难熔金属碳化物，以提高合金的性能。其中效果显著的是加入TaC或NbC，一般质量分数在4%左右。

TaC或NbC在合金中主要作用是提高合金的高温硬度与高温强度。在YG类合金中加入TaC，可使800℃时强度提高约0.15~0.20GPa。在YT类合金中加入TaC，可使高温硬度提高约50~100HV。

由于TaC与NbC与钢的粘结温度较高，从而减缓合金成分向钢中扩散，延长刀具寿命。

TaC或NbC还可提高合金的常温硬度，提高YT类合金抗弯强度与冲击韧度，特别是提高合金的抗疲劳强度。能阻止WC晶粒在烧结过程中的长大，有助于细化晶粒，提高合金的耐磨性。

TaC在合金中的质量分数达12%~15%时，可提高抵抗周期性温度变化的能力，防止产生裂纹，并提高抗塑性变形的能力。这类合金能适应断续切削及铣削，不易发生崩刃。

此外，TaC或NbC可改善合金的焊接、刃磨工艺性，提高合金的使用性能。

三、细晶粒、超细晶粒合金

普通硬质合金中WC粒度为几个微米，细晶粒合金平均粒度在1.5μm左右。超细晶粒合金粒度在0.2~1μm之间，其中绝大多数在0.5μm以下。

细晶粒合金中由于硬质相和粘结相高度弥散，增加了粘结面积，提高了粘结强度。因此，其硬度与强度都比同样成分的合金高，硬度约提高 1.5~2HRA，抗弯强度约提高 0.6~0.8GPa，而且高温硬度也能提高一些。可减少中低速切削时产生的崩刃现象。

生产超细晶粒合金，除必须使用细的 WC 粉末外，还应添加微量抑制剂，以控制晶粒长大。并采用先进烧结工艺，成本较高。

超细晶粒合金的使用场合是：

1）高硬度、高强度的难加工材料；

2）难加工材料的间断切削，如铣削等；

3）低速切削的刀具，如切断刀、小钻头、成形刀等；

4）要求有较大前角、后角，较小刀尖圆弧半径的能进行薄层切削的精密刀具，如铰刀、拉刀等刀具。

四、钢结硬质合金

钢结硬质合金是由 WC、TiC 作硬质相，高速钢作粘结相，通过粉末冶金工艺制成。它可以锻造、切削加工、热处理与焊接。淬火后硬度高于高生产率高速钢，强度、韧性高于硬质合金。钢结硬质合金可用于制造模具、拉刀、铣刀等形状复杂的工具或刀具。

五、涂层硬质合金

涂层硬质合金早在 20 世纪 60 年代已出现。采用化学气相沉积（CVD）工艺，在硬质合金表面涂覆一层或多层（5~13μm）难熔金属碳化物。涂层合金有较好的综合性能，基体强度韧性较好，表面耐磨、耐高温。但涂层硬质合金刃口锋利程度与抗崩刃性不及普通硬质合金。目前硬质合金涂层刀片广泛用于普通钢材的精加工、半精加工及粗加工。涂层材料主要有：TiC、TiN、TiCN、Al_2O_3 及其复合材料，它们的性能见表 2-4。

表 2-4 几种涂层材料的性能

性能 材料 项目	硬质合金	涂层材料		
		TiC	TiN	Al_2O_3
高温时与工件材料的反应	大	中等	轻微	不反应
在空气中抗氧化能力	<1000℃	1100~1200℃	1000~1400℃	好
硬度（HV）	≈1500	≈3200	≈2000	≈2700
热导率/$W \cdot m^{-1} \cdot K^{-1}$	83.7~125.6	31.82	20.1	33.91
线胀系数/$10^{-6}K^{-1}$	4.5~6.5	8.3	9.8	8.0

硬质合金刀片 CVD 涂层工艺，目前较普遍的涂层结构是：TiN-Al_2O_3-TiCN-基体。

TiC 涂层具有很高的硬度与耐磨性，抗氧化性也好，切削时能产生氧化钛薄膜，降低摩擦因数，减少刀具磨损。一般切削速度可提高 40% 左右。TiC 与钢的粘结温度高，表面晶粒较细，切削时很少产生积屑瘤，适合于精车。

TiC 涂层的缺点是线胀系数与基体差别较大，与基体间形成脆弱的脱碳层，降低了刀具的抗弯强度。因此，在重切削、加工硬材料或带夹杂物的工件时，涂层易崩裂。

TiN 涂层在高温时能形成氧化膜，与铁基材料摩擦因数较小，抗粘结性能好，能有效地降低切削温度。TiN 涂层刀片抗月牙洼及后面磨损能力比 TiC 涂层刀片强。适合切削钢与易粘刀的材料，加工表面粗糙度较小，刀具寿命较高。此外 TiN 涂层抗热振性能也较好。缺点是与基体结合强度不及 TiC 涂层，而且涂层厚时易剥落。

TiC-TiN 复合涂层：第一层涂 TiC，与基体粘结牢固不易脱落。第二层涂 TiN，减少表面层与工件的摩擦。

TiC-Al_2O_3 复合涂层：第一层涂 TiC，与基体粘结牢固不易脱落。第二层涂 Al_2O_3，使表面层具有良好的化学稳定性与抗氧化性能。这种复合涂层能像陶瓷刀那样高速切削，寿命比 TiC、TiN 涂层刀片高，同时又能避免陶瓷刀的脆性、易崩刃的缺点。

目前单涂层刀片已很少应用，大多采用 TiC-TiN 复合涂层或 TiC-Al_2O_3-TiN 三复合涂层。典型涂层是 CVD 涂 TiC TiCN TiN + PVD 涂 TiAlN。

涂层硬质合金是一种复合材料，基体是强度、韧性较好的合金，而表层是高硬度、高耐磨、耐高温、低摩擦的材料。这种新型材料有效地提高了合金的综合性能，因此发展很快。广泛适用于较高精度的可转位刀片、车刀、铣刀、钻头、铰刀等。

第四节 陶　　瓷

一、陶瓷刀具的特点

陶瓷刀具是以氧化铝（Al_2O_3）或以氮化硅（Si_3N_4）为基体再添加少量金属，在高温下烧结而成的一种刀具材料。主要特点是：

1）有高硬度与高耐磨性，常温硬度达 91~95HRA，超过硬质合金。因此可用于切削 60HRC 以上的硬材料。

2）有高的耐热性，1200℃下硬度为 80HRA，强度、韧性降低较少。

3）有高的化学稳定性。在高温下仍有较好的抗氧化、抗粘结性能，因此刀具的热磨损较少。

4）有较低的摩擦因数，切屑不易粘刀，不易产生积屑瘤。

5）强度与韧性低。强度只有硬质合金的 1/2。因此陶瓷刀具切削时需要选择合适的几何参数与切削用量，避免承受冲击载荷，以防崩刃与破损。

6）热导率低，仅为硬质合金的 1/2~1/5，热胀系数比硬质合金高 10%~30%，这就使陶瓷刀抗热冲击性能较差。陶瓷刀切削时不宜有较大的温度波动，一般不加切削液。

陶瓷刀具一般适用于在高速下精细加工硬材料。如 v_c = 200m/min 条件下车削淬火钢。但近年来发展的新型陶瓷刀也能半精、粗加工多种难加工材料，有的还可用于铣、刨等断续切削。

二、陶瓷刀具的种类与应用特点

20世纪50年代使用的是纯氧化铝陶瓷，由于抗弯强度低于45MPa，使用范围很有限，20世纪60年代使用了热压工艺，可使抗弯强度提高到50～60MPa。20世纪70年代开始使用氧化铝添加碳化钛混合陶瓷，20世纪80年代开始使用氮化硅基陶瓷，抗弯强度可达到70～85MPa。至此陶瓷刀的应用有了较大的发展。近几年来陶瓷刀具在开发与性能改进方面取得很大成就，抗弯强度已可达到90～100MPa。因此，新型陶瓷刀具是很有前途的一种刀具材料。

1. 氧化铝—碳化物系陶瓷

这类陶瓷是将一定量的碳化物（一般多用TiC）添加到Al_2O_3中，并采用热压工艺制成，称混合陶瓷或组合陶瓷。TiC的质量分数达30%左右时即可有效地提高陶瓷的密度、强度与韧性，改善耐磨性及抗热振性，使刀片不易产生热裂纹，不易破损。

混合陶瓷适合在中等切削速度下切削难加工材料，如冷硬铸铁、淬硬钢等。在切削60～62HRC的淬火工具钢时，可选用的切削用量为：$a_p=0.5mm$，$f=0.08mm/r$，$v_c=150～170m/min$。

氧化铝—碳化物系陶瓷中添加Ni、Co、W等作为粘结金属，可提高氧化铝与碳化物的结合强度。可用于加工高强度的调质钢、镍基或钴基合金及非金属材料，由于抗热振性能提高，也可用于断续切削条件下的铣削或刨削。

2. 氮化硅基陶瓷

氮化硅基陶瓷是将硅粉经氮化、球磨后添加助烧剂置于模腔内热压烧结而成。主要性能特点是：

1）硬度高，达到1800～1900HV，耐磨性好。

2）耐热性、抗氧化性好，达1200～1300℃。

3）氮化硅与碳和金属元素化学反应较小，摩擦因数也较低。实践证明用于切削钢、铜、铝均不粘屑，不易产生积屑瘤，从而提高了加工表面质量。

氮化硅基陶瓷最大特点是能进行高速切削，车削灰铸铁、球墨铸铁、可锻铸铁等材料效果更为明显。切削速度可提高到500～600m/min。只要机床条件许可，还可进一步提高速度。由于抗热冲击性能优于其他陶瓷刀具，在切削与刃磨时都不易发生崩刃现象。

氮化硅陶瓷适宜于精车、半精车，精铣或半精铣。可用于精车铝合金，达到以车代磨。还可用于车削51～54HRC镍基合金、高锰钢等难加工材料。

第五节　超硬刀具材料

超硬刀具材料指金刚石与立方氮化硼。

一、金刚石

金刚石是碳的同素异形体,是目前最硬的物质,显微硬度达 10000HV。

金刚石刀具有三类:

1. 天然单晶金刚石刀具

主要用于非铁材料及非金属的精密加工。单晶金刚石结晶界面有一定的方向,不同的晶面上硬度与耐磨性有较大的差异,刃磨时需选定某一平面,否则影响刃磨与使用质量。

2. 人造聚晶金刚石

人造金刚石是通过合金触媒的作用,在高温高压下由石墨转化而成。我国 20 世纪 60 年代就成功地获得第一颗人造金刚石。人造聚晶金刚石是将人造金刚石微晶在高温高压下再烧结而成,可制成所需形状尺寸,镶嵌在刀杆上使用。由于抗冲击强度提高,可选用较大切削用量。聚晶金刚石结晶界面无固定方向,可自由刃磨。

3. 金刚石烧结体

它是在硬质合金基体上烧结一层约 0.5mm 厚的聚晶金刚石。金刚石烧结体强度较好,允许切削断面较大,也能间断切削,可多次重磨使用。

金刚石刀具的主要优点是:

1) 有极高的硬度与耐磨性。

2) 有很好的导热性,较低的热胀系数。因此,切削加工时不会产生很大的热变形,有利于精密加工。

3) 刃面粗糙度较小,刃口非常锋利。因此,能胜任薄层切削,用于超精密加工。

聚晶金刚石主要用于制造刃磨硬质合金刀具的磨轮、切割大理石等石材制品用的锯片与磨轮。

金刚石刀具主要用于非铁材料,如铝硅合金的精加工、超精加工;高硬度的非金属材料,如压缩木材、陶瓷、刚玉、玻璃等的精加工;以及难加工的复合材料的加工。金刚石耐热温度只有 700~800℃,其工作温度不能过高。又易与碳亲和,故不宜加工含碳的黑色金属。

二、立方氮化硼(CBN)

立方氮化硼是由六方氮化硼(白石墨)在高温高压下转化而成的,是 20 世纪 70 年代发展起来的新型刀具材料。

立方氮化硼刀具的主要优点是:

1) 有很高的硬度与耐磨性,达到 3500~4500HV,仅次于金刚石。

2) 有很高的热稳定性,1300℃时不发生氧化,与大多数金属、铁系材料都不起化学作用。因此能高速切削高硬度的钢铁材料及耐热合金,刀具的粘结与扩散磨损较小。

3) 有较好的导热性,与钢铁的摩擦因数较小。

4) 抗弯强度与断裂韧性介于陶瓷与硬质合金之间。

由于 CBN 材料的一系列的优点,使它能对淬硬钢、冷硬铸铁进行粗加工与半精加工。同时还能高速切削高温合金、热喷涂材料等难加工材料。

CBN 也可与硬质合金烧结成一体,这种 CBN 烧结体的抗弯强度可达 1.47GPa,能经多次重磨使用。

应指出的是,加工一般材料大量使用的还是高速钢与硬质合金。只有对高硬度的材料或超精加工时使用超硬材料才有较好的经济效益。

PCBN 刀具按 CBN 含量百分比选用举例:CBN50% 用于连续切削淬火钢(45~65HRC);CBN65% 用于断续切削淬火钢;CBN80% 可用于加工镍铬铸铁,重载断续切削淬火钢;CBN90% 可用于高速切削铸铁(v_c = 500 ~ 1300m/min)、断续切削淬火钢、硬质合金、烧结金属等。

复习思考题

2-1 刀具切削部分材料应具备哪些性能?

2-2 普通高速钢有哪几种牌号?它们主要的物理、力学性能如何?适合于做什么刀具?

2-3 高性能高速钢有几种类型?与普通高速钢比较有什么特点?

2-4 粉末高速钢与普通熔炼高速钢比较有何特点?

2-5 P、K、M、H、S、N 类合金的色标是何颜色?

2-6 常用的钨钴类、钨钛钴类、添加钽(铌)类、碳化钛基类硬质合金有哪些牌号?它们的用途如何?为什么?

2-7 涂层硬质合金有什么优点?有几种涂层材料?它们各有何特点?

2-8 涂层高速钢刀具主要优点是什么?典型的涂层材料有哪些?

2-9 陶瓷刀具材料有何特点?各类陶瓷刀具材料的适用场合如何?

2-10 金刚石与立方氮化硼各有何特点?它们的适用场合如何?

第三章 金属切削过程的基本规律

金属切削过程是指刀具从工件表面上切下多余金属层形成切屑和已加工表面的过程，在这过程中产生切削变形、切削力、切削热和切削温度、刀具磨损等现象。本章主要介绍各种现象的成因、作用和变化规律，以便为合理选用刀具和切削参数、保证加工质量、降低成本及提高生产效率打下基础。

第一节 切削变形与切屑形成过程

切削变形和切屑形成过程是切削原理中最基本和重要的课题，为了便于分析和了解，常用正交自由切削模型进行说明。

一、切削变形区的特点

如图3-1所示，在刀具切削金属材料时，刀具切削刃切入金属层，并受到刀具前面的挤压和切削，形成了切屑和已加工表面。在刀具切削过程中近切削刃有三个变形区，其不同的变形特点及作用简述如下：

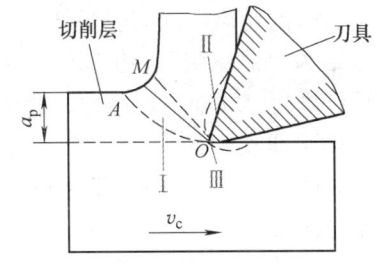

图3-1 三个变形区域

1. 第Ⅰ变形区

图3-1、图3-2a中$\overline{OA}$-$\overline{OM}$之间的塑性变形区域称为第Ⅰ变形区。

在第Ⅰ变形区内的变形过程及其特点是：当切削刃处于起始切削点O位置时，在切削层$\overline{OA}$面上受刀具的F_r'（正压力与摩擦力合力的反力）力作用后，使$\overline{OA}$面上产生的切应力达到材料屈服强度$\sigma_{0.2}$，引起了金属材料组织中晶格在晶面上剪切滑移，滑移方向与切应力方向一致，即与F_r'作用方向呈45°。继而，切削层移动到$\overline{OM}$面时，其上晶格在晶面上滑移方向仍然与切削力F_r'方向呈45°。切削层经$\overline{OM}$面后即被刀具切离而形成了切屑。

显然，切削层从起始到终了切削形成了切屑是在极短时间内完成的。通常$\overline{OA}$面称起始滑移面、$\overline{OM}$面称终滑移面，它们之间是个很窄的塑性变形区域，仅为0.02~0.2mm。为此，可用一个面p_{sh}来表示，p_{sh}称为剪切面，或称滑移面。

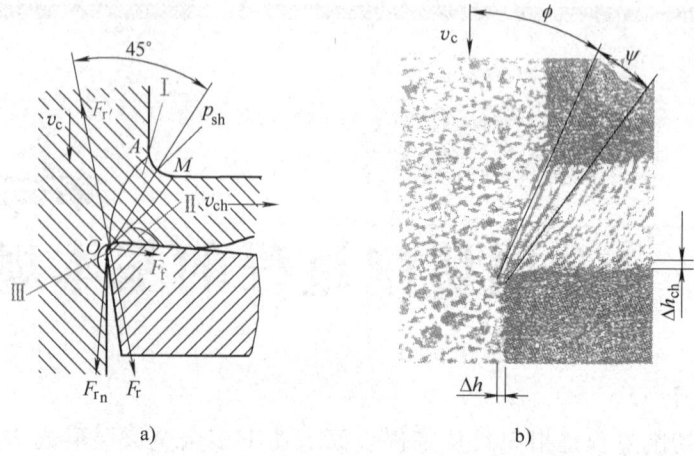

图 3-2 切削变形区
a）正交平面中受力变形区域　b）切屑变形金相照片

如图 3-2a、b 所示，滑移面与切削速度 v_c 方向间夹角 ϕ 称剪切角；滑移面与作用力方向夹角为 45°；滑移面与晶格变形伸长方向夹角为 ψ、亦是与晶格纤维化方向夹角。

2. 第 II 变形区

图 3-2a、b 表明在切屑流出时其底层与刀具前面近刀尖接触处产生塑性变形区域。

切屑在刀具前面上流出时，又受到前面的挤压和摩擦作用，使贴近前面厚度 Δh_{ch} 的切屑层内流速很低，各层流速的变化规律近似为 $\Delta v_{ch} \to 0$，因此又称 Δh_{ch} 为"滞流层"，滞流层内变形剧烈、晶格拉长，在平行前面方向晶格拉长呈纤维化，并在一定压力、温度条件下出现粘屑现象。

3. 第 III 变形区

如图 3-2b 所示，第 III 变形区是指在已加工表面层内近切削刃附近的 Δh 内变形区域。

在已加工表层内，受到切削刃钝圆弧的挤压和摩擦作用变形加剧，使在该层内引起晶格伸长和呈纤维化、扭曲、甚至碎裂，而使已加工表面产生塑性变形及硬化层。

在切削过程中除了上述三个变形区外，由于切削刀具刃口不锋利，其钝圆半径过大，会产生刃前变形区，并加剧了刃口前金属层内塑性变形程度。

二、切屑类型

在切屑形成过程中，材料的塑性或塑性变形程度的不同，所产生切屑类型也不同，一般有下述四种：

（1）带状切屑（图 3-3a）　在切削软钢、铜、铝和可锻铸铁等材料时，切削过程是切削层完整的剪切滑移过程，形成的切屑沿刀具前面呈带状流出。

（2）节状切屑（图 3-3b）　形成切屑时，在切屑厚度的背面出现剪切断裂呈节状流出。

（3）粒状切屑（图3-3c） 在切削层中发生严重塑性变形、切应力 τ 大于材料抗拉强度时，切屑被剪切断裂成颗粒状。

（4）崩碎切屑（图3-3d） 在切削灰铸铁、铸黄铜等脆性材料时，切削层经弹性变形后即产生脆性崩裂形成了不规则的崩碎切屑。

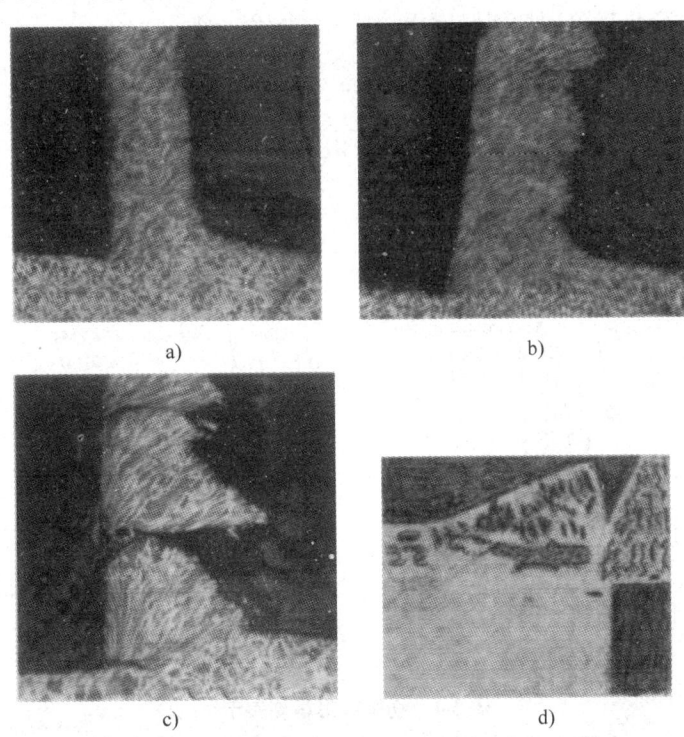

图 3-3 切屑的类型
a）带状切屑 b）节状切屑 c）粒状切屑 d）崩碎切屑

形成带状切屑时切削较平稳、表面粗糙度小，但不规则的缠绕会妨碍顺利切削；形成节状切屑的切削变形严重、切削力较大；产生粒状切屑和崩碎切屑会引起振动，表面质量差，并易因冲击损坏刀具。然而各种类型的切屑可以相互转化，这种转化主要取决于加工条件，例如，切削塑性材料可增大前角 γ_o 或提高切削速度 v_c，以及减小进给量 f 等可形成带状切屑，甚至切削脆性材料，在大前角 γ_o、高速 v_c 条件下，也会形成较短的带状切屑。

三、变形程度的表示方法

切削变形是材料微观组织的动态变化过程，因此，变形量的计算很复杂。但为研究切削变形的规律，通常用相对滑移 ε、切屑厚度压缩比 Λ_h（变形系数 ξ）和剪切角 ϕ 的大小来衡量切削变形程度。

相对滑移 ε 是指切削层在剪切面上相对滑移量；切屑厚度压缩比 Λ_h 是表示切屑外形尺寸的相对变化量；剪切角 ϕ 是从切屑根部金相组织中测定的晶格滑移方向与切削速度方向之间的夹角。ε、Λ_h 和 ϕ 均可用来定量研究切削变形规律。

切屑厚度压缩比 Λ_h 与切削变形的关系如下：

如图 3-4a 所示，切削层经过剪切滑移后形成的切屑，在它流出时又受到前面摩擦作用，使切屑的外形尺寸相对于切削层的尺寸产生了变化，即是切屑厚度增加（$h_{ch} > h_D$）、切屑长度缩短（$l_{ch} < l_D$）、切屑宽度接近不变。切屑尺寸的相对变化量可用切屑厚度压缩比 Λ_h 表示。即

$$\Lambda_h = \frac{l_D}{l_{ch}} = \frac{h_{ch}}{h_D} > 1 \tag{3-1}$$

$$\Lambda_h = \frac{h_{ch}}{h_D} = \frac{\overline{OM}\cos(\phi - \gamma_o)}{\overline{OM}\sin\phi}$$

$$= \frac{\cos(\phi - \gamma_o)}{\sin\phi} \tag{3-2}$$

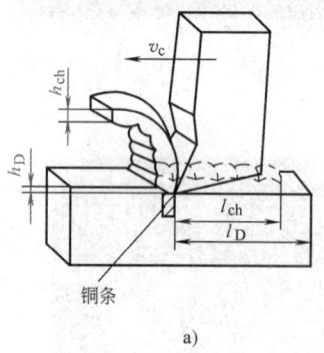
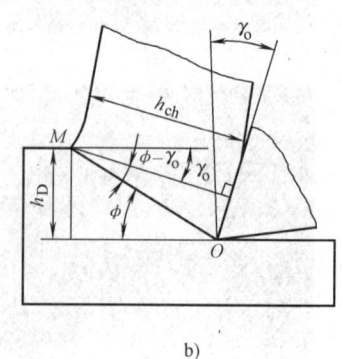

图 3-4 切削变形程度表示

a) 切削层尺寸与切屑尺寸　b) 前角、剪切角与切削变形关系

式（3-2）表明：影响切削变形主要是前角 γ_o 和剪切角 ϕ 两因素，其中剪切角随着切削条件不同而变化。如图 3-5 中，根据"切应力与主应力方向呈 45°"的剪切理论，在切削过程中主应力 F_a 与作用力的合力 F_r' 的方向一致，则确定剪切角 ϕ 为

$$\phi = 45° - (\beta - \gamma_o) \tag{3-3}$$

式中　β——由刀具前面上摩擦因数 μ 而定的摩擦角，亦即 $\tan\beta = \mu$。

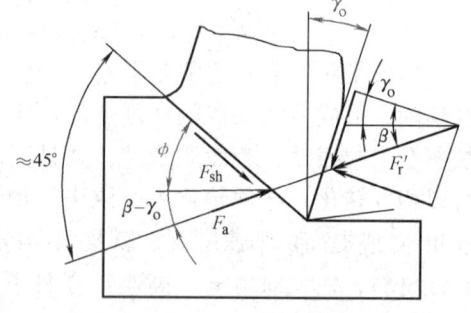

图 3-5 剪切角 ϕ 确定

分析式（3-2）和式（3-3）可知，增大刀具前角 γ_o，减小刀-屑面间摩擦，使之剪切角 ϕ 增大，是减小切削变形的重要途径。

利用 Λ_h 值来表示切削变形程度有一定局限性，因为这是根据剪切理论提出的，略去了摩擦、挤压和温度等作用。此外，对有些材料切削的 Λ_h 值不能表示切削变形的实际情况，但用 Λ_h 表示切屑和切削层尺寸的变化及相互关系规律较为直观，并易测定和计算。

四、前面上摩擦特点

如图 3-6a 所示,切屑流出时与刀具前面接触长度为 l_f。在 l_f 长度内,近切削刃的接触长度 l_{fi} 称为内摩擦区;l_{fi} 外的长度 l_{fo} 内称外摩擦区。内摩擦区形成是由于摩擦与挤压作用产生了高温与高压(2~3GPa),使刀-屑面 l_{fi} 接触区面积 A_{fi} 内形成粘结,亦称冷焊。图 3-6b 是扫描电镜摄取的表面粗糙不平的粘结形态。内摩擦区是前面上的主要摩擦区,它不同于金属接触面间滑动摩擦。

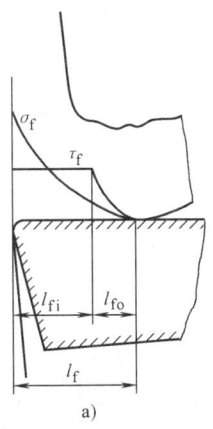 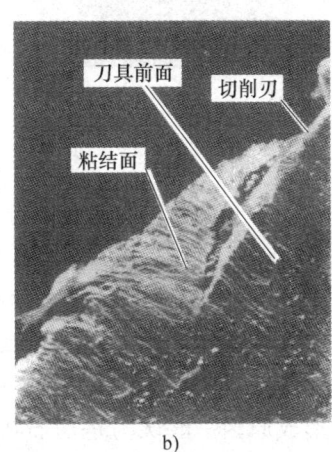

图 3-6 刀-屑面间接触与粘结
a) 刀-屑面间接触 b) 刀-屑面间粘结

内摩擦力 F_{fi} 使粘结材料较软的工件一方产生剪切滑移,它的切应力 τ_f 等于工件材料剪切屈服强度 $\sigma_{0.2}$。经测定内摩擦区内 τ_f 为常数,但由正压力 F_{ni} 作用产生的正应力 σ_f 在摩擦区域内是变化的,离切削刃越远 σ_f 越小,取其平均正应力为 σ_{av}。

在内摩擦区内的摩擦因数 μ 为

$$\mu = \tan\beta = \frac{F_{fi}}{F_{ni}} = \frac{A_{fi}\tau_f}{A_{fi}\sigma_{av}} = \frac{\tau_f}{\sigma_{av}} \tag{3-4}$$

由于摩擦对切削变形、刀具寿命和加工表面质量具有重要影响,因此,由上述分析及式(3-4)表明,为减小内摩擦区的摩擦,可采用减小切削力、缩短刀-屑接触长度、降低加工材料的屈服强度、选用摩擦因数小的刀具材料、提高刀面刃磨质量和浇注切削液等多种措施。

五、积屑瘤

如图 3-7a 所示,积屑瘤是由切屑堆积在刀具前面近切削刃处的一个硬楔块,它是在第 Ⅱ 变形区内,是由摩擦和变形形成的物理现象。图 3-7b 所示是积屑瘤的外形尺寸。

在生产中对中碳钢、低碳钢、铝合金等塑性金属进行车、钻、铰、拉和螺纹加工均可能出现积屑瘤。

 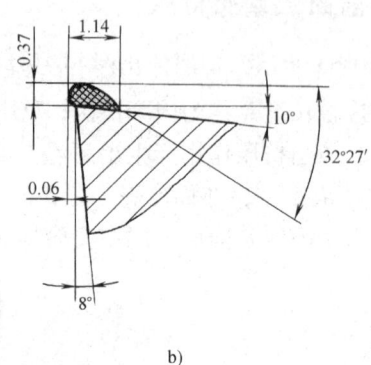

a)　　　　　　　　　　　b)

图 3-7　积屑瘤

a) 积屑瘤　b) 积屑瘤外形尺寸

加工条件：工件 45 钢、刀具 W18Cr4V、$\gamma_o = 5°$、$v_c = 20\text{m/min}$、$f = 0.23\text{mm/r}$

积屑瘤对切削加工的影响是：由于它的硬度高于工件 2~3 倍，故堆积在切削刃上能代替切削刃切削，并保护了切削刃；增大实际工作前角，减小切削变形；堆积成的钝圆弧刃口造成挤压和过切现象，降低加工精度；积屑瘤脱落后粘附在已加工表面上使表面粗糙不平。所以在精加工时应避免积屑瘤产生。

积屑瘤形成原因一般认为是切屑在刀具前面上粘结（冷焊）造成的，若在"滞流层"内近切削刃处的温度和压力很低，切屑底层塑性变形小，摩擦因数小，粘结不易产生，不易形成积屑瘤；在高温时，切屑底层材料软化，剪切屈服强度 $\sigma_{0.2}$ 下降，使摩擦因数 μ 减小，积屑瘤也不易产生；当压力、温度达到一定程度时，切屑底层材料中切应力超过材料的剪切屈服强度，使"滞流层"中流速为零的切削层被剪切断裂粘结在前刀面上，粘结金属层经剧烈塑性变形后硬度提高，它可代替切削刃继续剪切较软的金属层，依次层层堆积，高度逐渐增大而形成了积屑瘤。长高的积屑瘤在外力或振动作用下可能会脱落或局部断裂，继而又重复产生与脱落。

在切削试验和生产实践中均表明：在中温情况下，例如切削中碳钢，温度在 300~380℃，积屑瘤高度为最大，温度超过 500~600℃ 时积屑瘤消失。

在生产中常采取以下措施来抑制或消除积屑瘤：

1) 采用低速或高速切削。切削速度是通过切削温度影响积屑瘤的，如图 3-8a 所示。以切削 45 钢为例，在低速 $v_c < 3\text{m/min}$ 和较高速度 $v_c \geq 60\text{m/min}$ 范围内，摩擦因数都较小，故不易形成积屑瘤。在切削速度 $v_c \approx 20\text{m/min}$ 左右，切削温度约 300℃，产生积屑瘤的高度达到最大值。

2) 减小进给量、增大刀具前角、提高刀具刃磨质量和合理选用切削液，使摩擦和粘结减少，可达到抑制积屑瘤的作用。

3) 合理调整各切削参数值，以防止形成中温区域。图 3-8b 所示，是切削合金钢消失积屑瘤时的切削速度、进给量和前角之间的关系。例如，选用进给量 $f = 0.2\text{mm/r}$、前角 $\gamma_o = 0°$，消失积屑瘤的切削速度为 22m/min；选用进给量 $f = 0.2\text{mm/r}$、前角 $\gamma_o = 10°$，消失积屑瘤的速度为 32m/min。

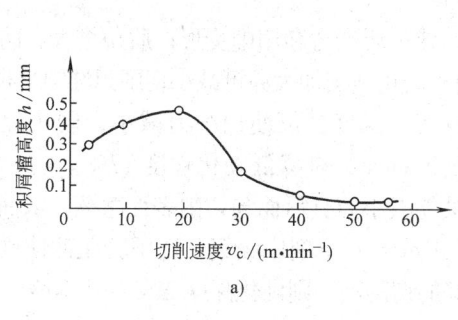
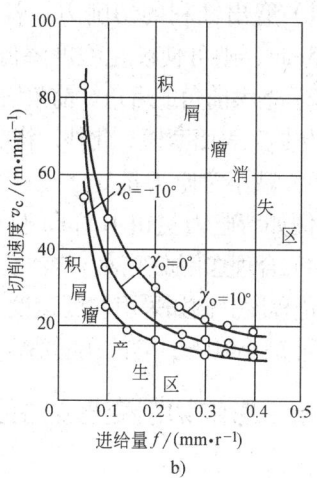

图 3-8 切削参数对积屑瘤的影响

a) 切削速度对积屑瘤的影响
加工条件：材料 45 钢、$a_p = 4.5$mm、
$f = 0.67$mm/r

b) 切削速度、进给量和前角对积屑瘤影响
加工条件：材料合金钢、P10（YT15）、$\gamma_o = 0°$、
$r_\varepsilon = 0.5$mm、$a_p = 2$mm

六、已加工表面变形和加工硬化

加工硬化是在第Ⅲ变形区内产生的物理现象。由于刀具的切削刃都很难磨得绝对锋利，当用钝圆弧切削刃或很小后角的刀具切削时，在挤压和摩擦作用下，使已加工表面层内的金属晶粒产生扭曲、错位和破碎，这种变化情况可从图 3-9 中看出。经过严重塑性变形而使表面层硬度增高的现象称为加工硬化亦称冷硬。金属材料经硬化后提高了屈服强度，并在已加工表面上出现了显微裂纹和残余应力，从而降低了材料疲劳强度。许多金属材料，例如不锈钢、高锰钢以及钛合金等由于切削后硬化严重，故影响刀具的使用寿命。

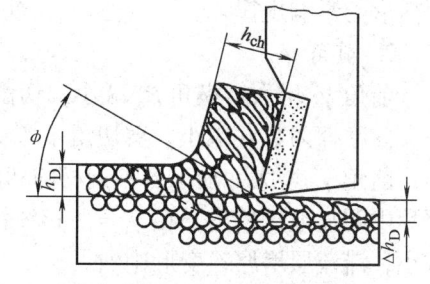

图 3-9 已加工表面层内晶粒的变化

衡量加工后硬化程度的指标有：加工硬化程度 N 和硬化层深度 Δh_D。加工硬化程度 N 是表示已加工表面显微硬度 H_1 与金属材料基体显微硬度 H 之间的相对变化量，可表示为

$$N = \frac{H_1 - H}{H} \times 100\%$$

材料的塑性越大，金属晶格滑移越易，且滑移面越多，硬化越严重。例如不锈钢 1Cr18Ni9Ti 的硬化程度为 140%～220%、硬化层深度 $\Delta h_D = 1/3 a_p$；高锰钢的硬化程度 $N = 200\%$。

生产中常采取以下措施来减轻硬化程度：

1) 磨出锋利的切削刃。若在刃磨时切削刃钝圆半径 r_n 由 0.5mm 减小到 0.005mm，则可使硬化程度降低 40%。

2) 增大前角或后角。前角增大，减小切削力和切削变形；后角增大，防止后刀面与加工表面摩擦。此外，将前角和后角适当加大亦可减小切削刃钝圆半径。

3) 减小背吃刀量 a_p。适当减少切入深度，可使切削力减小，硬化程度减轻，例如背吃刀量由 1.2mm 减小到 0.1mm，可降低硬化程度 17%。

4) 合理选用切削液。浇注切削液能减小刀具后面与切削表面摩擦，从而能减轻硬化程度。例如采用切削速度 $v_c=35\text{m/min}$ 车削中碳钢，选用乳化油使硬化深度 Δh_D 减小 20%；若改用润滑性良好的切削油，则硬化深度 Δh_D 减小 30%。

七、影响切削变形的主要因素

1. 加工材料

材料的强度、硬度越高，刀-屑面间正压力越大，平均正应力 σ_{av} 也越大，则由式（3-4）、式（3-3）知，摩擦因数 $\mu=\tan\beta$ 减小，而使剪切角 ϕ 增大，因此，切削变形减小，见式（3-2）。图 3-10 为不同的工件材料（相同的前角 γ_o）对切削变形的影响规律。

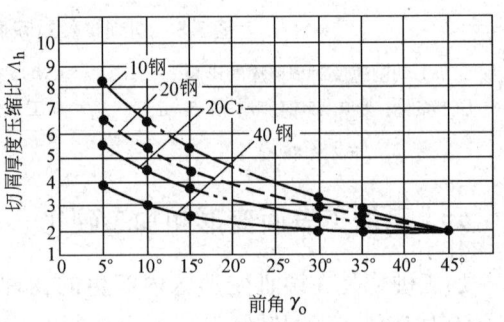

图 3-10 不同的工件材料对切削变形的影响

2. 前角 γ_o

前角 γ_o 增大，楔角 β_o 减小，切削刃钝圆弧半径 r_n 减小，切屑流出阻力小，使摩擦因数 μ 减小，剪切角 ϕ 增大，故切削变形减小。从图 3-10 亦可看出，前角 γ_o 增大，加工各种钢材的切削变形均减小；并从图 3-11 的金相显微照片中明显地比较出，在 $\gamma_o=-15°$ 时，刀具对切削层的挤压力大，剪切角 ϕ 减小，滞流层增厚，变形剧烈。

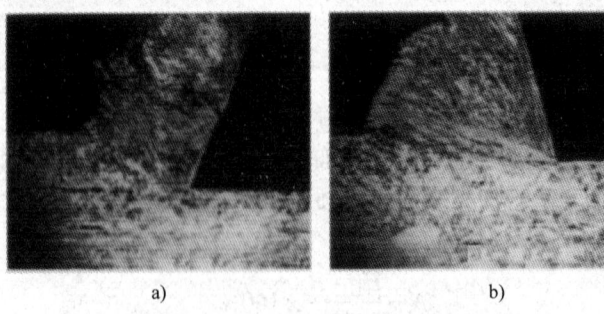

图 3-11 前角 γ_o 对剪切角 ϕ 的影响
a) $\gamma_o=15°$ b) $\gamma_o=-15°$

3. 切削速度 v_c

切削速度是通过切削温度和积屑瘤影响切削变形的。如图 3-12a 所示，由于低速时切削温度低，刀-屑面间不易粘结，摩擦因数 μ 小，切削变形小；随着速度提高，温度增高，粘结逐渐严重，摩擦因数 μ 增大，切削变形增大；切削速度进一步提高，温度使加工材料剪切屈服强度降低，切应力小，摩擦因数 μ 小，因此，切削变形小。

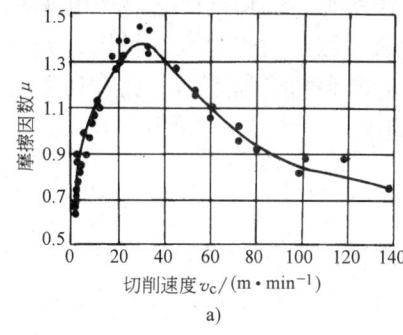
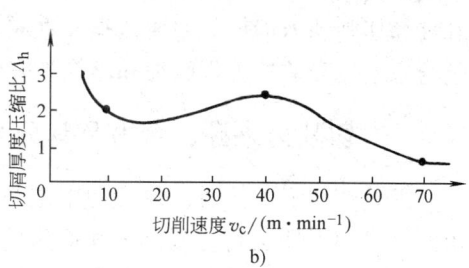

图 3-12 切削速度 v_c 对切削变形的影响

a）切削速度 v_c 对摩擦因数 μ 影响
    加工条件：工件 30Cr、刀具 W18Cr4V、
    $\gamma_o = 30°$、$h_D = 0.149\text{mm}$

b）切削速度 v_c 对 Λ_h 影响
    加工条件：工件 45 钢、刀具 W18Cr4V、
    $\gamma_o = 5°$、$f = 0.23\text{mm/r}$

当产生了积屑瘤时，由图 3-12b 表示出，随着速度提高，积屑瘤高度逐渐增加，使刀具实际工作前角随之增大，切屑厚度压缩比 Λ_h 减小；切削速度为 20m/min 左右时，积屑瘤高度达最大值，则 Λ_h 最小；当切削速度超过约 40m/min 而继续提高时，由于温度升高，摩擦因数 μ 降低，使 Λ_h 减小；在高速时，切削层来不及充分变形已被切离，所以 Λ_h 很小。

4. 进给量 f

图 3-13 为进给量对摩擦因数 μ 和切屑厚度压缩比 Λ_h 的影响规律。当进给量增大时，切削厚度 h_D 与切屑厚度 h_{ch} 增加，使前面上正压力 F_{rn} 增大，使平均正应力 σ_{av} 增大，因此，摩擦因数 μ 减小和切屑厚度压缩比 Λ_h 减小。

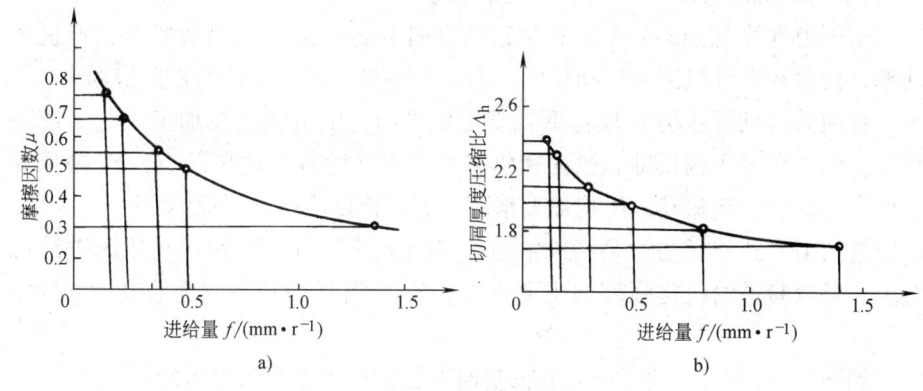

图 3-13 进给量 f 对切削变形的影响

a）进给量 f 对摩擦因数 μ 影响
    加工条件：工件 50 钢、P10（YT15）、$\gamma_o = 15°$、
    $r_\varepsilon = 1.5\text{mm}$、$v_c = 100\text{m/min}$

b）进给量 f 对切屑厚度压缩比 Λ_h 影响
    加工条件：工件 45 钢、W18Cr4V、
    $\gamma_o = 5°$、$f = 0.23\text{mm/r}$

第二节 切 削 力

切削力是指在切削过程中刀具对工件的作用力,在切削时它是影响工艺系统强度、刚度和被加工工件质量的重要因素。切削力也是设计机床、夹具和计算切削动力消耗的主要依据。在自动化生产和精密加工中,也常利用切削力来检测和监控刀具磨损和已加工表面质量。

一、切削力来源、合力及其分力

刀具在切削工件时,使被切削层与工件内部产生弹、塑性变形抗力;流出的切屑和工件运动与刀具之间产生的摩擦力,上述作用在刀具上的合力用 F 表示。合力 F 作用在刀具切削刃上的空间方向。如图 3-14 所示,将合力 F 分解为 3 个分力,以便于测量和计算,其中有

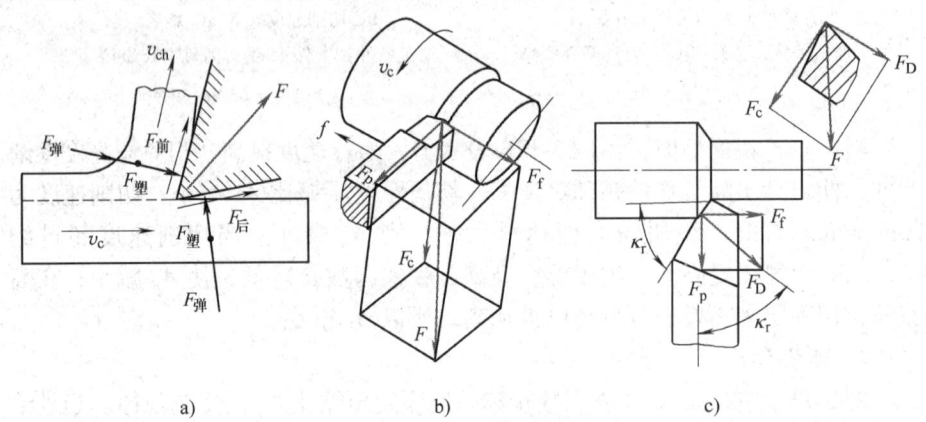

图 3-14 切削力的组成及其分力
a) 切削力来源 b) 切削分力在立体图上表示 c) 切削分力在平面图上表示

切削力(主切削力)F_c:在主运动方向上的分力。F_c 是校验和选择机床功率,校验和设计机床主运动机构、刀具和夹具强度和刚性的重要依据。

背向力(切深抗力)F_p:垂直于工作平面上的分力。在加工工艺系统刚性差,例如在纵车细长轴、镗孔和机床主轴承间隙较大的情况下,F_p 是顶弯工件、刀具,引起振动,影响加工精度、表面粗糙度的主要原因。

进给力(进给抗力)F_f:进给运动方向上的分力。F_f 作用在机床进给机构上,是校验进给机构强度的主要依据。F_f 所消耗的功率约为总功率的1%~5%。

如图 3-14c 所示,推力 F_D 是在基面上且垂直于主切削刃的分力。

上述各切削力之间关系为

$$F = \sqrt{F_D^2 + F_c^2} = \sqrt{F_c^2 + F_p^2 + F_f^2}$$
$$F_p = F_D \cos\kappa_r, F_f = F_D \sin\kappa_r \tag{3-5}$$

由实验可知,选用车刀主偏角 $\kappa_r = 45°$、前角 $\gamma_o = 15°$ 切削 45 钢,各分力

间近似比例为

$$F_c : F_p : F_f = 1 : (0.4 \sim 0.5) : (0.3 \sim 0.4)$$

二、切削力实验公式

在切削加工中，计算切削力具有很实用的意义。切削力的计算可利用理论计算公式和实验得到的实验公式进行。切削力的理论计算较复杂，而用实验公式或用实验图表求比较容易，但其结果较为近似。

（一）切削力的测定原理

切削力实验公式是利用测力仪测得的切削力数据经整理而建立的。测力仪的主要元件是测力传感器。目前常用的测力仪是电阻应变片式和压电石英晶体式两类。

1. 电阻应变片式测力仪

电阻应变片式测力仪是在测力传感器上粘贴电阻应变片。如图 3-15 所示，以测单向力为例，在切削力 F_c 作用下（图 3-15a），使粘贴在弹性刀架上阻值相同的电阻应变片 R_1、R_2 产生变形，从而使电桥电路（图 3-15b）输出电信号，再经过测力系统（图 3-15c）的仪表将信号放大、记录、最后在已标定的力—电关系的图表中求得切削力 F_z 值。同理，若使用三向测力传感器（F_c、F_p、F_f），在受刀具切削时，分别输出三向切削力电信号，通过测力系统中电阻应变仪和光线示波仪表示出对应电压值，经转换即可得到三向切削力值。

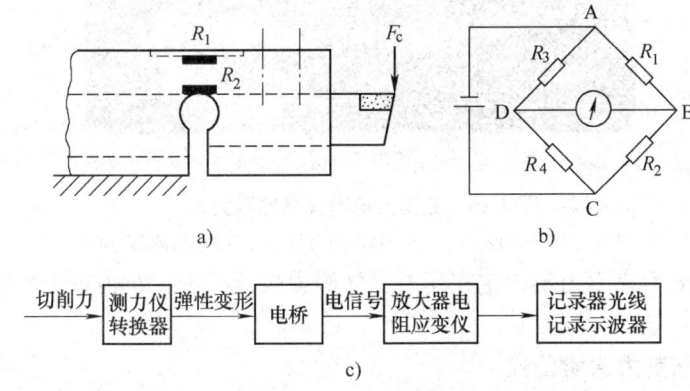

图 3-15 单向电阻式测力仪的工作原理

2. 压电晶体测力仪

图 3-16a 为压电晶体传感器。它是由 3 组石英晶体组成的（每组 2 片），并被密封在不锈钢体壳中，在 2 片石英晶体中间装有金属电极和引出电荷量的导线。各组石英晶体分别受 F_c、F_p 和 F_f 作用产生压电效应，使 2 片变形的晶体相对表面上产生负电荷，电荷量多少与受力大小成正比。电荷由电极经导线输入电荷放大仪再经光线示波仪记录。

图 3-16b 为压电晶体测力仪（顶面有装刀架孔）。测力仪被固定在两底板间、经精确水平调整的 4 个压电晶体传感器，串联后可分别测量 3 个切削分力。目前利用计算机数据处理可更简便地得到切削力数值。将电荷放大仪输

出的电信号，通过 A/D 转换器获得的数字信号输入计算机，再由已编制的程序进行数据处理，最后经打印、绘图显示出三向切削力数值和变化规律图形。图 3-16c 为三向压电石英晶体测力仪在车床上进行测力实验。

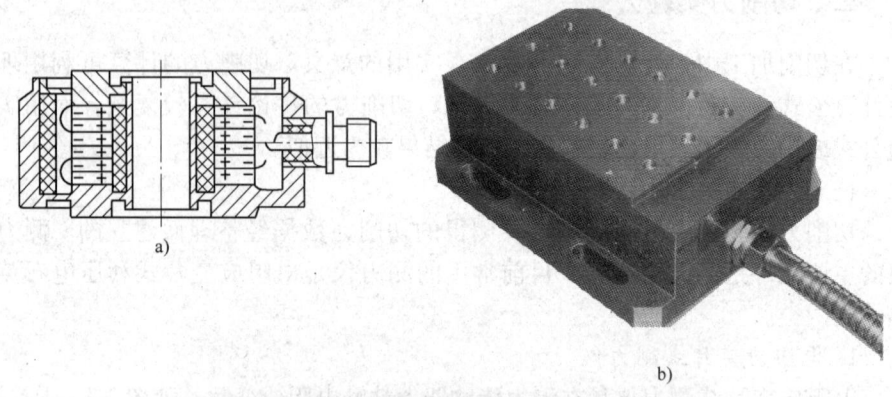

图 3-16　三向压电石英晶体测力仪
a) 压电晶体传感器　b) 压电晶体测力仪　c) 压电晶体测力实验

图 3-16c 为车刀刀架固定在压电晶体测力仪顶盖上，车刀进行外圆车削测力实验[⊖]。

（二）切削力实验公式

切削力实验公式是将测力后得到的实验数据通过数学整理或计算机处理后建立的。切削力实验后整理的指数公式为

$$F_c = C_{F_c} a_p^{x_{F_c}} f^{y_{F_c}} v_c^{n_{F_c}} K_{F_c} \tag{3-6}$$

$$F_p = C_{F_p} a_p^{x_{F_p}} f^{y_{F_p}} v_c^{n_{F_p}} K_{F_p}$$

$$F_f = C_{F_f} a_p^{x_{F_f}} f^{y_{F_f}} v_c^{n_{F_f}} K_{F_f}$$

式中　F_c、F_p、F_f——各切削分力，单位为 N；

C_{F_c}、C_{F_p}、C_{F_f}——公式中系数，根据加工条件由实验确定；

⊖ 压电石英晶体测力仪制造单位：大连理工大学机械工程学院传感测控研究所和江苏联能电子技术有限公司。

x_F、y_F、n_F——表示各因素对切削力的影响程度指数；

K_{F_c}、K_{F_p}、K_{F_f}——不同加工条件对各切削分力的影响修正系数。

三、单位切削力

目前，国内外许多资料中都利用单位切削力 k_c 来计算切削力 F_c 和切削功率 P，这是较为实用和简便的方法。

单位切削力是切削单位切削层面积所产生的作用力。

单位切削力 k_c 的单位为 N/mm^2，可表示为

$$k_c = \frac{F_c}{A_D} = \frac{C_{F_c} a_p^{x_{F_c}} f^{y_{F_c}}}{a_p f} = \frac{C_{F_c}}{f^{1-y_{F_c}}} \tag{3-7}$$

式（3-7）中实验得到 $x_{F_c} \approx 1$，因此在不同切削条件下影响单位切削力的因素是进给量 f。增大进给量，由于切削变形减小，因此单位切削力减小。

若已知单位切削力 k_c、背吃刀量 a_p 和进给量 f 时，则切削力 F_c（单位为N）为

$$F_c = k_c A_D = k_c a_p f$$

表 3-1 是国内资料中介绍的用硬质合金车刀 $\gamma_o = 10°$、$\kappa_r = 45°$、$\lambda_s = 0°$ 和 $r_\varepsilon = 2mm$ 等条件下，由实验求得的切削力公式中的各系数和指数值，并由此换算的单位切削力 k_c 值。

表 3-1 用硬质合金车刀纵车外圆、横车及镗孔时，公式中系数 C_F，指数 x_F,y_F,n_F 和不同进给量时单位切削力 k_c 值

加工材料	切削力 F_c $F_c = C_{F_c} a_p^{x_{F_c}} f^{y_{F_c}} v_c^{n_{F_c}}$				切削力 F_p $F_p = C_{F_p} a_p^{x_{F_p}} f^{y_{F_p}} v_c^{n_{F_p}}$				切削力 F_f $F_f = C_{F_f} a_p^{x_{F_f}} f^{y_{F_f}} v_c^{n_{F_f}}$			
	C_{F_c}	x_{F_c}	y_{F_c}	n_{F_c}	C_{F_p}	x_{F_p}	y_{F_p}	n_{F_p}	C_{F_f}	x_{F_f}	y_{F_f}	n_{F_f}
结构钢、铸钢 $\sigma_b = 650MPa$	2795	1.0	0.75	-0.15	1940	0.90	0.6	-0.3	2880	1.0	0.5	-0.4
不锈钢 1Cr18Ni9Ti 硬度 141HBW	2000	1.0	0.75	0	—	—	—	—	—	—	—	—
灰铸铁 硬度 190HBW	900	1.0	0.75	0	530	0.9	0.75	0	450	1.0	0.4	0
可锻铸铁 硬度 150HBW	790	1.0	0.75	0	420	0.9	0.75	0	375	1.0	0.4	0

加工材料	单位切削力 $k_c = C_{F_c}/f^{1-y_{F_c}}$ （单位为 N/mm^2）										
	（进给量 f mm/r）										
	0.1	0.15	0.20	0.24	0.30	0.36	0.41	0.48	0.56	0.66	0.71
结构钢、铸钢 $\sigma_b = 650MPa$	4991	4508	4171	3937	3777	2630	3494	3367	3213	3106	3038
不锈钢 1Cr18Ni9Ti 硬度 141HBW	3571	3226	2898	2817	2701	2597	2509	2410	2299	2222	2174
灰铸铁 硬度 190HBW	1607	1451	1304	1267	1216	1169	1125	1084	1034	1000	978
可锻铸铁 硬度 150HBW	1419	1282	1152	1120	1074	1032	994	958	914	883	864

四、切削功率

切削功率 P_c 是指主运动消耗的功率（单位为 kW），可按下式计算

$$P_c = F_c v_c \times 10^{-3} \tag{3-8}$$

式中　F_c——切削力（单位为 N）；
　　　v_c——切削速度（单位为 m/s）。

按式（3-8）可确定机床主电动机功率 P_E 为

$$P_E = P_c / \eta_c$$

式中　η_c——机床传动效率，一般为 $\eta_c = 0.75 \sim 0.9$。

五、影响切削力的因素

凡影响切削过程变形和摩擦的因素都影响切削力，其中主要包括：切削用量、工件材料和刀具几何参数等三个方面。下面介绍其中主要因素对切削力的影响规律。

（一）切削用量影响

1. 背吃刀量 a_p 与进给量 f

a_p 和 f 增大，使切削力 F_c 增大，但两者影响程度是不同的。如图 3-17 所示，若 f 不变，由于 a_p 增加一倍，使切削宽度 b_D 和切削层横截面积也随之增大一倍，则由于切削变形和摩擦的影响，使切削力增加一倍；若进给量增大一倍，由于摩擦和变形并不成倍增加，因此，切削力增加较少，实验表明约增加 70%~80%。

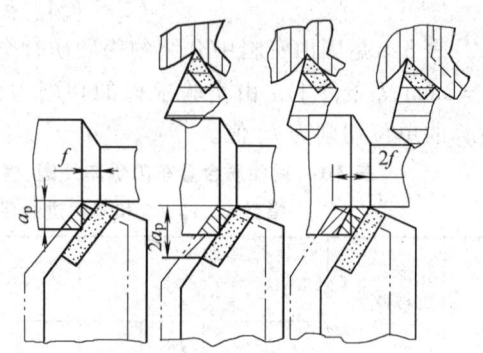

图 3-17　改变背吃刀量和进给量对切削层面积形状的影响

a_p 和 f 对 F_c 的影响规律用于指导生产实践具有重要作用。例如相同的切削层面积，切削效率相同，但增大进给量与增大背吃刀量比较，前者既减小了切削力又节省了功率的消耗；如果消耗相等的机床功率，则在表面粗糙度允许情况下选用更大的进给量切削，可切除更多的金属层和获得更高的生产效率。

2. 切削速度 v_c

切削速度对切削力的影响如同对切削变形的影响规律。如实验曲线图 3-18 所示，在积屑瘤产生区域内的切削速度增大，因前角增大、切削变形小，故切削力

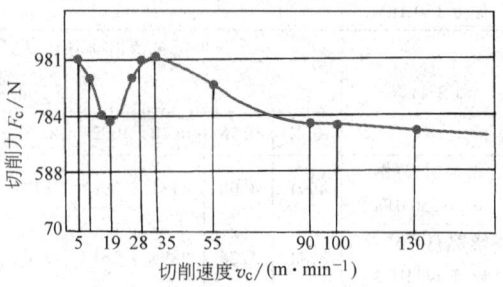

图 3-18　切削速度对切削力 F_c 的影响
加工条件：工件 45 钢、刀具 P10（YT15）、$\gamma_o = 15°$、$\kappa_r = 45°$、$\lambda_s = 0°$、$a_p = 2$mm、$f = 0.2$mm/r

下降;待积屑瘤消失,切削力又上升。在中速后进一步提高切削速度,切削力逐渐减小;切削速度超过 90m/min,切削力减小甚微,而后将处于稳定状态。

(二) 工件材料影响

工件材料的硬度和强度越高,其剪切屈服强度 $\sigma_{0.2}$ 就越高,产生的切削力就越大。例如加工 60 钢的切削力 F_c 较加工 45 钢增大了 4%,加工 35 钢的切削力又比加工 45 钢减小了 13%。

工件材料的塑性和韧性越高,则切削变形越大,切屑与刀具间摩擦增加,故切削力越大。例如不锈钢 1Cr18Ni9Ti 的伸长率是 45 钢的 4 倍,所以切削变形大,切屑不易折断,加工硬化严重,产生的切削力 F_c 较加工 45 钢增大 25%。

切削铸铁时变形小,摩擦力小,故产生的切削力也小。例如灰铸铁 HT200 与 45 钢的硬度较接近,但在切削灰铸铁时的切削力 F_c 比切削 45 钢可减小 40%。

(三) 刀具几何参数影响

1. 前角 γ_o

图 3-19 所示为前角对各切削分力的影响曲线,前角增大,切削变形减小,故各切削分力均减小。

2. 主偏角 κ_r

如图 3-20a 所示,主偏角 κ_r 在 30°~60°范围内增大,因切削厚度 h_D 增大,故切削变形减小,切削力 F_c 减小。在主偏角为 60°~75°间,切削力 F_c 最小;当主偏角继续增大时,从图 3-20b 可看出,因切削层形状变化使刀尖圆弧所占的切削宽度比例增大,故切屑流出时挤压加剧,造成切削力逐渐增大。

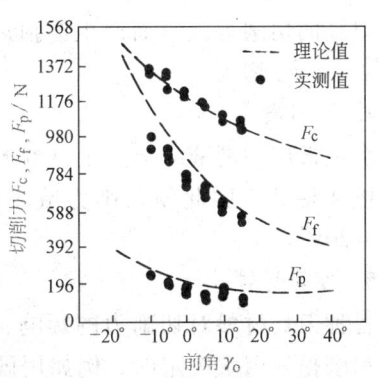

图 3-19 前角对切削力的影响

加工条件:工件 50 钢、刀具 P10 (YT15)、
$f = 0.25$mm/r、$a_p = 20$mm、
$v_c = 100$m/min

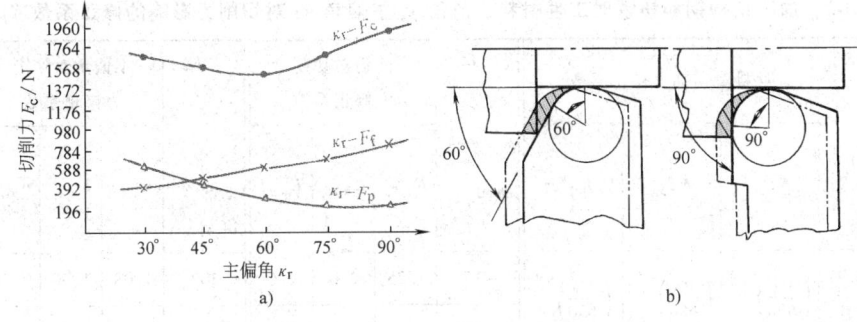

图 3-20 主偏角 κ_r 对切削力的影响

a) κ_r 对切削力的影响 b) κ_r 对切削宽度的影响

加工条件:正火 45 钢、P10 (YT15)、$\gamma_o = 15°$、$\alpha_o = 6°\sim 8°$、
$\kappa_r = 10°\sim 12°$、$r_\varepsilon = 0.2$mm、$a_p = 3$mm、$f = 0.3$mm/r、$v_c = 100$m/min

此外,由式 (3-5) 和图 3-20b 中可知,主偏角变化,改变了切削分力 F_p

与 F_f 的大小。即主偏角增大，使 F_p 减小、F_f 增大。

由于主偏角 $\kappa_r = 60° \sim 75°$ 能减小切削力 F_c 和 F_p，因此，生产中主偏角 $\kappa_r = 75°$ 车刀在车削轴类零件中被广泛选用。

（四）其他因素影响

1. 刃倾角 λ_s

刃倾角负值（$-\lambda_s$）增大，作用于工件的背向力 F_p 增大，在车削轴类零件时易被顶弯并引起振动。一般 $-\lambda_s$ 增大 $1°$，使 F_p 增加 $2\% \sim 3\%$。

2. 刀尖圆弧半径 r_ε

刀尖圆弧半径 r_ε 增大，切削变形增大，使切削力增大。此外，在圆弧切削刃上各点主偏角 κ_r 的平均值减小，则背向力 F_p 增大。实验表明：r_ε 由 $0.25mm$ 增大到 $1mm$ 时，F_p 增加 20%。

3. 刀具磨损

刀具的切削刃及后面产生磨损后，会使切削时摩擦和挤压加剧，故使切削力 F_c 和 F_p 增大。

4. 切削液

合理选用切削液，会产生良好的冷却与润滑作用，能减小刀具与工件间的摩擦和粘结，因此使切削力减小。高效的切削液比干切削能减小切削力 $10\% \sim 20\%$。

5. 刀具材料

各种刀具材料对切削力的影响，是由刀具材料与工件之间的亲和力、摩擦力和磨损等因素决定的，例如用硬度较高的 P01（YT30）车刀切削所产生的切削力较用 P10（YT15）切削时小。选用的加工条件相同，用陶瓷刀具切削比用硬质合金刀具切削所产生的切削力降低 10% 左右。

在计算切削力时，考虑到各个参数对切削力不同的影响，需对切削力数值进行相应的修正，其修正系数值通过切削实验确定。表 3-2 中列出了主要影响参数：工件材料、前角 γ_o 和主偏角 κ_r 改变时对切削力影响的修正系数值。

表 3-2 加工结构钢和铸铁时工件材料、前角 γ_o、主偏角 κ_r 对切削力影响的修正系数 K_F

K_{M_F} / 材料类型	材料对切削力修正系数			K_{γ_oF} / 前角 γ_o	前角对切削力修正系数			K_{κ_rF} / 主偏角 κ_r	主偏角对切削力修正系数		
	$K_{M_{F_c}}$	$K_{M_{F_p}}$	$K_{M_{F_f}}$		$K_{\gamma_oF_c}$	$K_{\gamma_oF_p}$	$K_{\gamma_oF_f}$		$K_{\kappa_rF_c}$	$K_{\kappa_rF_p}$	$K_{\kappa_rF_f}$
结构钢 铸钢	$\left(\frac{\sigma_b}{650}\right)^{0.75}$	$\left(\frac{\sigma_b}{650}\right)^{1.35}$	$\left(\frac{\sigma_b}{650}\right)^{1.0}$	$-15°$	1.25	2.0	2.0	$30°$	1.08	1.30	0.78
				$-10°$	1.2	1.8	1.8	$45°$	1.0	1.0	1.0
灰铸铁	$\left(\frac{HBW}{190}\right)^{0.4}$	$\left(\frac{HBW}{190}\right)^{1.0}$	$\left(\frac{HBW}{190}\right)^{0.8}$	$0°$	1.1	1.4	1.4	$60°$	0.94	0.79	1.11
				$10°$	1.0	1.0	1.0	$75°$	0.92	0.62	1.13
可锻铸铁	$\left(\frac{HBW}{150}\right)^{0.4}$	$\left(\frac{HBW}{150}\right)^{1.0}$	$\left(\frac{HBW}{150}\right)^{0.8}$	$20°$	0.9	0.7	0.7	$90°$	0.89	0.50	1.17

六、车削力计算举例

用硬质合金车刀车削热轧 45 钢（$\sigma_b = 0.650\text{GPa}$），车刀主要几何角度为 $\gamma_o = 15°$、$\kappa_r = 75°$、$\lambda_s = 0°$，切削用量为 $a_p = 2\text{mm}$、$f = 0.3\text{mm/r}$、$v_c = 100\text{m/min}$。

要求：计算切削力 F_c 和切削功率 P_c。

查表 3-1、表 3-2 得 $k_c = 3777$，$n_{F_c} = -0.15$，$K_{\gamma_o F_c} = 0.95$，$K_{\kappa_r F_c} = 0.92$

求得 切削力 $F_c = k_c a_p f v_c^{-n_{F_c}} K_{\gamma_o F_c} K_{\kappa_r F_c}$

$= (3777 \times 2 \times 0.3 \times 1/100^{0.15} \times 0.95 \times 0.92)\text{N}$

$= 991\text{N}$

切削功率 $P_c = F_c v_c / (60 \times 10^3) = 991 \times 100 / (60 \times 10^3)\text{kW}$

$= 1.65\text{kW}$

第三节 切削热与切削温度

切削热与切削温度是切削过程中另一个重要物理现象，它们对刀具磨损、刀具寿命及加工工艺系统热变形均产生重要影响。

一、切削热的来源与传散

如图 3-21 所示，切削热的来源由三个变形区产生弹性变形功、塑性变形功所转化的热量 $Q_变$；切屑与刀具摩擦功、工件与刀具摩擦功所转化的热量 $Q_摩$ 所组成。产生的热量再传散到切屑 $Q_屑$、工件 $Q_工$、刀具 $Q_刀$ 和介质 $Q_介$ 中。

单位时间内产生的热量与传散的热量相等。经对碳钢中速干切削时，测得热量传散比例：

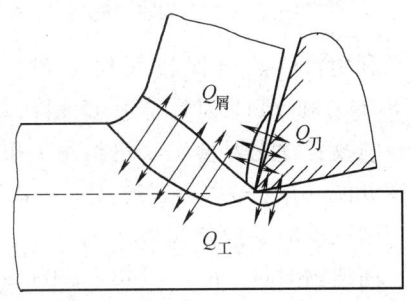

图 3-21 切削热产生与传散区域

车削：$Q_屑$ 占 50% ~ 86%、$Q_工$ 占 40% ~ 10%、$Q_刀$ 占 9% ~ 3%、$Q_介$ 占 1%；

钻削：$Q_屑$ 占 28%、$Q_工$ 占 14.5%、$Q_刀$ 占 52.5%、$Q_介$ 占 5%。

通常切屑中带走热量较多，但在封闭和半封闭切削的钻、拉和攻螺纹等切削刀具中占热的比例高于 50%，因而对刀具磨损和加工质量会产生较大影响。

二、切削温度的测定原理和切削温度分布

切削温度是指切削区域的平均温度。切削热主要是通过切削温度影响切削加工的。切削温度的高低取决于产生热量多少和散热快慢两个方面的因

素。

测定切削温度常用的方法有：自然热电偶法、人工热电偶法和红外线测温法。

刀具在切削工件时位于切削区域的平均温度由图3-22a表示的自然热电偶法测定，其原理是，通过工件上 $A—C$ 端温差与刀具上 $A—B$ 端温差不同所产生的热电势，该电势通过毫伏表测得，然后在热电势—切削温度标定的图表中找出对应的切削平均温度 θ 值。

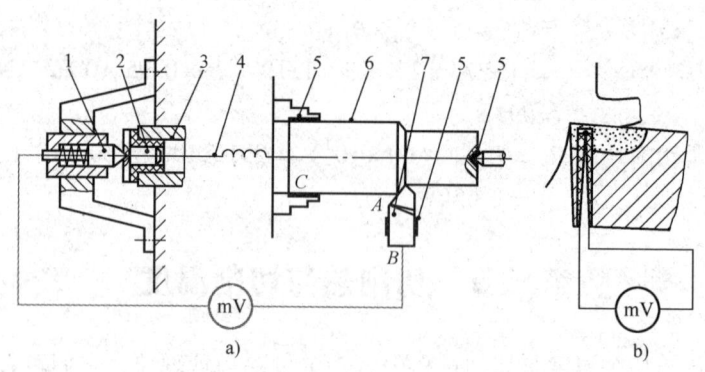

图 3-22 热电偶法测温简图
a) 自然热电偶法　b) 人工热电偶法
1—顶尖　2—铜塞　3—主轴　4—切屑　5—绝缘层　6—工件　7—刀具

利用自然热电偶较简便地建立切削温度实验公式，例如：若分别用W18Cr4V 和 YT15 刀具车削 45 钢、刀具几何角度为 $\gamma_o = 15°$、$\kappa_r = 45°$ 和 $\alpha_o = 8°$ 分别改变背吃刀量 a_p、进给量 f 和切削速度 v_c 值，可测定得到对应的切削温度 θ 值（单位为℃）。通过 $a_p—\theta$、$f—\theta$ 和 $v_c—\theta$ 间实验数据处理，可整理得切削温度的实验公式为

高速钢刀具　$\theta = (140 \sim 170) a_p^{0.08 \sim 0.1} f^{0.2 \sim 0.3} v_c^{0.35 \sim 0.45}$

硬质合金刀具　$\theta = 320 a_p^{0.05} f^{0.15} v_c^{0.26 \sim 0.41}$　　　(3-9)

式 (3-9) 表明了上述特定加工条件下切削用量对切削温度的影响规律。

图 3-22b 所示的人工热电偶法用于测定工件或刀具上定点温度值。图 3-23 为用红外测温法的照相图，从图中可以看出在正交平面内切削温度的分布规律：

1) 刀—屑面间温度最高，是因摩擦严重、热量不易传散所致。

2) 前面上近切削刃 1mm 处切削温度最高达 900℃，由于该处压力高，热量集中。后面上离切削刃约 0.3mm 处的最高温度为 700℃。

3) 切屑带走热量最多，切屑上平均温度高于刀具和工件上的平均温度，因切屑剪切面上塑性变形严重，其上各点剪切变形功大致相同，各点温度值也较接近。工件切削层中最高温度在近切削刃处，它的平均温度是刀具上最高温度点的 1/3~1/4。

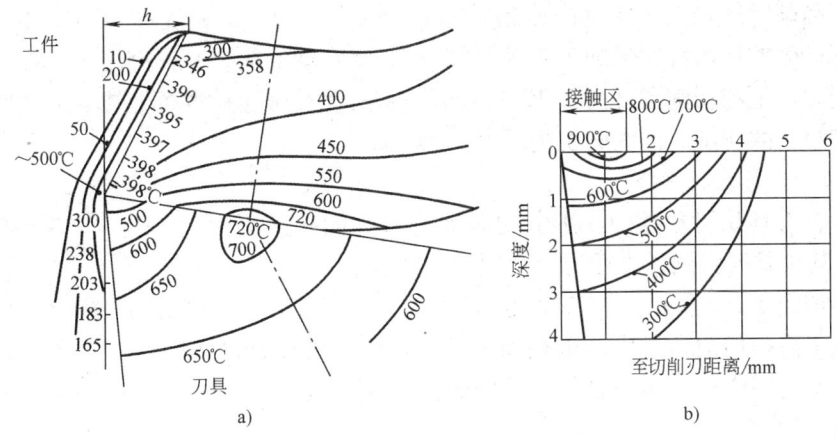

图 3-23 切削温度分布

a) 刀具、切屑和工件中温度分布
加工条件：刀具材料 YT20、
$v_c = 60 \text{m/min}$

b) 刀具中温度分布
加工条件：工件材料 30Mn4、
$a_p = 3 \text{mm}$、$f = 0.25 \text{mm/r}$

三、影响切削温度的因素

切削温度的高低取决于产生热量多少和传散热量的快慢两个方面因素。如果生热少、散热快，则切削温度低，或者两者之一占主导作用，也会降低切削温度。

在切削时影响产生热量和传散热量的因素有：切削用量、工件材料、刀具几何参数和切削液等。

1. 切削用量

切削用量 v_c、f、a_p 对切削温度的影响程度可通过切削温度实验后整理的实验公式或利用温度场理论计算求得。其影响的基本规律是，切削用量增加均使切削温度提高，但其中切削速度 v_c 影响最大，其次是进给量 f，影响最小是背吃刀量 a_p，这是因为切削用量增加后，使切削变形功和摩擦功增大，v_c 增高使摩擦生热剧增；f 增大因切削变形增加较少，故生热不多，此外，加大了刀—屑接触面积，改善了散热条件；a_p 增大使切削宽度 b_D 增大，显著改善了热量的传散。影响程度大致的规律是：v_c 增加 1 倍，切削温度约增 32%；进给量增加 1 倍，切削温度增加 18%；背吃刀量增加 1 倍，切削温度增加 7%。

切削用量对切削温度的影响规律在切削加工中具有重要的实用意义。例如，在普通切削加工中分别增加 v_c、a_p 和 f 均能使切削效率按比例提高。但为了减少刀具磨损，保持高的刀具寿命，减小对工件加工精度的影响，首先应增大背吃刀量 a_p，其次增大进给量 f。目前在现代先进的自动机及高效数控机床上选用高性能刀具切削加工，提高切削速度已成为首选的参数，因为提高切削速度 v_c 能较显著地提高生产效率和加工表面质量。

2. 工件材料

工件材料主要是通过它的硬度、强度和热导率不同而影响切削温度的。

高碳钢的强度和硬度高，热导率低，故产生的切削温度高。例如加工合金钢产生的切削温度较加工 45 钢高 30%；不锈钢的热导率较 45 钢小 1/3，故切削时产生的切削温度高于 45 钢 40%；加工脆性金属材料产生的变形和摩擦均较小，故切削时产生的切削温度较 45 钢低 20%。

3. 刀具几何参数

在刀具几何参数中，影响切削温度最为明显的因素是前角 γ_o 和主偏角 κ_r，其次是刀尖圆弧半径 r_ε。

如图 3-24a 所示，前角增大，切削变形和摩擦产生的热量均较少，故切削温度下降。但前角过大，散热条件差，使切削温度升高，因此，在一定条件下，均有一个产生最低温度的最佳前角 γ_o 值，如图 3-24a 中加工条件下最佳前角约为 15°。

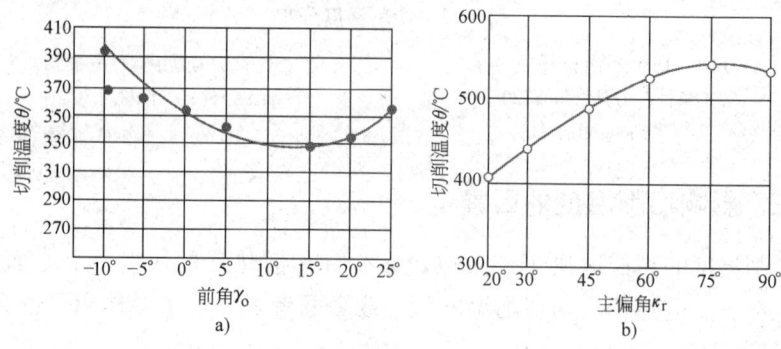

图 3-24　前角 γ_o 和主偏角 κ_r 对切削温度的影响

a) γ_o 对切削温度影响　　　　　　　　b) κ_r 对切削温度影响

加工条件：工件材料 45 钢、刀具材料 W18Cr4V、$\kappa_r = 75°$、　加工条件：工件材料 45 钢、
$\alpha_o = 8°$、$v_c = 20\text{m/min}$、$a_p = 1.5\text{mm}$、$f = 0.2\text{mm/r}$　　$a_p = 2\text{mm}$、$r_\varepsilon = 2\text{mm}$

如图 3-24b 所示，主偏角 κ_r 减小使切削变形和摩擦增加，切削热增加；但 κ_r 减小后，因刀头体积和切削宽度都增大，有利于热量传散，由于散热起主导作用，由此，切削温度下降。

增大刀尖圆弧半径 r_ε、选用负的刃倾角 λ_s 和磨制负倒棱 $\gamma_{o_1} \times b_{r_1}$ 均能增大散热面积，降低切削温度。

4. 切削液

合理选用切削液并采取有效的浇注方式是降低切削温度的重要措施。

第四节　刀具磨损与刀具寿命

一、刀具磨损

切削时刀具在高温条件下，受到工件、切屑的摩擦作用，使刀具材料逐渐被磨耗或出现破损。研究刀具磨损原因，防止刀具过早、过多磨损以及如何延长刀具使用寿命，这是提高生产效率、降低加工成本和保证加工质量的一个重要课题。

(一) 刀具磨损形式

刀具磨损可分为正常磨损和非正常磨损两类。

1. 正常磨损

正常磨损是指随着切削时间增加磨损逐渐扩大的磨损形式。图 3-25 所示为正常磨损形式。

(1) 前面磨损（图 3-25a、c） 前面上出现月牙洼磨损，磨损深度为 KT、宽度为 KB，这是由切屑流出时产生摩擦和高温高压作用形成的。

(2) 主后面磨损（图 3-25b、c） 主后面磨损分为三个区域：刀尖磨损 C 区，磨损量 VC 是因近刀尖处强度低、温度集中造成；中间磨损 B 区，除均匀磨损量 VB 外，在其磨损严重处的最大磨损量为 VB_{max}，这是因为摩擦和散热差所致；边界磨损 N 区，切削刃与待加工表面交界处磨损量 VN，这是由于高温氧化和表面硬化层作用引起的。

2. 非正常磨损

非正常磨损通常是因刀具切削时受冲击、受热不均匀和使用不当等使刀具破损而引起的，图 3-26 列举了几种刀具破损的形式。

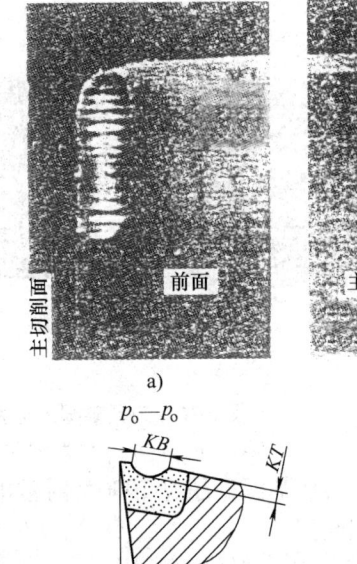

图 3-25 正常磨损形式
a) 前面磨损 b) 主后面磨损 c) 磨损标准

(1) 崩碎（图 3-26a） 在切削刃上出现细小崩碎。这是由于切削刃强度低、受冲击和切削层中硬质点作用所致。

(2) 崩刃（图 3-26b） 在刀尖或切削刃处崩裂。刀具材料性脆、刀尖或切削刃强度低，且切削负荷大，中间切入或切出等情况下易产生。

(3) 热裂（图 3-26c） 垂直切削刃出现细小裂纹。由于切削温度不均匀、不连续切削、切削液浇注不均等引起。

(4) 塌陷（图 3-26d） 在切削过程中高温高压作用下使切削刃失去切削性能而引起前面或刀尖、切削刃塌陷。这是在高速钢刀具切削温度超过

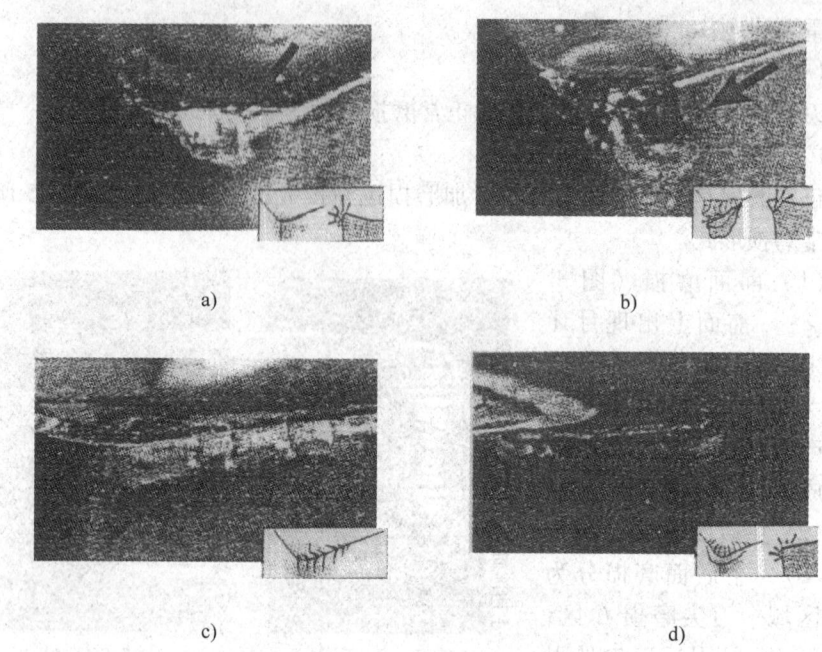

图 3-26 刀具破损的形式

a）崩碎　b）崩刃　c）热裂　d）塌陷

650℃和硬质合金刀具切削温度超过 1000℃时常出现的破损形式。

（二）刀具磨损原因

刀具在切削时有以下几种磨损机理。

1. 磨粒磨损

在工件材料中存在着氧化物、碳化物和氮化物等硬质点。在铸、锻工件表面上存在着硬的夹杂物和在切屑、加工表面上粘附着硬的积屑瘤残片，这些硬质点在切削时如同"磨粒"对刀具表面摩擦和刻划作用致使切削刃刀面磨损。磨粒磨损是一种"机械摩擦"性质磨损。图 3-27 为高速钢车刀切削不锈钢时，含 Ti、C、N 等硬颗粒对切削刃后面的刻划作用。

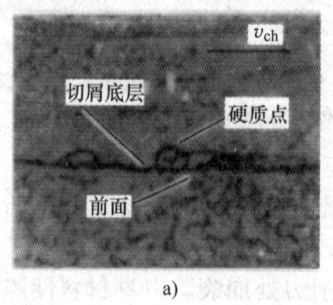
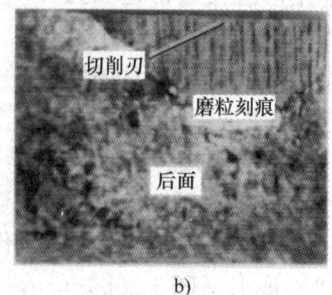

图 3-27 硬质点切削的显微照片

a）硬质点切削的显微照片　b）在切削刃后刀面上磨粒刻痕

2. 相变磨损

工具钢刀具在较高速度切削时，由于切削温度升高，使刀具材料产生相变,硬度降低,若继续切削,会引起前面塌陷和切削刃卷曲。硬质合金刀具在高温(>900°C)、高压状态下切削也会因产生塑性变形而失去切削性能。因此,相变磨损是一种"塑性变形"破损。图3-26d为硬质合金刀具产生塑性变形形态。

3. 粘结磨损

粘结磨损亦称冷焊磨损。当刀具材料与工件材料产生粘结时,两者产生相对运动对粘结点产生剪切破坏,将刀具材料粘结颗粒带走所致。刀面与工件间产生粘结是由于刀面上存在着微观不平度,并在一定温度条件下,刀具前面上粘附着积屑瘤,刀面硬度降低并与工件材料粘结以及工件与刀具元素间亲和造成的。在高温高压作用下刀具表面层材料性能变化,当工件与刀具产生相对运动时,刀具材料的粘结颗粒被带走而形成了粘结磨损。

4. 扩散磨损

扩散磨损是在高温作用下,使工件与刀具材料中合金元素相互扩散置换造成的。

碳化钨类硬质合金在800~900°C切削温度时,钨(W)原子和碳(C)原子向切屑中扩散,切屑中铁(Fe)、碳(C)原子向刀具中扩散,经原子间相互置换后,降低了刀具中原子间结合强度和耐磨性而形成了扩散磨损。碳化钛类硬质合金,由于钨(W)原子扩散的速度快,而留着的碳化钛(TiC)、碳化钽(TaC)等仍较耐磨,它的扩散温度约为900~1000°C,因此不易形成扩散磨损。

5. 氧化磨损

当硬质合金刀具的切削温度达到700~800°C时,硬质合金材料中WC、TiC和Co与空气中氧发生氧化反应,形成了硬度和强度较低的氧化膜。由于空气不易进入切削区域,所以易在近工件待加工表面的刀具后刀面位置处形成氧化膜。在切削时受工件表层中氧化皮、冷硬层和硬杂质点对氧化膜连续摩擦,造成了在待加工表面处的刀面上产生氧化磨损,它亦称边界磨损。图3-28为磨损量较大的氧化磨损沟槽,这亦是磨损标准中规定的V_N磨损量。

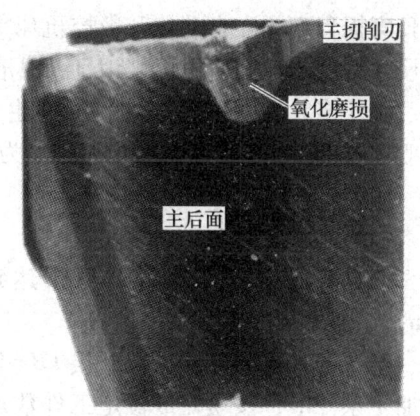

图3-28 氧化磨损照相图

扩散磨损和氧化磨损属于"化学磨损"的性质。

由上可知,切削速度的变化,会出现不同性质的磨损,例如在低速和中速范围,高速钢刀具产生磨粒磨损、粘结磨损和相变磨损,硬质合金刀具产生磨粒磨损和粘结磨损,超过中速产生扩散磨损、氧化磨损,在高速时产生塑性破坏。因此,合理选择刀具材料、刀具几何参数和切削速度都可提高刀具的耐磨性、耐热性和化学稳定性。此外，提高刀具的强度和刀具的刃磨质量、改善散热条件、合理使用切削液，均能有效地防止刀具过早磨损和破损。

（三）刀具磨损标准

不同刀具材料和不同的加工条件，磨损过程曲线形式可能会不同，但总可找出产生急剧磨损的起始点。

刀具磨损标准即为达到急剧磨损阶段时的磨损量 VB 值。

在理论研究和生产实践中常利用图 3-29 所示的刀具磨损过程曲线来比较和衡量刀具材料切削性能好坏、工件材料切削的难易程度，以及作为刀具角度选择合理与否的依据。

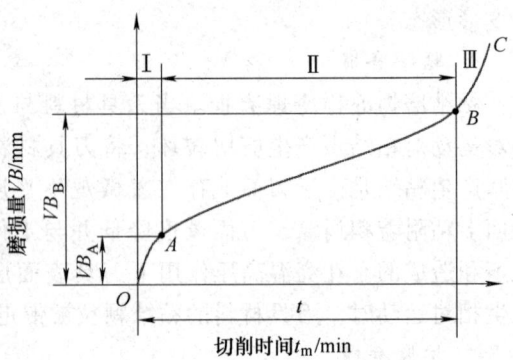

图 3-29　刀具的磨损过程曲线

为了及时对磨损的刀具进行重磨，国家标准规定了磨损标准为：在正常磨损时，$VB = 0.3\text{mm}$，如果产生崩刃、剥落和沟痕等不正常磨损时 $VB_{\max} = 0.6\text{mm}$；产生月牙洼时，$KT = (0.05 + 0.3f)\text{mm}$（取进给量 f 单位 mm/r 中的 mm）。此外，在精加工时取加工精度和表面粗糙度许可的 VC 值。刀具允许的磨损量也随加工要求和加工条件的不同而变动。

在生产现场也有通过切屑颜色变化、噪声、颤动和加工质量变化来判别刀具磨损程度；在自动化和数控机床等加工中也利用自动检测切削功率、加工尺寸精度、切削稳定性来识别刀具磨损。

由于多数切削情况下均可能产生 VB 磨损量，并且 VB 值易测定，因此，一般通过 VB 值来研究磨损规律和作为判别磨损依据。

二、刀具寿命

刀具寿命 T 定义为刀具磨损达到规定标准时的总切削时间（单位为 min）。

生产中常采用达到正常磨损 $VB = 0.3\text{mm}$ 时的刀具寿命。有时也采用在规定加工条件下，按质完成额定工件数量的可靠性寿命；在自动化生产中为保持工件尺寸精度的寿命，通常用达到该尺寸精度的工件数量来表示；刀具达到规定承受冲击次数的疲劳寿命等。

（一）影响刀具寿命的因素

1. 切削速度 v_c

提高切削速度 v_c，使切削温度增高、磨损加剧，而使刀具寿命 T 降低。若规定达到 $VB = 0.3\text{mm}$ 时，通过切削实验，找出 v_c—T 的函数关系式为

$$v_c = \frac{C}{T^m} \text{或} T^m = \frac{C}{v_c} \tag{3-10}$$

式中 m——v_c 对 T 的影响程度指数。

m 由切削实验求出，例如在车削碳钢和灰铸铁时 m 值为

硬质合金焊接车刀　　　$m = 0.2$

硬质合金可转位车刀　　$m = 0.25 \sim 0.3$

陶瓷车刀　　　　　　　$m = 0.4$。

由式（3-10）可知，若使用硬质合金可转位车刀加工 45 钢，当 $v_c = 100\text{m/min}$ 时，$T = 60\text{min}$；如果 $v_c = 150\text{m/min}$，则 $T = 12\text{min}$，切削速度增加了 0.5 倍，而刀具寿命缩短到原来的 1/5。由此可知，切削速度对刀具寿命影响是非常显著的。

2. 进给量 f 与背吃刀量 a_p

f 和 a_p 增大，均使刀具寿命降低，但 f 增大后，切削温度升高量较多，故对 T 影响较大；a_p 增大，改善了散热条件，故使切削温度上升少，因此对 T 影响较小。

3. 刀具几何参数

在刀具几何参数中，影响刀具寿命的因素主要有：前角 γ_o、主偏角 κ_r、副偏角 κ_r' 和刀尖圆弧半径 r_ε。增大 γ_o，切削温度降低，刀具寿命延长，但前角太大，强度低，散热差，刀具寿命反会缩短，因此，在一定的加工条件均有一个最佳前角值，该值可由生产实践和切削实验求得。前角对切削温度影响和对刀具寿命的影响规律是相同的。

减小主偏角 κ_r、副偏角 κ_r' 和增大刀尖圆弧半径 r_ε，都能起到提高刀具强度和降低切削温度的作用，因此，均有利于延长刀具寿命。

4. 工件材料

加工材料的强度、硬度和韧性越高，切削时均能使切削温度升高，刀具寿命缩短。

5. 刀具材料

刀具材料是影响刀具寿命的重要因素，例如刀具材料的热导率和耐磨性越高，切削时刀具寿命越长，因此，选用涂层刀具和高性能刀具材料，是延长刀具寿命的有效途径。

图 3-30 为切削合金钢时，选用不同刀具材料：高速钢、硬质合金和陶瓷刀具对刀具寿命的影响曲线。

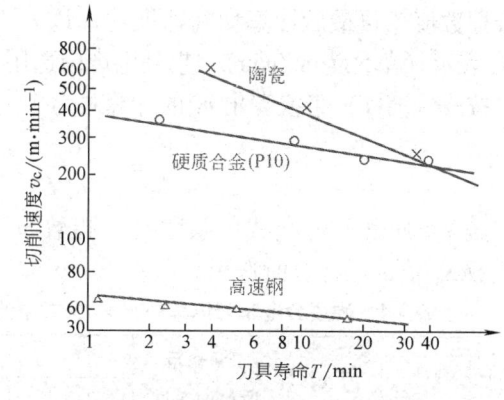

图 3-30　不同刀具材料对刀具寿命影响

加工条件：工件材料含镍铬钼合金钢，$VB = 0.4\text{mm}$

（二）刀具寿命方程式

综合切削用量 v_c、f、a_p 和其他因素对刀具寿命的影响规律，并经切削实验整理后得到下列计算刀具寿命的指数方程式

$$T^m = \frac{C_T}{v_c a_p^{x_T} f^{y_T}} K_T \qquad (3\text{-}11)$$

式中 x_T、y_T——背吃刀量 a_p 和进给量 f 对刀具寿命 T 的影响程度指数；

K_T——其他因素对刀具寿命影响的修正系数。

实际生产中在普通机床上多数采用使生产成本最低原则来确定刀具寿命，例如：

1) 简单刀具的制造成本低，故它的寿命较复杂刀具的低。
2) 可转位刀具的切削刃转位迅速、更换刀片简便，刀具寿命低。
3) 自动线、数控刀具能自动换刀，在线重磨，刀具寿命更低些。
4) 精加工刀具的寿命较高。

表 3-3 列举了部分刀具的寿命值，供选用参考。

表 3-3 刀具寿命参考值　　　　　　　（单位：min）

刀具类型	寿命	刀具类型	寿命
车、刨、镗刀	60	仿形车刀具	120~180
硬质合金可转位车刀	30~45	组合钻床刀具	200~300
钻头	80~120	多轴铣床刀具	400~800
硬质合金面铣刀	90~180	组合机床、自动机、自动线刀具	240~480
切齿刀具	200~300		

目前，数控机床和加工中心所使用的数控刀具，由于它使用高性能刀具材料和良好的刀具结构，能较大地提高切削速度和缩短辅助时间，对于提高生产效率和生产效益起着重要作用。此外，在刀具上消耗的成本也很低，仅占生产成本的 3%~4%，为此，目前数控刀具的寿命均低于其他刀具。例如：车刀寿命定为 $T=15\text{min}$，铣刀也用达到切削长度 $l=12~14\text{m}$，作为选用切削速度的参考依据。

（三）刀具寿命允许的切削速度 v_T 计算

当确定了进给量 f、背吃刀量 a_p 和其他参数后，可根据已定的刀具寿命的合理数值 T 再最后计算切削速度 v_c，该 v_c 称为刀具寿命允许的切削速度，用 v_T 表示（单位为 m/min），它是生产中选用切削速度的依据。

按式 (3-11) 可换算出 v_T 的计算式为

$$v_T = \frac{C_v}{T^m a_p^{x_v} f^{y_v}} K_v \qquad (3\text{-}12)$$

表 3-4 列出了 v_T 公式中系数 C_v、指数 m、x_v、y_v 及其部分加工条件的修正系数 K_v 值，供计算时选用。

表 3-4 硬质合金车刀纵车外圆 v_T 公式中的系数、指数、修正系数值

加工材料	刀具材料	进给量 /(mm/min)	系数与指数			
			C_v	x_v	y_v	m
结构钢 $\sigma_b=650\text{MPa}$	P10（YT15）	$f\leq0.3$	291	0.15	0.20	0.20
		$f\leq0.7$	242		0.35	
灰铸铁 190HBW	K30（YG8）	$f\leq0.4$	1898	0.15	0.20	0.20
		$f>0.4$	158		0.40	

(续)

修正系数					
工件材料 K_{M_v}	结构钢 MPa	>500~600	>600~700	>700~800	
	K_{M_v}	1.18	1.0	0.87	
	灰铸件 HBW	>160~180	>180~200	>200~220	
	K_{M_v}	1.15	1.0	0.89	
主偏角 $K_{\kappa_{rv}}$	主偏角 κ_r	30	45	60	75	90
	结构钢 $K_{\kappa_{rv}}$	1.13	1	0.92	0.86	0.81
	灰铸铁 $K_{\kappa_{rv}}$	1.20	1	0.88	0.83	0.73
毛坯表面状态 K_{S_v}	无外皮	有外皮			
		棒料	锻件	铸件一般	铸件带砂
	1	0.9	0.8	0.8~0.85	0.5~0.6
刀具材料 K_{t_v}	结构钢	P30(YT5)	P20(YT14)	P10(YT15)	P01(YT30)	K30(YG8)
		0.65	0.8	1.0	1.4	0.4
	灰铸铁	K30(YG8)	K10(YG6)	Y01(YG3)		
		0.83	1.0	1.15		

切削速度 v_T 计算举例如下：

在车床上车削材料为 45 钢（$\sigma_b = 0.637\text{GPa}$）的外圆，刀具选用 P10（YT15）牌号、主偏角 $\kappa_r = 60°$，采用切削用量为背吃刀量 $a_p = 3\text{mm}$、进给量 $f = 0.35\text{m/min}$，试计算：

1) 刀具寿命 $T = 60\text{min}$ 的允许切削速度 v_{60} 值。
2) 若选用可转位车刀达到刀具寿命 $T = 30\text{min}$，则允许的切削速度 v_{30} 值多少？

求解：

从表 3-4 中查出 $C_v = 242$、$m = 0.2$、$x_v = 0.15$、$y_v = 0.35$、$K_{M_v} = 1$、$K_{\kappa_{rv}} = 0.92$、$K_{S_v} = 1$、$K_{t_v} = 1$。

1) $v_{60} = \dfrac{C_v}{T^m a_p^{x_v} f^{y_v}} K_v$

$= \dfrac{242}{60^{0.2} 3^{0.15} 0.35^{0.35}} \times 0.92 \text{m/min} = 120 \text{m/min}$

2) $v_{30} = \dfrac{242}{30^{0.2} 3^{0.15} 0.35^{0.35}} \times 0.92 \text{m/min} = 138 \text{m/min}$

复习思考题

3-1 衡量切削变形用什么方法？如何计算的？
3-2 试述切削过程三个变形区的位置及它们变形的特点。
3-3 简述前角 γ_o、切削速度 v_c 和进给量 f 对切削变形的影响规律。
3-4 试述背吃刀量 a_p 与进给量 f 对切削力 F_c 的影响规律。
3-5 试述主偏角 κ_r 对切削力 F_c、F_p、F_f 的影响。

3-6 用硬质合金 P10（YT15）车刀粗车外圆，加工材料为调质 45 钢（229HBW），选取背吃刀量 $a_p = 3$mm、进给量 $f = 0.3$mm/r、切削速度 $v_c = 90$m/min，刀具几何角度 $\gamma_o = 10°$、$\lambda_s = -5°$、主偏角 $\kappa_r = 75°$，求切削力 F_c 和消耗切削功率 P_c 各多少？

3-7 试述背吃刀量 a_p、进给量 f 对切削温度 θ 的影响规律。

3-8 试述前角 γ_o、主偏角 κ_r 对切削温度 θ 的影响规律。

3-9 试述刀具的正常磨损形式和刀具有哪几种破损形式。

3-10 什么叫刀具磨损标准？规定的磨损位置及数值多大？

3-11 什么叫刀具寿命？

3-12 举例说明普通硬质合金车刀。可转位硬质合金车刀和陶瓷车刀刀具寿命各是多少？为什么？

3-13 用 K10（YG6）硬质合金车刀车削灰铸铁 220HBW 工件的外圆、选用切削用量为 $v_c = 80$m/min、$a_p = 3$mm、$f = 0.2$mm/r，刀具几何角度为 $\kappa_r = 60°$、$\kappa_r' = 15°$，试求刀具寿命 $T = 60$min 时的切削速度 v_{60} 多少？

第四章 切削基本理论的应用

本章主要介绍如何将切削原理的基本理论用于分析与解决有关切削加工中产生的一些工艺技术问题，其中有：切屑的控制、改善材料的切削加工性、切削液的选用、减小表面粗糙度、合理选用切削用量与刀具几何参数等。

第一节 切屑控制

在切削过程中若切屑不能折断而引起切屑的失控，就会严重影响操作者的安全及机床的正常工作，导致刀具损坏，降低加工表面质量，尤其在数控机床及多机自动化生产中，应控制切屑以确保自动加工循环的正常进行和实现切屑的无人化处理。

一、切屑形状的分类

切削时由于加工条件不同，会形成许多不同形状的切屑。根据国家标准 GB/T 16461—1996 的规定，切屑形状及其名称分为八类，见表 4-1。

表 4-1 切屑形状的分类

	1-1 长	1-2 短	1-3 乱
1. 带状切屑			
	2-1 长	2-2 短	2-3 缠乱
2. 管状切屑			
	3-1 平	3-2 锥	
3. 盘旋状切屑	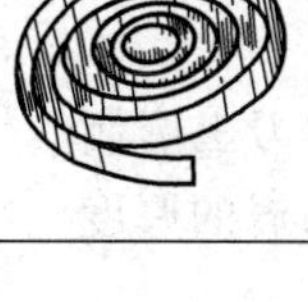	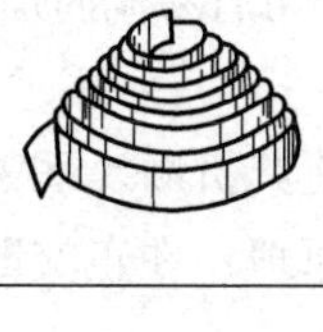	

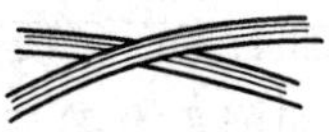

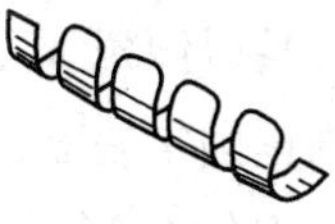

(续)

	4-1 长	4-2 短	4-3 缠乱
4. 环形螺旋切屑			

	5-1 长	5-2 短	5-3 缠乱
5. 锥形螺旋切屑			

	6-1 连接	6-2 松散	
6. 弧形切屑			

7. 单元切屑			

8. 针形切屑			

根据生产经验，如果切削过程中能形成表中的短管状切屑（2-2）、平盘旋状切屑（3-1）、锥盘旋状切屑（3-2）、短环形螺旋切屑（4-2）、短锥形螺旋切屑（5-2）以及在有防护罩的数控机床和自动机床上得到的单元切屑（7）和针形切屑（8）均可列为可接受的屑形。其中理想的屑形是在短屑中定向流出的"C"、"6"形切屑和不超过50mm长度的短螺旋切屑。

二、切屑的流向和折断

1. 切屑的流向

控制切屑的流向是为了使切屑不损伤加工表面，便于对切屑处理，使切削顺利进行。如图4-1所示，A点是车刀主切削刃上参与切削的终了点，刀尖圆弧切削刃也有很短长度在切削，其上切削终了点为B，切屑流速v_{ch}的方向是垂直A、B点的连线，v_{ch}流向与正交平面夹角为η_c，η_c称流屑角。影响流屑方向的主要参数是刀具刃倾角λ_s、主偏角κ_r及前角γ_o。如图4-2所示的刀具上，$-\lambda_s$使切屑流向已加工表面，$+\lambda_s$使切屑流向待加工表面。同理在车刀的主偏角$\kappa_r = 90°$时，切屑流向是偏向已加工表面。此外，使用负前角$-\gamma_o$刀具，由于前面上推力作用，切屑易流向加工工件一侧。

2. 切屑的折断

切屑流出后，应使其折断。图4-3为车刀上磨制断屑台使切屑折断的原理：在正交断面中切屑的厚度

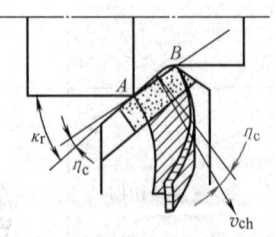

图4-1 流屑角 η_c

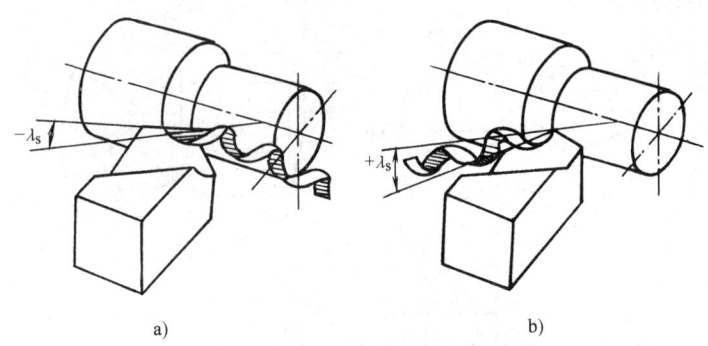

图 4-2 刃倾角对切屑流向的影响
a) $-\lambda_s$　b) $+\lambda_s$

为 h_{ch}，切屑在流出时受断屑台顶力 F_{Bn} 作用使切屑卷曲，并在切屑内部产生卷曲应变，如图 4-3a 所示。切屑卷曲的半径开始由 ρ_0 逐渐增大为 ρ，其内部卷曲应变也随之增加，当切屑继续流出后其顶端碰到后面时，又受到反力 $F_{\alpha n}$ 的作用，使切屑产生反向卷曲应变，如果两者合成弯曲应变 ε_{max} 超过材料极限应变值 ε_b 时，切屑产生折断，如图 4-3b 所示。

通过研究可知，当切屑厚度 h_{ch} 增加，切屑卷曲半径 ρ 减小，切屑材料的极限应变值 ε_b 小，则切屑易折断。因此，凡影响 h_{ch}、ρ 及 ε_b 的因素，都可能影响断屑。

分析图 4-3c，切屑卷曲半径 ρ 与断屑槽尺寸有关。若减小断屑槽宽度 L_{Bn}，增长刀—屑接触长度 l 和增加断屑台高度 h_{Bn} 都可减小 ρ，并有利于断屑。

切屑在流出过程中形成卷曲后，加剧了切屑内部的塑性变形，切屑的塑性降低，硬度增高，性变脆，从而为断屑创造了有利的内在条件。

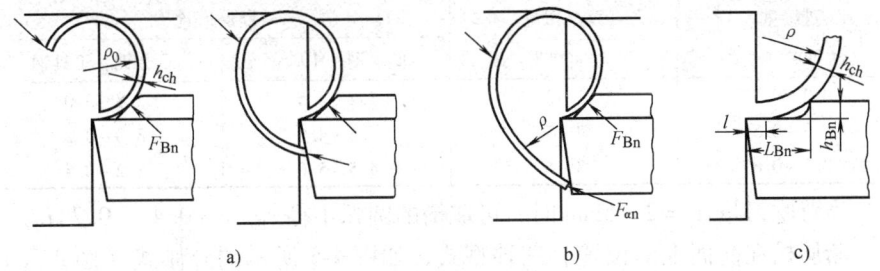

图 4-3 切屑折断原理
a) 切屑受力后卷曲　b) 影响卷曲半径参数　c) 断屑槽尺寸

三、断屑措施

1. 作出断屑槽

在刀具前面上磨出断屑槽是达到断屑的有效措施，因此使用较多。对于可转位刀片，刀片前面上有不同形状和尺寸的断屑槽，以满足不同切削条件的断屑需要。在焊接硬质合金刀片的车刀上，通常磨制了如图 4-4 所示的三种型式的断屑槽：折线型、直线圆弧型和全圆弧型。

折线型（图 4-4a）和直线圆弧型（图 4-4b）适用于碳钢、合金钢、工具

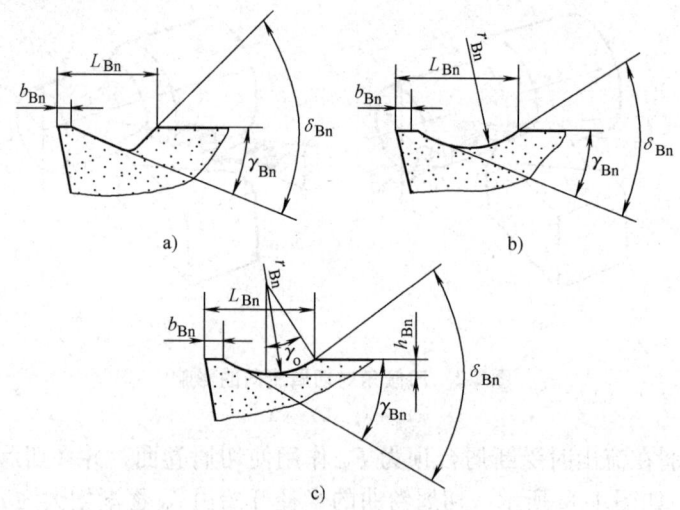

图 4-4 断屑槽型式

a) 折线型 b) 直线圆弧型 c) 全圆弧型

钢和不锈钢;全圆弧型(图 4-4c)的槽底前角 γ_{Bn} 大,适用加工塑性高的金属材料和重型刀具。

在使用断屑槽时,影响断屑效果的主要参数是:槽宽 L_{Bn} 和槽深 h_{Bn}(γ_{Bn})。槽宽 L_{Bn} 的大小应确保一定厚度的切屑在流出时碰到断屑台,并在断屑台反屑角 δ_{Bn} 作用下,使切屑卷曲半径 ρ 减小而断屑。对于进给量 f 大(切屑厚度 h_{ch} 大)、不易卷曲的切屑,应使槽宽 L_{Bn} 相应增大。

表 4-2 为根据进给量 f 与背吃刀量 a_p,选取的槽宽 L_{Bn} 值。

表 4-2 断屑槽宽度 L_{Bn} (单位:mm)

进给量	背吃刀量	断屑槽宽	
$f/\text{mm} \cdot \text{r}^{-1}$	a_p/mm	低碳钢、中碳钢	合金钢、工具钢
0.2~0.5	1~3	3.2~3.5	2.8~3.0
0.3~0.5	2~5	3.5~4.0	3.0~3.2
0.3~0.6	3~6	4.5~5.0	3.2~3.5

当背吃刀量 $a_p = 2 \sim 6$ mm 时,可取槽的圆弧半径 $r_{Bn} = (0.4 \sim 0.7) L_{Bn}$。

断屑槽在前面上的位置有三种型式,如图 4-5 所示的外倾式(图 4-5a)、平行式(图 4-5b)和内斜式(图 4-5c)。外倾式作成 $-\lambda_s$,切屑易折小段,并流向加工表面,它的断屑范围广,平行式作成 $\lambda_s = 0$,切屑呈较短盘螺旋状,并碰在切削表面上折断;内斜式是适用于背吃刀量 a_p 较小的半精加工和精加工,具有 $+\lambda_s$,使切屑流向刀具后面而折断。

2. 改变切削用量

在切削用量参数中,对断屑影响最大的是进给量 f,其次是背吃刀量 a_p。进给量增大,使切屑厚度 h_{ch} 增大,在切屑受卷曲或碰撞时较易折断。背吃刀量 a_p 增大对断屑作用不大,只有当同时增加进给量时,才能有效地断屑。

切削速度对断屑影响较小,但在低速切削时,由于切屑变形较充分,切屑卷曲半径 ρ 减小,较易使切屑折断。

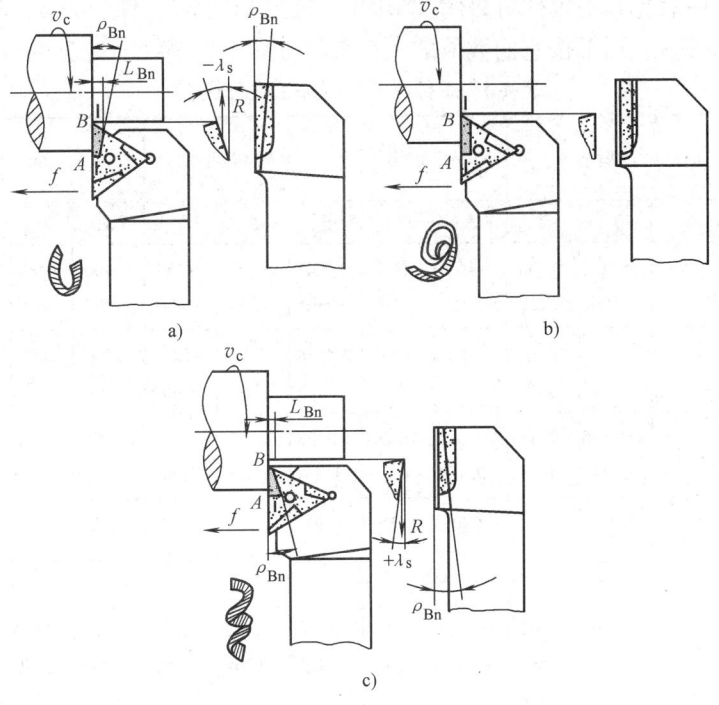

图 4-5　断屑槽位置及刃倾角作用
a) 外倾式　b) 平行式　c) 内斜式

3. 其他断屑方法

（1）固定附加断屑挡块　在刀具前刀面上固定着可调距离和角度的挡块，能达到稳定断屑，但其不足之处是减小了出屑空间且易被切屑阻塞。

（2）采用间断切削　采用断续切削或振动切削方式，获得断屑或使切削厚度周期性变化和切屑截面积变化，致使狭小截面处应力集中，强度减弱，达到断屑目的。这类断屑方法结构及装置较复杂。

（3）切削刃上开分屑槽　这是较为常见的方法。在参加切削的较长切削刃上，例如：钻头、圆柱铣刀、拉刀等刀具，在它们相邻主切削刃上磨出交错分布的分屑槽，使切屑分段流出，以便于排屑和容屑。

第二节　工件材料的切削加工性

工件材料的切削加工性是指在一定的加工条件下工件材料被切削的难易程度。随着机械制造业的高速发展，各种高性能材料的使用日益增多，对于许多材料的切削加工也更为困难。研究材料切削加工性的主要目的，是为了更有效地找出对各种材料，特别是难加工材料便于切削加工的途径。

一、切削加工性指标

1. 加工材料的性能指标

材料加工性能难易程度主要决定于材料结构和金相组织，及所具有的物理和力学性能，其中包括材料硬度 HBW、抗拉强度 σ_b、伸长率 δ、冲击韧度 a_K 和热导率 κ。通常按它们数值的大小来划分加工性等级，见表4-3。

表4-3 工件材料切削加工性分级表

切削加工性		易切削			较易切削		较难切削		难切削			
等级代号		0	1	2	3	4	5	6	7	8	9	9_a	9_b
硬度	HBW	≤50	>50~100	>100~150	>150~200	>200~250	>250~300	>300~350	>350~400	>400~480	>480~635	>635	
	HRC					>14~24.8	>24.8~32.3	>32.3~38.1	>38.1~43	>43~50	>50~60	>60	
抗拉强度 σ_b/GPa		≤0.196	>0.196~0.441	>0.441~0.588	>0.588~0.784	>0.784~0.98	>0.98~1.176	>1.176~1.372	>1.372~1.568	>1.568~1.764	>1.764~1.96	>1.96~2.45	>2.45
伸长率 $\delta \times 100$		≤10	>10~15	>15~20	>20~25	>25~30	>30~35	>35~40	>40~50	>50~60	>60~100	>100	
冲击韧度 a_K/kJ·m^{-2}		≤196	>196~392	>392~588	>588~784	>784~980	>980~1372	>1372~1764	>1764~1962	>1962~2450	>2450~2940	>2940~3920	
热导率 κ/W·m^{-1}·K^{-1}		418.68~293.08	<293.08~167.47	<167.47~83.74	<83.74~62.80	<62.80~41.87	<41.87~33.5	<33.5~25.12	<25.12~16.75	<16.75~8.37	<8.37		

从加工性分级表中查出材料性能的加工性等级，可全面地了解材料切削加工难易程度的特点。以正火45钢为例，它的性能为：229HBW、σ_b = 0.598GPa、δ = 16%、a_K = 588kJ/m²、κ = 50.24W/（m·K）。从表中查出各项性能的加工性等级为："4·3·2·2·4"，因而45钢是较易切削的金属材料。

2. 相对加工性指标

在切削45钢（170~229HBW，σ_b = 0.637GPa）时，刀具寿命 T = 60min 的切削速度 $v_{0_{60}}$ 作为标准，在相同加工条件下，切削其他材料的 v_{60} 与 $v_{0_{60}}$ 的比值 K_r 称为相对加工性指标，即

$$K_r = \frac{v_{60}}{v_{0_{60}}} \quad (4-1)$$

例如：K_r = 2.5~3 为易切钢；K_r > 3 为非铁材料；K_r ≤ 0.5 为不锈钢、高锰钢、钛合金等难加工材料。

与 $v_{0_{60}}$ 相似，在国外也有用 $v_{0_{30}}$、$v_{0_{15}}$ 的。

3. 刀具寿命指标

用刀具寿命长短来衡量被加工材料切削的难易程度。例如，切削普通金属材料取刀具寿命60min时的允许切削速度 v_{60}、切削难加工材料用 v_{20}，来评定相应材料切削加工性的好坏。在相同加工条件下，v_{60} 与 v_{20} 值越高，材料的

切削加工性越好；反之，加工性差。

此外，根据不同的加工条件与要求，也可按"加工表面粗糙度"、"切削力"和"断屑"等指标来衡量工件材料的切削加工性的好坏。

二、常用材料切削加工性简述

（一）铸铁

由于铸铁中石墨的作用，使材料的硬度低、性变脆，石墨在切屑与前刀面间起润滑作用。切削铸铁时变形小，切削力小，切削温度较低，且产生崩碎切屑，有微振，不易达到小的表面粗糙度。总的说来，铸铁的加工性较易。铸铁的加工性受到石墨的存在形式、基体组织状态、金属成分和热处理影响。例如：灰铸铁、可锻铸铁和球墨铸铁的石墨分别呈片状、团絮状和球状，因此，它们的强度依次提高，加工性随之变差；在铸铁的基体组织中若珠光体和碳化物含量增多，硬度增高，加工性变差；铸铁中的金属元素也影响加工性，如含 Si 形成 SiO_2 使铸铁硬度提高，含 P 形成 Fe_3P 起磨料作用使刀具产生磨料磨损，加工性差，但含 S、Ni 则能改善加工性。

为了适应铸铁的加工性特点，在切削时可适当减小刀具前角和降低切削速度。

（二）碳素结构钢

普通碳素钢的加工性主要取决于含碳量。低碳钢硬度低，塑性和韧性高，故切削变形大，切削温度高，易产生粘屑和积屑瘤，断屑困难，不易达到小的粗糙度，故低碳钢加工性较差。如 10 号钢加工性等级为"2·1·5··4"。

高碳钢硬度高，塑性低及热导率低，切削力大，切削温度高，刀具易磨损、寿命低，故高碳钢的加工性差。如 60 号钢加工性等级为"5·3·1··4"。

切削低碳钢应选用较大前角和后角，正刃倾角和较大主偏角，切削刃锋利，提高切削速度。

切削高碳钢选用耐磨性高和耐热性高的硬质合金刀具、涂层刀具和 Al_2O_3 陶瓷刀具。前角较小，磨出很窄的负倒棱，适当减小主偏角。

（三）合金结构钢

在碳素结构钢中加入合金元素，如 Si、Mn、Cr、Ni、Mo、W、V、Ti 等，提高了结构钢的性能，其加工性也随之变化。例如：铬钢（20Cr、30Cr 和 40Cr 钢等）中的铬能细化晶粒，提高强度，其中调质 40Cr 钢比调质中碳钢的强度提高了 20%、热导率低 15%，它的加工性等级为"4·4···2·6"，因此，较同类碳钢难加工。在切削时应选择耐磨性、耐热性高的刀具材料，降低切削速度；普通锰钢在碳钢中加入质量分数为 1%～2% 的锰，强化碳钢中铁素体，并增加和细化珠光体，因此，锰钢的塑性和韧性低，强度和硬度高，以 40Mn2 为例，它的加工性等级为："4·5···2·-"，其加工性较中碳钢差。

（四）难加工材料

目前在航空、航天、造船、电站、石油化工和国防工业对零件的性能有很高的要求，例如耐磨、耐高温、耐腐蚀和耐冲击等，这些零件常用的材料有：高强度合金钢、不锈钢、高锰钢、钛合金、高温合金、冷硬铸铁和高硅铝合金等。

1. 高强度合金钢

高强度合金钢是含合金的结构钢，其中有含一种合金元素的，如铬、镍或锰钢；含两种合金元素的，如铬锰、铬钼或铬镍钢；含三种以上合金元素的，如铬锰钛、铬锰钼钒钢等。它们经过热处理均有较好综合性能，其中抗拉强度达 $\sigma_b > 1.2 \sim 1.5\text{GPa}$，后者被称为超高强度钢，硬度 $<50\text{HRC}$，以含量较高的镍钴锰钛合金为例，其加工性等级为"9·9·1·9a·7"，这是一类很难切削的材料。切削时变形阻力大，因此，切削力大、切削温度高、热导率小、断屑困难，故刀具后面磨损严重，前面上磨出月牙洼，刀尖区域温度集中，受切屑作用易破损。

高强度钢的金相组织多为马氏体，通常应在退火状态下切削。

切削高强度钢应选用高的耐热性、耐磨性和耐冲击的刀具材料，例如细晶粒、涂层硬质合金刀具，半精加工和精加工可选用 Al_2O_3 陶瓷或 CBN 刀具。选用较小或负值前角，磨出负倒棱和刀尖圆弧半径。切削速度可低于 45 钢 40% 左右，进给量适当加大。此外，应具有足够的加工工艺系统刚性。

2. 不锈钢

不锈钢的种类较多，使用广泛，常用的有马氏体不锈钢、奥氏体不锈钢。以奥氏体不锈钢 1Cr18Ni9Ti 为例，它的性能为：291HBW、$\sigma_b = 0.539\text{GPa}$、$\delta = 40\%$、$a_K = 2452\text{ kJ/m}^2$、$\kappa = 16.3\text{W/(m·K)}$，加工性等级为："4·2·6·9·8"。不锈钢的常温硬度和强度接近 45 钢，但切削时温度升高后，材料的硬度和强度随之提高，其伸长率高于 45 钢三倍，冲击韧度是 45 钢四倍，热导率为 45 钢的 $1/3 \sim 1/4$。不锈钢在切削时的塑性变形大，故切削力较 45 钢提高 25%，切削温度高，加工硬化程度高，易与刀具中合金元素亲合产生粘屑，并易形成积屑瘤，断屑困难。刀具上温度高、导热差，易使刀具产生粘结磨损和扩散磨损。

切削不锈钢应选用高的耐热性、强度和耐磨性的刀具材料。选取较大前角，负的刃倾角，带倒棱和刀尖圆弧半径，切削刃锋利。切削速度较切削 45 钢低 40%，背吃刀量较大。

3. 高锰钢

高锰钢中锰的质量分数高达 11% ~ 14%，其中有高碳高锰耐磨钢和中碳高锰无磁钢，高锰钢是含碳、锰量均很高的奥氏体钢，以高锰钢中 Mn13 为例，它的性能为：210HBW、$\sigma_b = 0.981\text{GPa}$、$\delta = 80\%$、$a_K = 2943\text{kJ/m}^2$、$\kappa = 13\text{W/(m·K)}$，加工性等级为："4·5·9·9a·8"，因此，加工性很差。高锰钢的强度和硬度均较高，在切削时晶格滑移和晶粒扭曲及伸长变形严重，故加工硬化很严重，其深度达 0.3mm 左右，硬度提高三倍。它的韧性和伸长率均很高，故切削力大，切屑不易折断。热导率小，切削温度高，较 45 钢高 200~250℃，热变形严重，刀具易产生粘结磨损和破损。

切削高锰钢可选用耐磨性和韧性较高的硬质合金刀具。为减小加工硬化和增加散热面积,应适当减小前角(-3°~5°),使切削刃锋利。为提高刀具强度,方法有减小主、副偏角,选取负刃倾角、磨负值大的倒棱并适当增大后角等。切削速度不应太高,硬质合金刀具取$v_c \leq 40\text{m/min}$,背吃刀量和进给量应适当加大。

4. 钛合金

钛合金中以($\alpha + \beta$)双相固溶体 TC9 钛合金为例,它的性能为:360HBW、$\sigma_b = 1.059\text{GPa}$、$\delta = 9\%$、$a_K = 2943\text{kJ/m}^2$、$\kappa = 7.54\text{W/(m·K)}$,加工性等级为:"6·5·0·9·9"。钛合金的加工性特点是具有高的硬度和强度,导热性差,热导率是 45 钢的 1/2 左右,钛又是高度活泼的金属,容易与刀具中的钛亲合,并且在高温时,易与空气中的氧和氮形成 TiO_2 与 TiN 硬化层,深度 0.1~0.15mm。此外,钛合金塑性变形小,测得切屑厚度压缩比非常小,因而切屑与刀面间接触长度小,刀尖处受力大、温度集中。钛合金的弹性复原大,后刀面上粘屑严重。切削钛合金刀具易产生粘结磨损和扩散磨损,刀尖又易破损。通常切削钛合金刀具应选用亲合力小、导热性好、强度高、含钴量多、细晶粒和含稀有金属的硬质合金材料。选用前角小、后角大,有较大刀尖圆弧半径,且保持切削刃锋利的刀具。采用切削速度<100m/min和较大背吃刀量。

5. 其他难加工材料加工性特点简介

高温合金中镍基高温合金较难切削,它的热导率低,切削力大,较切削 45 钢大 2~3 倍,切削温度高,达 750~1000℃,加工硬化严重,提高硬度 200%~500%,切削时刀具上粘屑严重。

淬火钢硬度≥60HRC,硬质合金硬度>70HRC,它们都具有硬度高、塑性低、热导率小的特点,因此,切削时冲击力大,切削温度集中于刀尖区域,刀具磨损快、破损严重。

冷硬铸铁和高硅铝合金的硬度均很高,性脆,材料中分布着硬质点,耐磨性高,切屑呈崩碎状。切削时,刀尖处受冲击力大,刀具易产生磨粒磨损和破损,因此可选用金属陶瓷刀具切削冷硬铸铁;选用金刚石刀具加工高硅铝合金。

工程陶瓷是机械工程中应用较多的陶瓷,它是由天然粘土等原料经精细粉碎再初烧结成形,然后经粗加工,最后由高温高压精烧结作为精加工坯料。工程陶瓷具有高硬度(2500~3000HV)、高耐磨性和耐热性,性脆,目前常用人造金刚石磨削加工。此外,可选用 CBN 或 PCD 刀具进行切削加工。

三、改善材料切削加工性途径

(一) 调剂工件材料中化学元素和进行热处理

在钢中添加易切削化学元素,如硫(S)、铅(Pb),使材料结晶组织中产生硫化物,降低组织结合强度,便于切削。铅使组织结构不连续,有利于断屑,并能形成润滑膜,减小摩擦因数;不锈钢中有硒元素,可改善硬化程度;在铸铁中加入铝、铜合金元素可分解出石墨元素,易于切削。

采取适当的热处理方法可改善加工性。被加工材料硬度越高且不均匀，组织偏析越严重，刀具磨损越严重。材料的伸长率越大，粘刀严重，表面粗糙度越差，均使加工性变差。因而，通过热处理降低材料硬度，使组织均匀，提高切削脆性能有效地改善材料加工性。铸铁的基体中分布着游离状态的石墨，提高了铸铁的易加工性，但基体为珠光体灰铸铁，硬度高，若经退火处理分解为铁素体和石墨，降低硬度，改善了加工性。对低碳钢进行正火处理，细化晶粒，可提高硬度，降低韧性。高碳钢通过退火处理，使硬度降低，便于切削。对于高强度合金钢通过退火、回火或正火处理可改善加工性，而对于镍基高温合金进行淬火处理，使原来组织金属化合物转变为固溶体，由于化合物存在较少，因此易于切削。

（二）合理选用刀具材料

根据加工材料的性能与要求，应选择与之匹配的刀具材料。例如为使含钛元素的各类难加工材料不发生亲合作用，应选用 K（YG）类硬质合金刀具，其中细晶粒或带稀有元素的牌号对提高切削效率和刀具寿命有明显效果。例如，切削不锈钢可选用 K20（YG8N）、K10（YG6A），切削高锰钢选用 P35（YT5R）、M10（YW3），切削冷硬铸铁用 K10（YG6X）等。

此外，为了适应各类高性能难加工材料的高效率切削，我国硬质合金制造厂开发了超细晶粒硬质合金，其粒度≤0.6μm，并添入加强元素 TaC，使硬质合金刀具的硬度、耐磨性和抗弯强度有显著提高，其中 K10（YS8）用于切削高温合金、高锰钢、不锈钢和硬度>60HRC 的淬火钢；K10（YS10）切削各类高硬度铸铁。上述 K10 牌号也适用于切削高硅铝合金、白口铸铁、玻璃制品、陶瓷和花岗石等。

此外，涂层刀具、各类超硬刀具材料对各类难加工材料切削的应用也逐渐增多，在许多资料中均有介绍。

（三）其他措施

1）合理选择刀具几何参数。通常都是从减小切削力、改善热量传散、增加刀具强度、有效断屑、减少摩擦和提高刃磨质量等方面来调节各参数间的大小关系，达到改善加工性作用。

2）保持切削系统的足够刚性。

3）选用高效切削液及有效的浇注方式。

4）采用新的切削加工技术。例如：加热切削、低温切削、振动切削等。

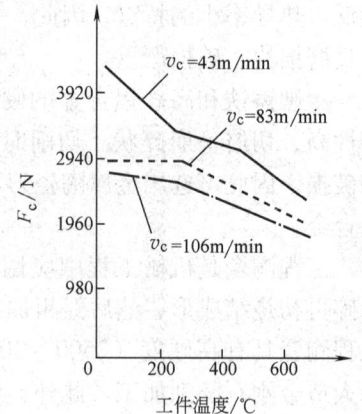

图4-6　切削不锈钢时切削温度与切削力关系

图4-6 所示为对不锈钢材料进行加热切削时的切削力变化曲线。切削区域温度增高，能降低切削层剪切强度，减小接触面摩擦因数，因此，减小了切削力，减小冲击振动，增加切削稳定性，延长刀具寿命，但需有附加装置。

第三节 切削液的选用

合理选用切削液能有效地减小切削力、降低切削温度、减小加工系统热变形、延长刀具寿命和改善已加工表面质量，此外，选用高性能切削液也是改善难加工材料切削性能的一个重要措施。

一、切削液作用

1. 冷却作用

切削液浇注在切削区域内，利用热传导、对流和汽化等方式，降低切削温度和减小加工系统热变形。

2. 润滑作用

切削液渗透到刀具、切屑与加工表面之间，减小了各接触面间摩擦，其中带油脂的极性分子吸附在刀具新鲜的前、后面上，形成了物理性吸附膜，若在切削液中添加了化学物质产生了化学反应后，形成了化学性吸附膜，该化学膜可在高温时减小接触面间摩擦，并减少粘结。上述吸附膜起到了减小刀具磨损和提高加工表面质量的作用。

3. 排屑和洗涤作用

在磨削、钻削、深孔加工和自动化生产中利用浇注或高压喷射方法排除切屑或引导切屑流向，并冲洗散落在机床及工具上的细屑与磨粒。

4. 防锈作用

切削液中加入防锈添加剂，使之与金属表面起化学反应形成保护膜，起到防锈、防蚀作用。

此外，切削液应具有抗泡沫性、抗霉变质性、无变质嗅味、排放时不污染环境、对人体无害和使用经济性等要求。

二、切削液种类及其应用

生产中常用的切削液有：以冷却为主的水溶性切削液和以润滑为主的油溶性切削液。

（一）水溶性切削液主要分为：水溶液、乳化液和合成切削液。

1. 水溶液

水溶液是以软水为主加入缓蚀剂、防霉剂，具有较好的冷却效果。有的水溶液加入油性添加剂、表面活性剂而呈透明的水溶液，以增强润滑性和清洗性。此外，若添加极压抗磨剂，可达到在高温、高压下增加润滑膜的强度。

水溶液常用于粗加工和普通磨削加工中。

2. 乳化液

乳化液是水和乳化油混合后再经搅拌，形成的乳白色液体。乳化油是一种油膏，它由矿物油、脂肪酸、皂以及表面活性乳化剂（石油磺酸钠、磺化蓖麻油）配制而成。在表面活性剂的分子上带极性的一头与水亲合，不带极性一头与油亲合,从而起到水油均匀混合作用,再添加乳化稳定剂(乙醇、乙二醇等)防止乳化液中水、油分离。

乳化液的用途很广,能自行配制,含较少乳化油的称为低浓度乳化液,它主要起冷却作用,适用于粗加工和普通磨削;高浓度乳化液主要起润滑作用,适用于精加工和复杂刀具加工中。表4-4中列出了加工碳钢时,不同浓度乳化液的用途。

表4-4 乳化液选用

加工要求	粗车、普通磨削	切割	粗铣	铰孔	拉削	齿轮加工
浓度(%)	3~5	10~20	5	10~15	10~20	15~25

3. 合成切削液

合成切削液是国内外推广使用的高性能切削液,它是由水、各种表面活性剂和化学添加剂组成,它具有良好的冷却、润滑、清洗和防锈作用,热稳定性好,使用周期长等特点。合成液中不含油,可节省能源,有利环保,在国内外使用率很高。例如:高速磨削合成切削液适用的磨削速度为80m/s,用它能提高磨削用量和砂轮寿命;H_1L_2不锈钢合成切削液适用对不锈钢(1Cr18Ni9Ti)和钛合金等难加工材料的钻孔、铣削和攻螺纹,它能减小切削力和延长刀具寿命,并可获得较小的加工表面粗糙度。

国产DX148多效合成切削液、SLQ水基透明切削磨削液用于深孔加工均有良好效果。

(二)油溶性切削液

油溶性切削液主要有:切削油和极压切削油。

1. 切削油

切削油中有矿物油、动植物油和复合油(矿物油和动植油的混合油),其中较普遍使用的是矿物油。

矿物油主要包括L-AN15、L-AN32、L-AN46全损耗系统用机械油、轻柴油和煤油等。它们的特点是,热稳定性好、资源丰富、价格便宜,但润滑性较差,故主要用于切削速度较低的精加工、非铁材料加工和易切钢加工。机械油的润滑作用好,故在普通精车、螺纹精加工中使用甚广。

煤油的渗透作用和冲洗作用较突出,故在精加工铝合金、精刨铸铁平面和用高速钢铰刀铰孔中,能减小加工表面粗糙度和延长刀具寿命。

2. 极压切削油

极压切削油是在矿物油中添加氯、硫、磷等极压添加剂配制而成,它在高温高压下不破坏润滑膜并具有良好润滑效果,尤其在对难加工材料的切削中广为应用。

氯化切削油主要含氯化石蜡、氯化脂肪酸等,由它们形成的化合物如$FeCl_2$,其熔点为600℃,且摩擦因数小,润滑性能好,适用于切削合金钢、高锰钢、不锈钢和高温合金等难加工材料的车、铰、钻、拉、攻螺纹和齿轮加工。

硫化切削油是在矿物油中加入含硫添加剂(硫化鲸鱼油、硫化棉籽油等),硫的质量分数为10%~15%。在切削时高温作用下形成硫化铁(FeS)化学膜,其熔点在1100℃以上,因此硫化切削油能耐高温。在硫化切削油中的JQ-1精密切削润滑剂用于对20钢、45钢、40Cr钢和20CrMnTi等材料的钻、铰、铣、拉、攻螺纹和齿轮加工中,均能获得较为显著的使用效果。

含磷极压添加剂中有硫代磷酸锌和有机磷酸脂等。含磷润滑膜的耐磨性较含硫、氯的高。

若将各种极压添加剂复合使用,则能获得更好使用效果。例如BC-Ⅱ极压切削油是一种硫、氯型极压切削油,它用在结构钢、合金钢和工具钢的车、拉、铣和齿轮加工中,用于拉削18CrMnTi钢时,可使生产率提高一倍,表面粗糙度达到$Ra0.63\mu m$。

(三) 固体润滑剂

固体润滑剂中使用最多的是二硫化钼(MoS_2)。由MoS_2形成的润滑膜具有0.05~0.09很小的摩擦因数和1185℃高的熔点,因此,形成了高温也不易改变它的润滑性能,且具有很高的抗压性能(3.1GPa)和牢固的附着能力。使用时可将MoS_2涂刷在刀面上和工作表面上,也可添加在切削油中。

使用MoS_2能防止和抑制积屑瘤产生,减小切削力,能显著延长刀具寿命、减小表面粗糙度。已有使用结果表明,在挤压式液压缸内孔的压头和圆孔推刀的表面上涂覆MoS_2,可消除加工表面波纹和压痕,并且工具寿命能成倍提高。特别指出的是Mo类固体润滑剂是一种良好的环保型切削液。

为了有利于环保并节约切削加工费用,现代切削加工中越来越多地采用干切和半干切加工技术。

第四节 已加工表面质量

经切削后的表面质量应符合预定的加工要求,其中包括:表面粗糙度、表层硬化程度、表层残余应力、表层微裂纹和表层金相组织。

本节主要简介表面层的质量指标对已加工表面质量的影响,并分析表面粗糙度的形成及其影响因素。

一、已加工表面层质量简介

在切削加工时,受到切削力和切削温度作用后,会引起已加工表面层质量产生变化。

1. 加工硬化

加工层产生了急剧的塑性变形后,使离加工表面0.1~0.5mm层内显微硬度提高,破坏了内应力平衡,改变了表层组织性能,降低了材料的冲击韧度和疲劳强度,增加了材料的切削难度。

2. 表层残余应力

由于切削层塑性变形的影响,会改变表面层残余应力的分布,如切削后切削温度降低,使已加工表面层由膨胀而呈收缩状,在收缩时它受底层材料阻碍，使表面层中产生了拉应力。残余拉应力受冲击载荷作用，会降低材料疲劳强度、出现微观裂纹，降低材料的耐蚀性。

3. 表层微裂纹

切削过程中切削表面在外界摩擦、积屑瘤和鳞刺等因素作用以及在表面层内受应力集中或拉应力等影响下，造成已加工表层产生微裂纹，微裂纹不仅能降低材料的疲劳强度和耐蚀性，而且在微裂纹不断扩展情况下，造成了零件的破坏。

4. 表层金相组织

切削时由于切削参数选用不当或切削液浇注不充分，会造成加工表面层的金相组织变化，影响被加工材料原有的性能。例如，零件在淬火后又经回火呈均匀的马氏体组织，消除了内应力，但在磨削时，由于磨削温度过高，冷却不均匀，出现二次回火而呈屈氏体组织，造成了组织不均匀，产生内应力，降低材料韧性而变脆。

二、表面粗糙度的形成

1. 理论粗糙度

如图4-7a所示，若用未经修圆刀尖的车刀，即刀尖圆弧半径$r_\varepsilon = 0$车刀纵车外圆，其进给量为f，在已加工表面上形成的理论粗糙度是未被切除的金属残留面积$\triangle abc$，理论粗糙度值为残留面积高度R_{max}，R_{max}为

$$f = \overline{ad} + \overline{db} = R_{max}\cot\kappa_r + R_{max}\cot\kappa_r'$$

$$R_{max} = \frac{f}{\cot\kappa_r + \cot\kappa_r'} \quad (4\text{-}2)$$

如图4-7b所示，由刀尖圆弧半径$r_\varepsilon > 0$形成的残留面积高度R_{max}为

$$R_{max} = r_\varepsilon - \sqrt{r_\varepsilon^2 - \left(\frac{f}{2}\right)^2} \approx \frac{f^2}{8r_\varepsilon} \quad (4\text{-}3)$$

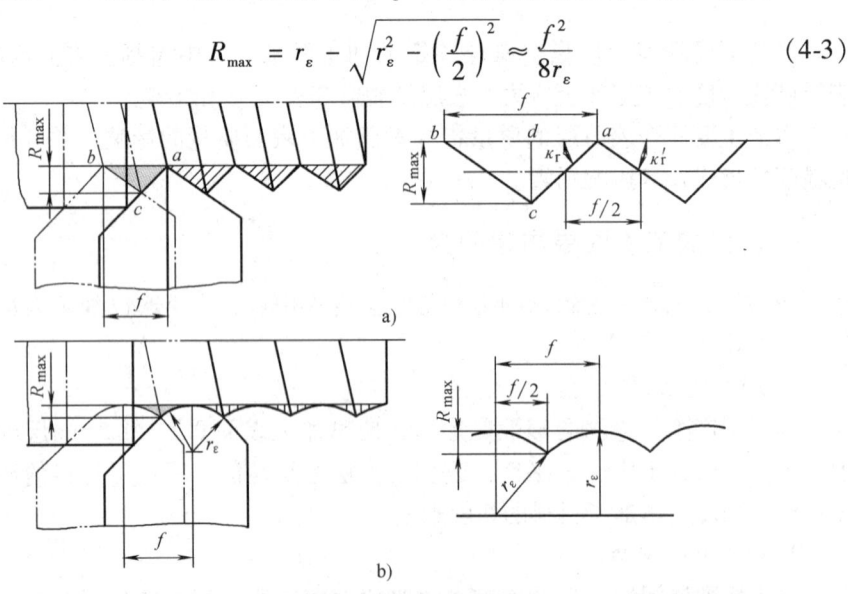

图4-7 残留面积
a) $r_\varepsilon = 0$ b) $r_\varepsilon > 0$

2. 实际粗糙度

实际粗糙度是在理论粗糙度上叠加着非正常因素，例如：积屑瘤、鳞刺、刀具磨痕和切削振纹等附着物和痕迹，因此，增大了残留面积的高度值。

（1）积屑瘤和鳞刺影响　图 4-8a 为加工表面上产生的均匀残留面积的纵向痕迹；图 4-8b 是粘附在切削刃上的积屑瘤进行切削情况；图 4-8c 为高低不平的积屑瘤顶端切入加工表面后使已加工表面粗糙不平。

 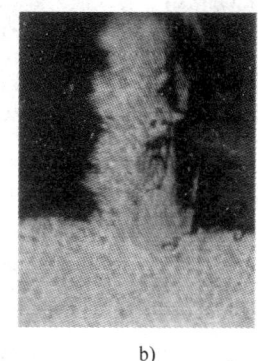 

a)　　　　　　　　　　b)　　　　　　　　　　c)

图 4-8　积屑瘤影响表面粗糙度

a) 不存在积屑瘤　b) 积屑瘤切入加工表面　c) 积屑瘤对粗糙度影响

如图 4-9a 所示，在已加工表面上垂直于切削速度方向会产生突出的鳞片状毛刺，通常称作鳞刺。图 4-9b 是突出的鳞刺形态。一般在对塑性材料的车、刨、拉、攻螺纹、插齿和滚齿加工中，当选用较低速度、较大进给量时，在产生严重摩擦和挤压情况下易生成鳞刺。鳞刺使已加工表面粗糙度严重恶化。

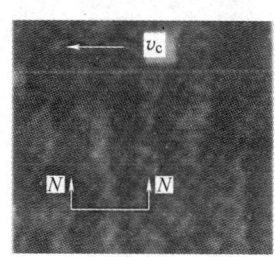  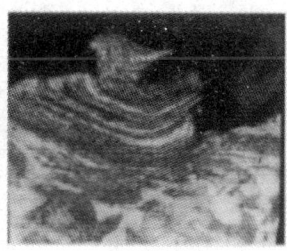

a)　　　　　　　　　　　　　　b)

图 4-9　鳞刺

a) 鳞刺分布　b) 鳞刺突出的形态

加工条件：工件材料 45 钢、切削速度 $v_c = 32 \text{m/min}$

（2）刀具磨损影响　图 4-10a 是当刀具后面磨损或刀尖处产生微崩时，它对加工表面摩擦使已加工表面上形成不均匀的划痕；图 4-10b 为刃磨切削刃口留下的毛刺、微小裂口或细微崩刃，这些缺陷均会复映在已加工表面上形成较均匀沟痕。

（3）振动影响　切削时工艺系统的振动，不仅会明显加大工件的表面粗糙度,严重时会影响机床精度和损坏刀具。

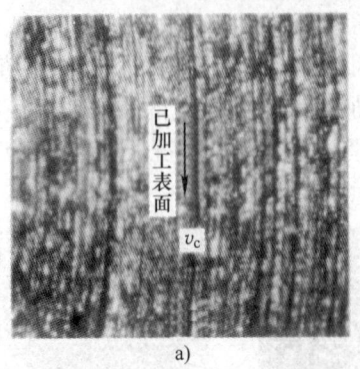 

a)　　　　　　　　　　　　　　b)

图 4-10　刀具后面磨损和切削刃微崩对表面粗糙度影响

a) 刀具后面磨损影响　b) 崩刃复映影响

图 4-11a 所示为在振动时测得的切削力波动图形;图 4-11b 所示为由振动在已加工表面上形成的振纹。

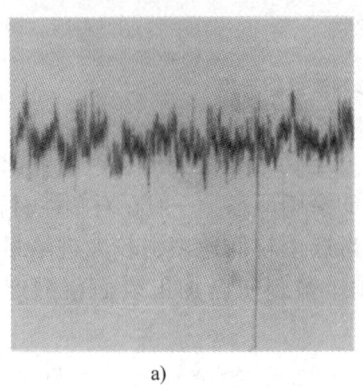 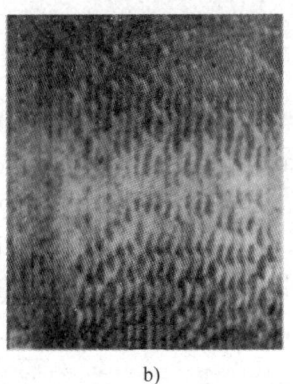

a)　　　　　　　　　　　　　　b)

图 4-11　已加工表面上振纹

a) 切削力波动图形　b) 纵向振纹

三、影响表面粗糙度的因素

(一) 切削用量影响

1. 切削速度 v_c

切削速度 v_c 是影响已加工表面质量的一个重要因素。在低速时切削变形大,易形成积屑瘤和鳞刺;在中速时积屑瘤的高度达到最大值,所以中、低速切削不易获得小的表面粗糙度值。通常在中、低速时,可选取较大前角 γ_o、减小进给量 f、采取提高刀具刃磨质量和合理选用切削液等措施,以抑制积屑瘤和鳞刺的产生,确保已加工表面质量。

在高速时,如果加工工艺系统刚性足够,刀具材料性能良好,可获得较小的表面粗糙度。

图 4-12a 所示为切削易切钢时切削速度对表面粗糙度的影响规律;在图 4-12b 中列举了在 v_c = 23m/min、30m/min、110m/min 和 180m/min 时的已加工

表面粗糙度波形。

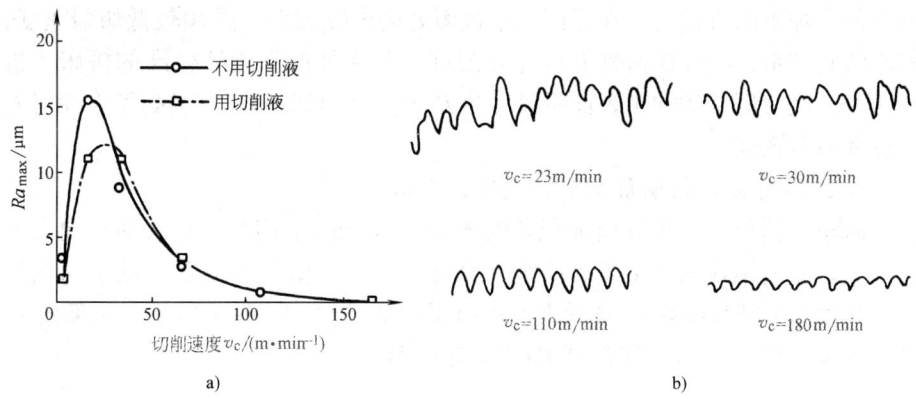

图 4-12 切削速度对表面粗糙度影响

a) 切削速度对表面粗糙度的影响曲线　b) 不同切削速度时的表面粗糙度波形

加工条件：工件易切钢、高速钢刀具、$a_p = 1.2$mm

加工条件：工件 45 钢、刀具 P10（YT15） $\gamma_o = 15°$、$\kappa_r = 45°$、$f = 0.1$mm/r、$a_p = 0.5$mm

2. 进给量 f

进给量 f 是影响表面粗糙度最为显著的一个因素，由式（4-2）、式（4-3）可知，进给量 f 越小，残留面积高度 R_{max} 越小，此外，鳞刺、积屑瘤和振动等不易产生，因此，表面质量越高。但是进给量太小，使切削厚度 h_D 减薄，加剧了切削刃钝圆半径对加工表面的挤压，使硬化严重。

减小进给量的最大的缺点是会降低生产效率，因而为了减少因提高进给量而使表面粗糙度增大的影响，通常可利用提高切削速度 v_c 或选用较小副偏角 κ_r' 和磨出倒角刀尖 b_ε 或修圆刀尖 r_ε 的办法来改善。

（二）刀具几何参数影响

1. 前角 γ_o

增大刀具前角 γ_o 使切削变形减小，刀—屑面间摩擦减小，故对积屑瘤、鳞刺、冷硬的影响较小。图 4-13 为不同前角 γ_o 对表面粗糙度影响曲线。此外，增大前角 γ_o 使刀具刃口更锋利，有利于进行薄切削，能达到精密加工的要求。但前角太大会削弱刀具强度和减小散热体积，加速刀具磨损。因此，为提高加工表面质量，应在刀具强度和刀具寿命许可条件下，尽量选用大的前角 γ_o。

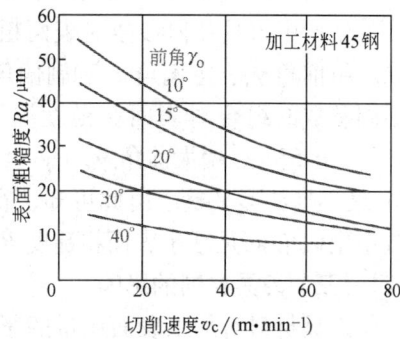

图 4-13 前角 γ_o 对表面粗糙度影响

2. 后角 α_o

增大刀具后角，可避免刀具后面与加工表面间产生摩擦，并减小对硬化和鳞刺等的影响。此外，增大后角 α_o，使切削刃钝圆半径减小，切削刃锋利，减小了对加工表面的挤压作用。因此，精加工刀具的后角应适当增大（$\alpha_o \geqslant$

8°)。生产中也利用 $\alpha_o \leq 0°$ 的刀具对切削表面产生挤压作用,以达到光整加工的目的,加工的方法是:在后面上小棱面处磨出 $\alpha_o \leq 0°$,采用较低切削速度,较小背吃刀量,浇注润滑性能良好切削液,并在精度和刚性较高的机床上进行挤压。经挤压后的加工表面粗糙度达 $Ra2.5 \sim 0.125\mu m$,并提高了表面层的硬度和疲劳强度。

3. 主偏角 κ_r、副偏角 κ_r' 和刀尖圆弧半径 r_ε

减小主偏角 κ_r,使残留面积高度 R_{max} 减小,但由于减小 κ_r 会使背向力显著增大,故适用在加工工艺系统刚性允许条件下。生产中通常用减小副偏角 κ_r' 和增大刀尖圆弧半径 r_ε 来减小残留面积高度 R_{max}。图 4-14 所示为副偏角 κ_r' 和刀尖圆半径 r_ε 对表面粗糙度 Ra 的影响曲线。

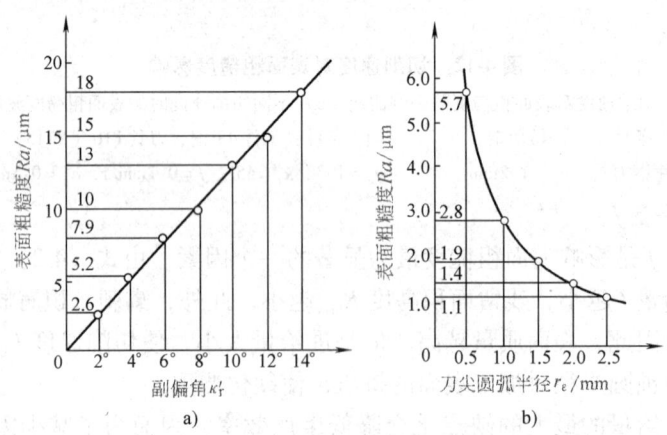

图 4-14 副偏角 κ_r' 和刀尖圆弧半径 r_ε 对表面粗糙度 Ra 影响

a) $\kappa_r' - Ra$ 曲线   b) $r_\varepsilon - Ra$ 曲线

此外,根据加工表面要求的表面粗糙度 Ra 值,也可利用图 4-14 近似地确定对应的副偏角 κ_r' 和刀尖圆弧半径 r_ε 值。

生产中刀具几何参数对表面粗糙度的影响,主要是各参数综合影响的结果。将前角 γ_o、主偏角 κ_r 和副偏角 κ_r' 进行正交切削实验,图 4-15 所示为六组不同参数的组合对表面粗糙度波形的影响。由实验曲线可知,减小副偏角 $\kappa_r'(\kappa_r' = 5°)$、增大前角 $\gamma_o (\gamma_o = 15°)$ 和在主偏角 $\kappa_r = 75°$ 时的表面粗糙度 Ra 最小且波形平整。由此可知,在不影响刀面对已加工表面摩擦的情况下,减小副偏角 κ_r' 是减小表面粗糙度 Ra 的较有效的措施。

(三) 刀具材料的影响

刀具材料对加工表面质量的影响,主要取决于它们与加工材料间的摩擦因数、亲合程度、材料的耐磨性和可刃磨性。

高速钢刀具在刃磨时较易获得锋利切削刃和光整的刀面,因此在精车时,配合其他切削参数及切削液,表面粗糙度可达 $Ra0.125 \sim 2.5\mu m$;硬质合金刀具在高速车削时,切削变形小,在机床精度和工艺系统刚性等条件良好情况下,且不出现粘屑等,加工表面粗糙度达 $Ra0.80\mu m$;用陶瓷刀具切削,可选用很高切削速度,摩擦因数小,不形成粘屑,刀具不易磨损,故切削钢的表

面粗糙度为 $Ra0.80 \sim 0.40\mu m$，切削铸铁的表面粗糙度达 $Ra0.80 \sim 0.16\mu m$；立方氮刀具耐磨性高，刀具经精细刃磨后，在高速切削时，加工表面粗糙度可达 $Ra0.10\mu m$；金刚刀具切削时产生的摩擦因数是陶瓷刀具的 1/3，刃口非常锋利、光洁及平直，极高的硬度和耐磨性，切削时背吃刀量小，用它对非铁材料加工可达到非常高的表面质量。

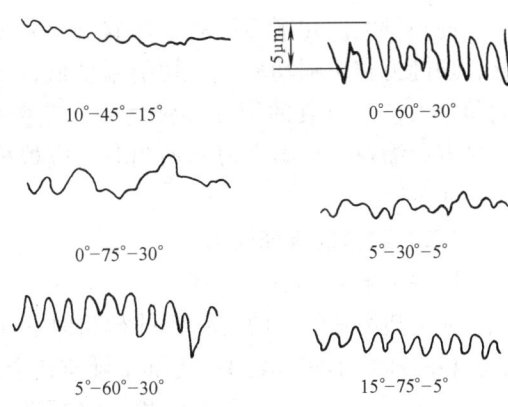

图 4-15 在前角 γ_o、主偏角 κ_r 和副偏角 κ_r' 不同组合时，对表面粗糙度 Ra 波形的影响

加工条件：工件 45 钢、刀具 P10（YT15）、$\alpha_o = 8°$、$r_\varepsilon = 0.2mm$、$f = 0.1mm/r$、$a_p = 0.5mm$、$v_c = 150m/min$

（四）切削液的影响

图 4-16a 是在低速切削过程中，不浇注切削液情况下，由于积屑瘤、鳞刺的影响，使加工表面粗糙不平；图 4-16b 是在相同条件下使用切削液，则表面粗糙度明显减小。

 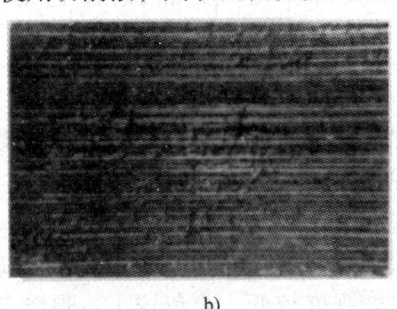

a) b)

图 4-16 干切削和使用切削液对表面粗糙度的影响
a) 干切削 b) 使用切削液

在高速切削时，由于切削液浸入切削区域较困难及易被切屑流出时带走和零件转动时被甩出，故切削液对表面粗糙度影响不明显。

第五节 刀具几何参数的合理选择

刀具几何参数主要包括刀具角度、前面与后面形式、切削刃与刃口形状等。刀具合理几何参数是指在达到加工质量和刀具寿命的前提下并使生产率提高、生产成本降低的几何参数。在生产中由于切削条件的差别，确定了刀具几何参数的效果也不相同，因此，在根据选择原则和方法基础上所选定的几何参数，应经生产实践认可或作进一步改进后再确定。

一、前角 γ_o 的选择

（一）前角的作用

前角增大使切削刃锋利，切屑流出阻力小、摩擦力小，切削变形小，因此，切削力和切削功率小，切削温度低，刀具磨损少，加工表面质量高。但前角过大，使刀具的刚性和强度差，热量不易传散，刀具磨损和破损严重，刀具寿命缩短。在确定刀具前角时，应根据加工条件，考虑前角大小的正反影响而定。

（二）前角的选择原则

1. 根据被加工材料选择

加工塑性材料、硬度较低的材料时前角大些；加工脆性材料、硬度较高的材料时前角小些。表 4-5 为加工硬质合金刀具的前角推荐值。

表 4-5　硬质合金刀具的前角推荐值

工件材料	碳钢 σ_b/GPa				40Cr	调质 40Cr	不锈钢	高锰钢	钛和钛合金
	≤0.445	≤0.558	≤0.784	≤0.98					
前角	25°~30°	15°~20°	12°~15°	10°	13°~18°	10°~15°	15°~30°	3°~-3°	5°~10°

工件材料	淬硬钢					灰铸铁		铜			铝及铝合金
	38~41HRC	44~47HRC	50~52HRC	54~58HRC	60~65HRC	≤220HBW	>220HBW	纯铜	黄铜	青铜	
前角	0°	-3°	-5°	-7°	-10°	12°	8°	25°~30°	15°~25°	5°~15°	25°~30°

2. 根据加工要求选择

精加工的前角较大；粗加工和断续切削的前角较小；加工成形面前角应小，这是为了能减小刀具的刃形误差对零件加工精度的影响。

3. 根据刀具材料选择

高速钢刀具的抗弯强度和抗冲击韧度高，可选取较大前角；硬质合金刀具的抗弯强度较低，前角较小；陶瓷刀具的抗弯强度是高速钢的 1/2~1/3，故前角应更小些。

表 4-6 为不同刀具材料的前角值。

表 4-6　不同刀具材料加工钢时前角值

碳钢 σ_b/GPa	刀具材料		
	高速钢	硬质合金	陶瓷
≤0.784	25°	12°~15°	10°
>0.784	20°	10°	5°

二、后角 α_o 的选择

后角主要影响刀具后面与切削表面间摩擦。增大后角，可减小摩擦，故加工表面质量高；过大后角会使切削刃强度降低、散热条件差、刀面磨损大，如图 4-17 所示，因而刀具寿命低。如图 4-18 所示，在相同磨损标准 VB 条件下，大的后角经重磨后再加工，增大了工件直径（以 $2\Delta_1$ 变成 $2\Delta_2$），为不影响加工精度，应进行切深补偿调整。

选择后角的原则是，在摩擦不严重的情况下，选取较小后角，具体考虑

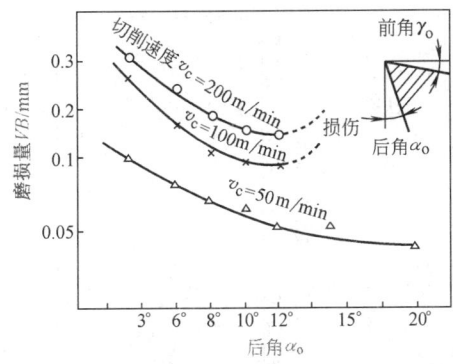 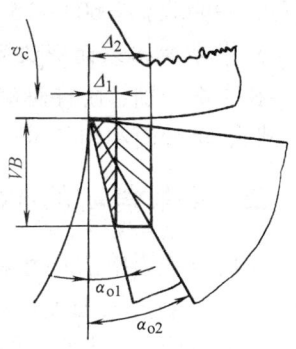

图 4-17 刀具后角与磨损量关系　　图 4-18 后角重磨后对加工精度影响

加工条件：工件材料 Ni-Cr-Mo 钢 200HBW、刀具 P10（YT15），刀具 $\gamma_o=6°$、$\kappa_r=70°$、$a_p=1mm$、$f=0.32mm/r$

加工条件为：

1. 根据加工精度选择

精加工时为了减少摩擦，后角取较大值 $\alpha_o=8°\sim12°$；粗加工时为提高刀具强度，后角取较小值 $\alpha_o=6°\sim8°$。

2. 根据加工材料选择

加工塑性材料、较软材料时，后角取较大值；加工脆性材料、硬材料时，后角取较小值；加工易产生硬化层的材料时，后角取大值。

三、副后角 α_o' 的选择

副后角选择原则与主后角基本相同。

对于有些焊接刀具，为便于制造和刃磨，以及对于可转位刀具要求转位后的后角不变，可选取 $\alpha_o'=\alpha_o$。有的刀具，如切槽刀和三面刃铣刀等，为加强刀齿强度和重磨后二侧间刃宽变化小，应选用较小副后角 $\alpha_o'=1°\sim2°$。

四、主偏角 κ_r 的选择

减小主偏角可使刀具强度提高，散热条件好，加工表面粗糙度小。主偏角小，切削宽度 b_D 长，故单位切削刃长度上受力小。由图 4-19 可以看出，主偏角减小能使刀具寿命延长。

增大主偏角，使背向力 F_p 减小，切削平稳；大的主偏角，切削厚度增大，断屑性能好。

主偏角选择原则是：

1. 根据加工材料选择

加工高强度、高硬度、热导率小和表面有硬化层的材料，为提高刀具强度和改善散热条件，应取较小的主偏角。

2. 根据加工工艺系统刚性选择

在加工工艺系统刚性不足的情况下，为减小背向力 F_p，应选用较大的主

偏角，一般取 $\kappa_r = 60° \sim 75°$。

3. 根据加工表面形状要求选择

在车细长轴、阶梯轴时，选 $\kappa_r = 90°$；用于车外圆、车端面和倒角时，应选择 $\kappa_r = 45°$。

五、副偏角 κ_r' 的选择

副偏角是影响表面粗糙度的主要角度，它的大小也影响刀具强度。过小的副偏角，会增加副后面与已加工表面间的摩擦，引起振动。

副偏角的选择原则是，在不影响摩擦和振动条件下，应选取较小副偏角。

表 4-7 列出了不同加工条件时的主、副偏角数值。

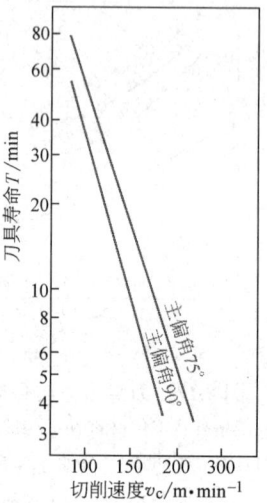

图 4-19 主偏角与刀具寿命的关系

加工条件：工件材料 Cr-Mo 钢、刀具 P10（YT15）、$a_p = 3$mm、$f = 0.2$mm/r

六、刃倾角 λ_s 的选择

刃倾角正负可控制切屑流向。选用负刃倾角可增加刀头强度，提高切削刃的抗冲击能力。刃倾角的负值过大，使背向力 F_p 增大，易产生振动。

生产中常在选用较大前角时，同时选取负刃倾角，以解决"锋利与强固"难以并存的矛盾。

表 4-7 主偏角 κ_r、副偏角 κ_r' 选用值

适用范围 加工条件	加工系统刚性差的台阶轴、细长轴、多刀车、仿形车	加工系统刚性较差，粗车，强力车削	加工系统刚性较好，可中间切入，加工外圆、端面、倒角	加工系统刚性足够的碎硬钢、冷硬铸铁	加工不锈钢	加工高锰钢	加工钛合金
主偏角 $\kappa_r /(°)$	75~93	60~70	45	10~30	45~75	25~45	30~45
副偏角 $\kappa_r' /(°)$	10~6	15~10	45	10~5	8~15	10~20	10~15

刃倾角选择原则是：

1. 根据加工要求选择

一般精加工时，为防止切屑划伤已加工表面，选择 $\lambda_s = 0 \sim +5°$；粗车时，为提高刀具强度，选择 $\lambda_s = 0° \sim -5°$。

车削高硬度、高强度等难加工材料时，为提高刀具强度，也常取较大的负刃倾角。

2. 根据加工条件选择

加工断续表面、加工余量不均匀表面，或在其他产生冲击振动的切削条件下，通常选取负的刃倾角。

七、刀尖修磨形式

在主、副切削刃交接处的刀尖处可修磨成如图 4-20 所示的三种形式：修

圆刀尖（图 4-20a）、倒角刀尖（图 4-20b）和倒角带修光刃（图 4-20c）。

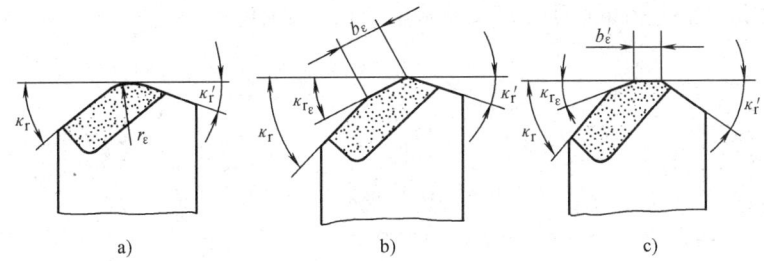

图 4-20 刀尖修磨形式

a）修圆刀尖　b）倒角刀尖　c）倒角带修光刃

1. 修圆刀尖

增大修圆刀尖圆弧半径 r_ε，能明显地减小表面粗糙度（见式（4-3）），并能增加刀头强度和改善散热条件。但过大的刀尖圆弧半径，使切削力 F_y 增大和影响断屑。图 4-21a 所示为刀尖圆弧半径与刀具寿命关系；图 4-21b 所示为刀尖圆弧半径与刀具磨损关系。

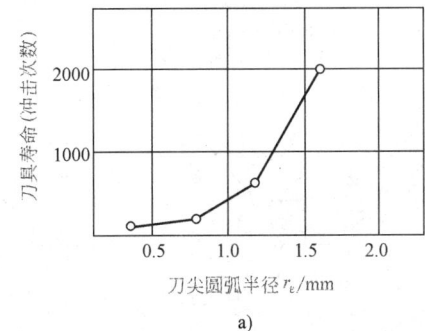
a)

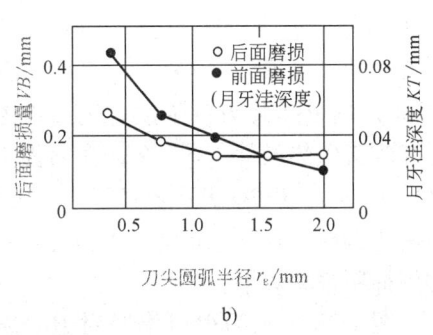
b)

图 4-21 刀尖圆弧半径对刀具寿命与刀具磨损的关系

a) 刀尖圆弧半径与刀具寿命关系

加工条件：工件 Cr-Mo 钢，280HBW

刀具 P10（YT15）、$v_c = 100$m/min、$a_p = 2$mm、$f = 0.53$mm/r

b) 刀尖圆弧半径与刀具磨损关系

加工条件：工件 Ni-Co-Mo 钢，220HBW

刀具 P10（YT15）、$v_c = 140$m/min、$a_p = 2$mm、$f = 0.212$mm/r

刀尖圆弧半径 r_ε 的选择：通常可在半精加工和精加工时，r_ε 约取进给量的 2~3 倍；在加工工艺系统刚性足够条件下切削难加工材料和断续切削时，可适当加大 r_ε 值。

2. 倒角刀尖

倒角刀尖主要适用于车刀、可转位面铣刀和钻头的粗加工、半精加工和有间断的切削中，它的组成参数取 $\kappa_{r_\varepsilon} = \dfrac{\kappa_r}{2}$、$b_\varepsilon = 0.5~2$mm。

3. 倒角带修光刃

在倒角刀尖与副切削刃间作出与进给方向平行的修光刃，其上 $\kappa'_{r_\varepsilon} = 0$，宽度 $b'_\varepsilon = (1.2~1.5)f$mm，用它在切削时修光残留面积。磨制出的修光刃应平直锋利，且装刀平行于进给方向。倒角修光刃主要适用在工艺系统刚性足够的车刀、刨刀和面铣刀的较大进给量半精加工中。

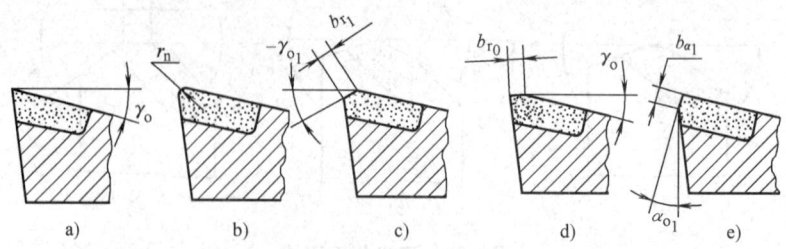

图 4-22 刃口修磨几种形式

a）锋刃（未修磨） b）刃口修圆 c）刃口负倒棱 d）刃口平棱 e）负后角倒棱

八、刃口修磨形式

刃口修磨形式有如图 4-22 所示的五种。高速钢刀具精加工磨出锋利刃口，在合理的刀具角度和切削用量条件下，能获得很高的加工表面质量。硬质合金刀具在加工韧性高的材料时，为减少切削刃粘屑，应磨制锋利刃口；刃口负倒棱（图 4-22c）和刃口平棱（图 4-22d）均可提高刃口强度、抗冲击能力和改善散热条件。图 4-22e 在后面上磨出 $b_{\alpha_1} \times \alpha_{o_1}$（$0.1 \sim 0.3 \times -5° \sim -20°$）负后角倒棱，在切削时增加阻尼作用，起到抑制振动效果。

图 4-23 所示为刃口修磨对刀具寿命的影响曲线。由于刃口修圆和平棱都提高了刃口的强度，因此，如图中所示，修磨量越大，刀具允许冲击次数越多，亦即刀具的疲劳寿命越长。

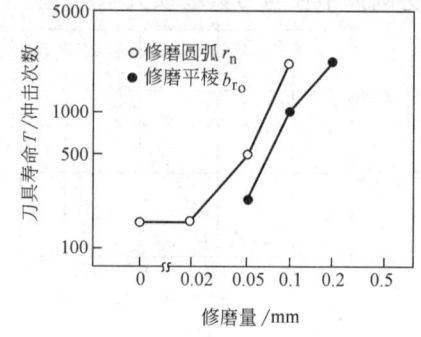

图 4-23 刃口修磨对刀具寿命的影响曲线
加工条件：工件 Ni-Co-Mo 钢、280HBW
刀具 P10（YT15） $v_c = 200 \text{m/min}$、
$a_p = 1.5 \text{mm}$、$f = 0.33 \text{mm/r}$

但过大的刃口修磨量会使切削力增加而易产生振动。通常修磨倒棱和平棱的宽度为 $b_r = 1/2 f \text{mm}$。国内外生产的硬质合金、涂层、陶瓷可转位刀片都作出了较小的修圆刃口，供粗加工和对难加工材料切削、断续切削用。

第六节 切削用量的合理选择

在确定了刀具几何参数后，还需选择切削用量参数，包括背吃刀量 a_p，进给量 f 和切削速度 v_c，然后才能进行切削加工。如同选择刀具几何参数，选择切削用量数值合理与否，对于切削加工的生产率、加工质量和生产成本都具有非常重要作用。生产中切削用量确定的方法是，根据加工要求和加工条件，选用生产实践中总结的资料及国内外推荐的切削用量数据，在必要时可进行工艺试验来获得。

选择切削用量首先应分析被加工材料的性能和加工要求；刀具材料性能；机床及其运动参数；装夹和加工系统刚性等条件。

由于切削速度 v_c 对刀具寿命影响最大，其次为进给量 f，影响最小是背吃刀量 a_p，因此，选择切削用量步骤是：先定 a_p，再选 f，最后确定 v_c。必要时需校验机床功率是否允许。

1. 选择背吃刀量 a_p

对于粗加工：在加工余量（指半径方向上）不多并较均匀、加工工艺系统刚性足够时，应使背吃刀量一次切除余量 A，即
$$a_p = A$$
如果在加工面上有硬化层、氧化皮或硬杂质情况下，此时，加工余量若足够，则背吃刀量 a_p 也应加大，若需分两次切除余量，则
$$a_{p1} = \left(\frac{2}{3} \sim \frac{3}{4}\right)A \quad a_{p2} = \left(\frac{1}{3} \sim \frac{1}{4}\right)A$$

对于半精加工：由于粗加工后形成表面的质量较为良好，应使半精加工的背吃刀量一次切除余量。

2. 选择进给量 f

粗加工：增大进给量，可提高生产效率，但过大进给量，会使切削力 F_c 剧增而影响机床进给系统、刀具和工件的强度和刚性，此外，也会显著加大表面粗糙度，为此，制订的进给量应考虑到上述影响因素。

表 4-8 摘录了"切削用量简明手册"中的资料。根据表中已知的工件材料、直径尺寸、刀具尺寸和背吃刀量，可查取粗车进给量 f 值。

表 4-9 是根据粗加工刀具的刀尖圆弧半径 r_ε 而推荐的进给量 f 值。国内外许多粗加工用可转位刀片的刀尖圆弧半径 r_ε 做成 1.2~1.6mm，表中最大进给量 f 值约为刀尖圆弧半径的 2/3。根据可转位刀片的 r_ε 选取的粗加工最大进给量可适用于刀片强度高、材料加工性好和中低切削速度时。

表 4-8 硬质合金车刀粗车外圆时的进给量

工件材料	车刀刀杆尺寸 $B \times H$ / (mm×mm)	工件直径 d_w/mm	背吃刀量 a_p/mm				
			≤3	>3~5	>5~8	>8~12	12 以上
			进给量 f/mm·r^{-1}				
碳素结构钢和合金结构钢	16×25	20	0.3~0.4	—	—	—	—
		40	0.4~0.5	0.3~0.4	—	—	—
		60	0.5~0.7	0.4~0.6	0.3~0.5	—	—
		100	0.6~0.9	0.5~0.7	0.5~0.6	0.4~0.5	—
		400	0.8~1.2	0.7~1.0	0.6~0.8	0.5~0.6	—
	20×30	20	0.3~0.4	—	—	—	—
		40	0.4~0.5	0.3~0.4	—	—	—
	25×25	60	0.6~0.7	0.5~0.7	0.4~0.6	—	—
		100	0.8~1.0	0.7~0.9	0.5~0.7	0.4~0.7	—
		600	1.2~1.4	1.0~1.2	0.8~1.0	0.6~0.9	0.4~0.6

注：1. 加工断续表面及有冲击加工时，表内的进给量应乘系数 $K = 0.75 \sim 0.85$。
2. 加工耐热钢及其合金时，不采用大于 1.0mm/r 的进给量。
3. 加工淬硬钢时，表内进给量应乘系数 $K = 0.8$（当材料硬度为 44~56HRC 时）及 $K = 0.5$（当材料硬度为 57~62HRC 时）。

表 4-9 不同刀尖圆弧半径时的最大进给量

刀尖圆弧半径 r_ε/mm	0.4	0.8	1.2	1.6	2.4
最大推荐进给量 f/(mm/r)	0.25~0.35	0.4~0.7	0.5~1.0	0.7~1.3	1.0~1.8

精加工：精加工的进给量 f 主要根据表面粗糙度要求选择。表 4-10 所列为根据表面粗糙度要求及刀具的刀尖圆弧半径 r_ε 由表查得对应的进给量 f 值。

上述确定的进给量均经过接近机床实有的进给量修正后，才可作为实用的进给量值使用。

表 4-10 不同表面粗糙度和刀尖圆弧半径时的进给量 f

（单位：mm/r）

刀尖圆弧半径 r_ε/mm \ 表面粗糙度 Ra/μm	2.5~12.5	6.3~2.5	4.9~6.3	4.0~4.9	2.5~4.0	1.6~2.5	1.0~1.6
0.4	—	0.27	0.25	0.22	0.20	0.15	0.10
0.8	0.51	0.43	0.37	0.32	0.28	0.22	0.13
1.2	0.69	0.56	0.49	0.41	0.36	0.29	0.18
1.6	0.88	0.68	0.57	0.47	0.39	0.31	0.20

3. 选择切削速度 v_c

由于切削速度对刀具寿命的影响最大，其次是背吃刀量 a_p 和进给量 f，因此，在上述已确定 a_p 和 f 后，即可根据要求达到的刀具寿命 T 来确定刀具寿命允许的切削速度 v_T。为此，可应用式（3-12）来计算切削速度 v_T（m/min）

$$v_T = \frac{C_v}{T^m a_p^{x_v} f^{y_v}} K_v$$

并按下列步骤换算生产中所用的切削速度 v_c

$$v_T \to n\left(\frac{100 v_T}{\pi D}\right) \to n_实 \text{（与 } n \text{ 接近的机床实有的转速 } n_实\text{）}$$

$$\to v_c\left(\frac{\pi D n_实}{1000}\right)$$

表 4-11 列举了原冶金部标准（YB）的国产焊接和机夹可转位车刀切削用量选用参考表。

表 4-11 国产焊接和机夹可转位车刀切削用量选用参考表

工件材料	热处理状态	刀具材料	$a_p=0.3~2$mm $f=0.08~0.3$mm/r	$a_p=2~6$mm $f=0.3~0.6$mm/r	$a_p=6~10$mm $f=0.6~1$mm/r
			v_c/(m/min)		
碳素钢	正火	YT15 YT30	160~130	110~90	80~60
	调质	YT5R YC35 YC45	130~100	90~70	70~50
合金钢	正火	YT30 YT5R YM10	130~110	90~70	70~50
	调质	YW1 YW2 YW3 YC45	110~80	70~50	60~40

（续）

工件材料	热处理状态	刀具材料	$a_p = 0.3 \sim 2$mm $f = 0.08 \sim 0.3$mm/r	$a_p = 2 \sim 6$mm $f = 0.3 \sim 0.6$mm/r	$a_p = 6 \sim 10$mm $f = 0.6 \sim 1$mm/r
			v_c / (m/min)		
不锈钢	正火	YG8 YG6A YG8N YW3 YM051 YM10	80~70	70~60	60~50
淬火钢	>45HRC	YT510 YM051 YM052	>40HRC 50~30	60HRC 30~20	—
高锰钢	($w_{Mn}=13\%$)	YT5R YW3 YC35 YS30 YM052	30~20	20~10	—
高温合金	(GH135)	YM051 YM052 YD15	50	—	—
	(K14)	YS2T YD15	40~30	—	—
钛合金	—	YS2T YD15	$a_p = 1.1$mm $f = 0.1 \sim 0.3$mm/r 65~36	$a_p = 2.0$mm $f = 0.1 \sim 0.3$mm/r 49~28	$a_p = 3.0$mm $f = 0.1 \sim 0.3$mm/r 44~26
灰铸铁	(<190HBW)	YG8 YG8N	120~90	80~60	70~50
	(190~225HBW)	YG3X YG6X YG6A	110~80	70~50	60~40
冷硬铸铁	≥45HRC	YG6X YG8M YM053 YD15 YS2 YDS15	$a_p = 3 \sim 6$mm $f = 0.15 \sim 0.3$mm/r 15~17		

表中的刀具材料除包括常用的 YT、YG 和 YW 类硬质合金外，还有新开发的超细晶粒硬质合金 YM051、YM052、YM053、YT05、YD15 和 YS2T 等牌号，有添加强化金属元素的 YM10，仿瑞典 Sandvik 的 YDS15 和 YS30 等牌号。

生产中随着数控机床和加工中心的使用，促进了高性能刀具材料和数控刀具的新发展，并为实现高速切削、大进给切削提供了有利条件，使生产效率、加工质量和经济效益得到进一步提高。因此，刀具使用寿命规定也较低，对于切削用量的选择原则有了改变，即由原来的先选背吃刀量 a_p，再选进给量 f，最后选择切削速度 v_c，改变为先选高的切削速度 v_c 及进给量 f，然后选用较小背吃刀量 a_p。

表 4-12 列举了瑞典 SANDVIK 提供的数控刀具切削用量推荐表。

4. 机床功率检验

若选用的切削用量值过高或机床动力较小，需检验机床功率是否允许，检验的方法应使

$$P_c < P_E \eta \tag{4-4}$$

式中　P_c——切削功率，按式（3-9）计算；

　　　P_E——机床主电动机功率，单位为 kW；

　　　η——机械效率，根据机床使用效率不同，η 在 0.9~0.75 间选取。

表 4-12 瑞典 SANDVIK 数控刀具切削用量推荐表

加工材料	加工条件	刀片几何槽形 刀片牌号 对应 ISO 牌号	正前角型 主要切削性能	背吃刀量 a_p/mm	刀尖圆 弧半径 r_ε/mm	进给量 f/mm·r^{-1}	切削速度 v_c /m·min^{-1}
低合金钢 260HBW	粗加工	PR 槽形 GC4025 牌号 ISOP25	适用于断续切削有锻造硬皮	正前角 有增强棱边 耐磨性高	1.0~4.0	1.2	0.3	325
					0.8	0.25	350
	半精加工	PM 槽形 GC4025 牌号 ISOP25	能有微振	能确保断屑 耐磨性良好	1.0~4.0	0.8	0.2	375
					0.4	0.14	410
	精加工	PF 槽形 GC4015 牌号 ISOP15	轻负荷 小背吃刀量、小进给	刃口锋利 断屑好	0.1~1.7	0.4	0.1	530
					0.2	0.08	545
奥氏体不锈钢 180HBW	粗加工	MR 槽形 GC2025 牌号 ISOM25	在不良条件下加工断续切削、有锻造硬皮	高强度正前角 切削刃强度高	1.0~4.0	1.2	0.3	190
					0.8	0.25	200
	半精加工	MM 槽形 GC2025 牌号 ISOM25	切削力小 切削稳定	耐磨性较好 韧性较好	0.3~3	0.8	0.2	215
					0.4	0.14	235
	精加工	MF 槽形 GC2015 牌号 ISOM15	精度高 公差小	耐磨性高	0.1~1.7	0.4	0.1	280
					0.2	0.07	285
灰铸铁 260HBW	粗加工	KR 槽形 GC3015 牌号 ISOK10	抗拉强度高 轻负荷切削 断续切削	从一般切削到轻负荷都有良好切削性能,切削刃坚韧,有增强刃带	1.0~4.0	0.12	0.3	230
					0.8	0.25	245
	半精加工	KM 槽形 GC3015 牌号 ISOK10	可适用球墨铸铁	锋利的正前角 槽形切削力 小,切削轻快	0.3~3	0.8	0.2	250
					0.4	0.14	260
	精加工	KF 槽形 GC3005 牌号 ISOK10	铸铁精加工首选	切削刃锋利切削力 小,切削无毛刺,能降低崩刃	0.1~1.7	0.4	0.1	265

注:GC4025、4015、2025、2015;3015、3005 为 SANDVIK 的硬质合金涂层刀片牌号。

第七节 现代切削新技术简介

一、超高速切削

超高速切削是在 20 世纪 70 年代国内外发展应用的一种先进切削技术。

超高速切削可达到很高的切削效率、高的精度和低的成本。目前在航空航天、汽车制造和精密机械制造的车、铣和磨削等加工中使用很多。

1. 超高速切削速度

对于不同的加工方法、材料和设备;超高速切削速度并不相同,资料表明,超高速切削速度为常用切削速度的10倍左右,例如用不同方法切削铝合金为1500~7500m/min、铜合金3000~4500m/min、铸铁750~5500m/min、钢1000m/min以上。磨削为10000m/min,此外,超高速切削也用于切削难加工金属材料和非金属材料。

2. 超高速切削过程的主要特点

由实验知,切削塑性材料的剪切角ϕ随切削速度提高而增大,故切削变形小,此外,由于切削速度提高使切削温度升高,减小了刀—屑面间摩擦,切屑流出阻力小,因此超高速切削的切削力F_c较小。

在超高速切削时切屑流出的速度很快,带走了很多热量,所以留在工件中及传给机床的热量较少。

超高速切削生产率很高,在单位时间内切除材料体积大,因此它与常用切削速度比较,超高速切削的刀具寿命长。

3. 超高速切削条件

目前涂层刀具,CBN、PCD和陶瓷刀具的普遍应用,为超高速切削创造了有利条件。但对超高速机床提出了极高的性能与结构要求,例如:机床结构、材料、动力、精度、刚性、轴承、排屑、润滑、安全、控制及刀具与机床间联接等均需特殊研制。我国已引进许多超高速车床、铣床和数控机床,而且也制造了超高速机床和开展对切削理论的研究。

二、精密和超精密加工

精密、超精密加工是在20世纪50年代后逐渐发展起来的新加工技术。精密加工是指加工精度在$0.1~1\mu m$、加工表面粗糙度Ra在$0.02~0.1\mu m$范围内;超精密加工精度高于$0.1\mu m$、加工表面粗糙度Ra小于$0.01\mu m$。利用精密、超精密加工制成了许多高科技产品和国防工业尖端产品的超精密零件,例如:人造卫星仪表轴承、导弹激光反射镜面、飞机发动机转子叶片、大型集成电路细微线宽($0.1\mu m$)和计算机磁盘等。

1. 精密、超精密切削的刀具及对切削过程的影响

超精密切削是用天然金刚石刀具进行的。天然金刚石具有极高的硬度、耐磨性、强度、抗粘结性和摩擦因数小等特性,用它切削铝、铜合金及非金属材料等能达到超精密加工的精度和表面粗糙度要求,并具有很长的刀具寿命。金刚石晶体具有各向异性的特性,若选取不同的晶面会使金刚石刀具切削性能各不相同,在切削时对切削变形、加工表面质量和刀具寿命产生不同影响。因此,应找出最佳晶面仔细磨制出所需的几何参数,其中最重要的是刀尖圆弧半径r_ε和刃口钝圆半径r_n,通常要达到$r_\varepsilon=0.1~0.3\mu m$、$r_n=0.1~0.2\mu m$。刃口钝圆半径$r_n$是影响切削过程规律的主要因素,因为$r_n$大小决定

了刃口的锋利程度。由实验可知，r_n 减小，使切削变形、切削力减小，切削时产生的积屑瘤、冷硬和残余应力对加工表面质量的影响也小。

2. 超精密机床的结构特点

超精密机床的结构是由特殊要求的高质量的部件组成，这些高科技部件包括：主轴轴承采用液体静压轴承、空气静压轴承；床身和导轨采用硬度高、耐磨性高、热胀系数小、抗振性好的花岗石材料；进给采用滚柱丝杠传动、摩擦轮驱动，能达到微量进给的装置、并具有误差补偿机构，进给量可达到 0.005~0.01μm，机床移动量利用激光在线检测；整机采取隔振、抗振及消振措施；采用恒温系统，若加工精度为 0.1μm，则环境温度控制在 ±0.05℃ 变化范围内。

目前美国、日本和欧洲各国制成了许多超精密机床及其相关技术硬件。我国各著名机床厂和研究所早有精密车床产品。许多高等院校，例如：哈尔滨工业大学、清华大学还进行了理论研究工作，并已有专著。

三、干切削

在切削过程中浇注切削液有利于延长刀具寿命、提高加工表面质量，并能改善切削热对加工系统的影响，但切削液使用后排放出的有害物质会污染生态环境及影响操作者身心健康，此外，若在切削加工中有 20% 使用切削液，就会增加总成本的 1.6% 的费用，如果再计算改善污染环境耗费则成本更高，为此，根据"降低成本、绿色工程"的要求，发展了"干切削"的先进加工技术。

1. 干切削的主要条件

（1）选用高性能硬质合金刀具及新型涂层刀具　目前生产中常使用增加含钴量的超细晶粒硬质合金刀具，并在表面涂覆 TiN + TiAlN 或 TiN + TiCN + TiAlN，提高了刀具基体的强度、韧性以及表层组织的耐热性、耐磨性。此外，TiAlN 涂层的热导率低，能抑制热量的传散，并在表面形成氧化物，减少了粘屑和刀—屑面摩擦因数。这类刀具在高速干切削时具有很好切削效果，适用在普通钻头、深孔钻头（$l = 7 \sim 8d$）和铣刀上。

有资料介绍，美国 Gleason 公司使用硬质合金涂层 TiAlN 齿轮刀具干切削锥齿轮，切削速度达 350m/min，提高了切削效率，降低了生产成本。

此外，陶瓷刀具、CBN、PCD 刀具均在适用范围内进行高速干切削，例如用陶瓷刀片高速干铣汽车发动机缸体，用 CBN 刀具高速干铣硬度为 40~50HRC 的模具钢等。

（2）合理选择刀具几何参数以适用于干切削　通常增大刀具前角，减小流屑阻力及排屑通畅使刀具适于干切削。通过改变刀尖圆弧半径、采用负刃倾角、较小偏角和负倒棱均有利于热量传散，提高刀具强度。

（3）采用"绿色冷却"　在机床上安装管道或主轴与刀具内孔传送高压空气、冷空气、冷却水雾起排屑与冷却作用。采用固态润滑剂对刀具涂覆。

2. 干切削的主要效果

经切削实验表明：高速切削时采用干切削，刀具寿命不低于湿切削，因为浇注切削液会产生不均匀性及不易渗入切削区；用硬质合金钻头、镗刀等在提高速度、减小进给量情况下加工表面质量相同于湿切削；涂覆的硬质合金钻头、拉刀产生的力和力矩与湿切削相等。

四、硬切削

硬切削是指用超硬刀具对硬度高于50HRC的高硬度钢和高硬度铸铁的精密加工方法。

目前硬切削用的超硬刀具主要有：涂层超细颗粒硬质合金刀具、金属陶瓷刀具（Al_2O_3、Si_3N_4）、立方氮化硼刀具（CBN）、人造聚晶金刚石刀具（PCD）等。被加工材料包括淬火的碳钢与各类合金钢、碳素工具钢、高速钢、硬质合金、陶瓷和各种硬质非金属材料。其中对淬火钢类切削是最为有效的加工方法。

国内外教授、学者对硬切削的机理进行了许多试验研究，在已发表的论文中有：切屑形态，切削变形、切削力和加工表面质量等。论文中指出，硬切削主要形成带状切屑及锯齿形切屑，切削变形较小，在切削分力中径向切削力较大，加工表面主要呈压应力分布等。目前尚有许多课题在研究。

硬切削是高速精密干切削，使用的是超硬刀具材料，因此切削温度的影响较小，刀具磨损小且寿命高。硬切削对机床有很高要求，其中包括：整机刚性高、工作稳定、热传导快、主轴转速高、回转精度高、加工系统平稳无振动等。

从当前满足"经济与环保"要求来说，硬切削将会获得广泛的应用。

复习思考题

4-1 在各类切屑形状中较为理想的有哪几种？
4-2 简述切屑折断原理。影响切屑折断有哪几个因素？
4-3 断屑槽有哪几种型式？各适用何种情况下？
4-4 衡量材料的切削加工性难易有哪些指标？其中根据加工材料的哪几项性能来判别加工性等级？
4-5 分析不锈钢1Cr18Ni9Ti的加工性特点。
4-6 改善难加工材料加工性有哪些途径？
4-7 浇注切削液起什么作用？
4-8 切削液有哪几类？各适用何场合？
4-9 已加工表面质量包括哪些指标（内容）？
4-10 表面理论粗糙度如何计算？实际粗糙度受到哪些因素影响？
4-11 减小表面粗糙度要改善哪些因素？
4-12 试述前角γ_o和后角α_o的作用和选择原则。
4-13 试述主偏角κ_r和刃倾角λ_s的作用和选择原则。
4-14 分别说明倒角刀尖、修圆刀尖、刃口修圆和倒棱的作用和适用场合。

4-15 加工条件为 P10（YT15）车刀粗车 40Cr 齿轮锻坯，加工工艺系统刚性为中等，试选择车刀几何参数，并用图表示。

4-16 试述选择切削用量三要素的原则。分别说明它们的选择方法。

4-17 从国产推荐表中查出切削调质合金钢、50HRC 淬火钢的可转位车刀刀具材料的牌号及切削用量数值。

4-18 试述超高速切削的速度数值。精密和超精密切削达到的精度和表面粗糙度范围是什么？

第五章 车刀

车刀是应用最广的一种刀具。本章除简要地介绍焊接式车刀和机夹式车刀外，着重介绍可转位车刀的选择和使用的基础知识，为正确选择和使用打下基础。

车刀的种类很多，按用途可分为外圆车刀、端面车刀、切断车刀、螺纹车刀和内孔车刀等，如图 5-1 所示；按结构又可分为整体式、焊接式、机夹式和可转位式，见表 5-1。

表 5-1 车刀结构类型、特点与用途

名称	简图	特点	适用场合
整体式		用整体高速钢制造。易磨成锋利切削刃。刀具刚度好	小型车刀和加工有色金属车刀
焊接式	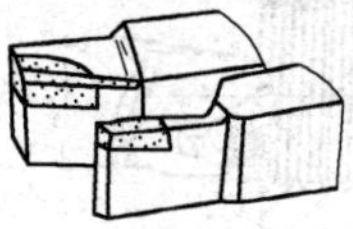	可根据需要刃磨几何形状。结构紧凑，制造方便	各类车刀，特别是小刀具
机夹式	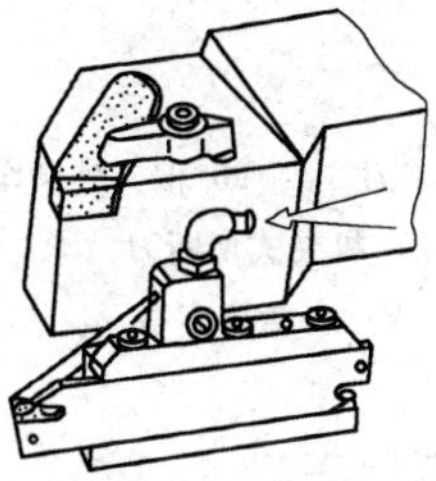	避免焊接内应力而引起刀具寿命下降。刀杆利用率高。刀片可刃磨获得所需参数，使用灵活方便	大型车刀、螺纹车刀、切断车刀
可转位式	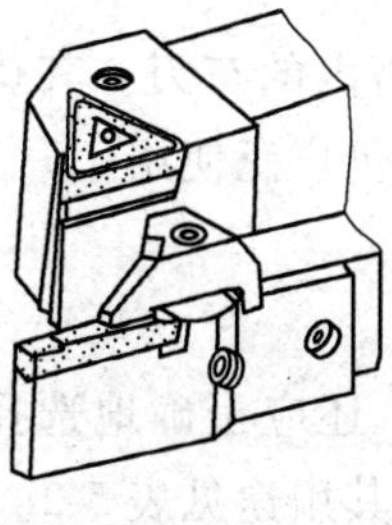	避免了焊接的缺点，刀片转位更换迅速，可使用涂层刀片，生产率高。断屑稳定	用于普通车床，特别是自动线，数控车床用的各类车刀

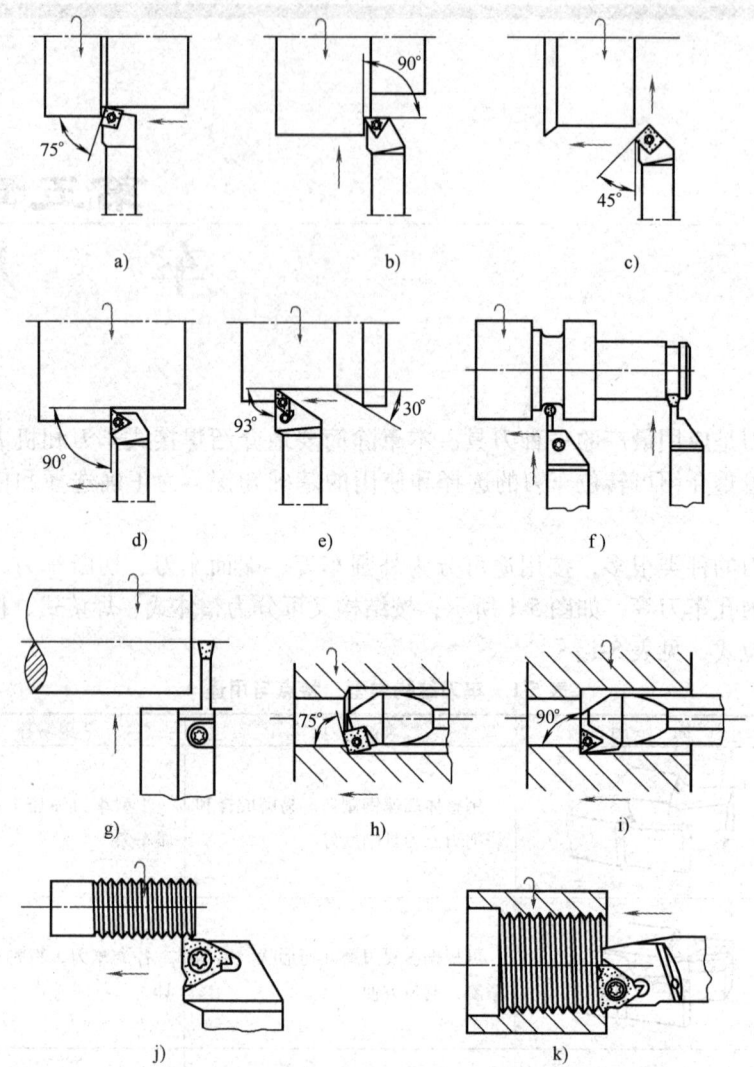

图 5-1 车刀类型和用途

a) 75°偏头外圆车刀 b) 90°偏头端面车刀 c) 45°偏头外圆车刀 d) 90°偏头外圆车刀
e) 93°偏头仿形车刀 f) QC系列切槽刀、切断刀 g) 机夹式切断刀
h) 75°内孔车刀 i) 90°内孔车刀 j) 外螺纹车刀 k) 内螺纹车刀

第一节 焊接式车刀

焊接式车刀是将硬质合金刀片钎焊在刀柄的刀槽内的车刀。其优点是结构简单，制造方便，可按需刃磨，并且刚度好，目前仍广泛使用。

一、硬质合金焊接刀片的选择

除按被加工材料选择硬质合金刀片材料牌号外，还应正确地选择表示刀片形状和尺寸的刀片型号。常用硬质合金刀片型号及其用途见表5-2。

表 5-2 常用硬质合金刀片型号及用途

型号示例	刀片简图	主要尺寸/mm	主要用途
A108	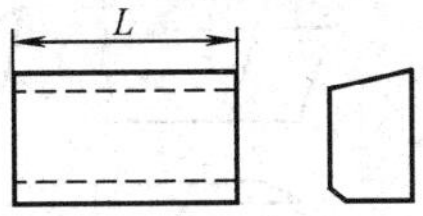	$L=8$	制造外圆车刀、镗刀和切槽刀
A116		$L=16$	
A208	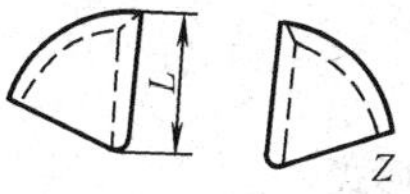	$L=8$	制造端面车刀、镗刀
A225Z		$L=25$（左）	
A312Z	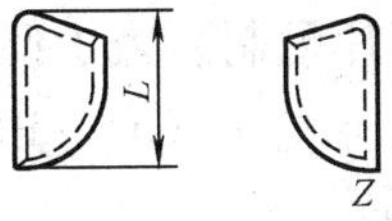	$L=12$	制造外圆车刀、端面车刀
A340		$L=40$（左）	
A406	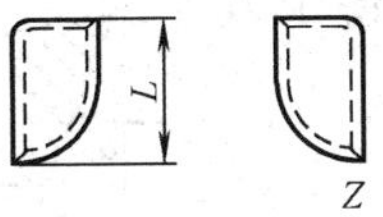	$L=6$	制造外圆车刀、镗刀和端面车刀
A430Z		$L=30$（左）	
C110	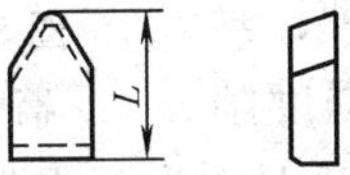	$L=10$	制造螺纹车刀
C122		$L=22$	
C304	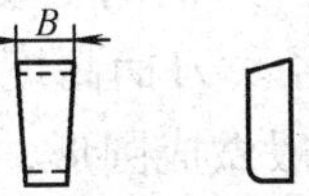	$B=4.5$	制造切断刀和切槽刀
C312		$B=12.5$	

刀片型号用一个字母和三个数字表示。第一个字母和第一位数字表示刀片形状，后两位数字表示刀片的主要尺寸。若个别结构尺寸不同时，可在后两位数字后再加一字母，以示区别。若为左切刀片，应在型号末尾标以字母"Z"；右切刀片末尾不标代号。

选择刀片型号时，应根据车刀用途和主偏角来选择刀片形状，刀片长度一般为切削刃的工作长度的 1.6~2 倍。切槽车刀的宽度应根据工件槽宽来决定。切断车刀的刃宽 B 可按 $B=0.6\sqrt{d}$ 估算（式中 d 为工件直径）。刀片厚度 s 要根据切削力的大小来确定。工件材料强度越高，切削层公称横截面积越大时，则 s 应选大些。

二、刀槽的形状和尺寸

常用的刀槽形状有开口槽、半封闭槽、封闭槽和切口槽，如图 5-2 所示。开口槽制造简单，焊接面积最小，刀片内应力小，适用于 A1、C3 型刀片等。半封闭槽刀片焊接面积大，刀片焊接牢靠，制造时只能用立铣刀单件加工，生产效率低，适用于 A2、A3 和 A4 型等刀片。封闭槽、切口槽刀片焊接面积最大,刀片焊接牢靠,焊接后,刀片内应力大,易产生裂纹,分别适用于 C1 和 C3 型刀片。

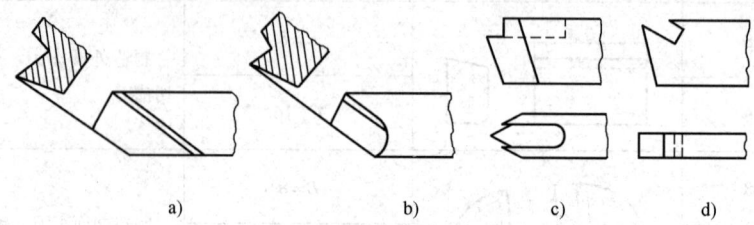

图 5-2　刀槽的形式

a) 开口槽　b) 半封闭槽　c) 封闭槽　d) 切口槽

刀槽尺寸可通过计算求得,通常可按刀片配制。为了便于刃磨,要使刀片露出刀槽 0.5~1mm。一般取刀槽前角 $\gamma_{og} = \gamma_o + (5° ~ 10°)$,刀片在刀槽中的安放位置如图 5-3 所示,以减少刃磨前面工作量。刀杆后角 α_{og} 要比后角 α_o 大 2°~4°,以便于刃磨刀片,提高刃磨质量。

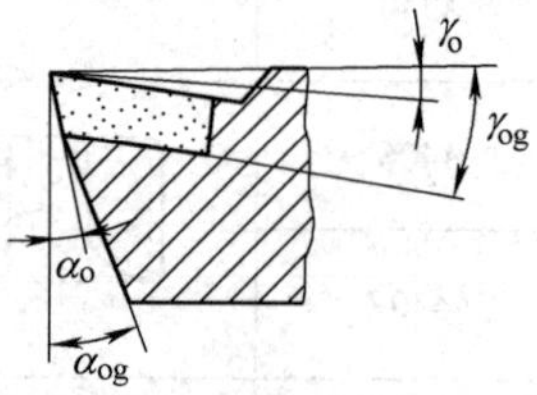

三、车刀刀柄截面形状和尺寸选择

刀柄截面形状有矩形、正方形和圆形三种,其中以矩形应用最多。因在其上铣出刀槽后,强度削弱不多。当刀柄高度受到限制时,可增加宽度而成为正方形,以提高刚度和强度,常用于内孔车刀、自动车床用的车刀。刀柄的长度一般取其高度的 6 倍。切断车刀工作部分的长度需大于工件半径。刀柄高度按机床中心高来选择,见表 5-3。内孔车刀工作部分截面形状一般做成圆形,其长度大于孔深。

图 5-3　刀片在刀槽中的安放位置

表 5-3　常用车刀刀柄截面尺寸　　　　　(单位:mm)

机床中心高	150	180~200	260~300	350~400
正方形刀柄断面 H^2	16^2	20^2	25^2	30^2
矩形刀柄断面 $B \times H$	12×20	16×25	20×30	25×40

蜗杆车刀和圆弧车刀的切削刃很长,可选用弹性刀柄,以防止切削时扎刀。

第二节　机夹式车刀

机夹式车刀是用机械夹固方式,将预先刃磨好的但不能转位使用的刀片或刀头夹紧在刀柄上的车刀。有的刀片切削刃磨损后,卸下刀片重磨后,可继续使用。

机夹式车刀的优点是可避免因高温焊接而引起的刀片硬度下降和产生裂纹等缺陷,故延长了刀具寿命;并且刀柄可多次重复使用。目前,常用机夹式车刀有切断车刀、切槽车刀、螺纹车刀以及大型车刨刀等。

常用机夹式车刀的夹紧结构有上压式、自锁式和弹性压紧式,如图 5-4 所示。

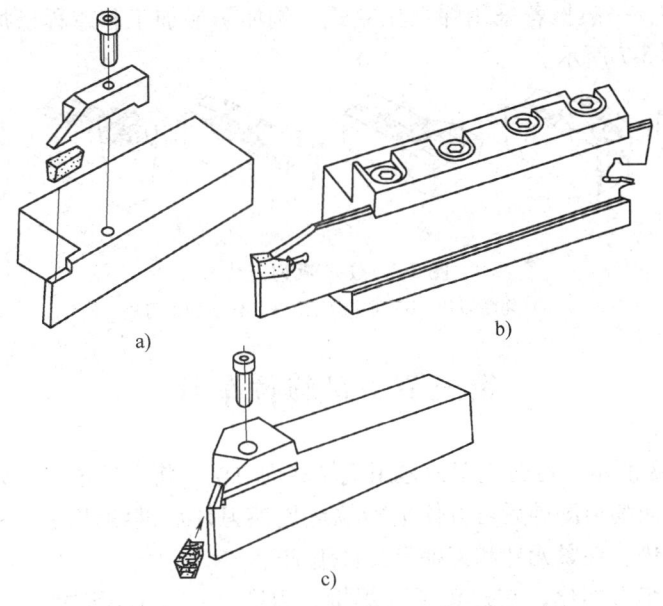

图 5-4 机夹式车刀夹紧结构形式

a）上压式 b）自锁式 c）弹性压紧式

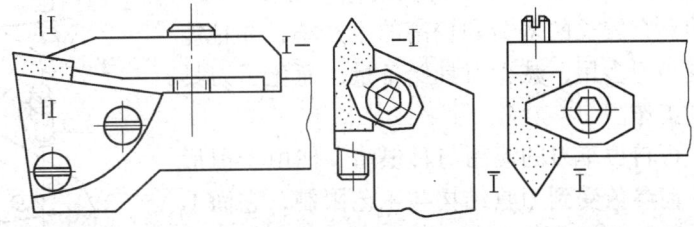

图 5-5 上压式切断车刀和内、外螺纹车刀

a）切断车刀 b）外螺纹车刀 c）内螺纹车刀

按国家标准生产的机夹式切断车刀，内、外螺纹车刀都采用上压式，如图 5-5 所示。一般都采用 V 形槽底的刀片，以防止切削时受力后，刀片发生转动。

内、外螺纹车刀（图 5-5b、c）一般采用 C110 型螺纹刀片，受刀片限制，它不能加工牙顶，生产效率低，螺纹齿形精度也较可转位螺纹刀片差。但刀片便宜，而且又能多次重磨，因此使用较多。

目前陶瓷车刀、立方氮化硼车刀和金刚石车刀都采用上压式。

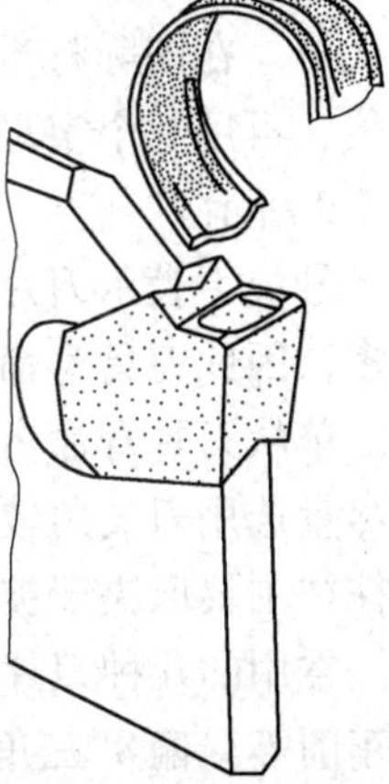

图 5-4b 所示为自锁式可调切断直径的机夹式切断刀，一般用压制成形的断屑槽刀片。其槽形能使切屑变窄，如图 5-6 所示，避免切屑卡在槽内而使刀片折断。根据切断工件直径，可调节刀板在刀夹中伸出距离。一般径向进给时，才推荐采用自锁式夹紧结构。若需轴向

图 5-6 自锁式切断车刀刀片槽形和切屑形状

进给加工时，一般推荐采用弹性压紧式，例如仿形加工和越程槽加工等，所用刀片如图 5-7 所示。

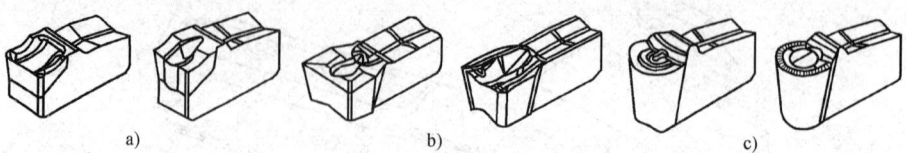

图 5-7　Q-C 系列刀片
a）切断刀片　b）切槽刀片　c）仿形加工刀片

第三节　可转位车刀

如图 5-8 所示，可转位车刀是用机械夹固方法，将可转位刀片夹紧在刀柄上的车刀。切削刃磨钝后可方便地转位或更换刀片后继续使用。可转位车刀由刀片、刀垫、夹紧元件和刀柄等元件组成。

与焊接车刀相比，它避免了因焊接、刃磨所引起的内应力，可使用涂层刀片，有合理的槽形和几何参数，刀片转位迅速，更换方便，因而具有较长的寿命和较高的生产率，并且能实现一刀多用，减少刀具储备量，简化了刀具管理工作。

可转位车刀的应用与日俱增，但由于刃形和几何参数受到刀具结构与工艺限制，它尚不能完全取代焊接刀具和机夹式车刀。

一、可转位车刀片

按国家标准和国际标准规定，可转位刀片的型号由按序排列的字母和数字组成，共有 10 位代号。在国际标准的 9 位代号之后，加一短横线，再用一个字母和一位数字表示刀片断屑槽形式和宽度。其标注示例如图 5-9 所示。

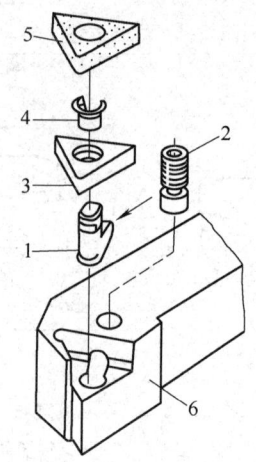

图 5-8　可转位车刀的组成
1—杠杆　2—螺杆　3—刀垫
4—卡簧　5—刀片　6—刀柄

号位 1 表示刀片形状。边数多的刀片，刀尖角大，耐冲击；可利用切削刃多，因此刀具寿命较长。但刀尖角越大，车削时背向力越大，越易引起振动。单从刀具寿命考虑，在机床、工件刚度和功率允许的情况下，粗加工时应尽量选用刀尖角较大的刀片；反之选用刀尖角较小的刀片。刀片形状的选择往往主要取决于被加工零件形状。

常用的几种刀片中，三角形刀片可用于 90°台阶外圆车削、端面车削、内孔车削等。偏 8°三角形（F 型）和凸三角形（W 型）刀片的刀尖角增大至 82°和 80°，延长了刀具使用寿命，并且减小了已加工表面粗糙度，应用甚广。正四边形刀片适用于主偏角为 45°、60°、75°的外圆、端面及内孔车刀。菱形

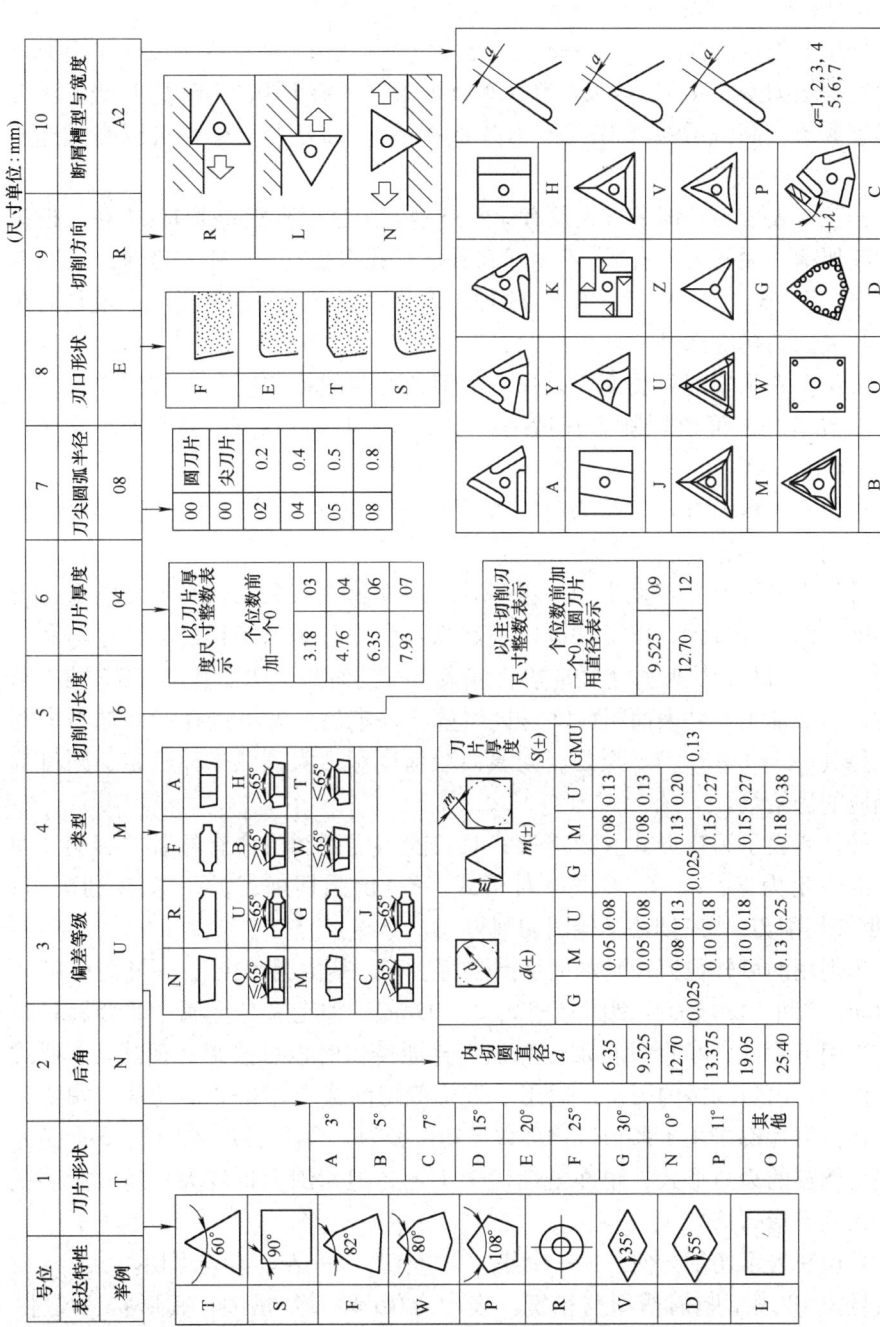

图 5-9 可转位车刀刀片标记方法示例

刀片（V、D型）适用仿形车削。

号位2表示刀片后角。国家标准规定可转位刀片的法后角有9种。常用的是0°代号N，5°代号B，7°代号C。0°法后角一般用于粗、半精车；5°、7°、11°用于半精车、精车、仿形车和内孔加工。

号位3表示刀片尺寸公差等级，可转位刀片有12种精度等级。车削类刀具常用等级为G、M、U等级。普通车床粗车、半精车用的刀片选U级。对刀尖位置要求较高或数控车床用的刀片选M级。对刀尖位置要求更高时选G级。

号位4表示刀片固定方式及有无断屑槽。国家标准规定共有14种。根据有无断屑槽，无孔刀片有N、R和F 3种。直孔刀片有A、M、G 3种。沉孔刀片有Q、U、B、H、W、T、C和J 8种。刀片固定方式的选择实际上就是对车刀刀片夹固结构的选择。

号位5表示切削刃长度。刀片切削刃长度应根据切削刃参加工作长度来选择。粗车时，可取切削刃长度$L \geq 1.5a_p/(\sin\kappa_r\cos\lambda_s)$；精车时，取$L \geq 3a_p/(\sin\kappa_r\cos\lambda_s)$。

号位6表示刀片厚度。刀片厚度根据在切削中承受最大切削力来确定。刀片切削刃长度选定后，它就已确定。

号位7表示刀尖圆弧半径。粗车时应选择较大刀尖圆弧半径，以提高刀尖强度；但不宜过大，以免切削时引起振动，并且圆弧半径过大，也不利于断屑。一般刀片刀尖圆弧半径应等于或大于车削时最大进给量的1.25倍。精车时，当被加工零件表面粗糙度与进给量已设定后，就可选择相应的刀尖圆弧半径（$r_\varepsilon \geq f^2/8R_{max}$）。反之，当表面粗糙度和刀尖圆弧半径已定，则可选择相应的进给量。

号位8表示刃口形式。刃口形式对切削刃强度和寿命有显著的影响。国家标准规定为E、F、T、S共4种形式。E—倒圆切削刃，F—尖锐切削刃，T—倒棱切削刃，S—倒棱又倒圆切削刃。

车削用的可转位刀片基本上是倒圆切削刃，其倒圆半径r_n一般在0.03~0.08mm之间。涂层刀片倒圆半径$r_n \leq 0.05$mm。加工有色金属、非金属材料时都采用F形式，小余量精加工和加工普通铸铁时也可选用F形式。T形式的前面上作出负倒棱的刃口，适用于重负荷切削或有冲击载荷切削。陶瓷系列可转位刀片都采用T形刃口；多数可转位铣刀片也采用T形刃口。S形是先倒棱后倒圆的刃口形式，耐冲击性优于T形，但切削力也较大，通常涂层铣刀片采用S形刃口。

号位9表示切削方向。R—右切，L—左切，N—左、右均可切。

号位10表示断屑槽型与槽宽。表中有16种刀片槽型，其形状、尺寸、代号可由各公司自定，现使用较少，且不作推荐标准。目前，国内外对刀片断屑槽型的研究十分重视，开发了许多适应性好、断屑性能可靠的断屑槽型。表5-4中列举了一些典型断屑槽的特点及适用场合。

刀片标记方法举例如图5-9所示。

表 5-4 国外典型断屑槽的特点及适用场合

槽型代号	断屑槽型	切削用量 f /(mm/r)	切削用量 a_p /mm	槽型特点及适用场合
UR	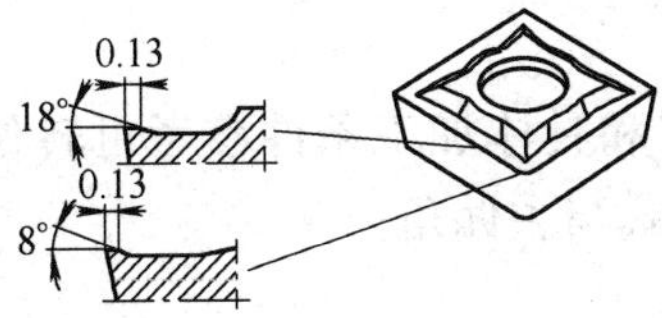	0.10~0.50	0.5~4.00	用于钢、不锈钢、铸铁和优质耐热合金的粗加工。切削各种材料有宽广的断屑范围
UM	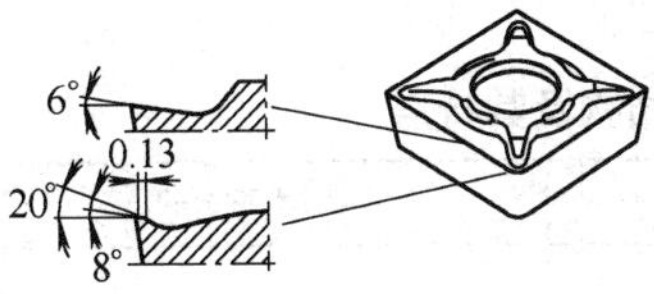	0.10~0.30	0.3~4.0	用于钢、不锈钢、铸铁和优质耐热合金半精加工。切削各种材料有宽广的断屑范围,切削刃变化有助于排屑控制,而且也可作为精磨切削刃使用
UF	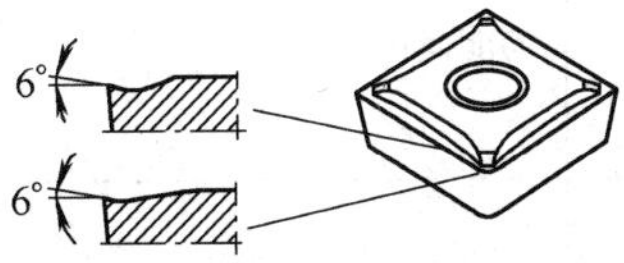	0.05~0.15	0.2~1.5	所有钢、不锈钢和铸铁加工时都具有良好的切屑控制。正前角的轻型切削槽形可产生低切削力,适合于加工细长、薄壁和夹紧不稳定的零件
AL	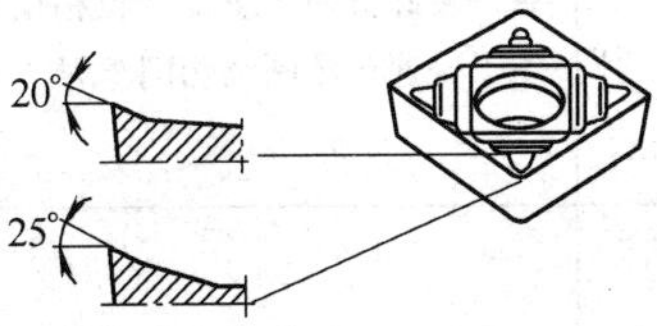	0.05	0.1~7	精加工铝和其他有色金属。开放的正前角槽形在高切削速度下切削轻快
WR	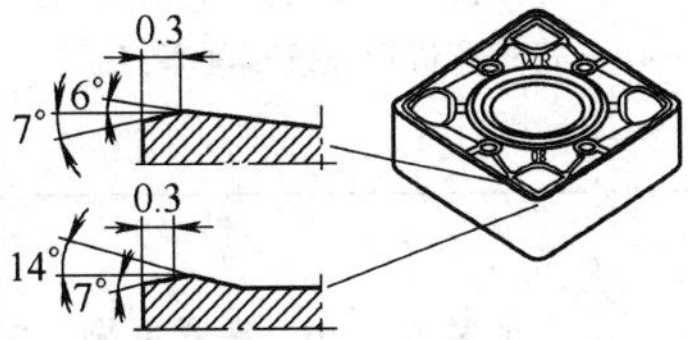	0.3~1.3	0.8~6.7	用于半精加工至粗加工的高进给车削钢和铸铁。坚固的单面刀片槽形,具有高金属去除率和高稳定性刀片定位。经常可以省略半精加工甚至精加工
WM	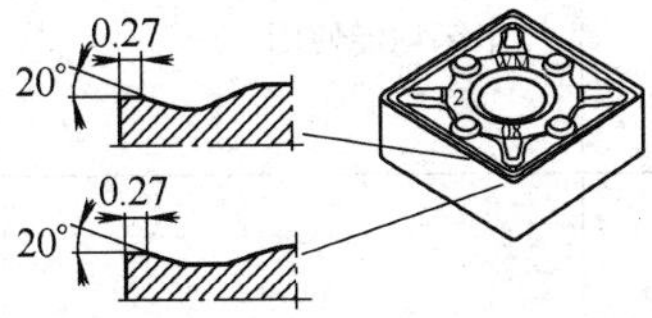	0.15~0.7	0.5~6.5	使用高进给率半精加工钢、铸铁和不锈钢。两倍于传统进给率且表面质量保持不变
WF	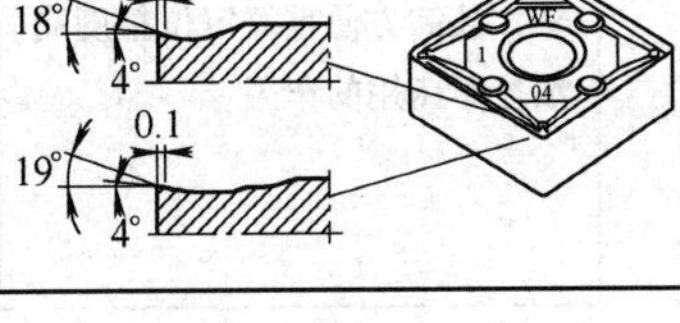	0.05~0.6	0.3~4.0	使用高进给率精加工钢、铸铁和不锈钢。两倍于传统进给率且表面质量保持不变

二、可转位车刀的选用

1. 选择刀柄形状和尺寸

根据机床结构参数、机床刀架形式和尺寸选择车刀刀柄形状和尺寸。

2. 选择车刀头部形式与主偏角

根据加工表面几何特征、加工工艺要求和具体加工条件参考可转位车刀国家标准和有关工厂样本,选择车刀头部形式与主偏角。

3. 可转位车刀夹紧结构的选择

刀片的夹紧结构很多,最常用的几种夹紧结构及其特点见表 5-5,供选择时参考。

表 5-5　可转位车刀夹紧结构及其特点

名称	结构示意图	示　例	主要特点
杠杆式	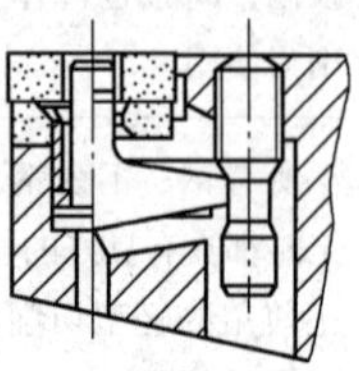	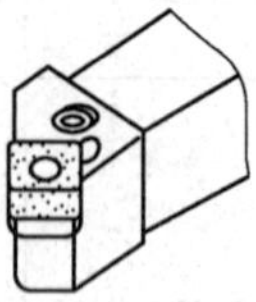	定位精度高,调节余量大,夹紧可靠,拆卸方便。卧式车床、数控车床均能使用
楔钩式	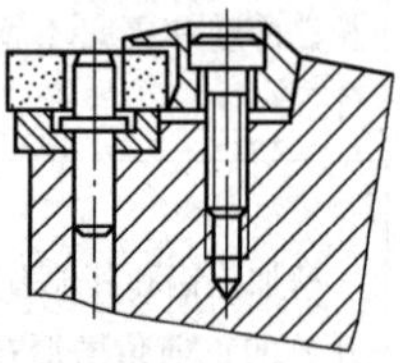	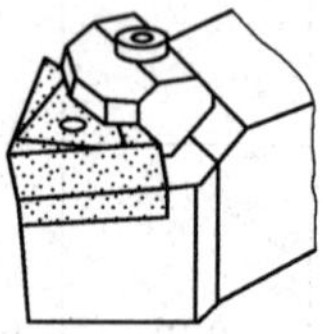	是楔压和上压的组合式。夹紧可靠,装卸方便。重复定位精度低。适用于普通车床断续切削车刀
楔销式	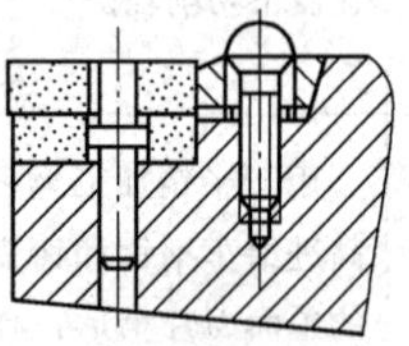	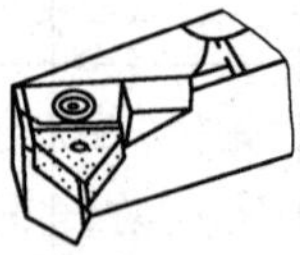	刀片尺寸变化较大时也可夹紧。装卸方便。重复定位精度低,适用于卧式车床进行连续车削车刀
上压式	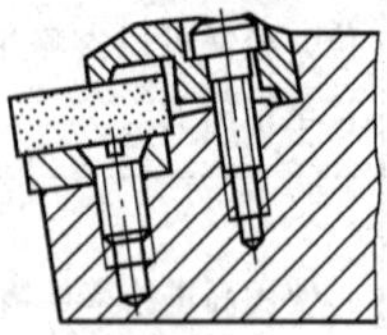		夹紧元件小,夹紧可靠,装卸容易,排屑受一定影响。卧式车床、数控车床均能使用
爪式上压式	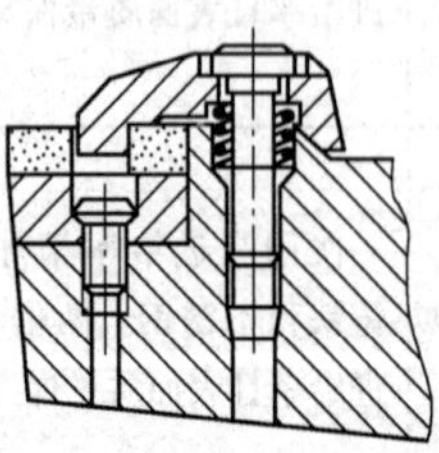	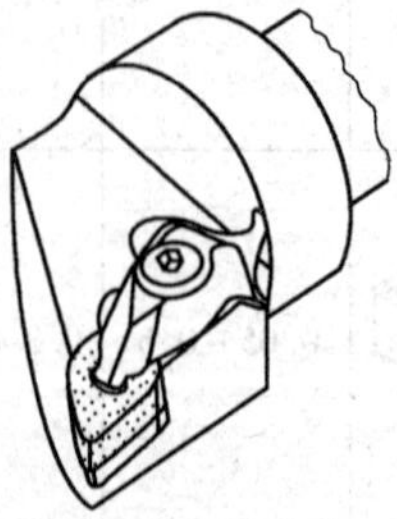	是楔压和上压的组合式变态夹紧可靠,装卸方便重复定位精度高。用于数控车床用的车刀

(续)

名称	结构示意图	示例	主要特点
螺销上压式			是偏心和上压式的组合式。螺销旋入时上端圆柱将刀片推向定位面,压板从上面压紧刀片,夹紧可靠,重复定位精度高。用于数控车床用的车刀
压孔式			结构简单,零件少。定位精度高,容屑空间大。对螺钉质量要求高。适用于数控车床上使用的内孔车刀和仿形车刀

4. 根据具体加工条件和加工要求等选择刀片牌号和型号

5. 必要时对可转位车刀的几何角度进行验算

如图 5-10 所示,可转位车刀的几何角度是由刀片角度与刀槽角度综合形成的。

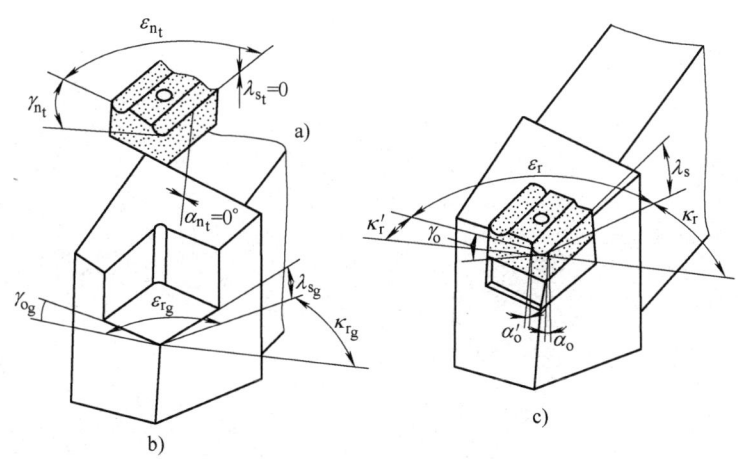

图 5-10 可转位车刀几何角度形成

a) 刀片角度　b) 刀槽角度　c) 车刀角度

刀片角度是以刀片底面为基准度量的,安装到车刀上相当于法平面系角度。刀片的独立角度有:刀片法前角 γ_{n_t}、刀片法后角 α_{n_t}、刀片刃倾角 λ_{s_t}、刀片刀尖角 ε_{n_t}。常用的刀片 $\alpha_{n_t}=0°$、$\lambda_{s_t}=0°$。

刀槽角度以刀柄底面为基面度量,相当于正交平面参考系角度。刀槽的独立角度有刀槽前角 γ_{o_g}、刀槽刃倾角 λ_{s_g}、刀槽主偏角 κ_{r_g}、刀槽刀尖角 ε_{r_g}。通常刀柄设计成 $\varepsilon_{r_g}=\varepsilon_r$,$\kappa_{r_g}=\kappa_r$。

选用可转位车刀时需按选定的刀片角度和刀槽角度来验算刀具几何参数的合理性。验算公式如下

$$\gamma_o \approx \gamma_{o_g} + \gamma_{n_t} \qquad (5\text{-}1)$$

$$\alpha_o \approx \alpha_{n_t} + \gamma_{o_g} \qquad (5\text{-}2)$$

$$\kappa_r \approx \kappa_{r_g} \tag{5-3}$$

$$\kappa_r' \approx 180° - \kappa_r - \varepsilon_r \tag{5-4}$$

$$\tan\alpha_o' \approx \tan\gamma_{og}\cos\varepsilon_r - \tan\lambda_{s_g}\sin\varepsilon_r \tag{5-5}$$

复习思考题

5-1 简述各类车刀的主要特点及其应用范围。

5-2 试述 A1、A2、A3、C1、C3 型焊接刀片的主要用途及其相应刀片槽型。

5-3 试述卧式车床上使用的可转位车刀和数控车床上使用的可转位车刀有何差别。

5-4 试分析比较各种可转位车刀的夹紧结构。

5-5 机夹车刀结构形式有哪几种？它们各有哪些特点。

5-6 试说明自锁式切断车刀（图 5-6）切下切屑变窄机理。

5-7 可转位车刀的几何角度如何获得？如何进行验算。

第六章 成形车刀

　　成形车刀是在普通车床、自动车床上车削内外成形表面的非标刀具，用它能一次切出成形表面，故操作简便，生产效率高，但成形车刀制造较为困难，用普通机床难以达到高精度要求，故成形车刀加工的工件精度一般只能达到公差等级 IT10~IT8、表面粗糙度为 $Ra10\mu m$ 左右，并在加工较长工件或切削速度较高时容易产生振动。成形车刀多用于批量加工小尺寸零件和各种复杂外形的标准件。

　　本章主要简介成形车刀廓形的设计原理。

第一节 成形车刀的种类与用途

一、按成形车刀刀体形状不同分类

　　如图 6-1 所示，按刀体形状分为平体形、棱形和圆形成形车刀，它们通过径向进给切削成形表面，在行程终了时，获得所需加工要求的零件。

　　1. 平体形成形车刀（图 6-1a、d）

　　平体形成形车刀常用于加工简单的成形表面，例如车螺纹，车圆弧表面和铲削成形刀齿后刀面。

　　2. 棱形成形车刀（图 6-1b、e）

　　棱形成形车刀刀体呈棱柱形。用于加工外成形表面。

　　3. 圆形成形车刀（图 6-1c、f）

　　圆形成形车刀的刀体是个带孔回转体，并磨出了容屑缺口和前刀面。它制造较方便，可用于加工内、外成形表面。

　　棱形和圆形成形车刀均制有专用刀夹，经与刀具联接后，再固定在机床刀架上进行切削。

二、按成形车刀进给方向不同分类

　　除前述的平体形、棱形和圆形成形车刀均属径向进给成形车刀外，尚有以下两类不同进给方向的成形车刀。

　　1. 切向进给成形车刀（图 6-2a）

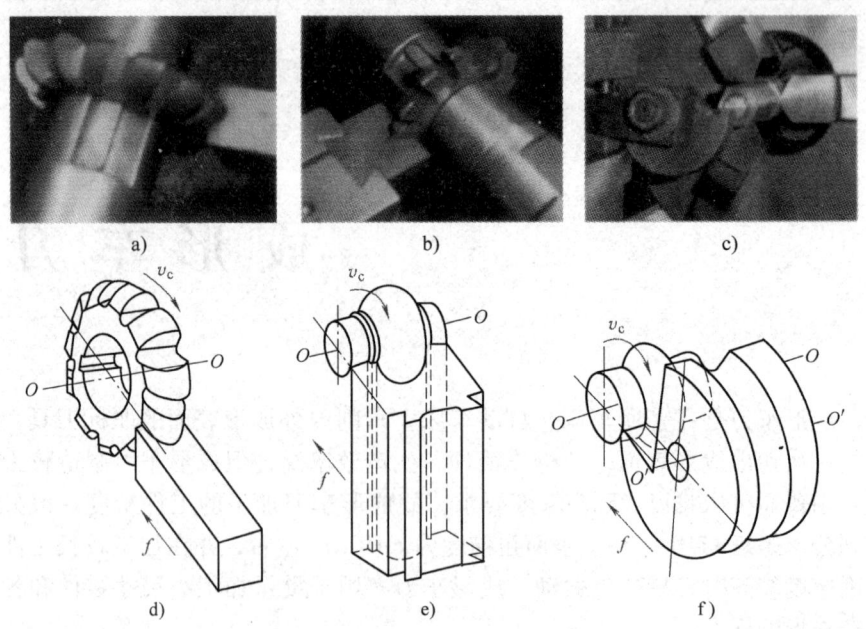

图 6-1 不同刀体形状的成形车刀

a)、d) 平体形成形车刀　b)、e) 棱形成形车刀　c)、f) 圆形成形车刀

切向进给成形车刀的装夹和进给均切于加工表面，其特点是切削力小，切削终了位置不影响加工精度，主要用于自动车床上加工精度较高的小尺寸零件。

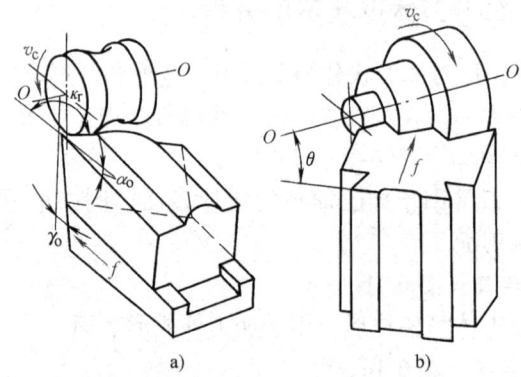

图 6-2 切向、斜向进给成形车刀

a) 切向进给成形车刀　b) 斜向进给成形车刀

2. 斜向进给成形车刀（图 6-2b）

斜向进给成形车刀的进给方向不垂直工件轴线，用于切削直角台阶表面时能形成较合理的后角及偏角。

第二节　成形车刀的几何角度

成形车刀的前角、后角的形成，标注和变化规律均不同于普通车刀。下面以径向进给成形车刀为例进行分析。

一、成形车刀前角和后角的形成

成形车刀的前角、后角规定在假定进给平面中表示，这是为了便于测量、制造和重磨。

1. 棱形成形车刀

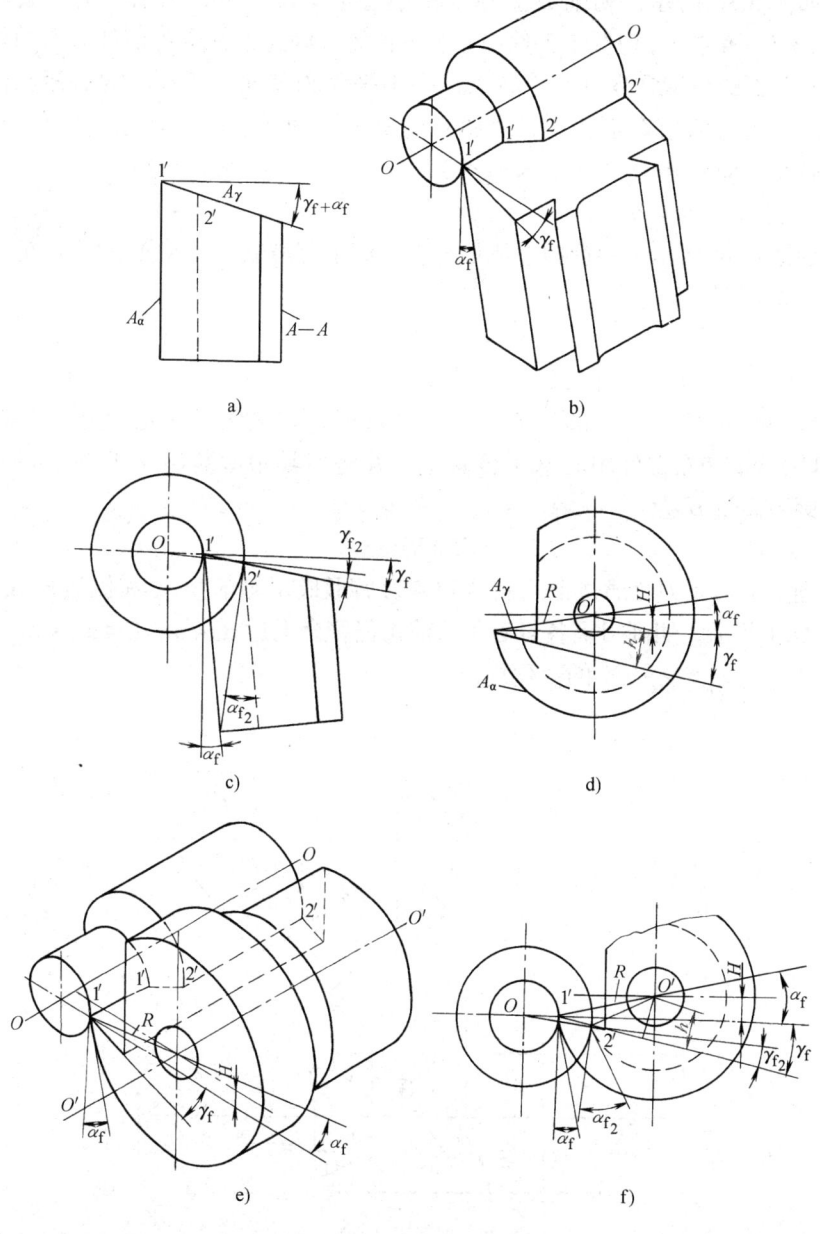

图 6-3 成形车刀的前角与后角
a) 棱形车刀 b) 棱形车刀在工作时 c) 棱形车刀的前角与后角
d) 圆形车刀 e) 圆形车刀在工作时 f) 圆形车刀的前角与后角

如图 6-3a 所示，制造时将棱形成形车刀的底面垂直燕尾槽基面（A-A），后面 A_α 平行基面（A-A），前面 A_γ 倾斜并与底面成夹角（$\gamma_f + \alpha_f$）。

如图 6-3b 所示，在切削时，将距工件中心（O-O）最近的切削刃 1'（1'-1'）安装在工件中心水平位置上，并在假定工作平面内将后面 A_α 装斜形成侧后角 α_f，同时也形成了侧前角 γ_f。将侧后角 α_f 与侧前角 γ_f 定义为成形车刀的后角与前角。

如图 6-3c 所示，切削刃 1' 在工件中心水平位置上，切削刃上其余各点 2'2'（3'3'、4'4'…）均低于工件中心水平位置，因此，其余各切削刃点的切削平面和基面的位置在变动，由各点的切削平面和基面与所在点的后面和前面形成的后角与前角都不相同，由图 6-3c 所示，离工件中心越远，后角越大、前角越小，即 $\alpha_f < \alpha_{f_2}$（$< \alpha_{f_3} < \alpha_{f_4}\cdots$），$\gamma_f > \gamma_{f_2}$（$> \gamma_{f_3} > \gamma_{f_4}\cdots$）。

2. 圆形成形车刀

如图 6-3d 所示，制造圆形成形车刀时磨出容屑缺口，并使前面 A_γ 低于刀具中心 h 距离，h 应为

$$h = R\sin(\alpha_f + \gamma_f) \tag{6-1}$$

式中　R——圆形成形车刀廓形的最大半径。

如图 6-3e 所示，在圆形成形车刀切削时，将离工件中心最近的切削刃 1'（1'-1'）安装在工件中心水平位置上，并将刀具中心装高于工件中心 H 高度，则装高量 H 为

$$H = R\sin\alpha_f \tag{6-2}$$

圆形成形车刀是通过上述制造和装刀后形成了侧前角 γ_f 和侧后角 α_f 的。如图 6-3f 所示，切削刃上各点后角与前角仍符合上述 $\alpha_f < \alpha_{f_2}$（$< \alpha_{f_3} < \alpha_{f_4}\cdots$）、$\gamma_f > \gamma_{f_2}$（$> \gamma_{f_3} > \gamma_{f_4}\cdots$）的变化规律。

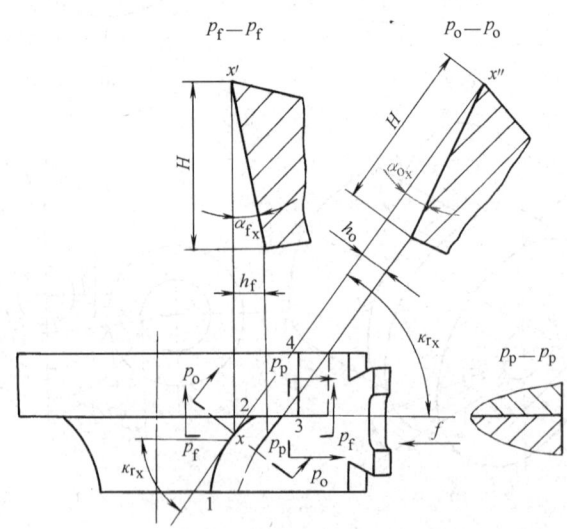

图 6-4　正交平面后角 α_{o_x} 的换算

成形车刀的前角 γ_f 和后角 α_f 值不仅影响刀具的切削性能，而且影响加工

零件的廓形精度，因此，要求在制造、重磨、装刀和使用时，均不可变动。

前角 γ_f 值和后角 α_f 值可参考有关设计资料选取。

二、在正交平面中切削刃后角的检验

确定了后角 α_f 后，常因成形车刀切削刃形状的不同而影响正交平面后角的顺利切削。

如图 6-4 所示，在圆弧切削刃上 x 点的主偏角为 κ_{r_x}，侧后角为 α_{f_x}，则该点正交平面后角 α_{o_x} 由下式求得

$$\tan\alpha_{o_x} = \tan\alpha_{f_x} \sin\kappa_{r_x} \tag{6-3}$$

式中 κ_{r_x}——是切削刃上 x 点的主切削刃平面与假定进给平面夹角。

由式（6-3）可检验切削刃上任一点处正交平面后角 α_{o_x} 的许可值，如若过小会影响正常切削，为此可选取图 6-5 中所示的改善措施：

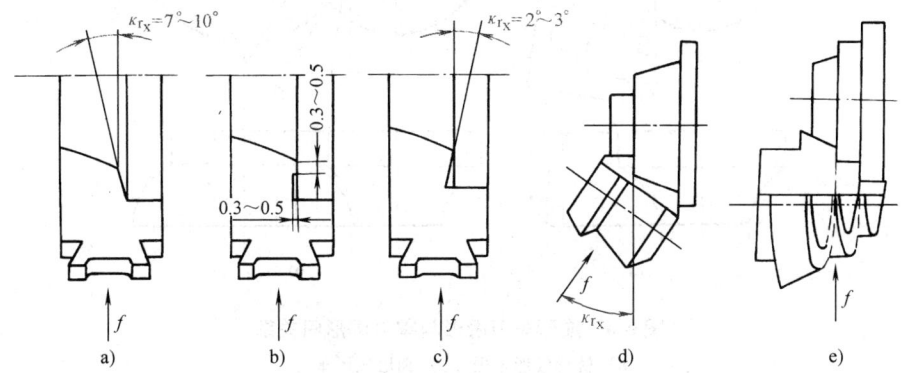

图 6-5 α_{o_x} 过小时的改善措施

a) 改变廓形　b) 磨出凹槽　c) 作出侧隙角　d) 斜装　e) 螺旋后刀面

1) 图 6-5a 是在不影响零件使用性能条件下，改变零件廓形。
2) 图 6-5b 是在成形车刀端面切削刃上磨出凹槽，以减小摩擦面积。
3) 图 6-5c 是在端面切削刃上作出侧隙角。
4) 图 6-5d 是选用斜装成形车刀，可形成 κ_{r_x}。
5) 图 6-5e 是制成螺旋后刀面圆形成形车刀。

第三节　成形车刀廓形设计

目前设计成形车刀廓形均可利用计算机进行，下面主要介绍工件与刀具廓形尺寸的分析及计算关系。

成形车刀设计的主要内容有两部分：廓形设计和刀体设计。廓形设计可利用计算法、作图法进行，目前通过 CAD 更为简便和精确。刀体设计可选用厂标定型的结构及尺寸。成形车刀设计图包括：廓形设计图、刀体结构尺寸图以及检测廓形用的成对样板工作图。

本节主要介绍 $\lambda_s = 0$ 的径向成形车刀廓形设计的概念和基本原理。

一、成形车刀廓形设计概念

成形车刀廓形设计是指根据被加工零件廓形来确定刀具廓形。

零件廓形是零件在轴向平面内的形状,包括宽度、深度、角度和圆弧等,如图6-6中所示的1-2-3形状。成形车刀廓形是切削刃在垂直于后面平面上投影的形状,如图中的1″-2″-(3″)形状,在这个平面上成形车刀的廓形容易制造和测量。

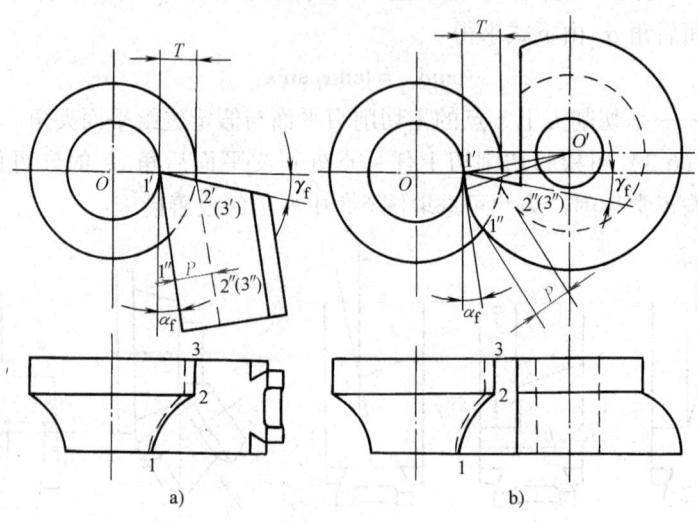

图 6-6 成形车刀廓形与零件廓形间关系
a) 棱形成形车刀 　b) 圆形成形车刀

如图6-6所示,由于成形车刀的$\gamma_f > 0°$、$\alpha_f > 0°$,因此,刀具的廓形不重合于零件的廓形,而产生了畸变,对于$\lambda_s = 0°$的径向成形车刀,它的廓形宽度相等于对应的零件廓形宽度。因此,成形车刀廓形设计是根据零件的廓形深度T和刀具的前角γ_f、后角α_f来修正成形车刀的廓形深度P和与它相关的尺寸。

二、成形车刀廓形设计原理

目前,成形车刀廓形设计均可通过计算机编程进行。以下介绍的是廓形设计基础原理及方法。

(一) 作图法设计

作图法设计的主要内容是:已知零件的廓形、刀具的前角γ_f和后角α_f、圆形车刀廓形的最大半径R,通过作图找出切削刃在垂直于后刀面上投影。

如图6-7所示,取零件廓形平均尺寸画出零件的主、俯视图。在主视图上零件的水平中心位置处1′上作出刀具的前刀面和后刀面投影线;作出切削刃各点2′3′4′(5′)的后刀面投影线;在垂直后刀面截面中,连接各点切削刃投影点与相等于零件廓形宽度引出线的交点1″、2″、3″、4″、5″,连接各交点所形成的曲线即为成形车刀廓形。

第六章 成形车刀

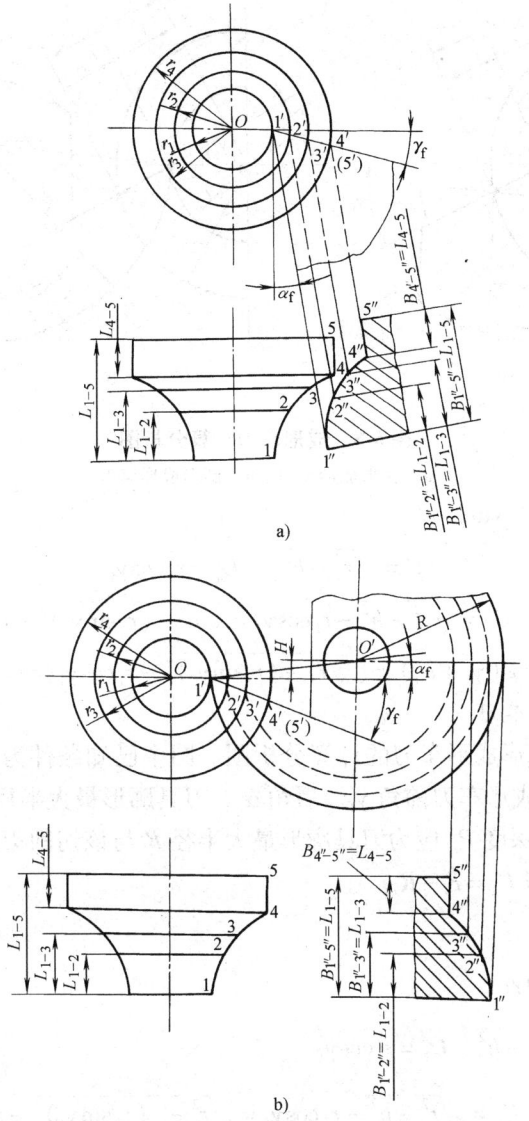

图 6-7 作图法设计成形车刀廓形
a) 棱形成形车刀 b) 圆形成形车刀

（二）计算法设计

由于成形车刀切削刃的廓形宽度相等于对应的零件廓形宽度。因此，成形车刀廓形设计主要是利用计算法求出成形车刀廓形深度。计算公式较为简单，但能达到很高精确度，通常取尺寸精度 0.01mm，角度 1′。这些公式也可作为 CAD 设计的数学模型。

1. 棱形成形车刀

图 6-8a 为棱形成形车刀计算分析图。图中已知条件为：零件廓形半径 r_1（r_2、r_3…）、成形车刀前角 γ_f、后角 α_f。求刀具切削刃上任一点 x 的廓形深度 P_x。

由图可知

115

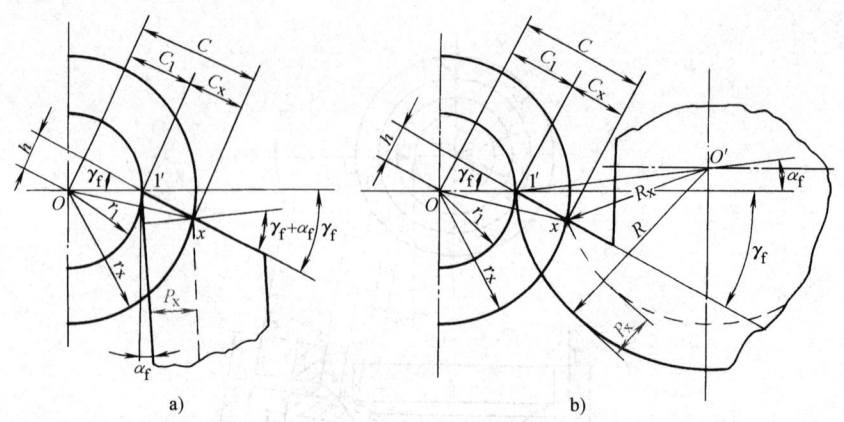

图 6-8 成形车刀计算分析图
a) 棱形成形车刀　b) 圆形成形车刀

$$h = r_1 \sin\gamma_f$$

$$C = \sqrt{r_x^2 - h^2}, \quad C_1 = r_1 \cos\gamma_f$$

$$C_x = C - C_1 = \sqrt{r_x^2 - h^2} - r_1\cos\gamma_f = \sqrt{r_x^2 - (r_1\sin\gamma_f)^2} - r_1\cos\gamma_f$$

$$P_x = C_x\cos(\gamma_f + \alpha_f) = \left[\sqrt{r_x^2 - (r_1\sin\gamma_f)^2} - r_1\cos\gamma_f\right]\cos(\gamma_f + \alpha_f) \quad (6\text{-}4)$$

2. 圆形成形车刀

图 6-8b 为圆形成形车刀的计算分析图。图中已知条件为：零件廓形半径 r_1（r_2、r_3…）、成形车刀前角 γ_f、后角 α_f、刀具廓形最大半径 R，则刀具切削刃上任一点廓形深度 P_x 应为刀具廓形最大半径 R 与该切削刃点所在位置处的半径 R_x 之差，即 $P_x = R - R_x$。

由图可知

$$h = r_1 \sin\gamma_f$$

$$C = \sqrt{r_x^2 - h^2}, \quad C_1 = r_1 \cos\gamma_f$$

$$C_x = C - C_1 = \sqrt{r_x^2 - h^2} - r_1\cos\gamma_f = \sqrt{r_x^2 - (r_1\sin\gamma_f)^2} - r_1\cos\gamma_f$$

$$R_x = \sqrt{R^2 + C_x^2 - 2RC_x\cos(\alpha_f + \gamma_f)}$$

$$P_x = R - R_x \quad (6\text{-}5)$$

式（6-4）、式（6-5）中的 r_1、γ_f、α_f、R 均已知，因此，刀具廓形深度 P_x 取决于切削刃所在点零件的廓形半径 r_x。

根据式（6-4）、式（6-5）计算出刀具切削刃上各点的廓形深度 P_x 和已知零件上对应廓形宽度 B_x，即可画出刀具廓形设计图。

三、成形车刀的附加切削刃

一般成形车刀切削刃的两侧面均超出零件廓形的宽度，以用于对零件两侧端面去毛刺、倒角、修光和切断预加工等。附加切削刃形状及尺寸如图 6-9

所示，附加切削刃切入深度 T 不应超过零件的最大廓形深度 T_{max}。成形车刀廓形的总宽度 L_{max} 是零件廓形宽度与两侧附加切削刃宽度之和。为了防止产生振动，通常应使总宽度满足 $L_{max}/d_{min} \leq 3$，d_{min} 为加工表面最小直径，如果总宽度 L_{max} 过长，可采取分段切削、用顶尖架增加夹持刚性或采用对工件的辅助支承等改善措施。

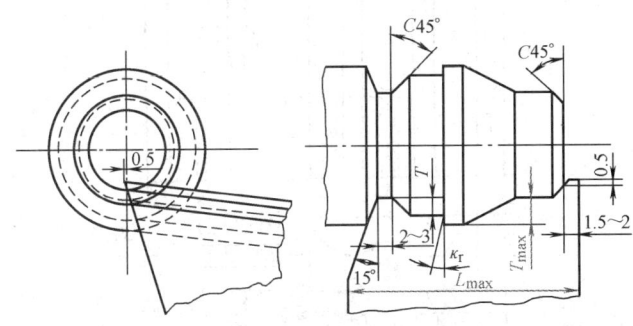

图 6-9 成形车刀的附加切削刃

此外，如图 6-9 所示，附加切削刃若超越成形车刀设计基准点（即离零件轴线最近的切削刃廓形点），为减小附加切削刃对加工精度的影响，且不变动设计基准点，故应使附加切削刃超越中心量不超过 0.5mm。

一般情况下，成形车刀廓形的尺寸公差为对应零件廓形尺寸公差的 1/2～1/3，但不超过 ±0.01mm。

第四节 成形车刀其他部分设计简介

一、成形车刀的刀体

成形车刀的刀体结构及其尺寸与所使用的机床和夹持成形车刀的刀夹有关。

图 6-10 所示为具有燕尾结构的棱形成形车刀和端面带销孔的圆形成形车刀组成尺寸。图中所示棱形成形车刀是由燕尾榫固定夹紧在刀夹燕尾槽中。燕尾榫底面 A-A 是成形车刀的设计与夹紧定位基准（⌐），燕尾槽的两侧斜面是固定在刀夹上的夹紧面；圆形成形车刀是通过内孔、端面和销孔（d_3）被定位夹紧在刀夹上。

成形车刀的刀体结构的各尺寸及精度、表面粗糙度、材料及热处理硬度等技术条件均按厂标确定。圆形成形车刀列出了单片型（Ⅰ型）结构尺寸，其他型式可参考工厂有关资料。

二、成形车刀的样板

成形车刀的廓形主要用光学曲线磨床、数控线切割机床和数控磨床加工

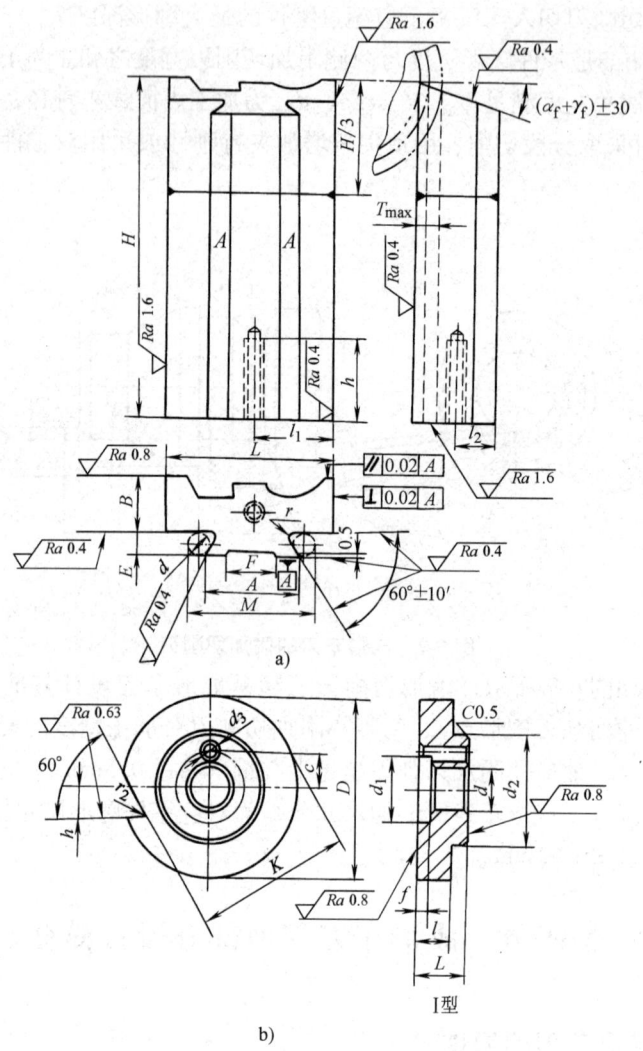

图 6-10 成形车刀刀体结构及组成尺寸
a) 棱形成形车刀　b) 圆形成形车刀（Ⅰ型）

得到。加工后廓形可通过光学仪器检测，而在工作场所可用样板简便检验。因此，成形车刀设计后还需设计成形车刀样板，通常设计相互吻合的两块样板：一块"工作样板"是在制造成形车刀时用于检验成形车刀廓形的；一块"校对样板"是用于检验"工作样板"的磨损程度。

样板的外形尺寸及各尺寸的公差，样板的材料及热处理要求等均可参考有关样板设计资料选取。

复习思考题

6-1 成形车刀的前角和后角规定在哪个参考系的坐标平面中表示？为什么？

6-2 成形车刀切削刃上各点前角、后角是否相同？为什么？

6-3 示图说明成形车刀切削刃呈什么形状时,该处的主断面后角 $\alpha_o = 0°$,如何改善?

6-4 分别说明零件廓形和成形车刀廓形在哪个投影平面上表示?在什么条件下两者廓形相同?

6-5 简述作图法求成形车刀廓形的步骤。

6-6 试作出棱形成形车刀计算法用的计算分析图。

6-7 试作出圆形成形车刀计算法用的计算分析图。

6-8 成形车刀附加切削刃有何用途?

6-9 用计算法求出棱形成形车刀廓形深度值,被加工零件尺寸如图 6-11 所示。

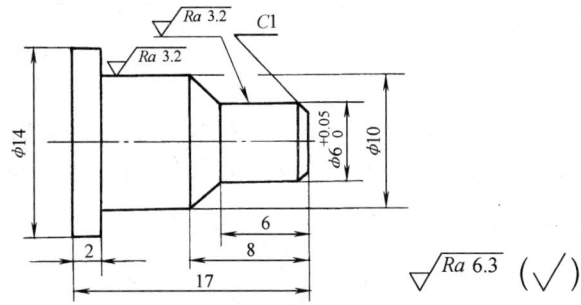

图 6-11 习题 6-9 图

第七章 钻削与钻头

钻削能在实体材料上加工出孔，在切削加工中应用较广。本章重点讲述钻头几何参数、钻削过程特点以及钻头的合理使用。同时介绍各类改进钻型的结构与应用特点。

第一节 麻 花 钻

麻花钻是最常用的钻孔刀具，它适合加工低精度的孔，也可用于扩孔。

一、麻花钻的结构

1. 麻花钻的组成

如图 7-1 所示，麻花钻的各组成部分的名称及功能如下。

（1）装夹部分　装夹部分用于麻花钻与机床的联接并传递动力，包括钻柄与颈部。小直径钻头用圆柱柄，直径在 12mm 以上的均做成莫氏锥柄。锥柄端部制出扁尾，插到钻套中的腰形孔中，可用斜楔将钻头从钻套中击出。颈部直径略小，上面印有厂标、规格等标记。

（2）工作部分　工作部分用于导向、排屑，也是切削部分的后备。外圆柱上两条螺旋形棱边也称刃带，可用于保持孔形尺寸和钻头进给时的导向。两条螺旋刃沟是排屑的通道。钻体中心部称钻芯，连结两条刃瓣。

（3）切削部分　切削部分指钻头前端有切削刃的区域。由两个前面、两个后面、两个副后面组成。

前面是两条螺旋沟槽中以切削刃为母线形成的螺旋面。

后面的形状由刃磨方法与机床或夹具的运动决定，有以下几种：

1）圆锥面：用锥磨法刃磨夹具回转磨出。

2）螺旋面：用钻头磨床螺旋进给磨出。

3）平面：用简单的夹具平移进给磨出。

4）特殊曲面：用专用的或数控工具磨床，形成复杂的运动磨出。

副后面就是刃带棱面。

主切削刃位于前、后面汇交的区域，横刃位于两主后面汇交的区域，副切削刃是两条刃沟与刃带棱面汇交的两条螺旋线。

普通麻花钻共有三条主切削刃,两条副切削刃,即左右切削刃、横刃和两条棱边。

2. 麻花钻的结构参数

麻花钻的结构参数是指钻头在制造中控制的尺寸或角度,它们都是确定钻头几何形状的独立参数。包括以下几项:

(1) 直径 d 直径 d 指切削部分测量的两刃带间距离,选用标准系列尺寸。

(2) 直径倒锥 倒锥指远离切削部分的直径逐渐做小,以减少刃带与孔壁的摩擦,相当于副偏角。钻头倒锥量约为 0.03~0.12mm/100mm,直径大的倒锥量也大。

(3) 钻芯直径 d_0 d_0 是两刃沟底相切圆的直径。它影响钻头的刚性与容屑截面。直径大于 13mm 的钻头,$d_0 =$ (0.125~0.15)d。钻芯做成 1.4~2mm/100mm 的正锥度,以提高钻头的刚度。

(4) 螺旋角 ω ω 角是钻头刃带棱边螺旋线展开成直线与钻头轴线的夹角。

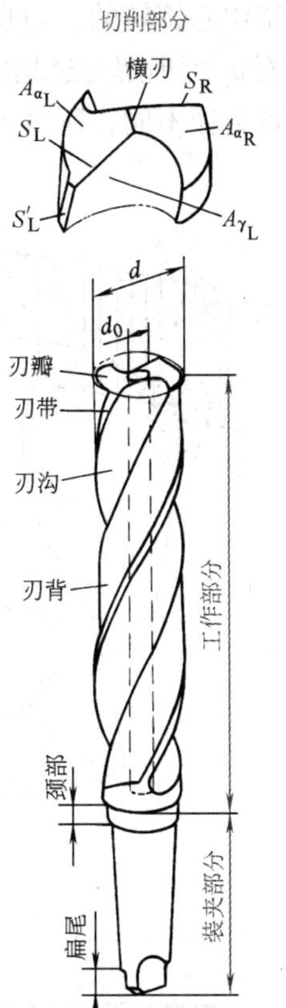

如图 7-2 所示,主切削刃上 x 点(半径为 r_x)的螺旋角 ω_x 可用下式计算

$$\tan\omega_x = \frac{2\pi r_x}{L} = \tan\omega\left(\frac{r_x}{r}\right) \qquad (7\text{-}1)$$

式中 r_x——钻头选定点半径;

L——螺旋槽导程。

式 (7-1) 说明钻头愈接近中心处螺旋角愈小。刃带处螺旋角 ω 一般为 25°~32°。增大螺旋角使前角增大,有利于排屑,使切削轻快,但钻头刚性变差。小直径钻头为提高钻头刚性,将螺旋角做得略小一些。

二、麻花钻的几何角度

1. 钻头角度的参考系

确定钻头角度需要建立参考系。钻头参考系平面及测量平面如图 7-3 所示。

图中标注的是基面 p_r、切削平面 p_s、正交平面 p_o、假定工作平面 p_f 和背平面 p_p,它们的定义与车削中的规定相同。

由于钻头切削刃各点都是

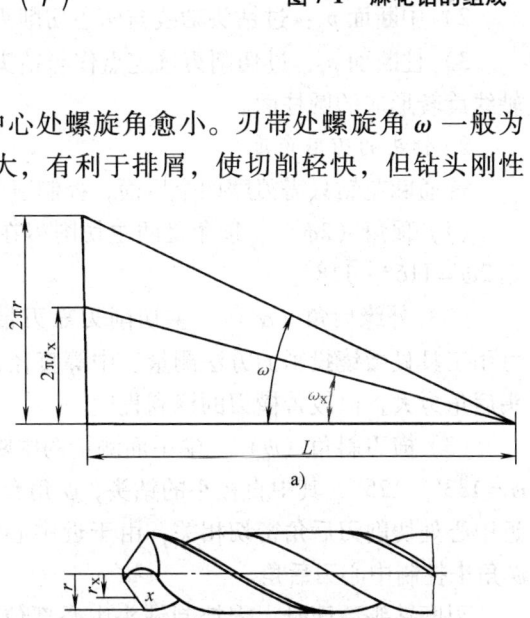

图 7-1 麻花钻的组成

图 7-2 麻花钻的螺旋角

绕中心旋转的，与切削刃任一点切线速度垂直的平面均通过钻芯。所以，基面 p_r 可理解为过切削刃某选定点包含钻头轴线的平面。由于钻头切削刃上各点直径不同，所以各点基面方位也均不同。

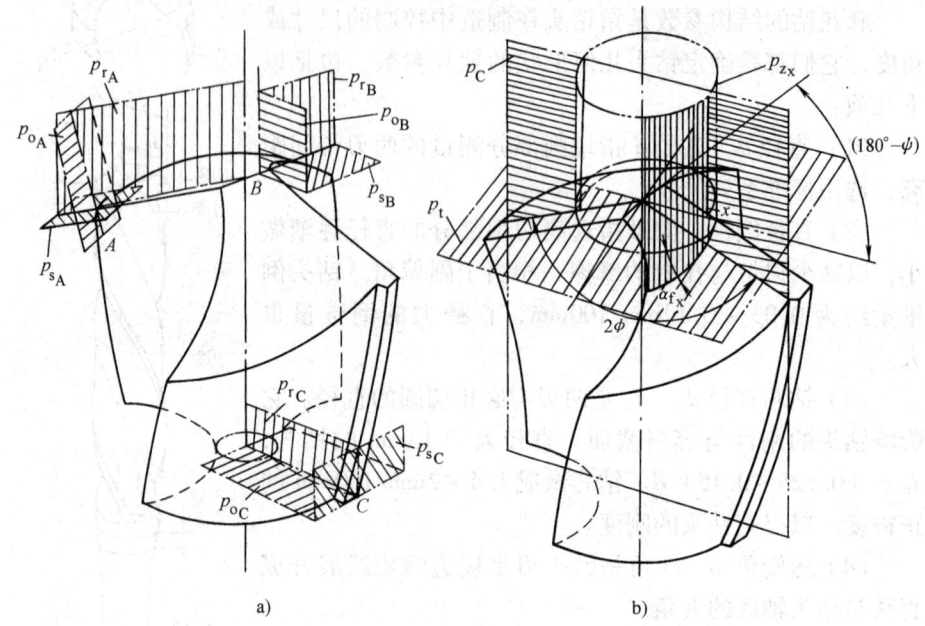

图 7-3　麻花钻正交平面参考系及测量平面

度量钻头几何角度还需以下几个测量平面：

1）端平面 p_t：与钻头轴线垂直的投影面。

2）中断面 p_c：过钻头轴线与两主切削刃平行的平面。

3）柱断面 p_z：过切削刃选定点作与钻头轴线平行的直线，该直线绕钻头轴线旋转形成的圆柱面。

2. 钻头的刃磨角度

普通麻花钻只需刃磨两个后面，控制三个角度。

（1）顶角（2ϕ）　顶角是两主切削刃在中断面投影中的夹角。普通麻花钻 $2\phi = 116° \sim 118°$。

（2）外缘后角（α_f）　主切削刃靠刃带转角处在柱断面中表示的后角，可用工具显微镜投影的方法测量。中等直径钻头 $\alpha_f = 8° \sim 20°$。直径愈小，钻头后角愈大，以改善横刃的锋利程度。

（3）横刃斜角（ψ）　端平面测量的中断面与横刃的钝夹角。普通麻花钻 $\psi = 133° \sim 125°$，其中直径小的钻头，ψ 角允许较大。横刃斜角 ψ 数值与钻头近中心处切削刃后角密切相关，由于近中心处后角不易测量，通常通过测量 ψ 角来控制中心刃后角。

刃磨钻头后面时，需控制钻头中心部位后角：愈近钻头中心，后角磨得愈大。其目的有二：

其一是使横刃能获得较大的前角，增加横刃的锋利程度。因为 $|\gamma_{o\psi}|$ +

$\alpha_{o_\psi} = 90°$，增加 α_{o_ψ}，就使 γ_{o_ψ} 负值减少。

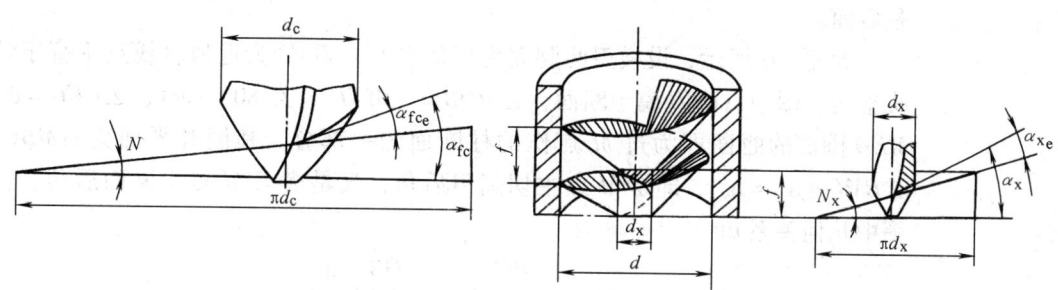

图 7-4 钻孔时的工作后角

其二是使切削刃各点工作后角相差较少，如图 7-4 所示。钻孔的过渡表面是圆锥螺旋面，在同一进给量下，近钻头中心处直径较小（$d_x < d$），螺旋升

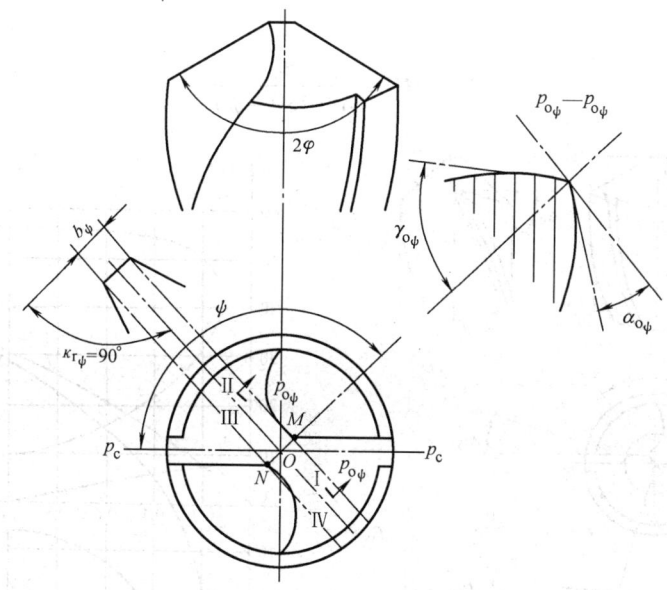

图 7-5 横刃前、后面及角度

角大（$N_x > N$），工作后角减少得多（$\alpha_{x_e} = \alpha_x - N_x$）。为使内外切削刃工作后角相差不多，钻芯处后角应磨得大些。通常钻芯主切削刃后角等于横刃后角 α_{o_ψ}，约为 36°。

3. 横刃角度分析

横刃由两个主后面相交形成，普通麻花钻横刃近似直线。如图 7-5 所示，以钻头轴线为分界，可

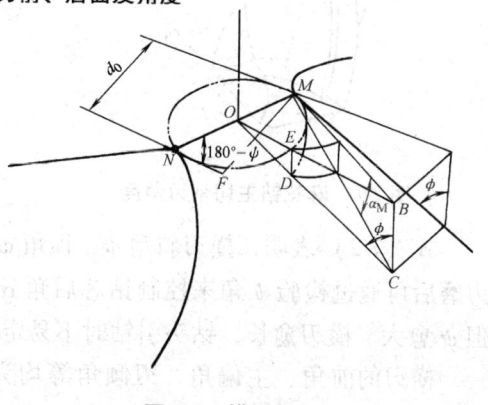

图 7-6 横刃斜角

将横刃分为两段四个区,过横刃 OM 段作正交平面 p_{o_ψ},则 II 区是前面,前角为负 γ_{o_ψ},I 区是后面,后角为 α_{o_ψ}。同理在横刃 ON 段中,IV 区是前面,III 区是后面。

如图 7-6 所示,设横刃两侧面为近似平面,刃 $\overline{MN}$ 为近似直线且垂直于钻头轴线。图中 $\triangle OBC$ 属中断面,$\angle MOB = \angle MNF = (180° - \psi)$,$\angle OCB = \phi$、$MED$ 围成的曲面即为过 M 点作的柱断面的一部分。其展开平面为 $\triangle MBC$,$\angle BMC = \alpha_M = \alpha_{o_\psi}$,即是 M 点主切削刃后角,又是横刃 M 点主断面后角。从图中几何关系知

$$\tan\alpha_{o_\psi} = \frac{\overline{BC}}{\overline{BM}} = \frac{\overline{OB}\cot\phi}{\overline{OB}\sin(180-\psi)}$$

由上式化简得

$$\sin(180-\psi) = \frac{1}{\tan\phi\tan\alpha_{o_\psi}} \tag{7-2}$$

横刃长度

$$b_\psi = MN = \frac{d_0}{\sin(180-\psi)} \tag{7-3}$$

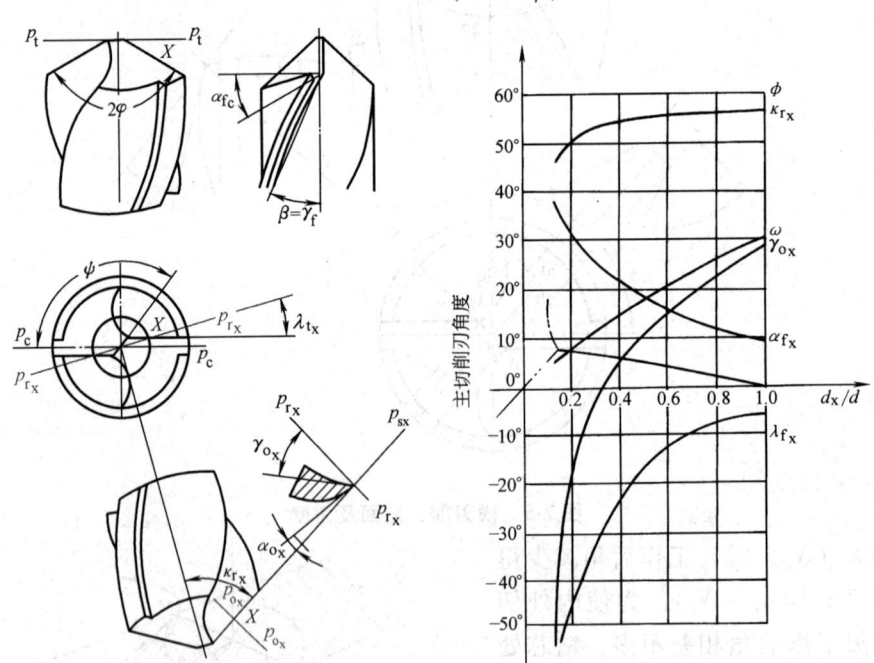

图 7-7 麻花钻主切削刃角度   图 7-8 麻花钻主切削刃角度的分布

式 (7-2) 表明,横刃斜角 ψ、顶角 ϕ、钻芯后角 α_{o_ψ} 是相互制约的。钻头刃磨后可通过检验 ψ 角来控制钻芯后角 α_{o_ψ}。ψ 愈大,α_{o_ψ} 愈大,横刃愈锋利。但 ψ 愈大,横刃愈长,钻头引钻时不易定中心。

横刃的前角、主偏角、刃倾角等均为派生角,可由刃磨角度换算得出。普通麻花钻 $\phi = 58° \sim 59°$,$\psi = 130° \sim 120°$,由式(7-2)计算得 $\alpha_{o_\psi} = 36.8°$。

若钻芯直径 $d_0 = 0.15d$，则横刃长 $b_\psi = 0.18d$，横刃楔角 $\beta_{o_\psi} = 180° - 2\alpha_{o_\psi}$，横刃前角 $\gamma_{o_\psi} = -(90° - \alpha_{o_\psi})$。普通麻花钻横刃呈直线，横刃主偏角 $=90°$，横刃刃倾角 $=0°$，图中不再标注。

4. 主切削刃角度分析

钻头的两条主切削刃是前、后面汇交形成的区域。前面就是螺旋形的刃沟面，后面是刃磨形成的圆锥或螺旋面，它们都是曲面。

用正交平面参考系标注钻头切削刃上的前角、后角、主偏角都是派生角，如图7-7所示。由于前面不通过钻芯，刃沟前面螺旋角的大小与观察点的半径有关，所以钻头切削刃各点的螺旋角、刃倾角、前角、主偏角都是不同的，其换算公式详见表7-1。

麻花钻主切削刃角度的分布如图7-8所示，普通麻花钻的几何参数分类、代号与数值见表7-1。

表7-1 普通麻花钻的几何参数($d>18\text{mm}$)分类、代号与数值

类别			名称	代号	计算公式	标准值
独立参数	结构参数	直径	直径	d	—	—
			钻芯直径	d_0	—	$(0.12 \sim 0.15)d$
		副切削刃参数	副刃前角（刃沟端断面前角）	γ'_o		$\approx 22.3°$
			副刃后角（刃带后角）	α'_o		$0°$
			副刃偏角（直径倒锥）	κ'_r		$0.03 \sim 0.12$ mm/100mm
			副刃倾角（螺旋角）	ω	$\tan\omega_x = \tan\omega(d_x/d)$	$25° \sim 32°$
独立参数	结构参数	刃带	刃带宽	b_f		$1.3 \sim 3.4$
			刃带高	c		$0.65 \sim 2.8$
	刃磨角度		顶角	2ϕ		$116° \sim 118°$
			外缘后角	α_f	—	$8° \sim 20°$
			横刃斜角	ψ	—	$125°$
派生角度（正交平面参考系）	主切削刃角度		端面刃倾角	λ_{t_x}	$\sin\lambda_{t_x} = d_0/d_x$	$8.5° \sim 55°$
			主偏角	κ_{r_x}	$\tan\kappa_{r_x} = \tan\phi\cos\lambda_{t_x}$	$58.6° \sim 43.7°$
			刃倾角	λ_{s_x}	$\tan\lambda_{s_x} = \tan\lambda_{t_x}\sin\kappa_{r_x}$	$7.3° \sim 44.6°$
			前角	γ_{o_x}	$\tan\gamma_{o_x} = \dfrac{\tan\omega_x}{\sin\kappa_{r_x}} - \tan\lambda_{t_x}\cos\kappa_{r_x}$	$30° \sim -54°$
			后角	α_{o_x}	$\cot\alpha_{o_x} = \dfrac{\cot\alpha_{f_x}}{\sin\kappa_{r_x}} - \tan\lambda_{t_x}\cos\kappa_{r_x}$	$5° \sim 18°$
	横刃角度		横刃后角	α_{o_ψ}	$\tan\alpha_{o_\psi} = \dfrac{1}{\tan\phi\sin(180°-\psi)}$	$36°$
			横刃前角	γ_{o_ψ}	$\gamma_{o_\psi} = -(90°-\alpha_{o_\psi})$	$-54°$
			横刃偏角	κ_{r_ψ}		$90°$
			横刃倾角	λ_{s_ψ}	—	$0°$

第二节 钻削原理

一、钻削用量与切削层参数

如图 7-9 所示，钻削用量包括背吃刀量（钻削深度）a_p、进给量 f、切削速度 v_c 三要素。由于钻头有两条切削刃，所以

钻削深度 $a_p = d/2$ （单位为 mm）

每刃进给量 $f_z = f/2$ （单位为 mm/z）

钻削速度 $v_c = \pi d n /1000$ （单位为 m/min）

钻孔时切削层参数包括：

钻削厚度 $h_D \approx f \sin\phi /2$ （单位为 mm） (7-4)

钻削宽度 $b_D \approx d/2\sin\phi$ （单位为 mm） (7-5)

每刃切削层公称横截面积 $A_D = df/4$ （单位为 mm²） (7-6)

材料切除率 $Q = \dfrac{f\pi d^2 n}{4} \approx 250 v_c df$ （单位为 mm³/min） (7-7)

二、钻削过程特点

1. 钻削变形特点与切屑形状

钻削过程的变形规律与车削相似。但钻孔是在半封闭空间内进行的，横刃的切削角度又不甚合理，使得钻削变形更为复杂。主要表现在以下几点：

1) 钻芯处切削刃前角为负，特别是横刃区，切削时产生刮削挤压，切屑呈粒状并被压碎。钻心区域直径几乎为零，切削速度也接近为零，但仍有进给运动，使得钻芯横刃区域工作后角为负，相当于用横刃楔角为 $\beta_{o\psi}$ 的凿子劈入工件，称作楔劈挤压。这是导致钻削轴向力增大的主要原因。

2) 主切削刃各点前角、刃倾角不同，使切屑变形、卷曲、流向也不同。又因排屑受到螺旋槽的影响，切削塑性材料时，切屑卷成圆锥螺旋形，断屑比较困难。

3) 钻头刃带无后角，与孔壁摩擦。加工塑性材料时易产生积屑瘤，粘在刃带上影响钻孔质量。

2. 钻削力

如图 7-10 所示，钻头每一切削刃都产生切削力，包括切向力（主切削力）、背向力（径向力）和进给力（轴向力）。当左、右切削刃对称时，背向力抵消，最终构成钻头的进给力 F_f 与切削转矩 M_c。

通过钻削实验，测量钻削力，可知影响钻削力的因素与规律。钻头各切削刃上产生切削力的比例见表 7-2。

选取不同的材料，在固定的钻削条件下，变化切削用量，测出进给力 F_f（单位为 N）与转矩 M_c（单位为 N·mm）。经过数据处理后，可获得钻削力的实验公式

进给力 $$F_{\mathrm{f}} = C_{F_{\mathrm{f}}} d^{z_{F_{\mathrm{f}}}} f^{y_{F_{\mathrm{f}}}} K_{F_{\mathrm{f}}} \tag{7-8}$$

转矩 $$M_{\mathrm{c}} = C_{M_{\mathrm{c}}} d^{z_{M_{\mathrm{c}}}} f^{y_{M_{\mathrm{c}}}} K_{M_{\mathrm{c}}} \tag{7-9}$$

式中，系数、指数及建立公式的条件见表7-3。一般估计时，可取 $K_{F_{\mathrm{f}}}$、$K_{M_{\mathrm{c}}}$ 为1。

表7-2 钻削力的分配

钻削力＼切削刃	主切削刃	横刃	刃带
进给力 F_{f}	40%	57%	3%
转矩 M_{c}	80%	8%	12%

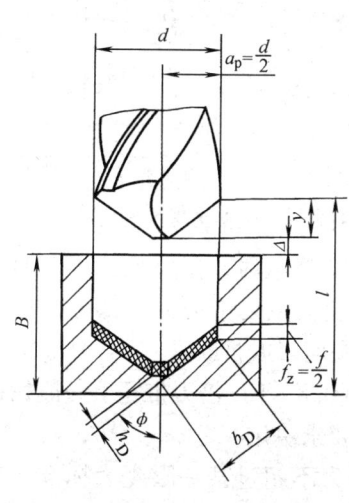

图7-9 钻削用量与切削层参数

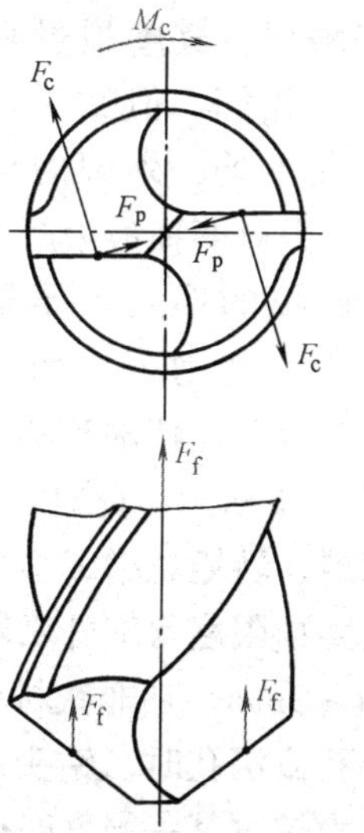

图7-10 钻削力

表7-3 钻削时轴向力、扭矩及功率的计算公式

名称	计算公式：进给力/N	计算公式：转矩/N·m	计算公式：功率/kW
计算公式	$F_{\mathrm{f}} = C_{F_{\mathrm{f}}} d^{z_{F_{\mathrm{f}}}} f^{y_{F_{\mathrm{f}}}} K_{F_{\mathrm{f}}}$	$M_{\mathrm{c}} = C_{M_{\mathrm{c}}} d^{z_{M_{\mathrm{c}}}} f^{y_{M_{\mathrm{c}}}} K_{M_{\mathrm{c}}}$	$p_{\mathrm{c}} = \frac{M_{\mathrm{c}} v_{\mathrm{c}}}{30d}$

公式中的系数和指数

加工材料	刀具材料	系数和指数：进给力 $C_{F_{\mathrm{f}}}$	进给力 $z_{F_{\mathrm{f}}}$	进给力 $y_{F_{\mathrm{f}}}$	转矩 $C_{M_{\mathrm{c}}}$	转矩 $z_{M_{\mathrm{c}}}$	转矩 $y_{M_{\mathrm{c}}}$
钢 $\sigma_{\mathrm{b}}=650\mathrm{MPa}$	高速钢	600	1.0	0.7	0.305	2.0	0.8
不锈钢1Cr18Ni9Ti	高速钢	1400	1.0	0.7	0.402	2.0	0.7
灰铸铁 硬度190HBW	高速钢	420	1.0	0.8	0.206	2.0	0.8
	硬质合金	410	1.2	0.75	0.117	2.2	0.8
可锻铸铁 硬度150HBW	高速钢	425	1.0	0.8	0.206	2.0	0.8
	硬质合金	320	1.2	0.75	0.098	2.2	0.8
中等硬度非均质铜合金 硬度100~140HBW	高速钢	310	1.0	0.8	0.117	2.0	0.8

注：用硬质合金钻头钻削未淬硬的结构碳钢、铬钢及镍铬钢时，进给力及转矩可按下列公式计算：

$$F_{\mathrm{f}} = 3.48 d^{1.4} f^{0.8} \sigma_{\mathrm{b}}^{0.75} \qquad M_{\mathrm{c}} = 5.87 d^{2} f \sigma_{\mathrm{b}}^{0.7}$$

由式（7-9）计算出转矩后，可用下式计算切削消耗功率（单位：kW）p_c。

$$p_c = \frac{M_c v_c}{30d} \tag{7-10}$$

式中 M_c——切削转矩；

v_c——切削速度；

d——钻头直径。

3. 钻头磨损特点

高速钢钻头磨损的主要原因是相变磨损。其磨损过程与规律与车刀相同。但钻头切削刃各点负荷不均，外圆周切削速度最高，因此磨损最为严重。

钻头磨损的形式主要是后面磨损。当主切削刃后面磨损

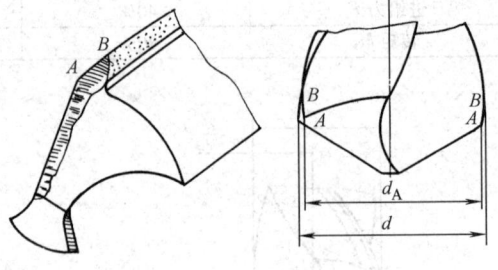

图7-11 钻头刃带的磨损

达一定程度时，还伴随有刃带磨损。刃带磨损严重时，使外径减少，形成顺锥，如图7-11所示。此时一段副切削刃 AB 变为主切削刃的一部分，切下宽而薄的切屑，转矩急增，容易咬死而导致钻头崩刃或折断。

钻头磨损限度常取外缘转角处 VB 值为（0.8~1）倍刃带宽。一般钻铸铁 VB 值为 1~2mm。钻非铁材料时按加工质量要求决定。

钻小孔或深孔时，钻头的磨损常以钻削力不超过某一限度为标准。当转矩或进给力超过某一限度时通过报警装置发出信号，控制自动退刀。

影响钻头寿命的因素很多，主要包括钻头材料与热处理状态、钻头结构、刃型参数、切削条件等。钻头硬度愈高、结构刚性愈好、刃形几何参数与加工材料搭配得愈合理、刃磨对称度愈高、切削用量优化得愈合理，则钻头寿命愈长。

三、钻削用量选择

1. 钻头直径

钻头直径应由工艺尺寸决定，尽可能一次钻出所要求的孔。当机床性能不能胜任时，才采用先钻孔、再扩孔的工艺。需扩孔者，钻孔直径取孔径的 50%~70%。

合理刃磨与修磨，可有效地降低进给力，能扩大机床钻孔直径的范围。

2. 进给量

一般钻头进给量受钻头的刚性与强度限制。大直径钻头才受机床进给机构动力与工艺系统刚性限制。

普通钻头进给量可按以下经验公式估算

$$f = (0.01 \sim 0.02)d \tag{7-11}$$

合理修磨的钻头可选用 $f = 0.03d$。直径小于 5mm 的钻头，常用手动进给。

3. 钻削速度

高速钢钻头的切削速度推荐按表 7-4 数值选用，也可参考有关手册、资料选取。

表 7-4　钻头切削速度　　　　　　　　　　　（单位：m/min）

加工材料	低碳、易切钢	中、高碳钢	高合金钢、不锈钢	铸铁	铜、铝合金
高速钢钻头	25～30	20～25	15～20	15～20	40～70
涂层硬质合金钻头	80～120	70～100	50～70	90～140	90～220

第三节　钻头的修磨

钻头的修磨是指将普通钻头按不同加工要求对横刃、主刃、前后面进行附加的刃磨。

钻头修磨后改善了麻花钻结构缺陷，提高了钻芯部位定心与切削性能，显著降低进给力，提高钻孔的质量，延长了钻头的寿命。此外，钻头修磨后能适应特定的材料、特定形状零件的加工要求，可充分发挥钻头的潜力，扩大钻孔工艺范围，效果非常显著，因此应用十分广泛。

钻头修磨源于手工，经多年实践，目前已将合理修磨而创造出的先进钻头刃形定型，用专用机床或夹具刃磨出厂，投放市场。如我国的具有内凹圆弧刃的群钻、美国十字刃磨航空钻、法国雷诺六平面钻头等。

本节将各类先进钻头刃形中的修磨方法按刀具的刀面、切削刃单元分类，即钻头的主刃、横刃、前面、后面，分别讲述其修磨参数、调正方法与适用场合。

一、修磨横刃

修磨横刃的目的是在保持钻尖强度的前题下，尽可能增大钻尖部分的前角、缩短横刃的长度，以降低进给力，提高钻尖定心能力。较好的形式有两种，如图 7-12 所示。

1. 十字形修磨

如图 7-12a 所示，横刃磨出十字形，长度不变，刃倾角仍为零度，但显著增大了横刃前角。这种修磨形式方法简单，使用机床夹具修磨时，调整参数少。但是，钻芯强度有所减弱，并要求砂轮圆角半径较小。

2. 内直刃形修磨

如图 7-12b 所示，将钻尖磨出内直刃，既缩短

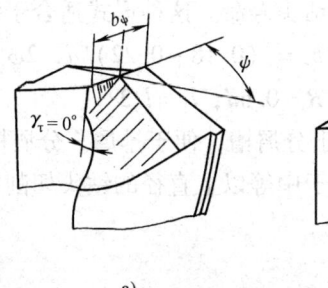
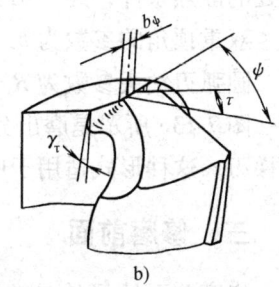

图 7-12　横刃的修磨形式

了横刃的长度，又增大了钻芯处前角，同时加大钻尖处容屑空间。这种修磨形式既能保持钻尖的强度，又能显著降低钻削进给力。对修磨用的砂轮圆角无严格要求，因而得到广泛使用。其修磨参数为：$b_\psi = (0.04 \sim 0.06)d$，$\tau = 20° \sim 30°$，$\gamma_\tau = 0° \sim -15°$。

这种修磨形式要求手工操作有一定熟练程度，因为修磨从起始到终了的过程中，钻头与砂轮的相对位置一直是变动的，到达终点位置时才能保证以上的修磨参数。使用机床夹具修磨时，要求控制砂轮圆角半径，并调整运动轨迹，使到达终点位置时，控制参数τ、γ_τ。

二、修磨主切削刃

修磨主切削刃的目的是改变刃形或顶角，以增大前角、控制分屑断屑，或改变切削负荷分布，改善散热条件，延长钻头寿命。常用的修磨形式有三类，如图7-13所示。

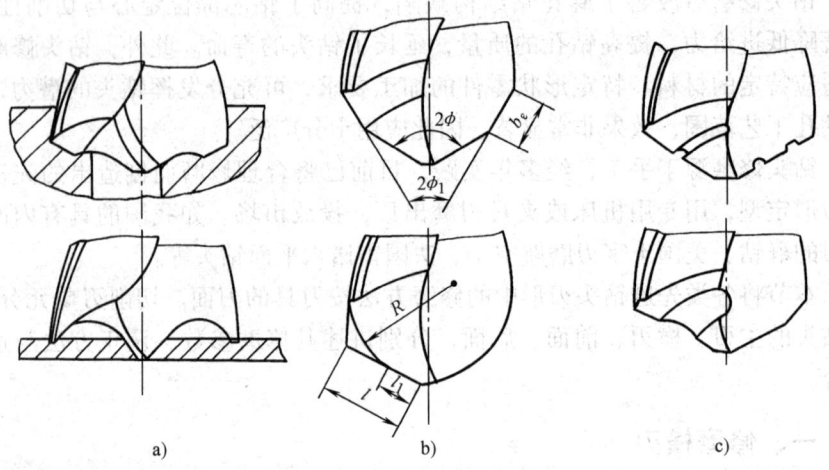

图7-13 主切削刃修磨形式

图7-13a所示的是磨出内凹圆弧刃，加强钻头的定心作用，有助于分屑断屑。这种修磨形式还能用于不规则的毛坯扩孔。钻薄板时需磨出深度大于工件厚度的内凹圆弧，以能形成外刃套料钻孔，加工效果较好。

图7-13b所示是磨出双重或多重顶角，或磨出外凸圆弧刃。可改善钻刃外缘处的散热条件，延长钻头寿命。这种形式适合于钻铸铁等脆性材料。

双重顶角的参数为$b_\varepsilon = (0.18 \sim 0.22)d$，$2\phi_1 = 70° \sim 90°$

圆弧刃钻头参数为$R = 0.6d$，$l_1 = l/3$

图7-13c所示是磨出分屑槽，便于排屑。分屑槽可交错开，单边开或磨出阶梯刃。这种形式适用于中等以上直径的钻头切削钢的情况。

三、修磨前面

修磨前面的目的是改变前角的分布，增大或减小前角，或改变刃倾角，以满足不同的加工要求。常用的修磨形式如图7-14所示。

图 7-14a 所示是将外缘处磨出倒棱面前面。减少前角，增大进给力，以避免钻孔时的"扎刀"现象。这种形式适合于钻黄铜、塑料、胶木等。倒棱面前角 γ_f 数值：钻黄铜磨成 $5°\sim10°$；钻胶木磨成 $-5°\sim-10°$。

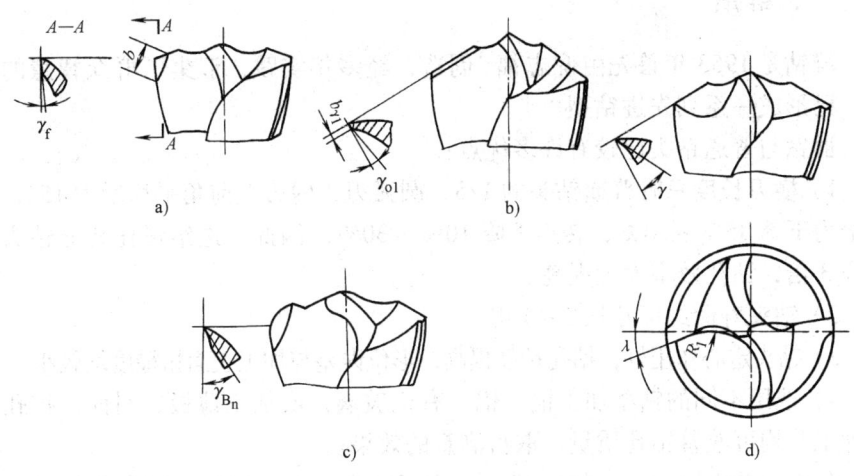

图 7-14　前面修磨形式

图 7-14b 所示是沿切削刃磨出倒棱，增加刃口强度，适用于较硬的材料。或钻削韧性较大的材料，以增加变形，有利于断屑。倒棱参数：$\gamma_{o1}=0°\sim10°$，$b_{\gamma1}=0.2\sim0.8\mathrm{mm}$。

图 7-14c 所示是在前面上磨出卷屑槽，增大前角。这种形式只适用于切削硬度较小的材料，如有机玻璃等。这种形式可提高加工表面质量。

图 7-14d 所示是在前面上磨出大前角及正的刃倾角，控制切屑向孔底方向排出。这种形式适用于精扩孔钻。

四、修磨后面

修磨后面的目的是在不影响钻刃的强度下，增大后角，以增大钻槽容屑空间，改善冷却效果。如图 7-15 所示，将后面磨出双重后角。第二后角 $\alpha_{f2}=45°\sim60°$。

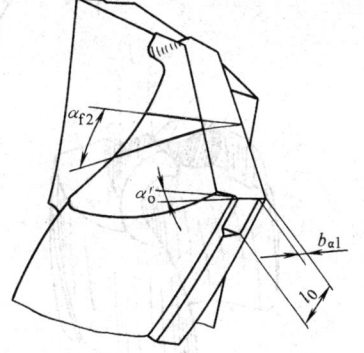

图 7-15　修磨后刀面及刃带

修磨刃带（副刃后面）的目的是减少刃带宽度，磨出副后角，以减少刃带与孔壁的摩擦。这种形式适用于对韧性大、软材料的精加工。刃带的修磨参数：$\alpha'_o=6°\sim8°$，$b_{\alpha1}=0.2\sim0.4\mathrm{mm}$，$l_0=1.5\sim4\mathrm{mm}$。

以上所归纳的修磨形式，实践中经常选择两种或三种组合使用。

第四节　先进钻型与结构特点简介

一、群钻

群钻是1953年首先由倪志福[⊖]创造，经多年实践，汇集了群众智慧的结晶，已形成一系列先进钻型。

群钻与普通钻头比较有许多优点：

1）横刃长度只有普通钻头的1/5，圆弧刃、内刃上前角平均增大15°，使进给力下降35%～50%，转矩下降10%～30%。因此，进给量比普通钻头约提高3倍，钻孔效率大大提高。

2）钻头寿命约可延长2～3倍。

3）钻头定心作用好，钻孔精度提高，形位误差与加工表面粗糙度均较小。

4）选用不同的钻型加工铜、铝、有机玻璃，或加工薄板、斜面、扩孔等多种工艺均可改善钻孔质量，取得满意的效果。

各类群钻中以加工钢材的基本型应用最广。其刃形与几何参数如图7-16所示并见表7-5。

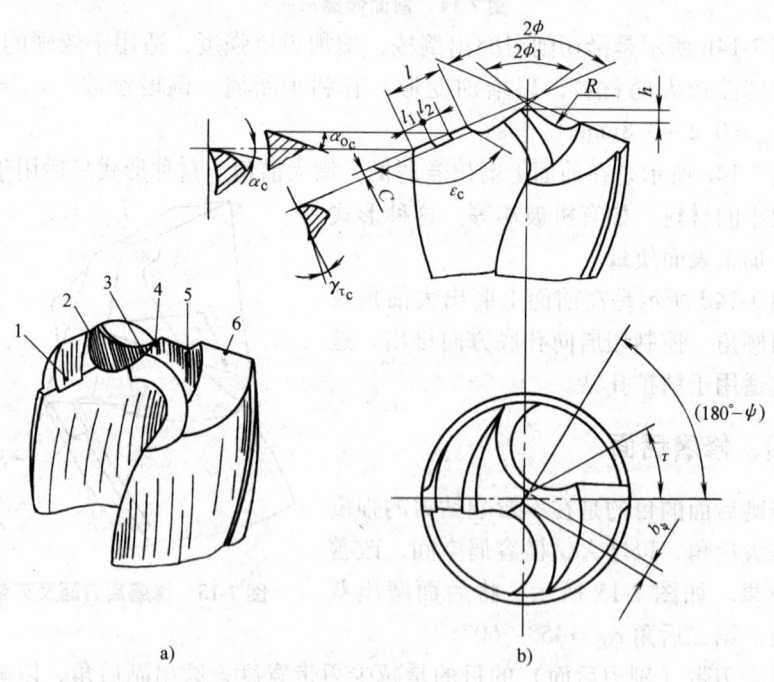

图7-16　基本型群钻的几何参数

a) 刃形示意图　b) 钻头几何参数

[⊖] 倪志福1953年创造三尖七刃麻花钻，被称为"倪志福钻头"（又称"群钻"）。这种钻头大大提高了钻头的使用性能和切削寿命，在国内外切削界引起重大反响。他曾获得国家科委颁发的"倪志福钻头"发明证书，获得联合国世界知识产权组织颁发的金质奖章和证书。他的著作有《倪志福钻头》、《群钻的实践与认识》、《群钻》。

群钻有 7 条主切削刃,外形上呈现 3 个尖。外缘处磨出较大顶角形成外直刃,中段磨出内凹圆弧刃,钻心修磨横刃形成内直刃。直径较大的钻头在一侧外刃上再开出一或两条分屑槽。因此,群钻的刃形特点是:三尖七刃锐当先,月牙弧槽分两边,一侧外刃开屑槽,横刃磨低窄又尖。

群钻磨出左、右对称的圆弧刃,在钻削中起到多方面的作用。

1)圆弧刃切出的过渡表面有呈凸起的圆环筋,它正好嵌在钻头圆弧刃中,可防止钻孔的偏斜,减少孔径的扩大,同时加强了定心导向作用。

表 7-5 基本型群钻的几何参数

角　度	尺　寸
外刃顶角 $2\phi = 125°$	外刃长 $l = 0.2d$ ($d > 15$)
内刃顶角 $2\phi_1 = 135°$	$l = 0.3d$ ($d \leq 15$)
圆弧刃尖角 $\varepsilon_c = 135°$	尖高 $h = 0.04d$
横刃斜角 $\psi = 115°$	圆弧半径 $R = 0.1d$
内刃斜角 $\tau = 25°$	横刃长 $b_\psi = 0.03d$
内刃前角 $\gamma_{\tau_c} = -15°$	屑槽宽 $l_2 = \left(\frac{1}{2} \sim \frac{1}{3}\right)l$
外刃后角 $\alpha_c = 8°$(相当于外刃圆周后角 $\alpha_{f_c} = 12°$)	屑槽距 $l_1 = \left(\frac{1}{3} \sim \frac{1}{4}\right)l$
圆弧刃后角 $\alpha_{o_c} = 15°$	屑槽深 $C = (1 - 1.5)f$

2)圆弧刃与外直刃转折点处,切屑流向有较大变化,形成了自然的分屑点。外刃切屑呈带状,圆弧刃切屑呈卷曲扇面形,容易自行折断。

3)圆弧刃改变了中段切削刃的主偏角与刃倾角,使该段正交平面前角增大,平均增大 15°左右。

4)圆弧刃使外刃与内刃参数得以分别控制。可磨大内刃顶角,横刃虽经修磨变窄变尖,但钻尖强度仍不被削弱。

群钻的刃磨源于手工,经多年实践,目前已有专用机床或夹具刃磨机投放市场。有些公司已用五轴联动 CNC 磨床能大批量地刃磨不同规格的群钻。

二、S 形横刃钻

S 形横刃钻是采用美国 WINSLOW 专利刃磨机磨出的螺旋尖钻头,其结构如图 7-17 所示。

刃磨左、右、后面时由于机床的复合运动,使得横刃凸起,减少了钻尖部分的顶角,增大了横刃部的前角。横刃的端平面投影呈 S 形。

S 形横刃钻头钻尖处顶角较小,横刃前角较大,因此自动定心性能好,钻孔进给力小,适合于一般材料的中、小钻头使用。

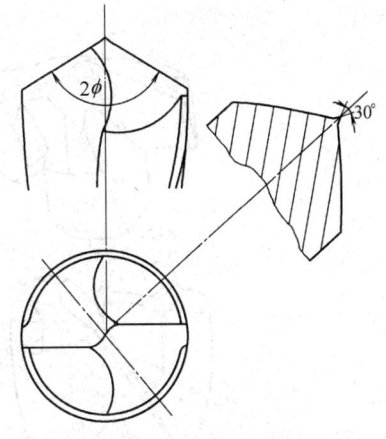

图 7-17 S 形横刃钻

三、深孔麻花钻

图 7-18 所示为近年来国内、外使用的深孔麻花钻。它可在普通设备上一次加工出孔深与直径比达 20 的深孔。

深孔麻花钻的结构采用厚钻芯、抛物线齿形、45°大螺旋角，最大限度地增大了刃瓣刚性与容屑槽空间，提高了排屑能力。同时采用合理的修磨形式，十字形横刃修磨，有效地减少了钻削力；大顶角、开分屑槽或圆弧刃，能较好地分屑、排屑。

四、硬质合金齿冠钻头（图 7-19）

加工硬脆材料，如合金铸铁、玻璃、淬硬钢及印制线路板等复合压层材料，宜选用硬质合金钻头。

小直径硬质合金钻头做成整体，大直径硬质合金钻头可做成镶片结构。刀片用 YG8，刀体用 9CrSi，也可重磨几次。

可更换硬质合金齿冠钻头是近年来出现的高效钻头，在两个油孔的钢制钻体前端，钻体与刀柄通过圆柱头定位弹性夹紧连接，实现内冷却钻孔。可采用高速、较大进给钻孔。由于钻体

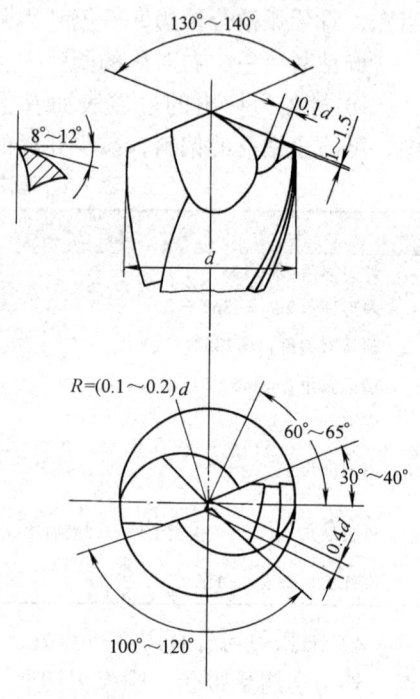

图 7-18 深孔麻花钻

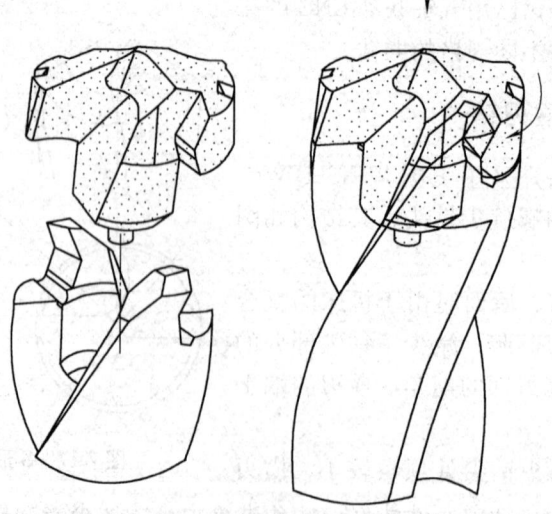

图 7-19 硬质合金齿冠钻头

刚性好，齿冠刃磨角度对称，加工精度高。齿冠更换方便，一支钻体可配备多种尺寸的齿冠，并能更换齿冠20～30次。这种模块化钻削系统可节省钻头尺寸规格，节省重磨刀具费用。采用注射成形的工艺制造合金齿冠，有较高的材质均匀性。齿冠按加工材料可设计成多种刃型。如常规刃口钝圆半径，或有较宽的刃带和倒棱几何刃型，可加工普通钢或加工不锈钢。钻体选用致密的硬质合金，刃磨后经涂层处理，其耐磨性一般较好，能在 $v_c = 80 \sim 100 \text{m/min}$ 的切削速度、$f = 0.25 \sim 0.35 \text{mm/r}$ 的进给量下连续进钻25～30m。这种钻头生产效率高，是普通麻花钻的10倍。

五、可转位浅孔钻（U形钻）

浅孔钻是指钻孔深度小于三倍孔径的硬质合金可转位钻头。图7-20所示为U形钻切削图形，它装有交错的两个可转位刀片。分析其结构特点可见：钻孔时中心刀片设计有凸出的内切削刃，钻出一个台阶，减少内、外刃工作刃长，形成自然分屑，保证了排出通畅。由于内刃凸出，铣出两段台阶以定中心。一个刀片内刃过中心，铣出顶角128°正锥，更有助于引导钻轴心不偏。由于外边刀片偏转1°安装，形成外刃锋角178°，很小的副偏角，减少摩擦，使表面粗糙度较小。这种大锋角产生的径向力极小，主要合力集中在轴向。此外，外刃转角磨出圆弧刃，可提高转角尖耐磨性。

U形钻适用于车床上加工中等直径的浅孔，如齿轮坯孔钻孔、镗孔及车端面，也可用于钻床上钻孔、镗孔。

由于这种钻头刚度很好，可进行高速、大进给量的切削，一般推荐的切削参数为：$v_c = 120 \sim 150 \text{m/min}$、$f = 0.06 \sim 0.18 \text{mm/r}$。其切削效率比高速钢钻头高约10倍。

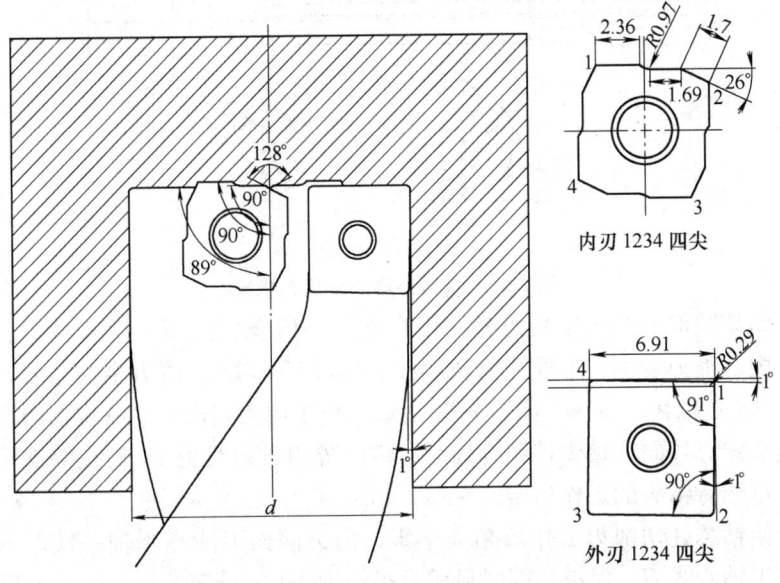

图7-20 可转位浅孔钻

第五节 深 孔 钻

深孔是指孔的深度与直径比 $L/D>5$ 的孔。一般 $L/D=5\sim10$ 的深孔仍可用深孔麻花钻加工,但 $L/D>20$ 的深孔必须用深孔刀具才能加工。包括深孔钻、镗、铰、套料、滚压工具等。

深孔加工有许多不利的条件。如不能观测到切削情况,只能听声音、看切屑、观测油压来判断排屑与刀具磨损的情况;切削热不易传散,须有效的冷却;孔易钻偏斜;刀柄细长,刚性差、易振动,影响孔的加工精度,排屑不良时易损坏刀具等。因此,深孔刀具的关键技术是要有较好的冷却装置、合理的排屑结构以及合理的导向措施。下面介绍几种典型的深孔刀具。

一、枪孔钻

枪孔钻属于小直径深孔钻,如图 7-21 所示。它的切削部分用高速钢或硬质合金,工作部分用无缝钢管压制成形。工作时工件旋转,钻头进给,一定压力的切削液从钻杆尾端注入,冷却切削区后沿钻杆凹槽将切屑从孔内冲出,称外排屑。排出的切削液经过过滤、冷却后再流回液池,可循环使用。

枪孔钻可加工的直径为 $2\sim20\mathrm{mm}$,长径比达 100。对中等精度的小深孔甚为有效。通常选用的切削参数为:$v_c=40\mathrm{m/min}$、$f=0.01\sim0.02\mathrm{mm/r}$、乳化切削液压力为 $3.5\sim10\mathrm{MPa}$、流量为 $20\mathrm{L/min}$。

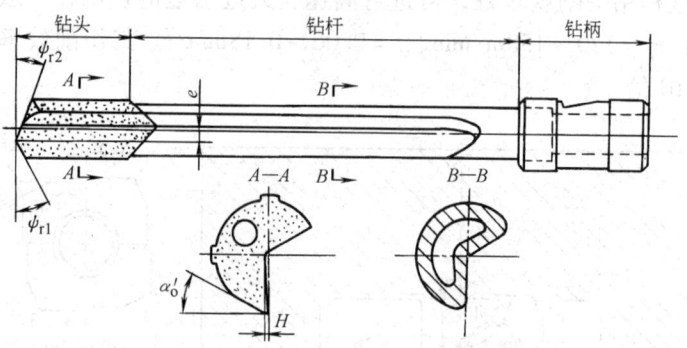

图 7-21 单刃外排屑小深孔枪钻

枪钻切削部分的重要特点是:仅在轴线一侧有切削刃,没有横刃。使用时重磨内、外刃后面,形成外刃余偏角 $\psi_{r1}=25°\sim30°$、内刃余偏角 $\psi_{r2}=20°\sim25°$、钻尖偏距 $e=d/4$。如图 7-22 所示,由于内刃切出孔底有锥形凸台,可帮助钻头定心导向。钻尖偏距合理时,内、外刃背向合力 F_p 与孔壁支承反力平衡,可维持钻头的工作稳定。

为使钻芯处切削刃工作后角大于零,内刃前面不能高于轴心线,一般需控制低于轴心线 H。保持切削时形成直径约为 $2H$ 的导向芯柱,它也起附加定心导向作用。H 值常取 $(0.01\sim0.015)d$。由于导向芯柱直径很小,因此能

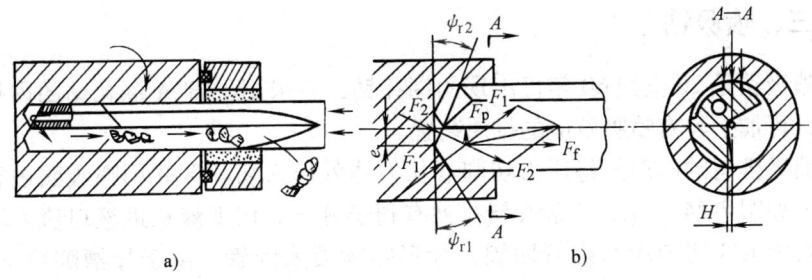

图 7-22 枪钻受力分析与导向芯柱

自行折断随切屑排出。

二、错齿内排屑深孔钻（BTA 深孔钻）

BTA（Boring and Trepanning Association）深孔钻由钻头和钻杆组成，通过多头矩形螺纹联接成一体。钻孔时，切削液从钻杆外圆与工件孔壁间流入，经切削区后汇同切屑从钻杆内孔排出，如图 7-23 所示，称内排屑。钻杆断面为管状，刚性好，因而切削效率高于外排屑。它主要用于加工 $d = 18 \sim 185\text{mm}$、深径比在 100 以内的深孔。

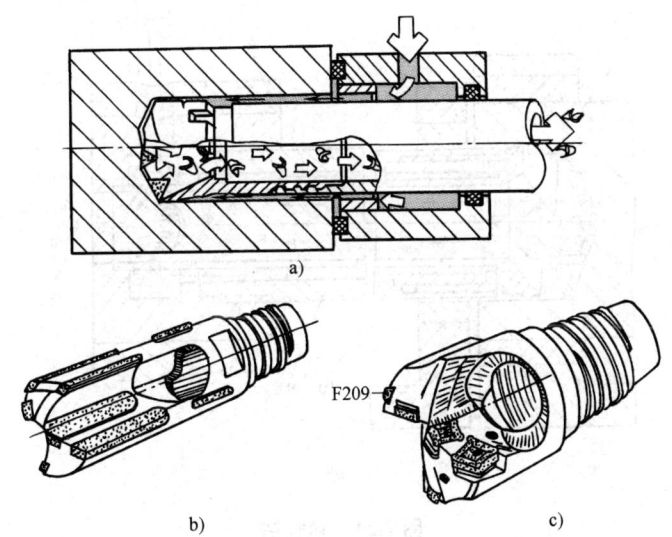

图 7-23 BTA 深孔钻

通常直径为 18.5~65mm 的钻头制成焊接式（图 7-23b），而直径大于 65mm 的制成可转位式（图 7-23c）。

BTA 深孔钻除具有无横刃，内、外刃余偏角不等，有钻尖偏距等特点外，切削刃分段、交错排列，保证可靠分屑和断屑，而且中心和外缘刀片可选用不同材料，外缘刀片用耐磨性好的材料，中心刀片用韧性好的材料。

BTA 钻头使用的切削用量为 $v_c = 60 \sim 120\text{m/min}$、$f = 0.03 \sim 0.25\text{mm/r}$、切削液压力为 2.2~6MPa、流量为 50~400L/min。

三、喷吸钻

喷吸钻是 20 世纪 60 年代出现的深孔钻,它采用了 BTA 深孔钻的内排屑结构,再加上具有喷吸效应的排屑装置。

喷吸排屑的原理是将压力切削液从刀体外压入切削区并用喷吸法进行内排屑,如图 7-24 所示,刀齿交错排列有利于分屑。切削液从进液口流入联接套,其中 1/3 切削液从内管四周月牙形喷嘴喷入内管。由于牙槽隙缝很窄,切削液喷出时产生的喷射效应能使内管里形成负压区。另 2/3 切削液经内管与外管之间流入切削区,汇同切屑被负压吸入内管中,迅速向后排出,增强了排屑效果。

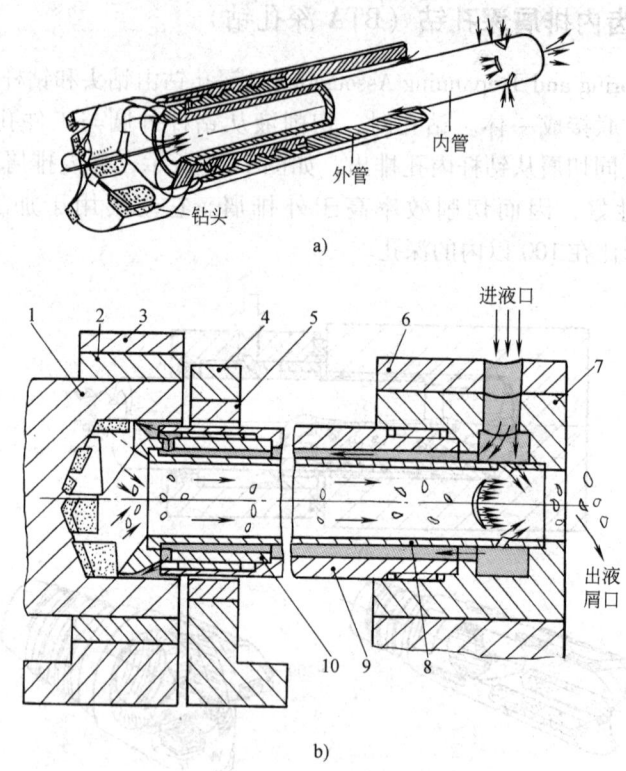

图 7-24 喷吸钻

1—工件 2—夹爪 3—中心架 4—引导架 5—导向管
6—支持座 7—联接套 8—内管 9—外管 10—钻头

喷吸钻附加一套液压系统与联接套,可在车床、钻床、镗床上使用,适用于中等直径的深孔加工,钻孔的效率较高。

喷吸钻与 BTA 深孔钻比较,主要特点是:

1) 不需要 BTA 系统的高压输油器及密封装置,不但提高了排屑效果,而且改善了工作环境。

2) 可在车、钻、镗床上使用,操作方便,钻孔效率高。

3) 由于钻杆内还有一层内管,排屑空间受到限制。因此较难用于小直径

（$d<18\mathrm{mm}$）钻削。切削液从内、外钻杆间流入，不能抑制钻杆的振动，加工精度略低于 BTA 深孔钻。

近年来又有了 DF（Double Feeder）系统深孔钻，又称双加油器深孔钻，如图 7-25 所示。

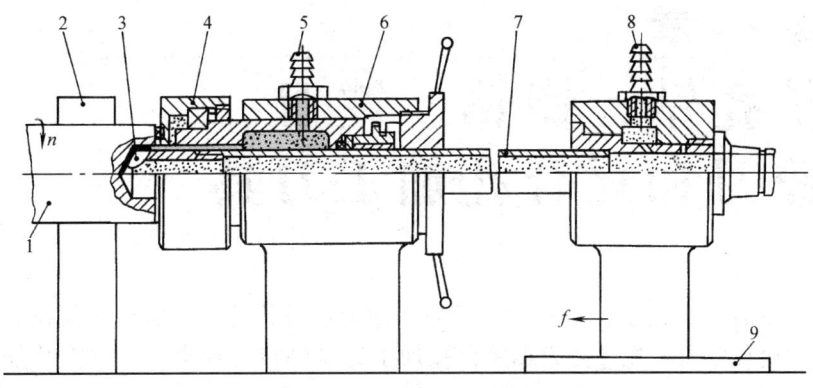

图 7-25　DF 系统深孔钻装置示意图
1—工件　2—中心架　3—钻头　4—**BTA** 系统密封头　5—进液口
6—导向支架　7—钻杆　8—喷吸效应进液口　9—进给拖板

工作系统在零件端面放置一个 BTA 系统的密封装置，后面放置一个产生喷吸效应的装置。由于发挥了推、吸双重作用，排屑效果进一步得到改善，特别适合 6~20mm 小深孔以及用于不易断屑材料的加工。DF 系统只有一个钻杆，内有压力切削液的支托，振动小，排屑空间大，加工精度好，效率高，是很有发展前途的深孔加工方法。

复 习 思 考 题

7-1　作图表示麻花钻结构，标注结构参数与刃磨角度。

7-2　普通麻花钻结构参数、刃磨角度的数值范围大致是多少？

7-3　试用刀具角度定义分析麻花钻主切削刃、横刃上前角、后角、偏角、刃倾角，并用正交平面参考系图示之。

7-4　麻花钻后角为什么标注在外圆周柱断面中？为什么近钻头中心处后角数值要磨得大一些？

7-5　若将麻花钻主切削刃、横刃分别比作两把镗刀与端面刮刀，试问它们的几何参数有何异同点？

7-6　比较钻削要素、钻削过程与车削要素、车削过程有何异同点。

7-7　分析横刃的切削条件，怎样理解横刃切削过程是楔劈挤压的过程？

7-8　普通麻花钻所能使用的进给量、切削速度大致范围是多少？

7-9　麻花钻有哪些修磨形式，它们各适合于什么场合使用。图示最常用的修磨参数。

7-10　基本型群钻有何特点？为什么？

7-11　硬质合金钻、可转位浅孔钻、S 形横刃钻的结构与应用特点如何？

7-12　深孔钻有哪些类型？它们在结构与应用方面各有何特点？

第八章 扩孔钻、锪钻、镗刀、铰刀和复合孔加工刀具

本章简述扩孔钻、锪钻、镗刀的结构特点及其选用方法,并简述非标准铰刀的设计要点、先进铰刀和复合孔加工刀具的设计特点,为掌握孔加工刀具的选用和非标准铰刀设计方法打下基础。

第一节 扩孔钻、锪钻和镗刀

一、扩孔钻

扩孔钻是用于扩大孔径、提高加工孔质量的刀具。它用于孔的最终加工或铰孔、磨孔前的预加工。扩孔钻的加工精度为 IT10~IT9,表面粗糙度为 $Ra6.3 \sim 3.2 \mu m$。如图 8-1 所示,扩孔钻与麻花钻相似,但齿数较多,一般有 3~4 齿,因而导向性好;扩孔余量较小,扩孔钻无横刃,改善了切削条件;容屑槽较浅,钻芯较厚,故扩孔钻的强度和刚度较高,可选择较大切削用量。国家标准规定,高速钢扩孔钻 $\phi7.8 \sim \phi50mm$ 做成锥柄,$\phi25 \sim \phi100mm$ 做成套式。目前,硬质合金扩孔钻和可转位扩孔钻已得到广泛使用。

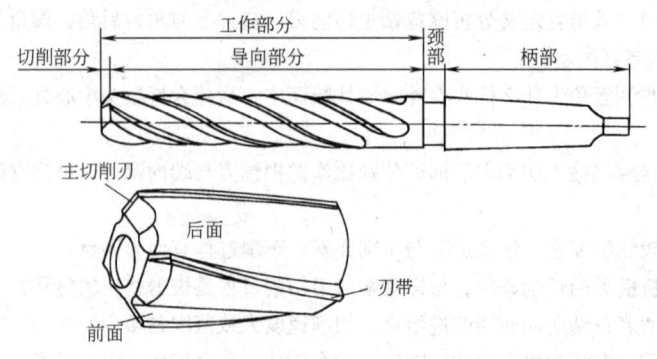

图 8-1 扩孔钻

二、锪钻

锪钻如图 8-2 所示,用于加工各种埋头螺钉沉孔、锥孔和凸台面等。

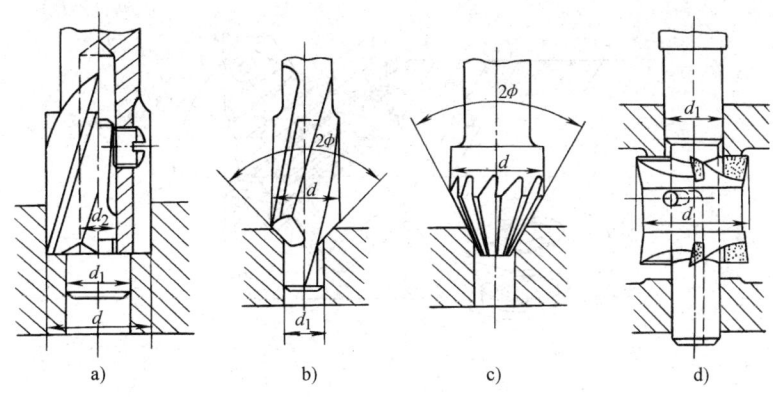

图 8-2 锪钻

a) 带导柱平底锪钻　b) 带导柱 90°锥面锪钻　c) 不带导柱锥面锪钻　d) 端面锪钻

三、镗刀

(一) 单刃镗刀

1. 机夹式单刃镗刀

图 8-3 所示为机夹式单刃镗刀。它具有结构简单、制造方便、通用性好等优点。为了使镗刀头在镗杆内有较大的安装长度，并有足够的位置安置压紧螺钉和调节螺钉，在镗不通孔或阶梯孔时，镗刀头在镗杆内的安装倾斜角 δ 一般取 10°~45°；镗通孔时取 $\delta=0°$。在设计不通孔镗刀时，应使压紧螺钉不妨碍镗刀进行切削。通常镗杆上应设置调节直径的螺钉。镗杆上装刀孔通常对称于镗杆轴线，因而镗刀头装入刀孔后，刀尖高于工件中心，使切削时工作前角减小，后角增大。所以在选择镗刀头的前角、后角时要相应增大前角、减小后角。

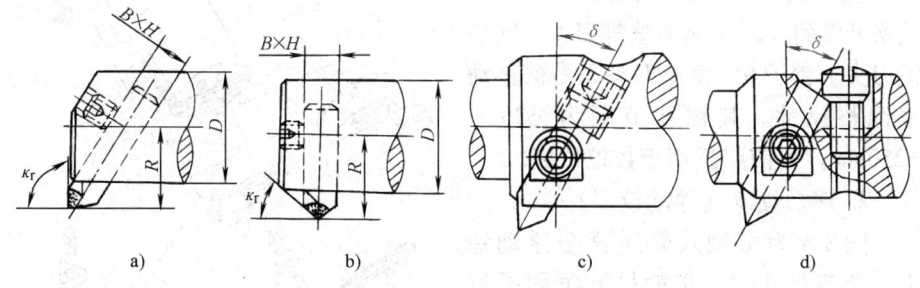

图 8-3 单刃镗刀

2. 微调镗刀

上述镗刀尺寸调节较费时，调节精度不易控制。图 8-4 所示为在坐标镗床和数控机床上使用的一种微调镗刀。它具有调节尺寸容易、调节精度高等优点，主要用于精加工。

微调镗刀是首先用调节螺母 5、波形垫圈 4 将微调螺母 2 连同镗刀头 1 一起固定在固定座套 6 上，然后用螺钉 3 将固定座套 6 固定在镗杆上。调节时，转动带刻度的微调螺母 2，使镗刀头径向移动达到预定尺寸。镗不通孔时，镗

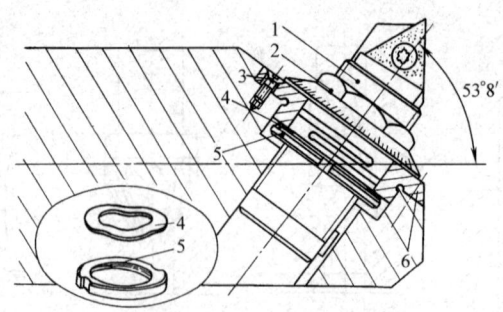

图 8-4 微调镗刀

1—镗刀头 2—微调螺母 3—螺钉 4—波形垫圈
5—调节螺母 6—固定座套

刀头在镗杆上倾斜 53°8′。微调螺母的螺距为 0.5mm，微调螺母每转过一格，镗刀头沿径向移动量为

$$\Delta R = [(0.5/80)\sin 53°8'] \text{mm} = 0.005 \text{mm}$$

旋转调节螺母 5，使波形垫圈 4 和微调螺母 2 产生变形，以产生预紧力和消除螺纹副的轴向间隙。

（二）双刃镗刀

双刃镗刀有两个切削刃参加切削，背向力互相抵消，不易引起镗杆变形和振动。常用的有滑槽式双刃镗刀和浮动铰刀（浮动镗刀）等。

1. 滑槽式双刃镗刀

图 8-5 所示为滑槽式双刃镗刀。镗刀头 3 凸肩置于刀体 4 凹槽中，用螺钉 1 将它压紧在刀体上。调整尺寸时，稍微松开螺钉 1，拧动调整螺钉 5，推动镗刀头上销子 6，使镗刀头 3 沿槽移动来调整尺寸。其镗孔范围为 φ25～φ250mm。目前广泛用于数控机床。

2. 浮动镗刀（浮动铰刀）

图 8-6 为可调式硬质合金浮动镗刀。调节尺寸时，稍微松开紧固螺钉 2，转动调节螺钉 3 推动刀体，可使直径增大。浮动镗刀直径为 φ20～φ330mm，其调节量为 2～30mm。铰孔时，将浮动镗刀装入镗杆的方孔中，无需夹紧，通过作用在两侧切削刃上的切削力来自动定心，因此它能自动补偿由于刀具安装误差和机床主轴偏差而造成的加工误差，能达到加工精度 IT7～IT6，表面粗糙度 $Ra1.6～0.2\mu m$。浮动铰刀无法纠正孔的直线性误差和

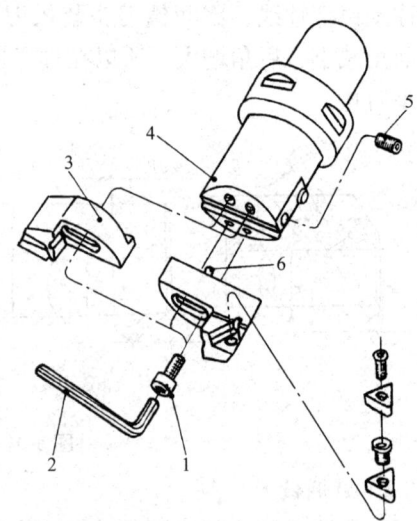

图 8-5 滑槽式双刃镗刀

1—螺钉 2—内六角扳手 3—镗刀头
4—刀体 5—调整螺钉 6—销子

第八章 扩孔钻、锪钻、镗刀、铰刀和复合孔加工刀具

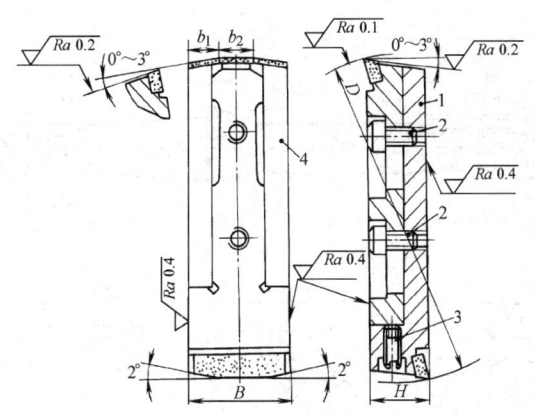

图 8-6 可调节硬质合金浮动镗刀
1—上刀体 2—紧固螺钉 3—调节螺钉 4—下刀体

位置误差,故要求预加工孔的直线性好,表面粗糙度 $Ra \leq 3.2\mu m$。浮动铰刀结构简单,刃磨方便,但操作费时,加工孔径不能太小,切削效率低,因此适用于单件、小批生产中精加工直径较大的孔。

第二节 铰 刀

铰刀用于中小直径孔的半精加工和精加工。铰刀的加工余量小,齿数多,刚性和导向性好,铰孔的加工精度可达 IT7～IT6 级,甚至 IT5 级。表面粗糙度可达 $Ra1.6 \sim 0.4\mu m$,所以得到广泛使用。

一、铰刀的种类与用途

铰刀结构如图 8-7 所示。铰刀由工作部分、颈部和柄部组成。在使用专用夹具铰孔时,往往还带有导向部分(图 8-7b)。工作部分有切削部分和校准部分,校准部分有圆柱部分和倒锥部分。

铰刀种类很多,如图 8-8 所示。按使用方式可分为手用铰刀和机用铰刀。

图 8-8d 为手用铰刀,其主偏角 κ_r 小,工作部分长,常用直径为 $\phi 1 \sim \phi 71mm$,适用于单件小批生产或在装配中铰削圆柱孔。图 8-8e 为可调节手用铰刀。铰刀刀片装在刀体的斜槽内,并靠两端有内斜面的螺母夹紧。旋转两端螺母,推动刀片在斜槽内移动,使其直径有微量伸缩。常用直径为 $\phi 6.5 \sim \phi 100mm$。这种铰刀常用于机器修配场合。

机用铰刀可分为高速钢机用铰刀和硬质合金机用铰刀。高速钢机用铰刀直径 $d = 1 \sim 20mm$ 做成直柄(图 8-8a),$d = 5.5 \sim 50mm$ 做成锥柄(图 8-8b),直径 $d = 25 \sim 100mm$ 做成套式(图 8-8f)。它们用于成批生产低速机动铰孔。硬质合金机用铰刀直径 $d = 6 \sim 20mm$ 做成直柄,$d = 8 \sim 40mm$ 做成锥柄(图 8-8c),它们用于成批生产机动铰削普通材料、难加工材料的孔。图 8-8g 为莫氏锥度铰刀,它共有 0～6 号 7 种规格,分别用于铰削 0～6 号莫氏锥度孔。由于加工余量较大,一般两把组成一套。其中有分屑槽的莫氏锥度铰刀为粗铰刀。

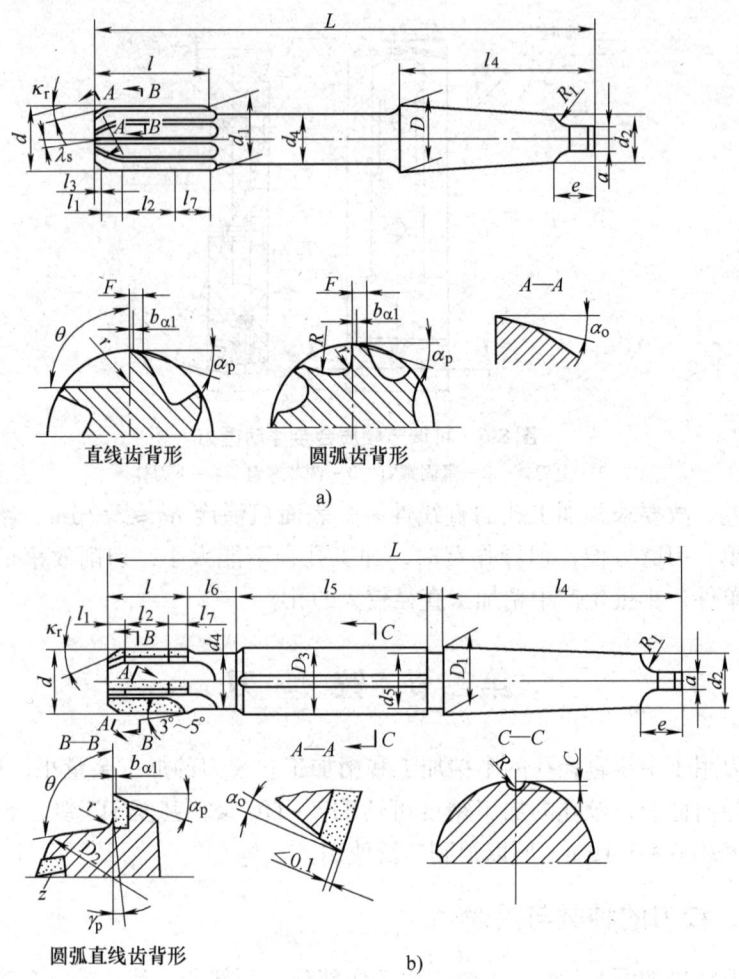

图 8-7 圆柱机用铰刀结构
a) 圆柱机用铰刀 b) 带导向圆柱机用铰刀
l_1—切削部分 l_2—圆柱部分 l_4—柄部 l—工作部分 l_5—导向部分 l_7—倒锥部分

图 8-8h 为 1:50 锥度销子铰刀,常用直径为 $\phi 0.6 \sim \phi 50$ mm,适用于铰削 1:50 圆锥孔。

二、铰削过程特点

铰削时余量较小,一般为 $0.05 \sim 0.2$ mm。通常铰刀的主偏角 $\kappa_r < 15°$,故切削厚度 h_D 很薄,此时,在切削刃与校准刃之间的过渡部分,形成一段切削厚度极薄的区域。由于铰刀切削刃存在一定钝圆半径 r_n,所以经常在 $h_D < r_n$ 情况下进行切削,如图 8-9 所示。此时起切削作用的前角为负值,因而产生挤刮作用。经受挤刮作用的已加工表面弹性恢复,又受到校准部分后角为 0° 的刃带挤压与摩擦,所以铰削过程是个非常复杂的切削、挤压和摩擦过程。

实验表明,因 h_D 很小,铰削时使用切削液,因此受到切削液润滑的切削刃无法切入工件,只能在加工表面上滑动,使加工表面挤压摩擦加剧,铰出

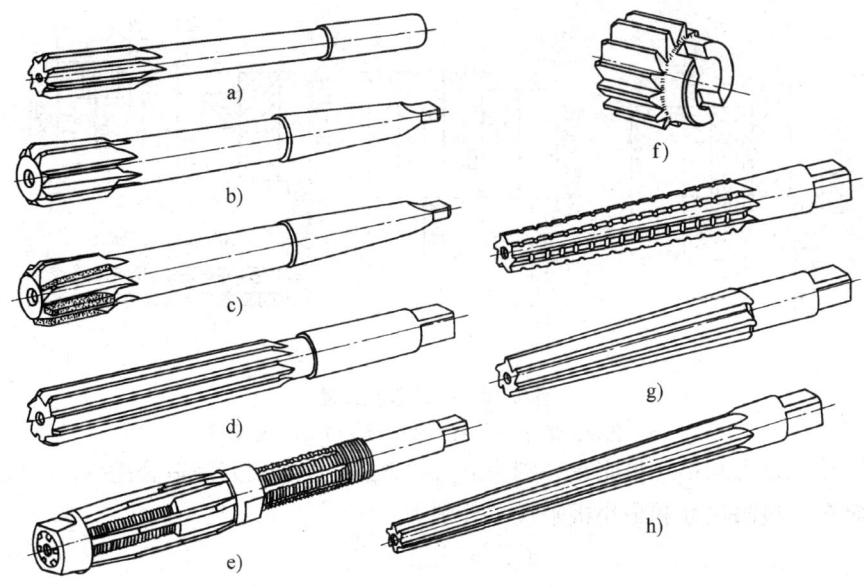

图 8-8 铰刀基本类型

a) 直柄机用铰刀　b) 锥柄机用铰刀　c) 硬质合金锥柄机用铰刀
d) 手用铰刀　e) 可调节手用铰刀　f) 套式机用铰刀　g) 直柄莫氏锥度铰刀　h) 手用 1:50 锥度销子铰刀

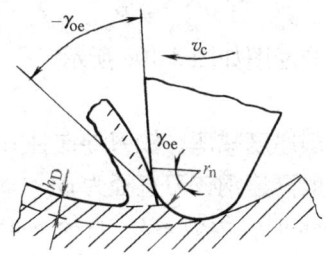

图 8-9 铰削时挤刮作用

的孔径缩小，铰刀的磨损增大。

铰削时，为了避免颤振，通常取 $v_c<10\text{m/min}$。此时极易产生积屑瘤，使孔径扩大，内孔表面上产生螺旋沟。

三、圆柱铰刀结构参数

(一) 铰刀直径公差

铰刀直径公差对铰孔精度、铰刀制造成本和铰刀寿命有直接影响。铰孔时，由于机床主轴和铰刀刀齿的径向圆跳动、铰刀安装误差和积屑瘤等因素影响，铰出孔的直径往往大于铰刀直径，其差值称为扩张量。由于已加工表面的弹性变形和热变形恢复等原因也会产生孔径收缩现象。铰孔的扩张量和收缩量常通过实验测定或根据经验数据来决定。一般扩张量在 0.003~0.02mm 之间；收缩量在 0.005~0.02mm 之间。

如图 8-10a 所示，孔的最大和最小直径分别为 d_{wmax} 和 d_{wmin}。若已知铰孔

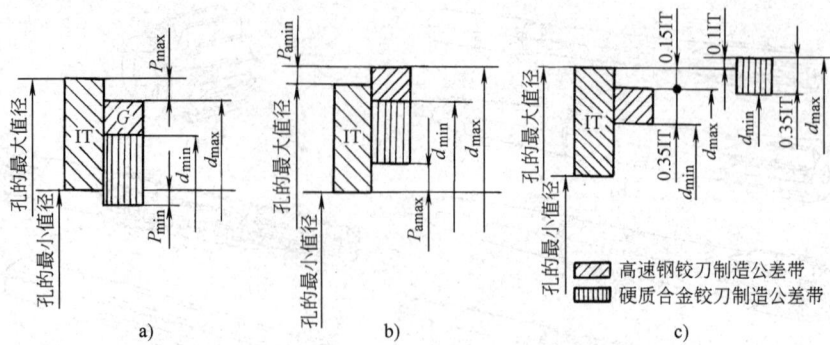

图 8-10 铰刀直径公差
a) 孔径扩张时 b) 孔径收缩时 c) 公差分配图

时产生的最大和最小扩张量分别为 P_{max} 和 P_{min},以及铰刀制造公差 G,则铰刀直径最大极限尺寸和最小极限尺寸分别为

$$d_{max} = d_{wmax} - P_{max} \tag{8-1}$$

$$d_{min} = d_{wmax} - P_{max} - G \tag{8-2}$$

若铰削后,孔径产生收缩,其最大和最小收缩量分别为 P_{amax} 和 P_{amin},则如图 8-10b 所示,铰刀直径最大和最小极限尺寸分别为

$$d_{max} = d_{wmax} + P_{amin} \tag{8-3}$$

$$d_{min} = d_{wmax} + P_{amin} - G \tag{8-4}$$

标准铰刀的直径公差分配图如图 8-10c 所示。

(二) 齿数与槽形

增多铰刀齿数,使切削厚度减薄,铰刀导向性好,可提高孔的加工质量,但刀齿容屑空间减小。一般高速钢铰刀直径为 $\phi1 \sim \phi55mm$ 时,齿数为 $4 \sim 12$;而硬质合金铰刀直径 $<6mm$ 时,齿数 $\leqslant 3$,直径 $>40mm$ 时,齿数 $\geqslant 10$,直径为 $\phi6 \sim \phi40mm$ 时,齿数为 $4 \sim 8$。

铰刀刀齿在圆周上可采用等齿距和不等齿距分布,如图 8-11 所示。等齿距分布制造容易,得到广泛应用。为避免铰刀颤振时使刀齿切入的凹痕定向重复加深,手用铰刀常采用不等齿距分布;为了便于制造和测量,做成对顶齿间角相等的不等齿距分布。

铰刀齿槽形状有直线齿背形、圆弧齿背形和圆弧直线齿背形三种,如图 8-7 所示。直线齿背形制造简单,一般机用和手用铰刀都采用这种槽形。铰刀直径 $d = 4 \sim 7mm$ 时,$\theta = 80°$;$d = 14 \sim 20mm$ 时,$\theta = 70°$。圆弧齿背形有较大的容屑空间,通常 $d > 20mm$ 时采用,圆弧 R 一般取 $15mm$、$20mm$、$25mm$。圆弧直线齿背形结构较简单,制

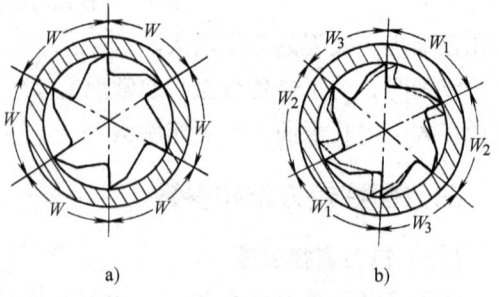

图 8-11 刀齿分布形式
a) 等齿距分布 b) 不等齿距分布

造刃磨方便，主要用于硬质合金铰刀。

铰刀的齿槽可做成直槽或螺旋槽。直槽铰刀制造、刃磨和检验方便，故得到广泛使用。螺旋槽铰刀具有切削轻快、平稳、排屑好等优点，主要用于铰削深孔和带断续表面的孔。螺旋方向有左旋和右旋两种，如图 8-12 所示。右旋铰刀切削时切屑向后排出，适用于加工不通孔；左旋铰刀切削时切屑向前排出，故适用于加工通孔。加工灰铸铁和硬钢时，一般取 $\omega = 7° \sim 8°$；加工软钢、中硬钢、可锻铸铁时，取 $\omega = 12° \sim 20°$；加工铝、轻金属时取 $\omega = 35° \sim 45°$。

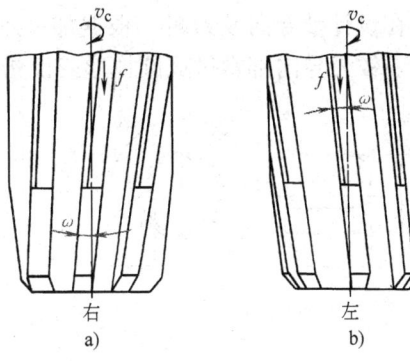

图 8-12 铰刀螺旋槽方向
a) 右旋 b) 左旋

（三）铰刀几何角度

1. 主偏角 κ_r

手用铰刀一般取较小主偏角 $\kappa_r = 1° \sim 1°30'$，以减轻工人劳动强度和获得良好导向性。机用铰刀铰削钢、韧性金属时，取 $\kappa_r = 12° \sim 15°$，以增大切削厚度，减小对加工表面挤压和摩擦，延长铰刀寿命。铰削铸铁等脆性材料时，取 $\kappa_r = 3° \sim 5°$。铰削不通孔时，取 $\kappa_r = 45°$。

2. 背前角 γ_p 和后角 α_o

铰削时切屑较薄，切屑与前面在刃口附近处接触，前角的大小对切削变形的影响并不显著。通常高速钢铰刀在精铰时取 $\gamma_p = 0°$。粗铰塑性材料时，为了减小切削变形，取 $\gamma_p = 5° \sim 10°$。硬质合金铰刀一般取 $\gamma_p = 0° \sim 5°$。

铰削时切削厚度较小，后面磨损较为显著，应选择较大的后角。但为了使铰刀使用时径向尺寸变化缓慢，通常取 $\alpha_o = 6° \sim 14°$。高速钢铰刀切削部分的切削刃应锋利，不留有刃带；而硬质合金铰刀切削刃通常留有 $0.01 \sim 0.07$mm 的窄刃带，以增加切削刃强度。铰刀校准部分均留有刃带，起挤压、导向作用；同时也便于铰刀制造和检验。高速钢铰刀的刃带宽度通常取 $0.15 \sim 0.4$mm，硬质合金铰刀的刃带宽度取 $0.1 \sim 0.25$mm。

3. 刃倾角 λ_s

带刃倾角的铰刀具有螺旋齿铰刀相似优点，适用于铰削余量大、塑性材料的通孔。高速钢铰刀一般取 $\lambda_s = 15° \sim 20°$，硬质合金铰刀一般取 $\lambda_s = 0° \sim 3°$。

（四）工作部分的尺寸

在切削部分前端作出 $(1 \sim 2)$ mm $\times 45°$ 前导锥，便于铰刀引入工件，并对切削刃起保护作用。

切削部分长度 l_1 根据主偏角 κ_r 和铰削余量 A 来决定，取 $l_1 = (1.3 \sim 1.4) A\cot\kappa_r$。

高速钢机用铰刀校准部分有圆柱部分和倒锥部分。倒锥部分可减少与孔壁的摩擦，减小扩张量。其倒锥量为 $0.005 \sim 0.02$mm。当 $d = 3 \sim 32$mm 时，取机用铰刀工作部分长度 $l = (0.8 \sim 3) d$，圆柱部分长度 $l_2 = (0.25 \sim 0.5) d$。

硬质合金铰刀工作部分长度等于刀片长度，其校准部分允许倒锥量为 0.005mm。在校准部分的末端应作出后锥角为 3°~5°，长度为 3~5mm 的后锥，以防止退刀时划伤孔壁和挤碎刀片。

在设计带导向铰刀时，根据加工示意图，来决定导向部的直径、长度和位置。铰刀导向部常做成圆柱形或齿槽形（图 8-13）。

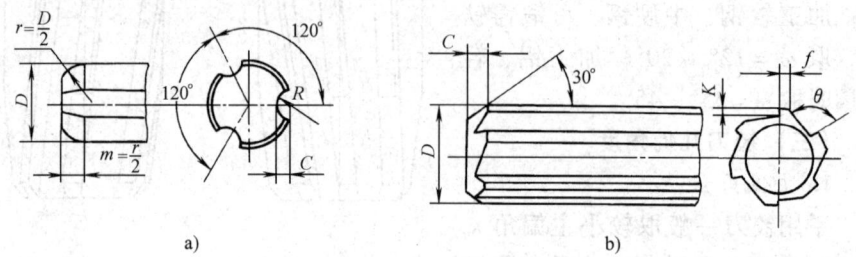

图 8-13　铰刀导向部分
a）圆柱形　b）齿槽形

四、铰刀结构改进

（一）大螺旋角推铰刀

大螺旋角推铰刀如图 8-14 所示。推铰刀的主要特点是具有很小的主偏角和很大的螺旋角。与普通铰刀相比，其切削刃工作长度有显著增加，降低了单位切削刃长度上的切削力和切削温度，因而刀具寿命可延长 3~5 倍。用推铰刀铰孔时，由于螺旋角大，使切屑沿前面产生很大滑动速度，从而使切屑不易粘结在前面上，抑制了积屑瘤形成，铰削时不产生沟痕，并且使扭丝状切屑流向待加工表面，不会出现切屑挤伤孔壁现象。此外，推铰刀切削过程平稳，不易引起振动，因此加工出的表面粗糙度能稳定地达到 $Ra1.6 \sim 0.8 \mu m$。但铰刀制造困难。铰削钢件孔时，其切削用量为：$a_p = 0.1 \sim 0.2$mm，$v_c = 12 \sim 20$m/min，$f = 0.15 \sim 0.8$mm/r。

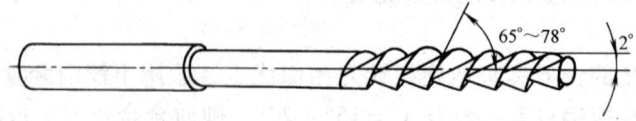

图 8-14　大螺旋角推铰刀

（二）可转位单刃铰刀

可转位单刃铰刀如图 8-15 所示，刀片 3 通过双头螺栓 1 和压板 4 固定在刀体 5 上，用两只调节螺钉 6 和顶销 7 调节铰刀的尺寸，8 为刀片轴向限位销，导向块 2 焊接在刀体槽内。刀具切削部分分为二段，主偏角 $\kappa_r = 15° \sim 45°$，刃长为 1~2mm 的切削刃切去大部分余量。$\kappa_r = 3°$ 的斜刃及圆柱校准部分作精铰。导向块起导向、支承和挤压作用。两块导向块相对刀齿位置角为：84°、180°；三块时为 84°、180°、276°。导向块尖端相对于切削刃尖端沿轴向

第八章 扩孔钻、锪钻、镗刀、铰刀和复合孔加工刀具

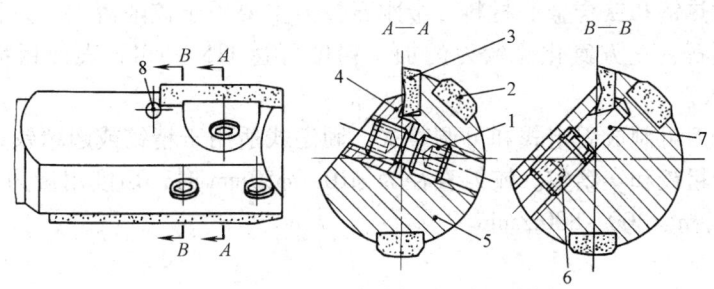

图 8-15 可转位单刃铰刀
1—双头螺栓 2—导向块 3—刀片 4—压板 5—刀体 6—调节螺钉
7—顶销 8—限位销

滞后 0.3~0.6mm，导向块直径应与铰刀直径有一差值，以保证有充分挤压量。可转位单刃铰刀不但可调整直径尺寸，也可调整其锥度。刀片可转位一次，刀体可重复使用。它不仅能获得高的加工精度、小的表面粗糙度值，更主要的是能消除孔的多边形，提高孔的质量。铰出孔的圆度为 0.003~0.008mm，圆柱度为 0.005mm/100mm。

目前可转位单刃铰刀加工直径范围为 5~80mm。加工 45 钢时，a_p = 0.15mm，f = 0.1~0.4mm/r，v_c = 12m/min，采用 1:9 乳化切削液进行冷却。可转位单刃铰刀结构复杂，制造困难，价格很昂贵。

（三）金刚石或立方氮化硼铰刀

金刚石或立方氮化硼铰刀是以金属镍、钴作为结合剂，利用电镀法或压砂法把金刚石或立方氮化硼颗粒包镶在铰刀基体上，再经磨削而制成。如图 8-16 所示，它由前导部、工作部、后导部和柄部组成。而工作部又分为切削部分、圆柱校准部分和后倒锥。通常在铰刀圆柱面上开 1~3 条左螺旋槽。由于电镀层薄、磨料颗粒细，所以加工余量不能太大，一般不能大于 0.03mm，通常分 2~4 次铰削。粗铰余量为 0.01~0.03mm，半精铰余量为 0.007~0.015mm，精铰余量为 0.0025~0.005mm，超精铰余量在 0.0025mm 以下。立方氮化硼铰刀的耐热性好，与铁族元素化学惰性大，适用于铰削普通钢、淬

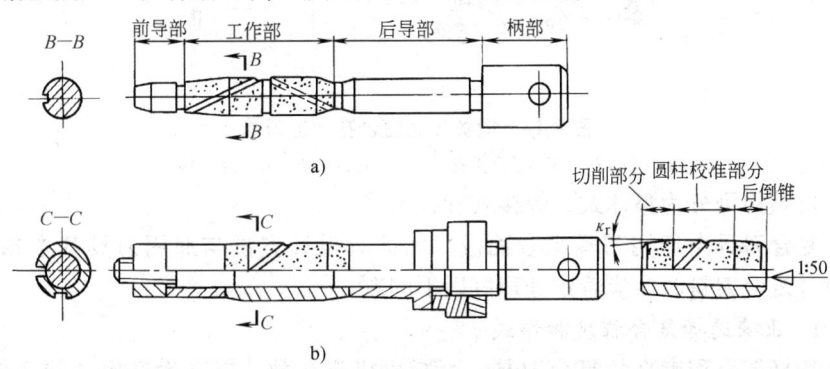

图 8-16 金刚石或立方氮化硼铰刀
a) 固定式 b) 可调整式

硬钢、耐热钢和钛合金等材料。金刚石铰刀主要用于铰削铸铁、铝和铜等材料。金刚石、立方氮化硼铰刀的加工精度可达 IT5～IT4，表面粗糙度可达 $Ra0.05\mu m$。

该铰刀可制成固定式和可调整式。固定式适用于精铰或超精铰；可调整式适用于粗铰和半精铰。铰刀直径为 $\phi10\sim\phi50mm$ 时，切削用量为：$f=0.4\sim1mm/r$，$n=300\sim800r/min$。

第三节 复合孔加工刀具

复合孔加工刀具是由两把或两把以上同类或不同类孔加工刀具组合而成的刀具。它的优点是生产率高，能保证各加工表面间相互位置精度；可使工序集中，减少机床台数。但复合刀具制造复杂，重磨和尺寸调整较困难。复合孔加工刀具在汽车和拖拉机制造等工厂中使用很广泛。

复合孔加工刀具的种类繁多。按零件工艺类型可分为同类工艺复合孔加工刀具，例如图 8-17 所示的复合钻、复合扩孔钻、复合铰刀和复合镗刀等；不同类工艺复合孔加工刀具，例如图 8-18 所示的钻—扩、扩—铰、钻—铰等复合孔加工刀具。

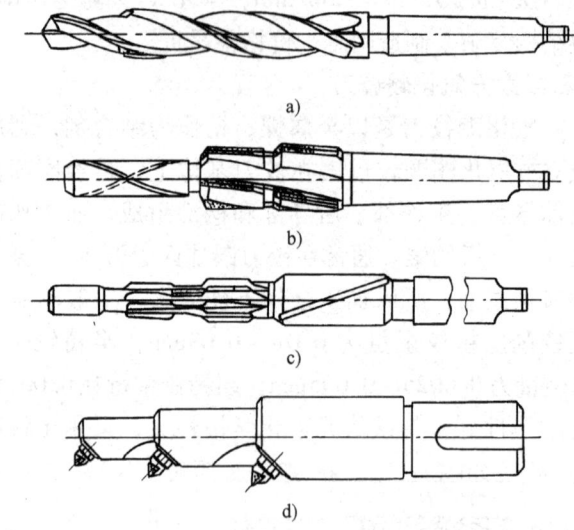

图 8-17 同类工艺复合孔加工刀具
a) 复合钻 b) 复合扩孔钻 c) 复合铰刀 d) 复合镗刀

按结构可分为整体式、焊接式和镶装式。

复合刀具由通用刀具组合而成，因此其设计方法与通用刀具基本相同，但设计复合刀具时，应着重处理好以下问题。

1. 正确选择复合程度和形式

选择复合程度高的复合刀具，可减少机床台数，提高生产率，并且易保证零件相互位置精度。通常根据零件的工艺、加工表面形状、尺寸、精度和表面粗糙度来确定。例如在实心材料上加工 IT8～IT7、$Ra3.2\sim1.6\mu m$ 的孔。

第八章 扩孔钻、锪钻、镗刀、铰刀和复合孔加工刀具

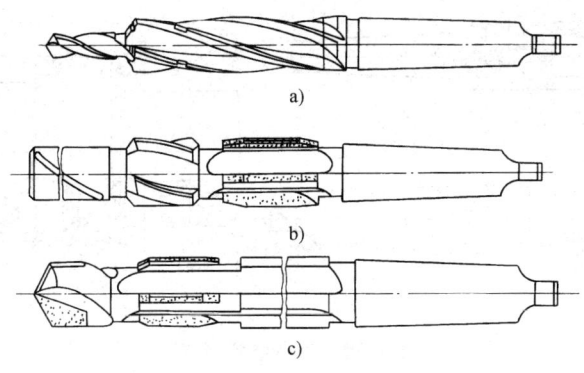

图 8-18　不同类工艺复合孔加工刀具
a) 钻—扩　b) 扩—铰　c) 钻—铰

当孔的尺寸较小时，可选用如图 8-19a 所示的钻—扩—铰顺序加工刀具。若钻孔的精度要求较高时，可采用图 8-19b 所示的钻—铰—铰复合刀具，能较容易达到孔的精度。若孔的尺寸较大，可采用图 8-19c 所示的扁钻—镗复合刀具，它具有结构简单、尺寸调节方便等优点。

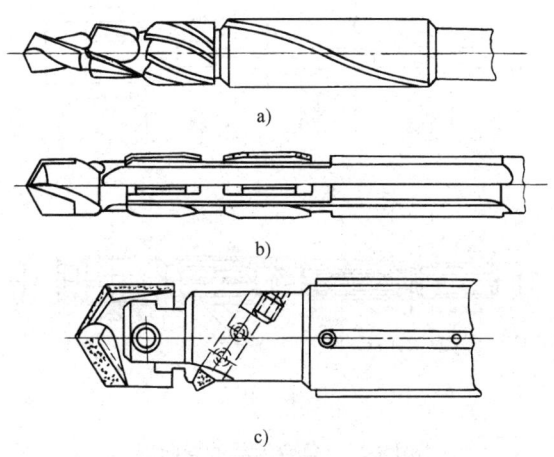

图 8-19　孔加工刀具复合形式
a) 钻—扩—铰　b) 钻—铰—铰　c) 扁钻—镗

2. 刀具结构形式

整体式复合孔加工刀具刚性好，能使各单刀间保持高的同轴度、垂直度等位置精度；但重磨后尺寸不能调整，刀具利用率低，适用于小尺寸复合孔加工刀具。图 8-20a 所示为钻—扩镶装可调的复合刀具，钻头和扩孔钻分别固定在刀体上。钻头重磨后，可用螺钉调节其伸出长度。图 8-20b 所示为可转位复合扩孔钻，刀片通过锥形沉头螺钉夹紧在刀体上。它结构简单，刀片转位迅速，节省了刀具重磨、调刀时间。图 8-20c 所示为加工摩托车零件的镶装可转位复合镗刀。该镗刀前端安装着微调镗刀，半精镗 d_1 孔。后端两侧分别安装着 90°F 型刀夹和 45°S 型刀夹，进行加工 d_2 孔和 C1 倒角。

3. 强度和刚度

复合刀具切削时产生较大的切削力。它的大小与各单刀切削面积及排屑

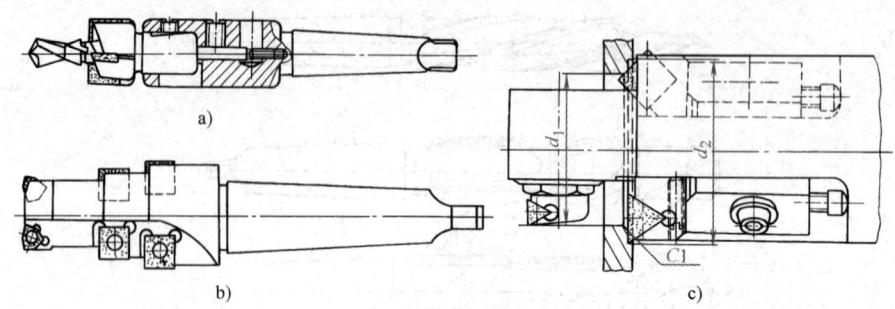

图 8-20　刀具结构形式
a) 钻—扩镶装可调整的复合刀具　b) 可转位复合扩孔钻　c) 镶装可转位复合镗刀

阻力有关。为此复合刀具应满足刀体强度高、联接牢固、刚度足够、各单刀受力达到相互平衡要求。对于刚度较差、受力大、加工孔的同轴度要求高的复合刀具，通常在刀体上做出导向部。如图 8-21 所示，导向部可安置在复合刀具的前端、后端、中间或前、后端位置上。

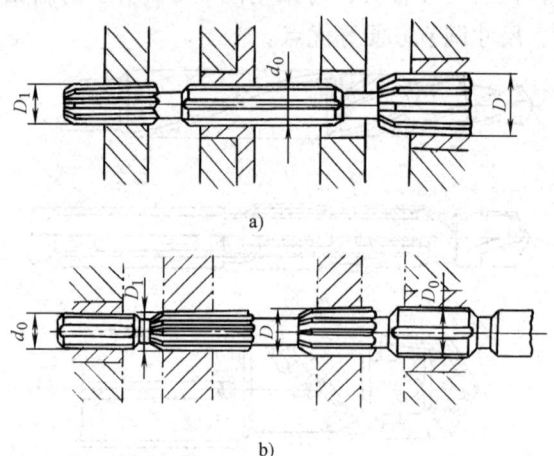

图 8-21　复合刀具的导向部
a) 中间导向　b) 前、后导向

4. 排屑、分屑和断屑

为了防止各单刀的切屑相互干扰和阻塞，要求各单刀都具有自己宽敞的容屑槽，常做成如图 8-22a 所示的交错分布容屑槽，避免了切屑流出时的互相干扰。为了减小切屑宽度，可在切削刃上磨出分屑槽。图 8-22b 所示为在复合刀具上增加切削液浇注通道，利用切削液冲走切屑。此外，应合理地选择可转位刀片的断屑槽形，以确保断屑。

5. 合理地选择切削用量

复合刀具制造、重磨和调整困难，为了确保刀具寿命不低于4h，应选择较小的切削用量。复合孔加工刀具的背吃刀量 a_p 由相邻单刀的直径差来决定，a_p 不宜过大。复合刀具的进给量是各刀共有的，进给量按最小尺寸的单刀来选定。对于先后切削的复合刀具，例如钻—扩—攻螺纹复合刀具，在切削时，应相应地改变进给量，以适应各单刀的加工需要。最大直径刀具的切

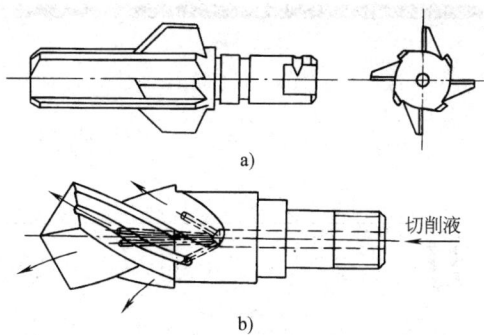

图 8-22 妥善处理切屑的复合刀具
a) 容屑槽交错分布的复合刀具
b) 有切削液通道的复合刀具

削速度高,磨损最快,故应按最大直径刀具来确定切削速度。各单刀进行不同加工工艺时,需兼顾其不同的工艺特点。例如,采用钻—铰复合刀具加工时,采用的切削速度应低于正常的钻削速度,而高于正常的铰削速度。

复习思考题

8-1 试述扩孔钻、锪钻的结构特点及其应用范围。在单件小批量生产时,如果没有标准锪钻时,应怎么来解决?

8-2 为什么微调镗刀要产生预紧力和消除螺纹副的轴向间隙?

8-3 铰削过程有哪些特点?

8-4 铰孔时产生孔扩大或缩小原因有哪些?

8-5 试分析可转位单刃铰刀能获得高的加工精度、小的表面粗糙度值和消除孔的多边形原因。

8-6 铰削 $\phi 27H7$ 铸件箱体孔,使用煤油作为切削液,试求铰刀直径及其公差。

8-7 设计非标准铰刀时,为什么铰刀制造公差 G 取较小?

8-8 设计复合孔加工刀具时,应着重处理好哪几个问题?

第九章 拉 刀

拉刀是高效的多齿刀具。拉削时，利用拉刀上刀齿尺寸的变化来切除加工余量，拉削精度可达到 IT8～IT7，表面粗糙度 $Ra3.2～0.5\mu m$。拉刀切削的主要特点：能加工贯通的内外表面，拉削精度高，生产率高，拉刀寿命长。由于拉刀制造较复杂，故主要用于大量、成批零件的加工，例如拉削汽车发动机体壳、柴油机连杆及各种机器上的齿轮花键孔等。

本章主要介绍拉刀设计和使用的基本知识。

第一节 拉刀的种类与用途

拉刀的种类可按被加工表面部位、拉刀结构和使用方法不同来分类。

一、按被加工表面部位不同分类

按被加工表面部位不同可分为内拉刀和外拉刀。

如图 9-1 所示，较常见的内拉刀和外拉刀有：圆拉刀、花键拉刀、四方拉刀、键槽拉刀和外平面拉刀。

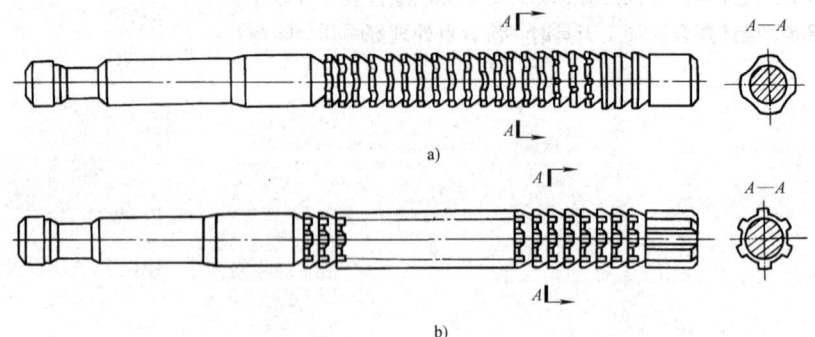

图 9-1　各种内拉刀和外拉刀
a）圆拉刀　b）花键拉刀

二、按拉刀结构不同分类

按拉刀结构不同分为整体式拉刀、焊接式拉刀、装配式拉刀和镶齿式拉刀。

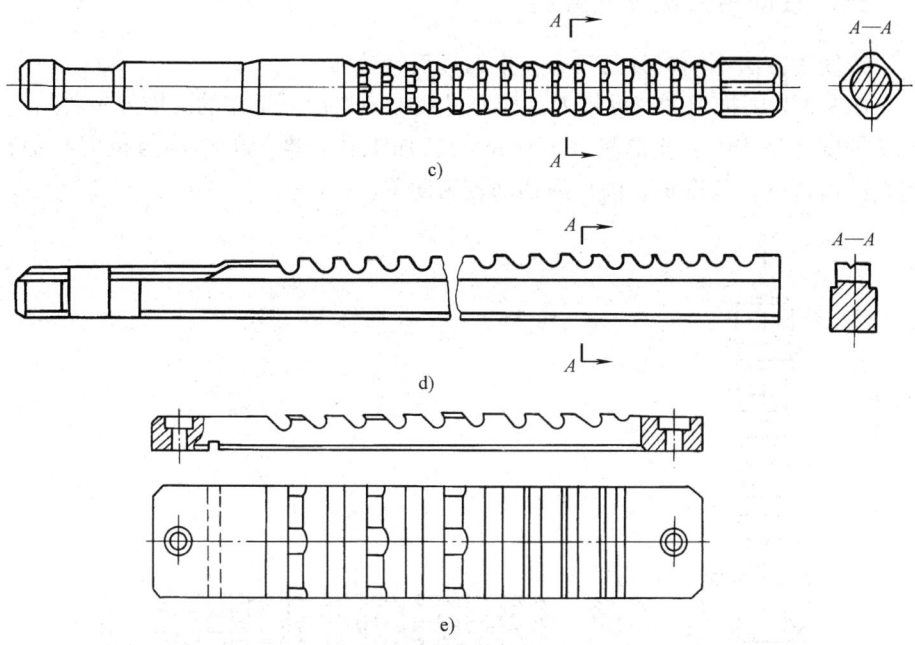

图 9-1 （续）
c) 四方拉刀　d) 键槽拉刀　e) 外平面拉刀

加工中、小尺寸表面的拉刀用整体高速钢制成；加工大尺寸、复杂形状表面的拉刀制成组装式结构。图 9-2 所示为装配式内齿轮拉刀和硬质合金镶齿平面拉刀。

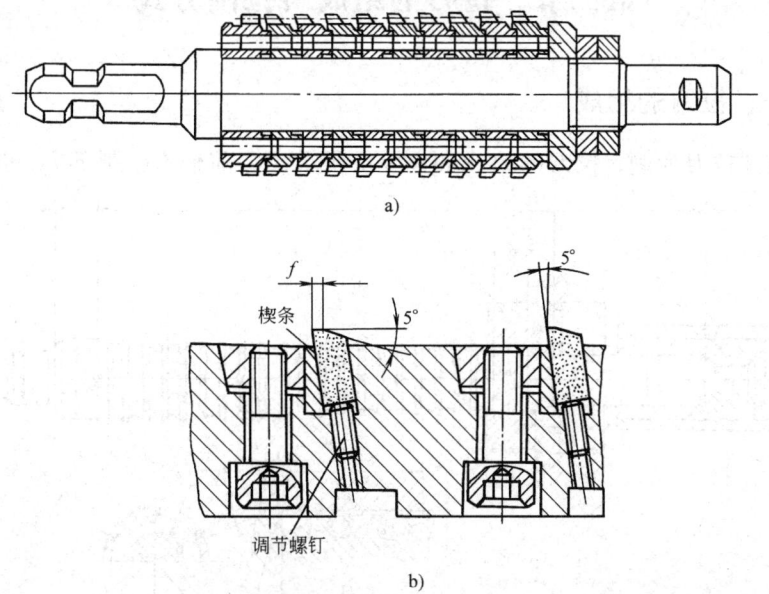

图 9-2　装配式拉刀和镶齿平面拉刀
a) 装配式内齿轮拉刀　b) 硬质合金镶齿平面拉刀刀齿装夹结构

三、按使用方法不同分类

按使用方法不同可分为拉刀、推刀和旋转拉刀。

图 9-3 为圆推刀和花键推刀。推刀是在推力作用下工作的。推刀主要用于校正硬度 <45HRC、变形量 <0.1mm 的已加工孔。推刀的结构与拉刀相似，但它的齿数少，长度短，前、后柄部较为简单。

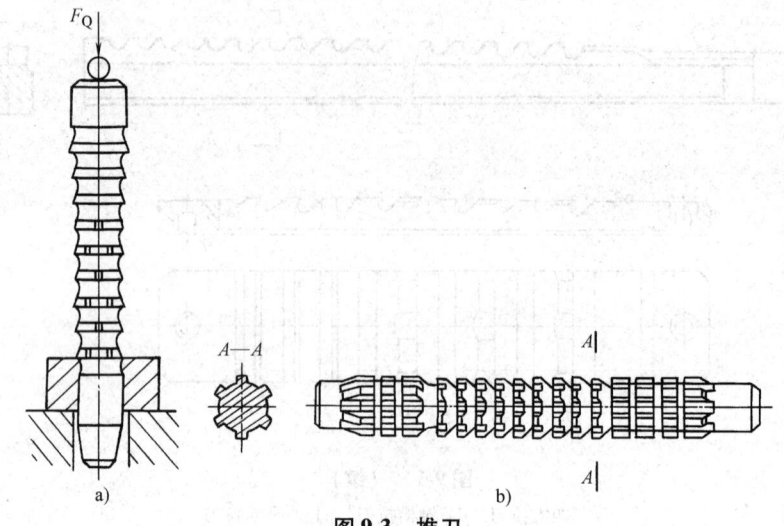

图 9-3 推刀
a）圆推刀 b）花键推刀

旋转拉刀是在转矩作用下通过旋转运动而切削工件的。

第二节 拉刀的组成与拉削方式

一、拉刀的组成

以圆拉刀为例，拉刀的组成如图 9-4 所示，由前柄 l_1、颈部 l_2、过渡锥

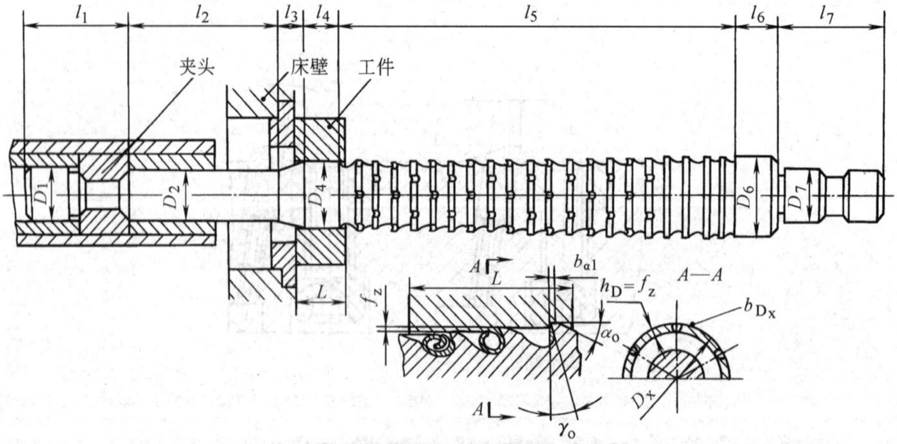

图 9-4 拉刀组成及拉削示意图

l_3、前导部 l_4、工作部 l_5 和后导部 l_6 组成。对于长或重的拉刀还必须作出支承用的后柄 l_7。

拉刀工作部分的结构参数主要有:齿升量 f_z,它是相邻刀齿半径差,用以达到每齿切除金属层;每齿上具有前角 γ_o、后角 α_o 以及后角上有刃带宽度 $b_{\alpha 1}$,在相邻齿间作出容屑槽。

拉削切削层尺寸有:拉削长度 L,切削厚度 h_D 和切削宽度 b_D。

二、拉削方式

拉削方式是指拉刀逐齿从工件表面上切除加工余量的方式。

如图 9-5 所示,拉削方式有分层式(图 9-5a)、分块式(图 9-5b)和综合式(图 9-5c)三种。

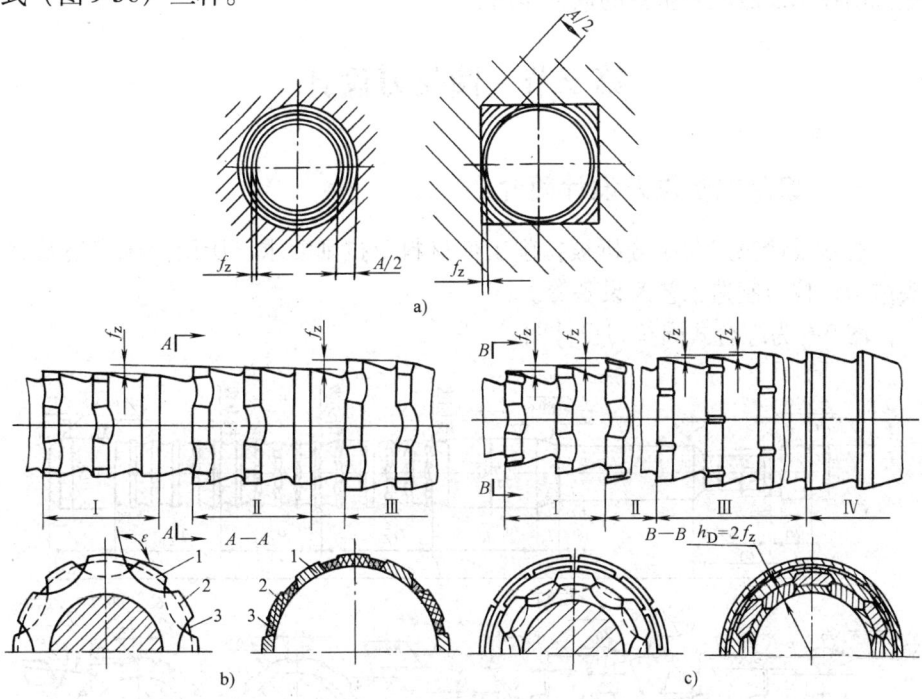

图 9-5 拉削方式
a) 分层式 b) 分块式 c) 综合式

1. 分层式(图 9-5a)

分层式是每层加工余量各由一个刀齿切除。但根据工件表面最终廓形的形成过程不同,又分成:

(1) 同廓式 它是指各刀齿的廓形与加工表面的最终廓形相似,最终廓形是由最后一个切削齿拉削后形成的。

(2) 渐成式 它是指加工表面最终廓形是由各刀齿拉削后衔接形成的。

2. 分块式(轮切式)(图 9-5b)

如图 9-5b 所示,分块式拉刀取 Ⅰ、Ⅱ、Ⅲ 组刀齿,齿组间有较大齿升量 f_z,每组由三个齿组成,前二齿切削刃交错分布,它们分别切除加工面上 1、2 位置处余量,最后一圆形齿起修光作用。此外,也有制成不分齿组的,每个切削齿均有较大的齿升量,各相邻刀齿切削刃均呈交错分布,用于进行交错分块拉削。

3. 综合式(图9-5c)

综合式拉刀的前部刀齿做成单齿分块式,后部刀齿做成同廓分层式。

三种拉削方式的主要特点是:同廓分层式拉刀的齿升量较小,拉削质量高,拉刀较长;同廓渐成式拉刀拉削成形表面时拉刀较易制造,拉削质量较差;分块式拉刀的齿升量大,适宜于拉削大尺寸、大余量表面,也可拉削毛坯面,拉刀的长度短,效率高,但不易提高拉削质量;综合式拉刀具有同廓分层、分块拉削的优点,目前拉削余量较大的圆孔,常使用综合式圆拉刀。

由上可知,研究先进的拉削方式,对提高拉削水平,改革拉刀结构和促进拉削技术发展起着重要的促进作用。

第三节 圆拉刀设计

一、综合式圆拉刀设计简介

通常设计拉刀前应分析被拉削工件材料及拉削要求、所用拉床规格及夹头结构、拉刀制造工艺及设备等。

图9-6 为综合式圆拉刀设计图。

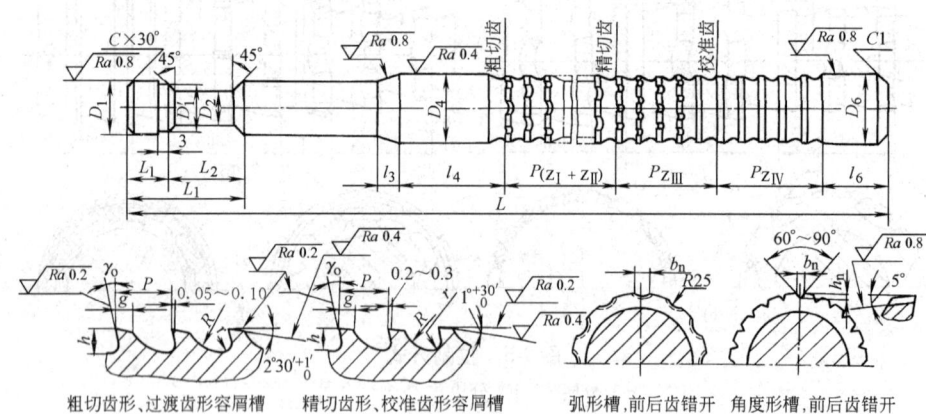

图9-6 综合式圆拉刀设计图

首先利用查表或公式确定在直径方向拉削总余量 A。

(一)拉刀工作部分设计

1. 确定齿升量、齿数和刀齿直径

综合式拉刀的前面齿是由分块拉削方式的粗切齿和过渡齿组成,后面齿是由同廓拉削方式的精切齿和直径相等的校准齿组成。

各齿的齿升量 f_z 是指相邻刀齿半径之差。齿升量确定原则是:

(1)粗切齿齿升量 f_{z_1} 为了缩短拉刀长度,应尽量加大,使各刀齿切除总余量60%~80%左右。例如拉削碳钢,其直径小于50mm 的孔,$f_{z_1} = 0.03$

~0.06mm。

(2) 精切齿齿升量 $f_{z\text{Ⅲ}}$ 按拉削表面质量要求选取，一般 $f_{z\text{Ⅲ}} = 0.01 \sim 0.02$mm。

(3) 过渡齿齿升量 $f_{z\text{Ⅱ}}$ 在各齿上是变化的，变化规律在 $f_{z\text{Ⅰ}}$ 与 $f_{z\text{Ⅲ}}$ 之间逐齿递减，以使拉削力平稳过渡。

(4) 校准齿齿升量 $f_{z\text{Ⅳ}} = 0$ 是起最后修光、校准拉削表面作用。

图 9-7 为上述刀齿齿升量的分布示意图。

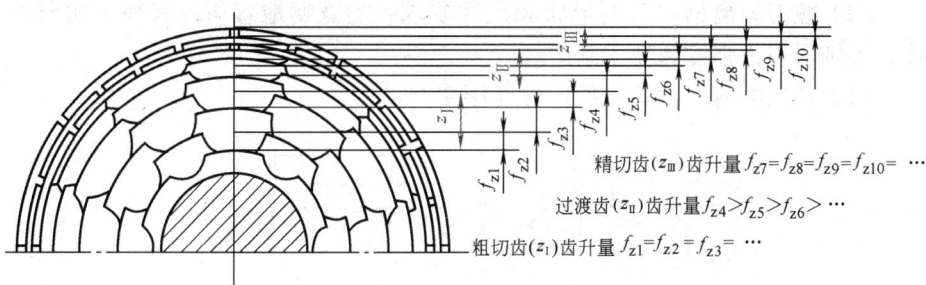

图 9-7 拉刀齿升量的分布

拉刀上各刀齿齿数参考下述确定。

过渡齿齿数 $z_\text{Ⅱ} = 4 \sim 8$，精切齿齿数 $z_\text{Ⅲ} = 3 \sim 7$，校准齿齿数 $z_\text{Ⅳ} = 5 \sim 10$，而粗切齿齿数按下式确定

$$z_\text{Ⅰ} = \frac{A - (A_\text{Ⅱ} + A_\text{Ⅲ})}{2f_\text{Ⅰ}} \tag{9-1}$$

式中 A、$A_\text{Ⅱ}$、$A_\text{Ⅲ}$——分别为直径方向的拉削总余量和过渡齿、精切齿切除的余量；

$f_\text{Ⅰ}$——粗切齿各齿相等的齿升量。

各刀齿直径的确定方法如下：

第一齿直径 $D_{\text{Ⅰ}_1}$ 取决于预制孔的表面质量，若表面较粗糙，要起光整作用的 $D_{\text{Ⅰ}_1} = d_{\text{wmin}}$；若表面较光洁，起切削作用的 $D_{\text{Ⅰ}_1} = d_{\text{wmin}} + (1 \sim 1.5) f_{z\text{Ⅰ}}$，$d_{\text{wmin}}$ 为预制孔的最小极限尺寸。

校准齿直径 $D_\text{Ⅳ} = d_{\text{wmax}}$，用它亦可作为刀齿磨损后补充切削齿用。$d_{\text{wmax}}$ 为预制孔的最大极限尺寸。

其余各刀齿直径 D_x 按下式推算

$$D_x = D_{x-1} + 2f_{z_x} \tag{9-2}$$

2. 选择几何参数

(1) 前角 γ_o 按被加工材料不同，γ_o 在 $10° \sim 15°$ 之间选取。

(2) 后角 α_o 拉削普通钢和铸铁切削齿 $\alpha_\text{o} = 2.5° \sim 4°$；校准齿 $\alpha_\text{o} = 0.5° \sim 1°$。

(3) 刃带后角 α_{b1} 和宽度 b_α 刀齿上刃带是起支承拉刀平稳工作，保持重磨后直径不变和便于检测直径尺寸。一般取 $\alpha_{b1} = 0$，b_α：粗切齿 $0 \sim 0.05$mm，精切齿 $0.1 \sim 0.15$mm，校准齿 $0.3 \sim 0.5$mm。

3. 确定齿距、容屑槽和分屑槽

(1) 拉刀齿距　齿距 P 为相邻刀齿间的轴向距离。齿距大小影响拉刀长度、容屑空间及同时工作齿数。齿距通常由下列经验公式确定

$$P = 1.25 \sim 1.8 \sqrt{L} \tag{9-3}$$

式中，系数 $1.25 \sim 1.5$ 适用于分层拉削方式；系数 $1.45 \sim 1.8$ 适用于分块拉削方式。

精切齿和校准齿的齿距应小些，一般为 $(0.6 \sim 0.8) P$。

(2) 拉刀容屑槽　它的形状和尺寸要求：能宽畅地容屑，有利于切屑卷曲，不削弱刀齿强度和便于制造。

目前使用的容屑槽有三种形式（图9-8）：

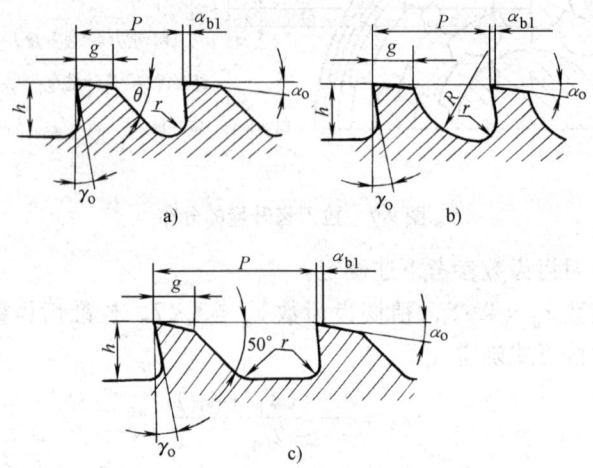

图9-8　容屑槽形式
a) 直线齿背型　b) 圆弧齿背型　c) 直线加长齿背型

1) 直线齿背型（图9-8a）：制造简单，适用于拉削脆性材料和分层拉削拉刀上。

2) 圆弧齿背型（图9-8b）：容屑空间较大，适用于拉削塑性材料和综合拉削拉刀上。

3) 直线加长齿背型（图9-8c）：容屑空间大，制造较易，适用于分块拉削拉刀上。

在有关工厂中规定了容屑槽的系列尺寸，一般可根据齿距 P（式（9-3））和槽深 h（式（9-5））来确定槽形尺寸。

(3) 分屑槽　一般拉削宽度超过 5mm 时，在拉刀切削刃宽度上磨制分屑槽，以利于切屑变形和卷曲，便于容屑。分屑槽有三种形式（图9-9）：

1) 弧形槽（图9-9a）：拉削宽度小，槽转角处强度高，散热快，适用于分块拉削刀齿上。

2) 角度槽和直形槽（图9-9b、c）：槽数多，制造容易，适用于分层拉削刀齿上。

相邻刀齿上分屑槽交错分布，且槽深大于 f_{z_1}，分屑槽底后角 $\alpha_n = \alpha_o + 2°$

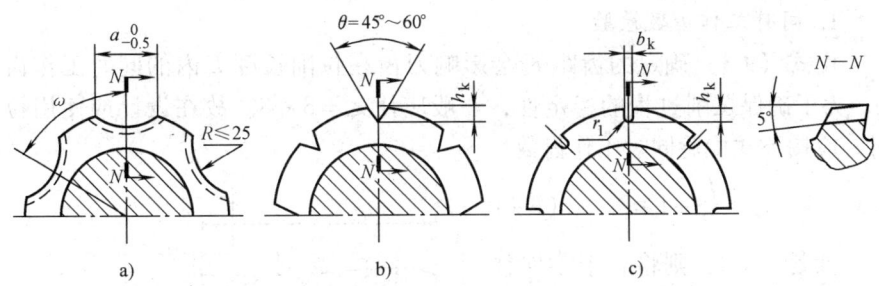

图 9-9 分屑槽的形式
a) 弧形槽 b) 角度槽 c) 直形槽

（α_o 为刀齿后角），校准齿上不作分屑槽。

分屑槽的槽数及各尺寸参数均可从工厂标准资料中选取。

（二）非工作部分组成

拉刀非工作部分组成及作用如图 9-10 所示。

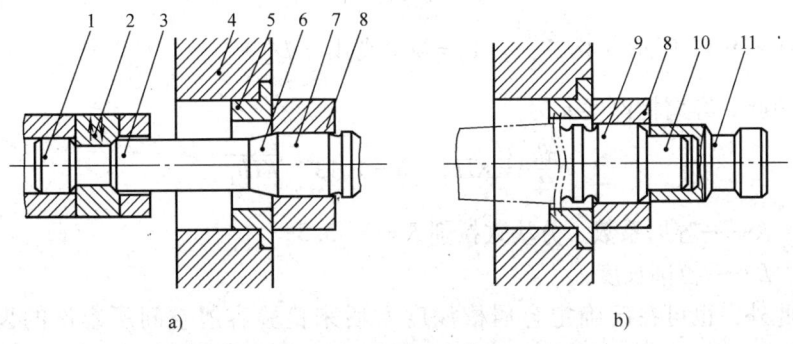

图 9-10 拉刀非工作部分组成及作用
a) 拉削起始位置 b) 拉削终了位置
1—柄部 2—拉床夹头 3—颈部 4—床壁 5—衬套 6—过渡锥
7—前导部 8—工件 9—后导部 10—后柄 11—承托柄

拉削在起始位置时（图9-10a），拉床夹头2夹持拉刀柄部1，此时被拉工件8套置在拉刀前导部7上，因此拉刀颈部需穿越拉床床壁4。过渡锥6引导工件预制孔进入拉刀前导部上。

拉削终了时（图9-10b），对未取出的拉削后工件8仍套置上拉刀后导部9上，如拉削长而重的工件，在拉削过程中拉床的托架支撑住拉刀后柄10上的承托柄11处。

前导部与后导部直径的基本尺寸分别为拉削前、后被拉工件孔径的最小极限尺寸，其长度应大于2/3的拉削孔长度。

前导部作用是起预制孔的定心和导向作用；后导部的作用防止拉削终了时工件的倾斜下垂而损坏孔壁。

（三）拉刀检验

为使拉刀能顺利工作，在设计拉刀时，甚至在使用外购拉刀前，应对拉刀的同时工作齿数、容屑空间、拉刀强度等项目进行检验。

1. 同时工作齿数检验

由式（9-3）确定的齿距 P 会影响刀齿在拉削长度 L 内的同时工作齿数 z_e。为了确保拉削过程的稳定性，一般应使 $z_e = 3 \sim 8$。故在设计或使用拉刀时，应按下式检验同时工作齿数

$$z_e = \frac{L}{P} + 1 \geqslant 3 \quad (9\text{-}4)$$

如若 $z_e < 3$，则将若干零件叠夹拉削，或适当减小齿距 P。

2. 容屑空间检验

容屑空间的设计或检验是指，在拉刀的假定进给平面中，一个刀齿容屑槽的有效面积 A 应大于该刀齿切下的金属层面积 A_D，即

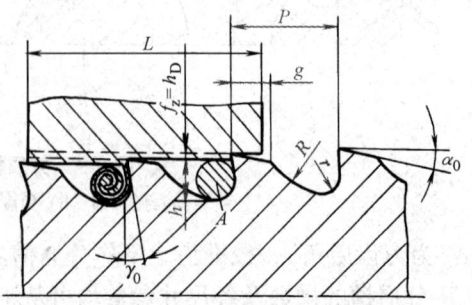

图 9-11 容屑槽有效面积与金属层面积

$$A > A_D \text{ 或 } A = KA_D$$

如图 9-11 所示，$A = \dfrac{\pi h^2}{4}$，$A_D = Lh_D$ 或 $A_D = Lf_z$。

因此，容屑槽深度 h 为

$$\frac{\pi h^2}{4} = KLh_D, \quad h = 1.13\sqrt{KLh_D} \quad (9\text{-}5)$$

式中　K——容屑系数、分块式拉削 $K = 2 \sim 3.5$；
　　　L——拉削长度。

此外，也可在已确定容屑槽深度 h 后来检验容屑空间所容许的齿升量 $f_z(h_D)$

$$f_z = h_D = \frac{0.781h^2}{KL} \quad (9\text{-}6)$$

通常设计容屑槽时，是根据式（9-5）求出 h 及根据式（9-3）求出 P，在容屑槽系列标准中再确定槽的齿宽 g、齿背圆弧 R 及槽底圆弧 r 的尺寸。

3. 拉刀强度检验

拉刀强度检验是个重要的检验项目，在生产中常因工件材料强度高，拉刀齿升量过大，拉刀上受力面积小及切屑严重堵塞而引起拉刀折断。为使拉刀强度足够，应使拉削时产生的拉应力 σ 小于拉刀材料的许用拉应力 $[\sigma]$，即

$$\sigma = \frac{F_{c\max}}{S_{\min}} \leqslant [\sigma] \quad (9\text{-}7)$$

式中　$F_{c\max}$——作用于拉刀刀齿上主运动方向的最大切削力，单位为 N；
　　　$S_{\min}$——拉刀上强度最薄弱位置处的截面积，通常为颈部或第一刀齿槽底的截面积，单位为 mm^2；
　　　$[\sigma]$——拉刀材料的许用应力，单位为 MPa，高速钢 $[\sigma] = 2500 \sim 4000$ MPa。

作用在拉刀刀齿上最大切削力 $F_{c_{max}}$，可由下列实验公式求得

$$F_{c_{max}} = F'_c b_{D_{max}} z_e K \quad (9-8)$$

式中 F'_c——作用在刀齿单位切削宽度上的切削力，单位为 N/mm，可在拉刀设计资料中查出。

第四节 矩形花键拉刀的结构特点

矩形花键拉刀主要用于拉削大径定心和小径定心的矩形花键孔。图 9-12 所示为花键拉刀，有内孔—花键组合拉刀、倒角—花键组合拉刀和倒角—内孔—花键组合拉刀。拉削方式均为渐成分层式。

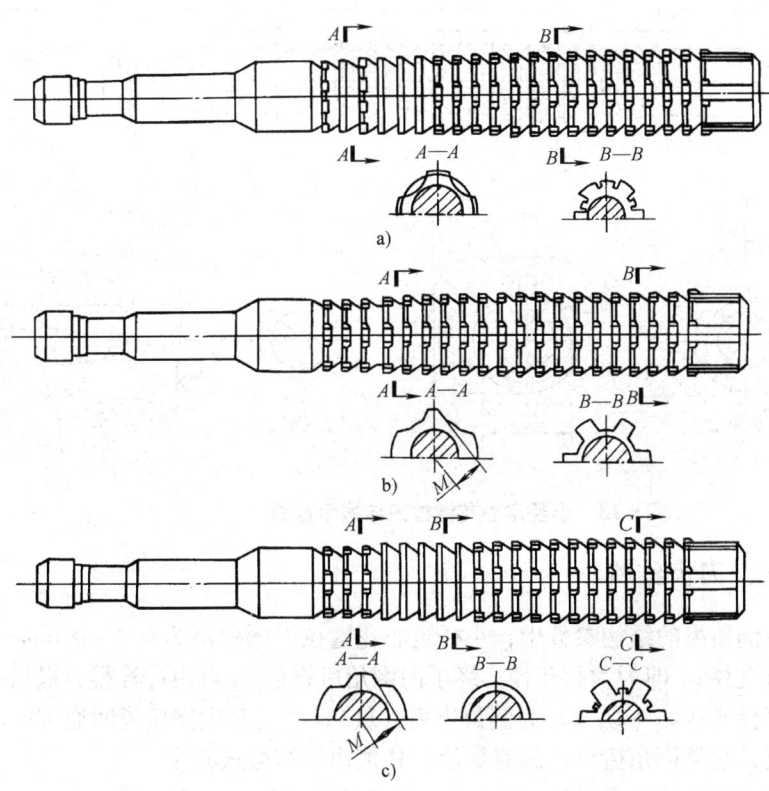

图 9-12 矩形花键拉刀
a) 内孔—花键组合拉刀 b) 倒角—花键组合拉刀
c) 倒角—内孔—花键组合拉刀

大径定心花键拉刀的制造较方便，使用较多。但目前在生产中主要推广使用小径定心花键拉刀，因为后者所加工出的花键孔，能使小径与大径、键槽之间达到很高的同轴度和对称度。对于一般齿轮传动的机器，采用了花键孔与花键轴间配合的小径定心传动副，减小了齿轮转动的径向跳动，传动平

稳，特别是减轻了传动的噪声。

大径、小径定心花键拉刀的结构与设计基本相同。下面以小径定心花键拉刀为例，介绍矩形花键拉刀的结构特点。如图 9-13 所示，小径定心花键拉刀上刀齿有倒角齿、花键齿，以及呈前后交错排列的圆孔切削齿、花键切削齿、圆孔校准齿和花键校准齿组成。

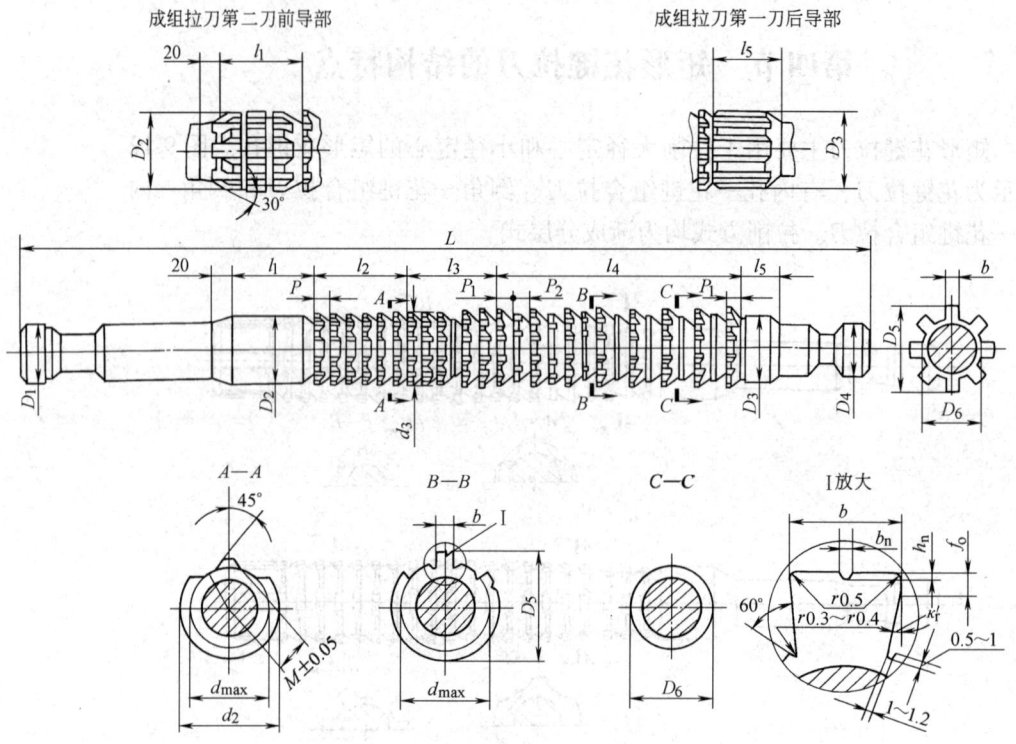

图 9-13 小径定心花键拉刀结构示意图

一、刀齿结构

在倒角齿的结构参数中，小径定心花键拉刀倒角值为 $0.2\sim0.6\text{mm}$，起始倒角齿直径 d_1 即为预制孔径，终了前倒角齿直径 d_2 可由计算得，最后一组倒角齿直径 $d_3 = d_2 + 2f_z$（f_z 为倒角齿齿升量），M 是对应倒角齿间通过中心的垂直距离，它是倒角齿尺寸的测量值，M 值由计算公式确定。

圆孔齿的拉削余量较小，一般取 $0.20\sim0.35\text{mm}$，从而减少了交错排列的圆孔齿数。

花键齿的结构参数中齿宽 b、外径 D_5 和内径 D_6 根据花键孔所对应的结构尺寸而定。花键齿的齿侧切削刃起修光作用，当花键齿高度超过 1.5mm 时，除留出齿侧棱边 f_0 外，其余部分磨出侧隙角 κ'_r。在齿侧底部作出磨削退刀槽。此外，在槽宽 $b>6\text{mm}$ 的刀齿上磨出分屑槽。

二、前、后导部

前导部常选用圆柱形。若一个花键孔被两把以上花键拉刀拉削时，则除了第一把花键拉刀外，后面的花键拉刀前导部做成花键形。前导部的结构尺寸，应根据预制孔的结构尺寸确定。

后导部做成花键形，后导部的结构尺寸根据拉刀花键校准齿的结构尺寸确定。

在有关标准 JB/T5613—2006、JB/T9992—1999 中规定了小径定心矩形花键拉刀的结构尺寸和各技术条件。

第五节 拉刀的合理使用

在生产中常由于拉刀结构和使用方面存在问题，而影响拉削质量和拉刀使用寿命，严重时会损坏拉刀。其中较常出现的弊病及解决的措施简述如下。

一、防止拉刀的断裂及刀齿损坏

拉削时由于刀齿上受力过大，拉刀强度不够，而造成拉刀损坏。造成刀齿受力过大的因素很多，例如：拉刀齿升量过大、拉刀弯曲、切削刃各点拉削余量不均匀、刀齿径向圆跳动大、预制孔太粗糙、材料内部有硬质点、工件强度过高、严重粘屑和容屑槽挤塞以及工件夹持偏斜等。

为了使拉刀顺利拉削，可采取如下措施：

1）要求预制孔精度 IT10~IT8、表面粗糙度 $Ra \leqslant 5\mu m$，预制孔与定位端面垂直度偏差不超过 0.05mm。

2）严格检查拉刀的制造精度。对于外购拉刀可进行齿升量、容屑空间和拉刀强度检查。

3）拉削高性能和难加工材料，可选取适当热处理改善材料的加工性，也常使用高性能材料的拉刀或涂层拉刀。

4）保管、运输拉刀时，防止拉刀弯曲变形和碰坏刀齿。

二、消除拉削表面缺陷

拉削时表面产生鳞刺、纵向划痕、压痕、挤光、环形波纹和啃刀等是影响拉削表面质量的常见缺陷，其形成的原因很多，其中主要有：刃口钝化或微小崩刃、刃口粘屑，刀齿刃带过宽或宽度不均，前角太大或太小，拉削过程中产生振动等。

消除拉削缺陷，提高拉削表面质量的途径有：

1）提高刀齿刃磨质量，防止刃口微崩产生并保持刃口锋利。各齿前角和刃带宽度保持一致。

2）保持拉削过程稳定性，增加同时工作齿数，减小精切齿和校准齿的齿距，提高拉削工艺系统刚性。

3）合理选用拉削速度。生产实践中经常遇到因拉削速度很低，拉削时产生爬行，或拉削速度过高出现振动。此外，拉削速度是影响拉削表面质量、拉刀磨损和拉削效率的重要因素。

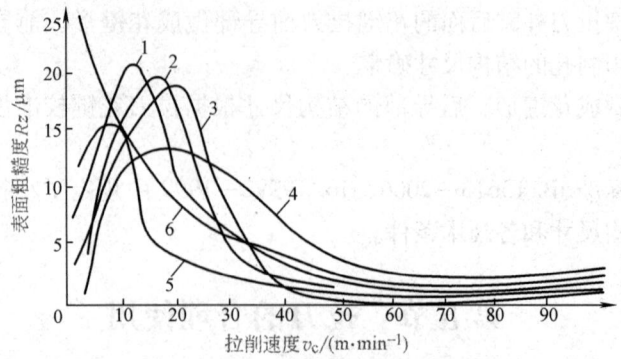

图 9-14 拉削速度 v_c 与表面粗糙度 Rz 关系
1、2、3、5—耐热钢 4—碳钢 6—轴承钢

图 9-14 所示为拉削速度 v_c 与表面粗糙度 Rz 的关系。以拉削 45 钢为例，由于积屑瘤影响，$v_c<3\mathrm{m/min}$ 时，拉削表面粗糙度 Rz 小；$v_c = 10 \sim 20\mathrm{m/min}$ 时，拉削表面粗糙度 Rz 增大；v_c 超过 20m/min，表面粗糙度 Rz 随拉削速度 v_c 提高而减小。实验表明，当 $v_c \geqslant 40\mathrm{m/min}$ 时，可达到很小的表面粗糙度值，且延长了拉刀寿命。高速拉削不仅提高了拉削表面质量，而且也促进了拉床结构改进和高性能拉刀材料的发展。

4) 使用硬质合金拉刀、涂层拉刀、激光强化高速钢拉刀等，对于提高拉削速度、减少拉刀磨损、延长拉刀寿命和改善拉削表面质量均有良好作用。

5) 合理选用与充分浇注切削液。例如，拉削碳钢与合金钢时，若选用极压乳化液、硫化油和添加极压添加剂的切削油，对延长拉刀寿命、减小表面粗糙度均有明显效果。

复习思考题

9-1 试述拉刀工作范围，所能达到的加工精度和表面粗糙度。
9-2 拉削有几种方式？各有何优缺点及适用范围？
9-3 综合式圆拉刀的刀齿分几种型式？每种齿型齿升量有何不同？
9-4 综合式圆拉刀各齿齿升量如何分布？为什么？
9-5 拉刀刀齿间容屑槽形状有几种？各有什么特点？
9-6 拉刀容屑槽尺寸参数如何选定？
9-7 拉刀分屑槽有几种形状？各刀齿间如何分布？
9-8 拉刀设计时应检验哪几项目？如何检验？
9-9 拉刀使用前应检验哪些项目？如何检验？
9-10 拉削过程中会出现哪些影响精度和表面粗糙度的因素？试述解决途径。
9-11 小径定心花键拉刀的结构特点是什么？

第十章 铣削与铣刀

铣削是被广泛采用的一种切削加工方法，如图 10-1 所示，它用于加工平面、台阶面、沟槽、成形表面以及切断等。铣刀是多齿刀具并进行断续切削，因此，铣削过程具有一些特殊规律。

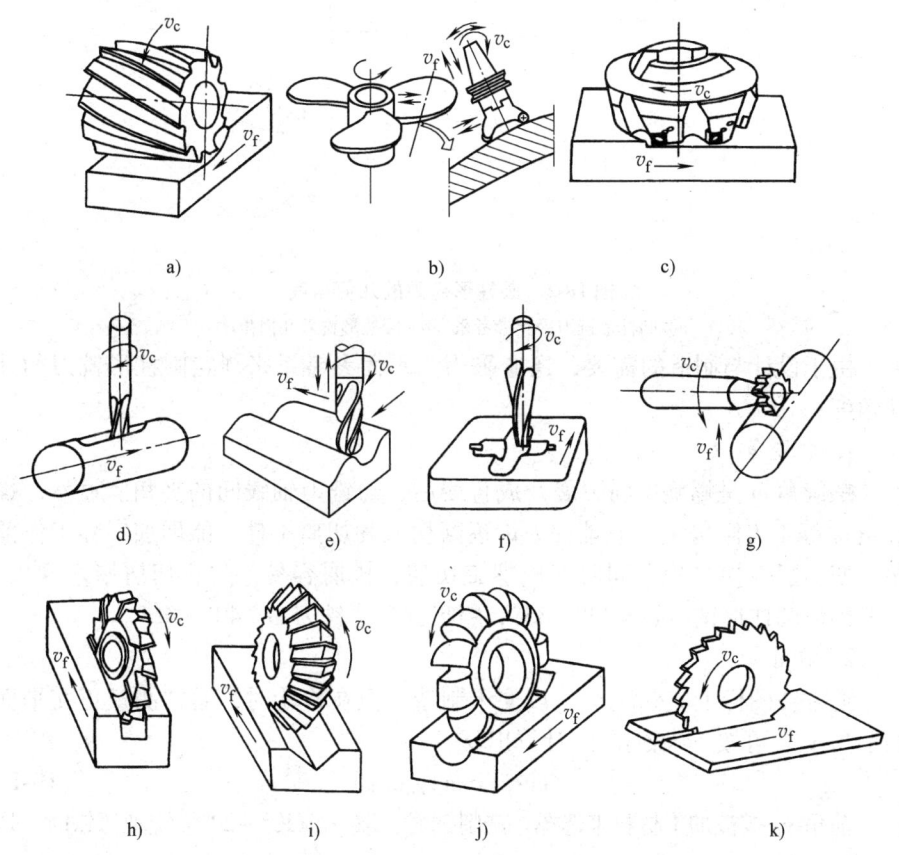

图 10-1 铣刀的用途

本章以圆柱形铣刀和面铣刀为例，讲述铣刀的几何参数和铣削过程特点，分析常用铣刀的结构特点及其应用范围，并简述铲齿成形铣刀设计的基础知识，从而为掌握常用铣刀的选用与成形铣刀的设计打下基础。

第一节 铣刀的几何参数

一、圆柱形铣刀的几何角度

分析圆柱形铣刀的几何角度时，应首先建立铣刀的静止参考系。圆周铣削时，铣刀旋转运动是主运动，工件的直线移动是进给运动。圆柱形铣刀的正交平面参考系由 p_r、p_s 和 p_o 组成，如图 10-2a 所示，其定义可参考车刀中的规定。

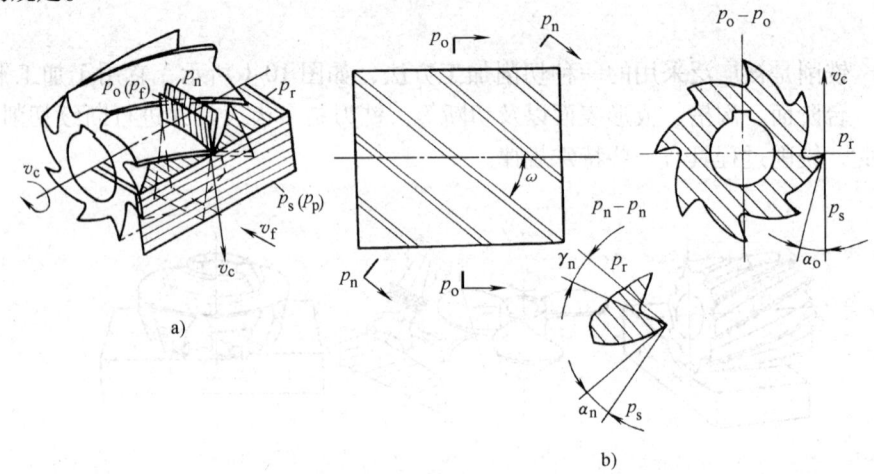

图 10-2 圆柱形铣刀的几何角度
a) 圆柱形铣刀静止参考系　b) 圆柱形铣刀几何角度

由于设计与制造的需要，还应采用法平面参考系来规定圆柱形铣刀的几何角度。

1. **螺旋角**

螺旋角 ω 是螺旋切削刃展开成直线后，与铣刀轴线间的夹角。显然，螺旋角 ω 等于刃倾角 λ_s。它能使刀齿逐渐切入和切离工件，能增加实际工作前角，使切削轻快平稳；同时形成螺旋切屑，排屑容易，防止切屑堵塞现象。一般细齿圆柱形铣刀 $\omega = 30° \sim 35°$，粗齿圆柱形铣刀 $\omega = 40° \sim 45°$。

2. **前角**

通常在图样上应标注 γ_n，以便于制造。但在检验时，通常测量正交平面内前角 γ_o。可按下式根据 γ_n 计算出 γ_o

$$\tan\gamma_n = \tan\gamma_o \cos\omega \tag{10-1}$$

前角 γ_n 按被加工材料来选择。铣削钢时，取 $\gamma_n = 10° \sim 20°$；铣削铸铁时，取 $\gamma_n = 5° \sim 15°$。

3. **后角**

圆柱形铣刀后角规定在 p_o 平面内度量。铣削时，切削厚度 h_D 比车削小，磨损主要发生在后面上，适当地增大后角 α_o，可减少铣刀磨损。通常取 $\alpha_o = 12° \sim 16°$，粗铣时取小值，精铣时取大值。

二、面铣刀的几何角度

面铣刀的静止参考系如图 10-3a 所示,面铣刀的几何角度除规定在正交平面参考系内度量外,还规定在背平面、假定工作平面参考系内表示,以便于面铣刀的刀体设计与制造。

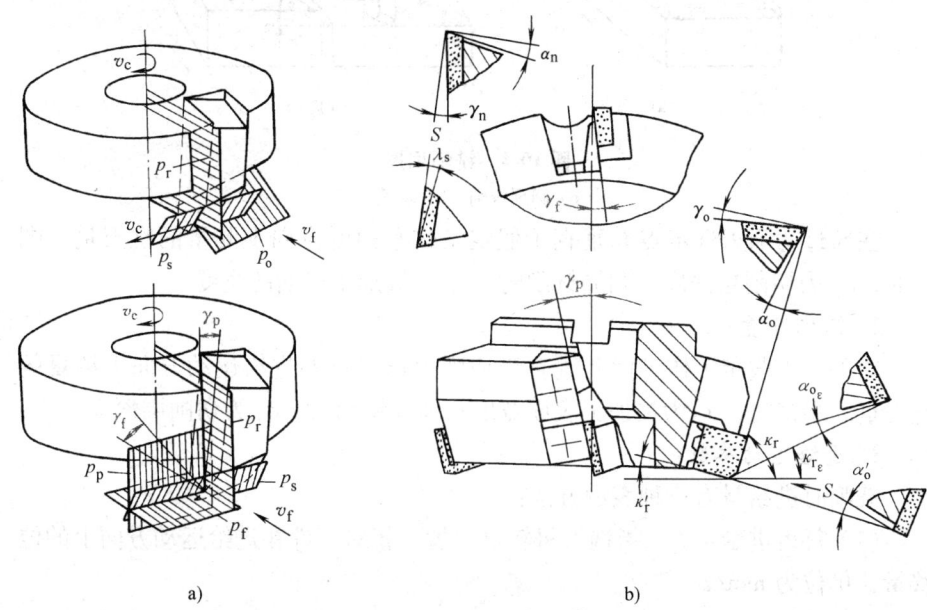

图 10-3 面铣刀的几何角度
a) 面铣刀的静止参考系 b) 面铣刀的几何角度

如图 10-3b 所示,在正交平面参考系中,标注角度有 γ_o、α_o、λ_s、κ_r、κ_r'、α_o'、$\alpha_{o\varepsilon}$ 和 $\kappa_{r\varepsilon}$。

机夹面铣刀的每个刀齿安装在刀体上之前,相当于一把车刀。为了获得所需的切削角度,使刀齿在刀体中径向倾斜 γ_f 角、轴向倾斜 γ_p 角。若已确定 γ_o、λ_s 和 κ_r 值,则按式(1-15)和式(1-16)换算出 γ_f 和 γ_p,并将它们标注在装配图上,以供制造需要。

硬质合金面铣刀铣削时,由于断续切削,刀齿经受很大的机械冲击,在选择几何角度时,应保证刀齿具有足够的强度。一般加工钢时取 $\gamma_o = 5°$ ~ $-10°$,加工铸铁时取 $\gamma_o = 5°$ ~ $-5°$,通常 $\lambda_s = -15°$ ~ $-7°$、$\kappa_r = 10°$ ~ $90°$、$\kappa_r' = 5°$ ~ $15°$、$\alpha_o = 6°$ ~ $12°$、$\alpha_o' = 8°$ ~ $10°$。

第二节 铣削用量和切削层参数

一、铣削用量

如图 10-4 所示,铣削用量由下列几个要素组成。

1. 背吃刀量 a_p

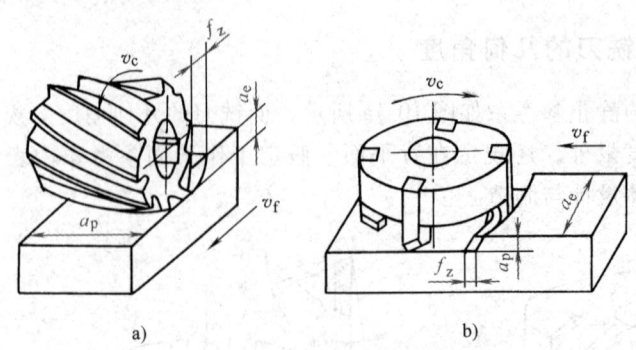

图 10-4 铣削用量
a) 圆周铣削 b) 端铣

在通过切削刃选定点并垂直于假定工作平面的方向上测量的吃刀量。端铣时，a_p 为切削层深度；圆周铣削时，a_p 为被加工表面的宽度。

2. 侧吃刀量 a_e

在平行于假定工作平面并垂直于切削刃选定点的进给运动方向上测量的吃刀量。端铣时，a_e 为被加工表面宽度；圆周铣削时，a_e 为切削层深度。

3. 进给运动参数

铣削时进给量有三种表示方法：

(1) 每齿进给量 f_z　指铣刀每转过一齿，相对工件在进给运动方向上的位移量，单位为 mm/z。

(2) 进给量 f　指铣刀每转一转，相对工件在进给运动方向上的位移量，单位为 mm/r。

(3) 进给速度 v_f　指铣刀切削刃选定点相对工件的进给运动的瞬时速度，单位为 mm/min。

通常在铣床铭牌上列出进给速度，因此应根据具体加工条件选择 f_z，然后计算出 v_f。按 v_f 调整机床，三者之间关系为

$$v_f = fn = f_z zn \tag{10-2}$$

式中　v_f——进给速度；

　　　z——铣刀齿数。

4. 铣削速度 v_c

指铣刀切削刃选定点相对工件主运动的瞬时速度，可按下式计算

$$v_c = \pi dn/1000 \tag{10-3}$$

式中　v_c——主运动瞬时速度，单位为 m/min 或 m/s；

　　　d——铣刀直径，单位为 mm；

　　　n——铣刀转速，单位为 r/min 或 r/s。

二、切削层参数

铣削时的切削层为铣刀相邻两个刀齿在工件上形成的过渡表面之间的金属层，如图 10-5 所示。切削层形状与尺寸规定在基面内度量，它对铣削过程

有很大影响。切削层参数有以下几个。

1. *切削层公称厚度 h_D（简称切削厚度）*

指相邻两个刀齿所形成的过渡表面间的垂直距离。图 10-5a 为直齿圆柱形铣刀的切削厚度。当切削刃转到 F 点时，其切削厚度为

$$h_D = f_z \sin\psi \tag{10-4}$$

式中　ψ——瞬时接触角，它是刀齿所在位置与起始切入位置间的夹角。

由式（10-4）可知，切削厚度随刀齿所在位置不同而变化。刀齿在起始位置 H 点时，$\psi = 0$，因此 $h_D = 0$。刀齿转到即将离开工件的 A 点时，$\psi = \delta$，切削厚度 $h_D = f\sin\delta$，h_D 为最大值。

由图 10-6 可知，螺旋齿圆柱形铣刀切削刃是逐渐切入和切离工件的，切削刃上各点的瞬时接触角不相等，因此，切削刃上各点的切削厚度也不相等。

图 10-5b 所示为端铣时切削厚度 h_D，刀齿在任意位置时的切削厚度为

$$h_D = \overline{EF}\sin\kappa_r = f_z\cos\psi\sin\kappa_r \tag{10-5}$$

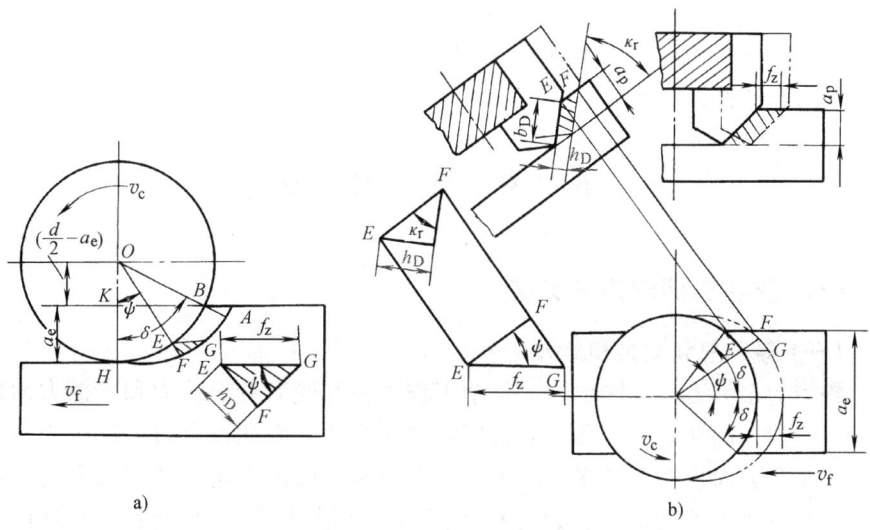

图 10-5　铣刀切削层参数
a）圆柱形铣刀　b）面铣刀

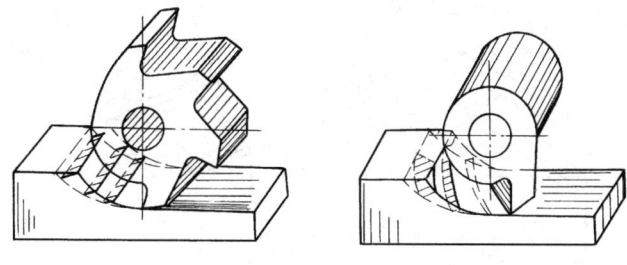

图 10-6　圆柱形铣刀切削层参数

端铣时，刀齿的瞬时接触角由最大变为零，然后由零变为最大。因此，由式（10-5）可知，刀齿刚切入工件时，切削厚度为最小，然后逐渐增大，

到中间位置时，切削厚度为最大，然后逐渐减小。

2. 切削层公称宽度 b_D（简称切削宽度）

b_D 指切削刃参加工作长度。由图 10-6 可知，直齿圆柱形铣刀的 b_D 等于 a_p；而螺旋齿圆柱形铣刀的 b_D 是随刀齿工作位置不同而变化的，刀齿切入工件后，b_D 由零逐渐增大至最大值，然后又逐渐减小至零，因而铣削过程较为平稳。

如图 10-5b 所示，端铣时每个刀齿的切削宽度始终保持不变，其值为

$$b_D = a_p / \sin\kappa_r \tag{10-6}$$

3. 平均总切削层公称横截面积 A_{Dav}（简称平均总切削面积）

它是铣刀同时参与切削的各个刀齿的切削层公称横截面积之和。铣削时，切削厚度是变化的，而螺旋齿圆柱形铣刀的切削宽度也是随时变化的，此外铣刀的同时工作的齿数也在变化，所以铣削总切削面积是变化的。铣削时平均总切削面积可按下式计算

$$A_{Dav} = \frac{Q_w}{v_c} = \frac{a_p a_e v_f}{\pi d n} = \frac{a_p a_e f_z z n}{\pi d n} = \frac{a_p a_e f_z z}{\pi d} \tag{10-7}$$

式中 Q_w——单位时间内的金属切除量；

z——铣刀的齿数。

第三节 铣 削 力

一、铣削总切削力和分力

（一）铣刀总切削力和分力

铣刀为多齿刀具。铣削时，每个工作刀齿都受到变形抗力和摩擦力的作用，每个刀齿的切削位置和切削面积随时在变化，因此每个刀齿所承受切削力的大小和方向也在不断变化。为了便于分析，假定作用在各刀齿上的总切削力 F 作用在某个刀齿上，如图 10-7 所示。并根据需要，可将铣刀总切削力

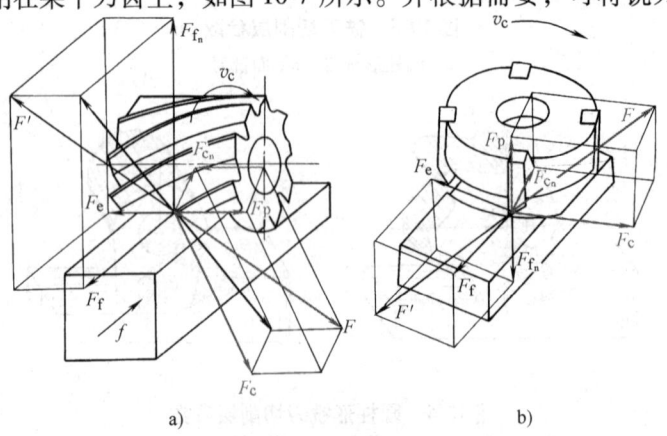

图 10-7 铣削力
a）圆柱形铣刀铣削力 b）面铣刀铣削力

F 分解为三个互相垂直的分力。

切削力 F_c——总切削力在铣刀主运动方向上的分力,它消耗功率最多。

垂直切削力 F_{c_n}——在假定工作平面内,总切削力在垂直于主运动方向上的分力,它使刀杆产生弯曲。

背向力 F_p——总切削力在垂直于假定工作平面上的分力。

圆周铣削时,F_{c_n} 和 F_p 的大小与圆柱形铣刀的螺旋角 ω 有关;而端铣时,与面铣刀的主偏角 κ_r 有关。用大螺旋角立铣刀铣削时,F_p 较大且向下,如果立铣刀没有夹牢,很易造成"掉刀",而造成"打刀"和工件报废。

(二)作用在工件上的铣削分力

如图 10-7 所示,作用在工件上的总切削力 F' 和 F 大小相等,方向相反。由于机床、夹具设计的需要和测量方便,通常将总切削力 F' 沿着机床工作台运动方向分解为三个分力:

进给力 F_f——总切削力在纵向进给方向上的分力。它作用在铣床的纵向进给机构上,它的方向随铣削方式不同而异;

横向进给力 F_e——总切削力在横向进给方向上的分力;

垂直进给力 F_{f_n}——总切削力在垂直进给方向上的分力。

铣削时,各进给力和切削力有一定比例,见表 10-1,如果求出 F_c,便可计算 F_f、F_e 和 F_{f_n}。

表 10-1 各铣削力之间比值

铣削条件	比 值	对称铣削	不对称铣削	
			逆 铣	顺 铣
端铣削 $a_e = (0.4 \sim 0.8)d$ $f_z = 0.1 \sim 0.2$ mm/z	F_f/F_c	0.3 ~ 0.4	0.6 ~ 0.9	0.15 ~ 0.30
	F_{f_n}/F_c	0.85 ~ 0.95	0.45 ~ 0.7	0.9 ~ 1.00
	F_e/F_c	0.5 ~ 0.55	0.5 ~ 0.55	0.5 ~ 0.55
圆柱铣削 $a_e = 0.05d$ $f_z = 0.1 \sim 0.2$ mm/z	F_f/F_c		1.0 ~ 1.20	0.8 ~ 0.90
	F_{f_n}/F_c	—	0.2 ~ 0.3	0.75 ~ 0.80
	F_e/F_c		0.35 ~ 0.40	0.35 ~ 0.40

铣刀总切削力 F 为

$$F = \sqrt{F_c^2 + F_{c_n}^2 + F_p^2} = \sqrt{F_f^2 + F_e^2 + F_{f_n}^2} \tag{10-8}$$

二、铣削力计算

与车削相似,圆柱形铣刀和面铣刀的切削力可按表 10-2 所列出的实验公式进行计算。当加工材料性能不同时,F_c 需乘修正系数 K_{F_c}。

表 10-2 圆柱铣削和端铣时的铣削力计算式

铣刀类型	刀具材料	工件材料	切削力 F_c 计算式(单位:N)
圆柱铣刀	高速钢	碳钢	$F_c = 9.81 \, (65.2) \, a_e^{0.86} f_z^{0.72} a_p Z d^{-0.86}$
		灰铸铁	$F_c = 9.81 \, (30) \, a_e^{0.83} f_z^{0.65} a_p Z d^{-0.83}$
	硬质合金	碳钢	$F_c = 9.81 \, (96.6) \, a_e^{0.88} f_z^{0.75} a_p Z d^{-0.87}$
		灰铸铁	$F_c = 9.81 \, (58) \, a_e^{0.90} f_z^{0.80} a_p Z d^{-0.90}$

（续）

铣刀类型	刀具材料	工件材料	切削力 F_c 计算式（单位：N）
面铣刀	高速钢	碳钢	$F_c = 9.81(78.8) a_e^{1.1} f_z^{0.80} a_p^{0.95} Z d^{-1.1}$
		灰铸铁	$F_c = 9.81(50) a_e^{1.14} f_z^{0.72} a_p^{0.90} Z d^{-1.14}$
	硬质合金	碳钢	$F_c = 9.81(789.3) a_e^{1.1} f_z^{0.75} a_p Z d^{-1.3} n^{-0.2}$
		灰铸铁	$F_c = 9.81(54.5) a_e f_z^{0.74} a_p^{0.90} Z d^{-1.0}$
被加工材料 σ_b 或硬度不同时的修正系数 K_{F_c}			加工钢料时 $K_{F_c} = \left(\dfrac{\sigma_b}{0.637}\right)^{0.30}$ （式中 σ_b 的单位：GPa）
			加工铸铁时 $K_{F_c} = \left(\dfrac{布氏硬度值}{190}\right)^{0.55}$

第四节　铣削方式

一、圆周铣削方式

圆周铣削有两种铣削方式：逆铣和顺铣。

如图 10-8a 所示，铣刀的旋转方向和工件的进给方向相反时称为逆铣；相同时称为顺铣（图 10-8b）。

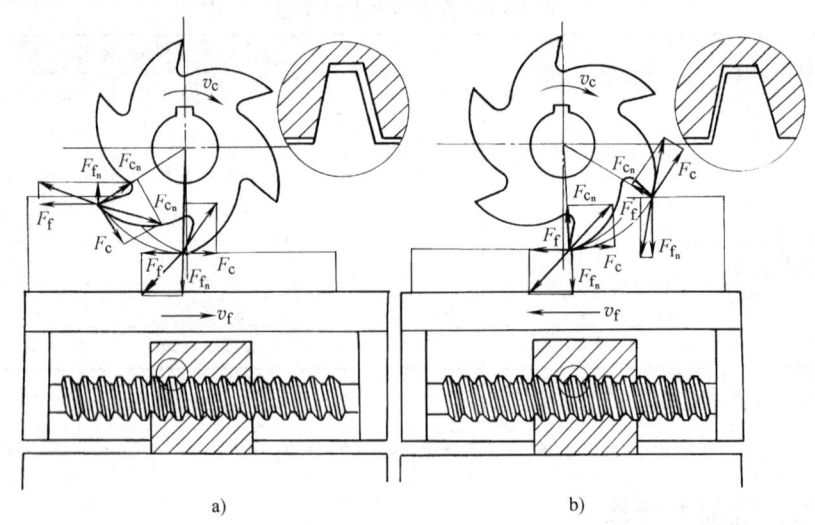

图 10-8　逆铣与顺铣
a）逆铣　b）顺铣

逆铣时，切削厚度从零逐渐增大。铣刀切削刃口有一钝圆半径 r_n，造成开始切削时前角为负值，刀齿在过渡表面上挤压、滑行，使工件表面产生严重冷硬层，并加剧了刀齿磨损。此外，当瞬时接触角大于一定数值后，F_{f_n} 向上，有抬起工件趋势。顺铣时，刀齿的切削厚度从最大开始，避免了挤压、滑行现象；并且 F_{f_n} 始终压向工作台，有利于工件夹紧，可延长铣刀寿命和提高加工表面质量。

若在丝杠与螺母副中存在间隙情况下采用顺铣，当进给力 F_f 逐渐增大，超过工作台摩擦力时，使工作台带动丝杠向左窜动，造成进给不均匀，严重时会使铣刀崩刃。逆铣时，由于进给力 F_f 作用，使丝杠与螺母传动面始终贴紧，故铣削过程较平稳。

二、端铣方式

端铣时，根据面铣刀相对于工件安装位置不同，也可分为逆铣和顺铣。如图 10-9a 所示，面铣刀轴线位于铣削弧长的中心位置，上面的顺铣部分等于下面的逆铣部分，称为对称端铣。图 10-9b 中的逆铣部分大于顺铣部分，称为不对称逆铣。图 10-9c 中的顺铣部分大于逆铣部分，称为不对称顺铣。图中切入角 δ 与切离角 δ_1，凡位于逆铣一侧为正值，而位于顺铣一侧为负值。

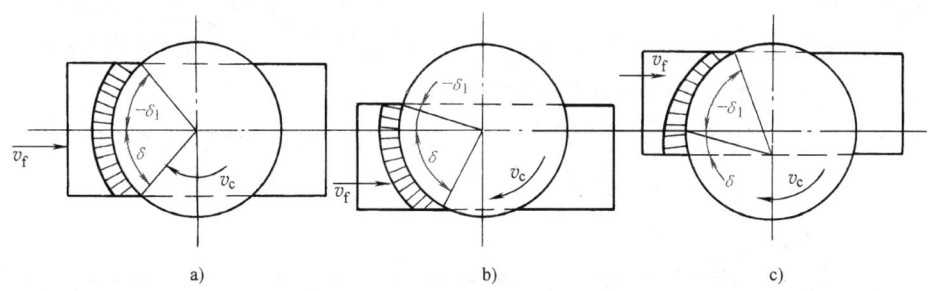

图 10-9 端铣时的顺铣与逆铣
a）对称端铣　b）不对称逆铣　c）不对称顺铣

第五节　铣刀的磨损

一、铣刀的磨损

铣刀磨损的基本规律与车刀相似。高速钢铣刀的切削厚度较小，尤其在逆铣时，刀齿对工件表面挤压、滑行较严重，所以铣刀磨损主要发生在后面上，如图 10-10a 所示。用硬质合金面铣刀铣削钢件时，因切削速度高，切屑沿前面滑动速度大，故后面磨损的同时，前面也有较小磨损，如图 10-10b 所示。此外，硬质合金面铣刀进行高速断续切削，使刀齿经受着反复的机械冲击和热冲击，产生裂纹而引起刀齿的疲劳破损。铣削速度愈高，产生这种疲劳破损就愈早和愈严重。大多数硬质合金面铣刀因疲劳破损而失去切削能力。

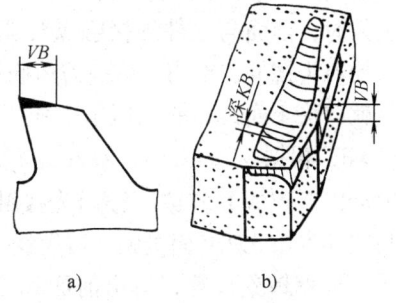

图 10-10 铣刀磨损
a）后面磨损　b）前、后面同时磨损

如果铣刀几何角度选择不合理或使用不当，刀齿强度差，则刀齿在承受很大的冲击力后，会产生没有裂纹的破损。

二、防止铣刀破损的措施

（1）合理选择铣刀刀片牌号　应选用韧性高、抗热裂纹敏感性小，且具有较好耐热性和耐磨性的刀片材料。例如：铣削钢时，可采用 YBM251、YBM351 等牌号刀片；铣削铸铁时，可选用 YBD152、YBD252 等牌号刀片（具体牌号可参见各公司样本）。

（2）合理选用铣削用量　在一定加工条件下，存在一个不产生破损的安全工作区域，如图 10-11 所示。选择在安全工作区内的 v_c 和 f_z，能保证铣刀正常工作。

（3）合理选择工件与铣刀之间的相对位置　合理地选择面铣刀安装位置对减少面铣刀破损起着重要作用。

铣刀安装位置直接影响切入角 δ

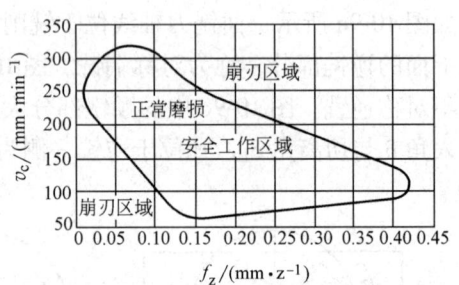

图 10-11　硬质合金面铣刀安全工作区域

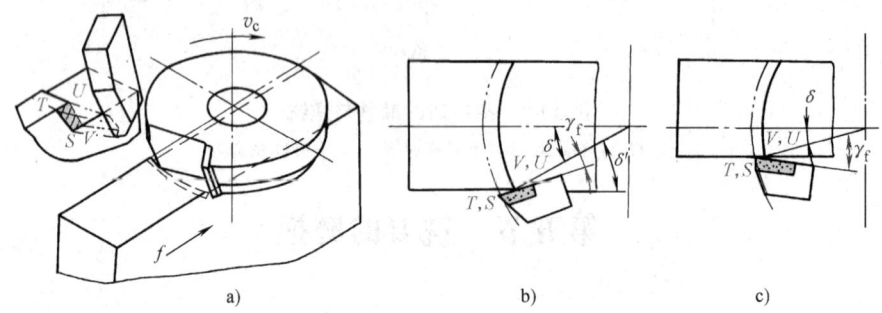

图 10-12　面铣刀切入工件时，前面与工件的接触位置

a）面铣刀刀齿切削面积　b）$\gamma_f < \delta$　c）$\gamma_f > \delta$

和切离角 δ_1。如图 10-12a 所示，铣削时，刀齿的切削面积为 STUV。面铣刀切入工件时，前面与工件的接触点可能是 S、T、U、V 区域范围内的某一点。为了增加刀齿抗冲击能力，减少刀齿破损现象，希望开始接触点在 U 点而不在 S 点。这就取决于面铣刀的几何角度和相对于工件的安装位置。由图 10-12c 可知，若 $\gamma_f > \delta$，根据 γ_p 的大小，刀齿以 S 点或 T 点或 $\overline{ST}$ 线首先接触工件。若 $\gamma_f < \delta$，则刀齿以 V 点或 U 点或 $\overline{UV}$ 线首先接触工件。若 $\gamma_f = \delta$、$\gamma_p = 0°$，刀齿切入时，前面与工件发生 STUV 面接触，刀齿经受很大冲击力，极易产生破损。

根据理论计算，得出前面和工件开始接触位置的几种可能及其所必需满足的条件，见表 10-3。若已知铣刀直径 d、铣刀轴线至工件切入平面距离 A、铣刀的侧前角 γ_f、背前角 γ_p 和主偏角 κ_r，即可求得面铣刀切入工件时开始接触点位置。

根据切削实验及分析，当被铣削工件的宽度已经给定时，面铣刀直径和安装位置的选择方案如图 10-13 所示。

表 10-3 各种接触位置必需满足的条件

接触位置	第一个必需满足条件	第二个必需满足条件	接触位置	第一个必需满足条件	第二个必需满足条件
	$\gamma_f > \delta$	$\cot\kappa_r < \dfrac{\tan\gamma_p}{\tan\gamma_f - \tan\delta}$		$\gamma_f > \delta$	$\cot\kappa_r = \dfrac{\tan\gamma_p}{\tan\gamma_f - \tan\delta}$
	$\gamma_f > \delta$	$\cot\kappa_r > \dfrac{\tan\gamma_p}{\tan\gamma_f - \tan\delta}$		$\gamma_f < \delta$	$\cot\kappa_r = \dfrac{\tan\gamma_p}{\tan\gamma_f - \tan\delta}$
	$\gamma_f < \delta$	$\cot\kappa_r < \dfrac{\tan\gamma_p}{\tan\gamma_f - \tan\delta}$		$\gamma_f = \delta$	$\gamma_p > 0$
				$\gamma_f = \delta$	$\gamma_p < 0$
	$\gamma_f < \delta$	$\cot\kappa_r > \dfrac{\tan\gamma_p}{\tan\gamma_f - \tan\delta}$		$\gamma_f = \delta$	$\gamma_p = 0$

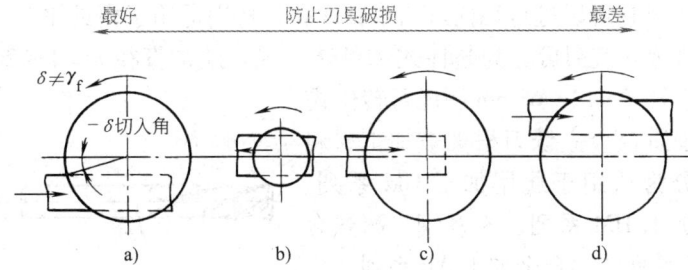

图 10-13 最佳铣刀直径与安装位置的选择
a) 不对称顺铣 b) 对称铣削
c) 大直径铣刀对称铣削 d) 大直径铣刀不对称铣削

第六节 常用尖齿铣刀的结构特点与应用

一、立铣刀

图 10-14 为高速钢立铣刀，它主要用于加工凹槽、台阶面以及成形表面。国家标准规定：直径 $d = 2 \sim 71$mm 的立铣刀做成直柄或削平型直柄；$d = 6 \sim 63$mm 的立铣刀做成莫氏锥柄；$d = 25 \sim 80$mm 的立铣刀做成 7:24 锥柄等。

图 10-14a 所示立铣刀圆柱面上的切削刃是主切削刃，端面上的切削刃没有通过中心，是副切削刃。工作时不宜作轴向进给运动。为了保证端面切削刃具有足够强度，在端面切削刃的前面上磨出 $b_{r1} = 0.4 \sim 1.5$mm、$\gamma_{o1} = 6°$ 的倒棱。

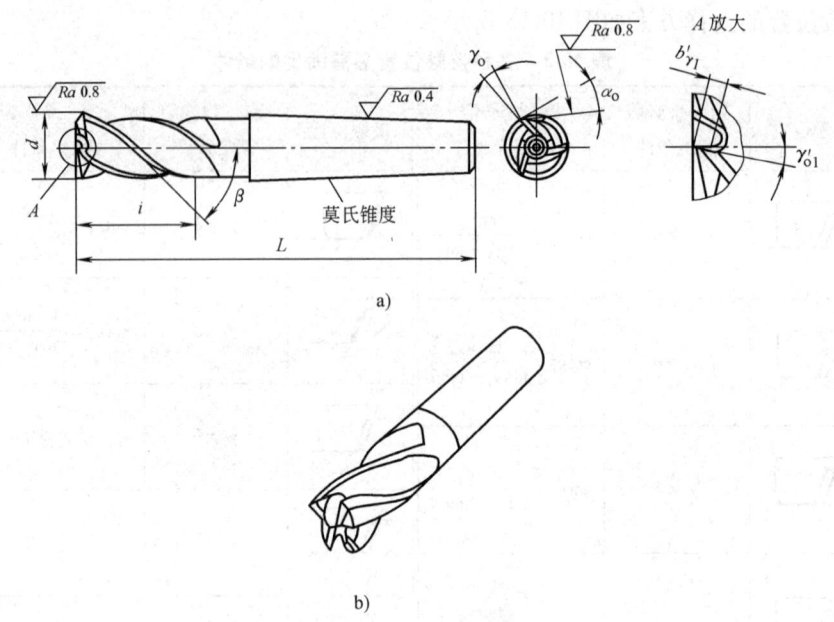

图 10-14 高速钢立铣刀

a) 端面切削刃不通过中心 b) 端面切削刃通过中心

国内外许多工厂生产有 1~2 个端面切削刃通过中心的立铣刀（图 10-14b）。加工时它可以进行轴向进给或钻浅孔，特别适用于模具加工。

硬质合金立铣刀可分为整体式和可转位式。通常直径 $d = 1~20$ mm 制成整体式，直径 $d = 12~63$ mm 制成可转位式。

整体硬质合金立铣刀根据被加工材料不同，可分为适用于通用加工 GM 系列、高硬度钢加工 HM 系列、不锈钢、耐热合金加工 SM 系列和铝合金加工 AL 系列。

GM 系列是 TiAlN 涂层立铣刀。用于加工碳素钢、合金钢、硬度 ≤50HRC 的淬硬钢和球墨铸铁等材料。HM 系列为 AlTiN 涂层立铣刀用于加工 60~68HRC 淬硬钢。它在保证足够容屑空间的条件下，采用了大芯厚，兼顾了刀具的刚度以及排屑性能。合适的前角设计，兼顾了刀具刃口强度与锋利性，扩大了立铣刀的应用范围。SM 系列为 AlTiN 涂层立铣刀，它最适合加工不锈钢、镍基高温合金等难切削材料。它选用大的螺旋角和前角，切削刃锋利；独特的切削刃形状可抑制切削热对刀尖的影响，大大提高了耐磨性以及耐熔附性。AL 系列可实现铝合金的一般加工到超高速加工。

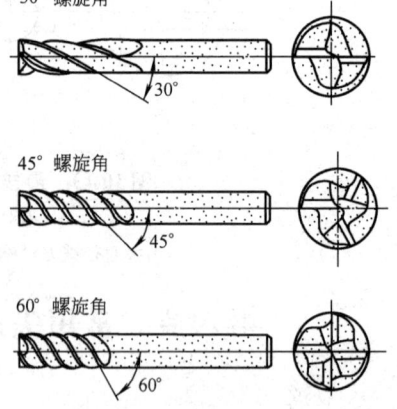

图 10-15 硬质合金立铣刀

整体式硬质合金立铣刀常用螺旋角为 30°、45°和 60°，其齿数为 2、4、6 齿（图 10-15）。30°螺旋角立铣刀齿数少，容屑空间大，适用于粗加工。45°

螺旋角立铣刀齿数多，切削平稳，用于精加工。一般精加工铝合金的立铣刀选用60°螺旋角。

可转位立铣刀按其结构和用途可分为普通型、钻铣型和螺旋齿型。可转位立铣刀直径较小，夹紧刀片所占空间受到很大限制，所以一般采用压孔式。它又可分为平装刀片压孔式和立装刀片压孔式等。

普通可转位立铣刀如图10-16a所示，其直径$d = 12 \sim 63$mm，齿数为$1 \sim 6$齿，广泛用于铣削平面、台阶面和沟槽等。一般选88°平行四边形刀片。刀片前面为正径向前角和轴向前角的波纹形曲面，因而切削轻快。采用负倒棱来增强切削刃强度，如图10-17所示，刀片后角为11°。国内外许多工厂都生产端刃过中心可转位立铣刀（图10-16b），它有一端刃过中心，特别适宜轴向进给。

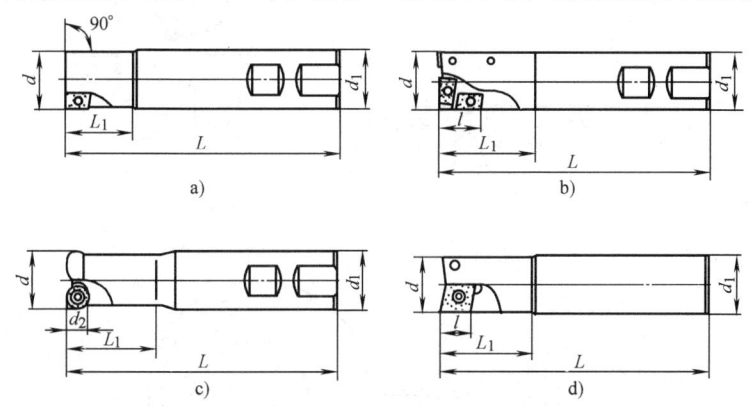

图10-16　普通可转位立铣刀和钻铣刀
a）普通可转位立铣刀　b）端刃过中心可转位立铣刀　c）圆刀片立铣刀　d）钻铣刀

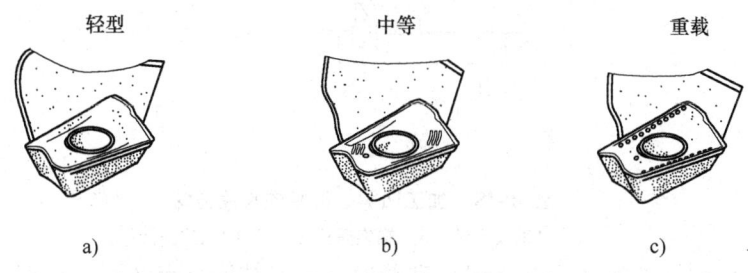

图10-17　前面为波纹形曲面的立铣刀刀片
a）轻型切削刀片　b）大多数材料普通加工用刀片　c）重载切削刀片

圆刀片立铣刀（图10-16c）主要用于铣削根部有内圆角的凸台、肋条、型腔以及曲面。圆刀片具有可多次转位的非常坚固的切削刃。背吃刀量不应超过刀片半径。圆刀片立铣刀有直柄和莫氏锥柄两种。当铣刀直径$d > 40$mm时，制成套装式。

用普通可转位立铣刀加工表面形状复杂的型腔时，为了高效切除腔内材料，铣刀的进给方式和路线的选择是十分重要的。坡走铣是加工凹窝和型腔的一种常用有效的方法，在x-y和z方向进行线性坡走铣的最大坡走角由刀具直径所决定。进给路线的选择主要考虑如何最通畅地排出切屑。如图10-18a

所示，二轴坡走铣的坡走角的计算式为 $\tan\alpha = a_p/l_m$。坡走角与刀具直径、刀体和工件的间隙、刀片尺寸和背吃刀量有关。所允许的坡走角根据刀具直径可从样本查得。对于大直径凹窝，螺旋插补铣是一种高效的铣削方法（图10-18b），铣刀直径约为工件孔径的1/2。确定加工参数时应考虑刀具所允许的最大坡走角。加工时，仅用一把刀就可完成加工，一般不会产生断屑、排屑或振动等问题。圆弧插补铣可用于大型凹窝铣削加工（图10-18c），先进行钻孔，然后进行圆弧插补铣。

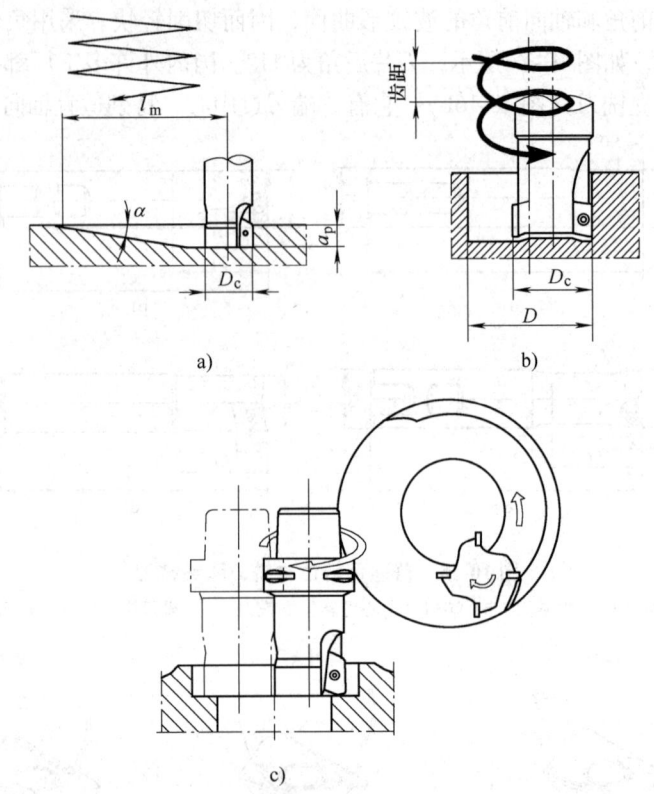

图 10-18　加工凹窝、型腔的常用方法
a）二轴坡走铣　b）螺旋插补铣　c）圆弧插补铣

可转位钻铣刀（图10-16d）和普通立铣刀结构上有区别，它有一个刀片的切削刃在径向超过中心，而又稍低于中心线 0.15~0.3mm，通常取 γ_p = +2°~+3°，γ_f = -4°~-10°，κ_r = 90°~100°。它不仅可以铣台阶面和开口槽，还可以钻浅孔、铣封闭槽和坡铣斜槽，如图10-19所示。

可转位螺旋立铣刀（图10-20）的每个螺旋刀齿上装上若干硬质合金可转位刀片，相邻两个刀齿上的硬质合金刀片相互错开，切削刃呈玉米状分布，减小了切削宽度。在保持切削功率不变的情况下，可较大地提高进给速度 v_f。为了减小切削力，可选用正前角或有断屑槽的刀片。通常直径 d = 32~50mm，制成直柄或莫氏锥柄。它又分为左旋（ω = 30°）和右旋（ω = 25°）两种。

可转位螺旋齿立铣刀的头部刚性差，容易损坏，可以做成模块式（图10-21），以便于更换，比整体的更经济。

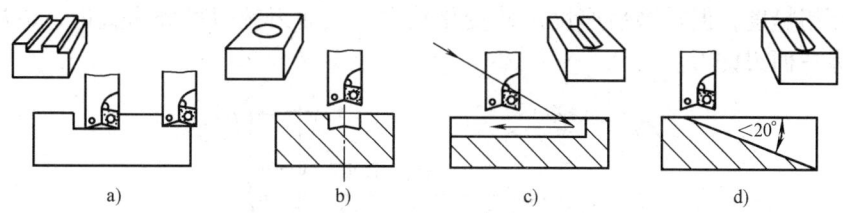

图 10-19　钻铣刀用途
a) 铣台阶面和开口槽　b) 钻浅孔　c) 铣封闭槽　d) 坡铣斜槽

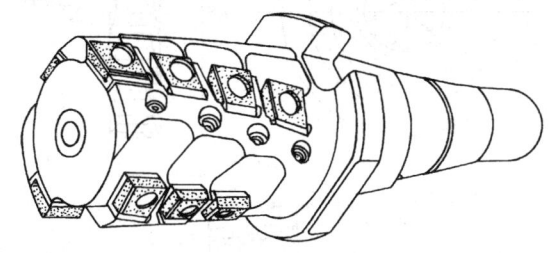

图 10-20　可转位螺旋立铣刀

二、键槽铣刀

图 10-22 所示为键槽铣刀，它主要用于加工圆头封闭键槽。它有两个刀齿，圆柱面和端面上都有切削刃，端面上的切削刃延至中心，工作时能沿轴线作进给运动。按国家标准规定，直柄键槽铣刀 $d = 2 \sim 22\text{mm}$，锥柄键槽铣刀直径 $d = 14 \sim 50\text{mm}$。键槽铣刀直径的精度等级有 e8 和 d8 两种，通常分别加工 H9 和 N9 键槽。

键槽铣刀的圆周切削刃仅在靠近端面的一小段长度内发生磨损。重磨时只需刃磨端面切削刃，铣刀直径不变。

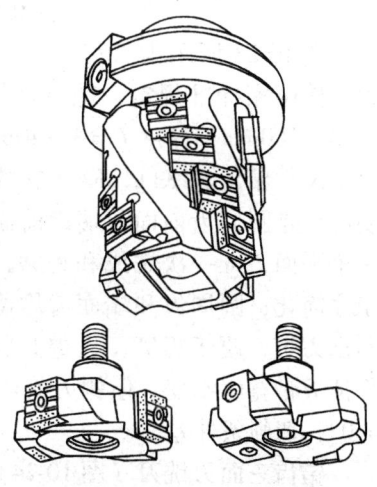

图 10-21　模块式螺旋齿立铣刀

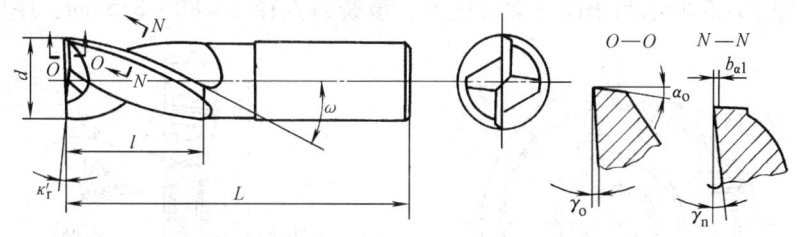

图 10-22　键槽铣刀

三、三面刃铣刀

三面刃铣刀适用于加工凹槽和阶台面。三面刃铣刀除圆周具有主切削刃外，两侧面也有副切削刃，从而改善了切削条件，提高了切削效率和减小了表面粗糙度，但重磨后厚度尺寸变化较大。三面刃铣刀可分为直齿、错齿和镶齿三面刃铣刀。

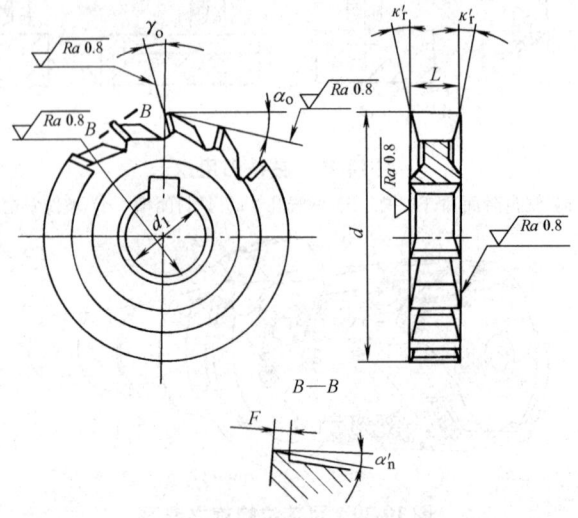

图 10-23　直齿三面刃铣刀

图 10-23 所示为直齿三面刃铣刀。按国家标准规定，铣刀直径 d = 50～200mm，厚度 L = 4～40mm。厚度尺寸精度为 K11、K8。它的主要特点是圆周齿前面与端齿前面是一个平面，可一次铣成和刃磨，使工序简化；圆周齿和端面齿均留有凸出刃带，便于刃磨，且重磨后能保证刃带宽度不变。但侧刃前角 γ_o' = 0°，切削条件差。

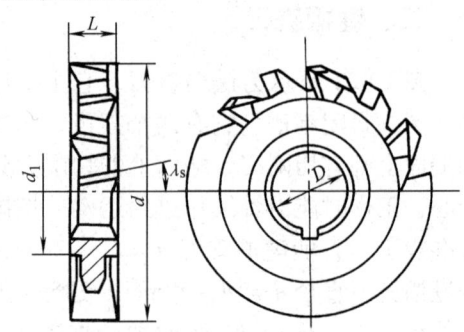

图 10-24　错齿三面刃铣刀

错齿三面刃铣刀（图 10-24）的 γ_o' 近似等于 λ_s。与直齿三面刃铣刀相比，它具有切削平稳，切削力小，排屑容易和容屑槽大等优点。

图 10-25 所示为镶齿三面刃铣刀，该铣刀直径 d = 80～315mm，厚度 L =

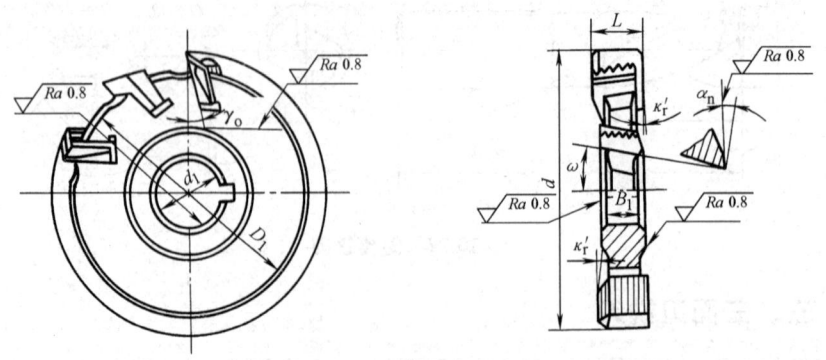

图 10-25　镶齿三面刃铣刀

12~40mm。在刀体上开有带 5°斜度齿槽，带齿纹的楔形刀齿楔紧在齿槽内。各个同向齿槽的齿纹依次错开 P/z（z 为同向倾斜的齿数；P 为齿纹齿距）。铣刀磨损后，可依次取出刀齿，并移至下一个相邻同向齿槽内。调整后铣刀厚度增加 $2P/z$，再通过重磨，可恢复铣刀厚度尺寸。

硬质合金可转位三面刃铣刀（图 10-26）一般通过楔块螺钉或压孔式将刀片夹紧在刀体上，刀片的安装多数采用平装，也有立装的。三个切削刃同时参加切削，排屑条件差，因此三面刃铣刀的齿数较少，以保证足够容屑空间。可转位三面刃铣刀的前角一般取 $\gamma_p = +3° \sim +5°$，$\gamma_f = -2° \sim +7°$。取 $\kappa_r' = 40' \sim 1°$。常用可转位三

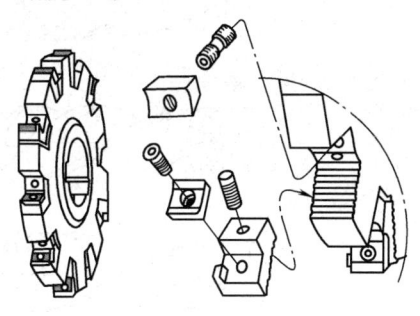

图 10-26　硬质合金可转位三面刃铣刀

面刃铣刀直径 $d = 80 \sim 315$mm，厚度 $L = 10 \sim 32$mm。一般可转位三面刃铣刀有两个键槽，以便于组合使用时，将刀齿错开，使切削平稳。

四、角度铣刀

图 10-27 所示为角度铣刀，它主要用于加工带角度的沟槽和斜面。图 10-27a 所示为单角铣刀，圆锥切削刃为主切削刃，端面切削刃为副切削刃。图 10-27b 所示为双角铣刀，两圆锥面上的切削刃均为主切削刃。它分为对称双角铣刀和不对称双角铣刀。

国家标准规定，单角铣刀直径 $d = 40 \sim 100$mm，两切削刃间夹角 $\theta = 18° \sim 90°$。不对称双角铣刀直径 $d = 40 \sim 100$mm，夹角 $\theta = 50° \sim 100°$。对称双角铣刀直径 $d = 50 \sim 100$mm，夹角 $\theta = 18° \sim 90°$。

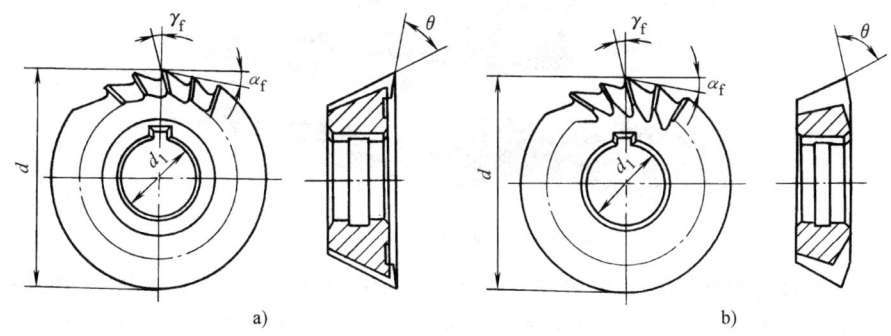

图 10-27　角度铣刀
a) 单角铣刀　b) 双角铣刀

五、模具铣刀

模具铣刀（图 10-28）用于加工模具型腔或凸模成形表面，在模具制造中广泛应用。它是由立铣刀演变而成的。高速钢模具铣刀主要分为圆锥形立铣刀（直径 $d = 6 \sim 20$mm，半锥角 $\alpha/2 = 3°$、$5°$、$7°$ 和 $10°$）、圆柱形球头立铣

（直径 $d = 4 \sim 63$mm）和圆锥形球头立铣刀（直径 $d = 6 \sim 20$mm，半锥角 $\alpha/2$ = 3°、5°、7°和10°），按工件形状和尺寸来选择。

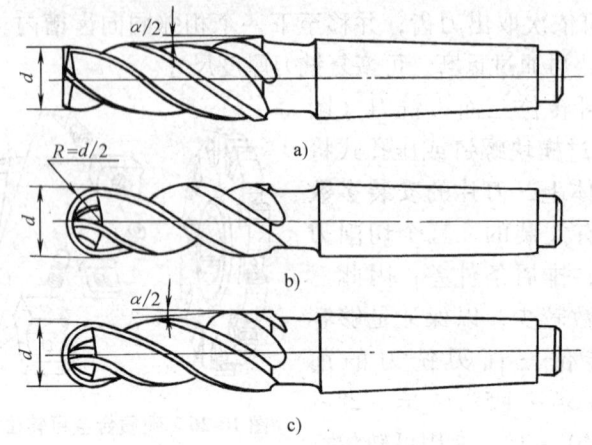

图 10-28　高速钢模具铣刀

a）圆锥形立铣刀　b）圆柱形球头立铣刀　c）圆锥形球头立铣刀

硬质合金球头铣刀可分为整体式和可转位式。整体式硬质合金球头铣刀直径 $d = 3 \sim 20$mm，螺旋角 $\omega = 30°$或 $45°$，齿数 $z = 2 \sim 4$ 齿。它适用于高速、大进给铣削，加工表面粗糙度小，主要用于精铣。

可转位球头立铣刀（图 10-29）前端装有一片或两片可转位刀片，它有两个圆弧切削刃，直径较大的可转位球头立铣刀除端刃外，在圆周上还装有长方形可转位刀片，以增大最大吃刀量。用这种球头铣刀进行坡铣时，向下的最大坡走角不宜大于 30°。铣削表面粗糙度较大，主要用于高速粗铣和半精铣。

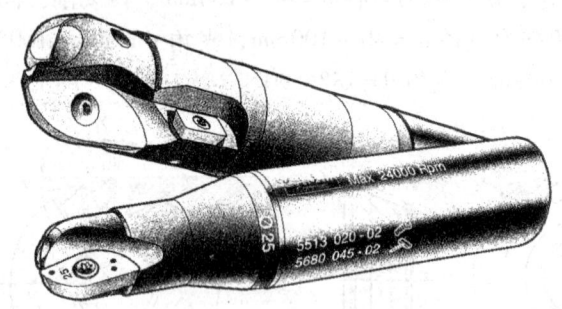

图 10-29　可转位球头立铣刀

硬质合金旋转锉是一种机动钳工工具（图 10-30），可取代金刚石锉刀和磨头来加工淬火后硬度小于 65HRC 的各种模具及机械零件，其切削效率可提高几十倍。

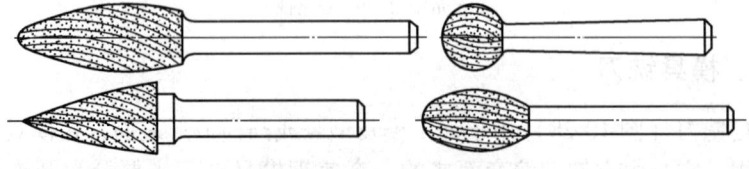

图 10-30　硬质合金旋转锉

第七节 可转位面铣刀

一、硬质合金可转位面铣刀

硬质合金可转位面铣刀适用于高速铣削平面。图 10-31 所示为典型的可转位面铣刀。它由刀体 5、刀垫 1、紧固螺钉 3、刀片 6、楔块 2 和偏心销 4 等组成。刀垫通过楔块和紧固螺钉夹紧在刀体上，在夹紧前旋转偏心销将刀垫轴向支承点的轴向跳动调整到一定数值范围内。刀片安放在刀垫上后，通过楔块夹紧。偏心销还能防止切削时刀垫受过大轴向力而产生的窜动。

切削刃磨损后，将刀片转位或更换刀片后即可继续使用。与可转位车刀一样，它具有加工质量好、加工效率高、加工成本低、使用方便等优点，因而得到广泛使用。

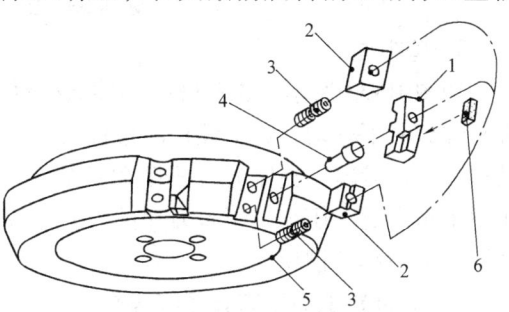

图 10-31 硬质合金可转位面铣刀
1—刀垫 2—楔块 3—紧固螺钉
4—偏心销 5—刀体 6—刀片

（一）可转位面铣刀结构

1. 上压式

刀片可直接由螺钉（图 10-32a）或由螺钉和压板（图 10-32b）夹紧在刀体上。它具有结构简单、紧凑、制造方便等优点。但切削刃的径向、轴向跳动取决于刀槽和刀片的制造精度。上压式适用于小直径面铣刀。

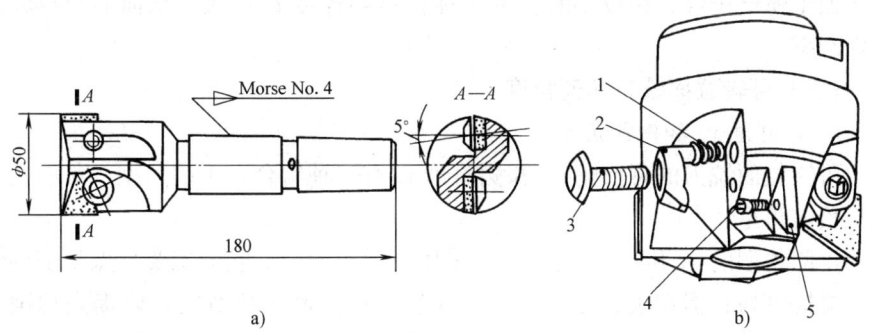

图 10-32 上压式
a) 螺钉夹紧 b) 螺钉和压板夹紧
1—弹簧 2—压块 3—螺钉 4—刀垫螺钉 5—刀垫

2. 楔块式

如前图 10-31 所示，它具有结构可靠、刀片转位和更换方便、刀体结构工艺性好等优点。但刀片一部分被覆盖，容屑空间小；夹紧元件的体积较大，铣刀齿数较少。

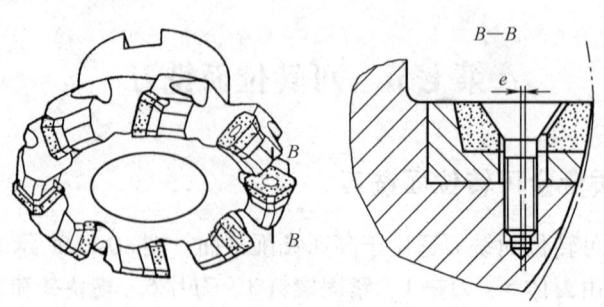

图 10-33 压孔式

3. 压孔式

如图 10-33 所示，锥头螺钉的轴线相对刀片锥孔的轴线有一偏心距。旋转锥头螺钉向下移动，锥头螺钉的锥面推动刀片移动而压紧在刀槽内。它具有结构简单、紧凑、夹紧元件不阻碍切屑流出等优点。随着带断屑槽铣刀片应用越来越广泛，压孔式压紧刀片的方式就采用越来越多。它的制造精度要求高、夹紧力小于楔块式。

（二）可转位面铣刀直径和齿数

为了减少铣刀规格，便于集中制造，面铣刀直径系列已经标准化，其标准系列为（单位为 mm）：50、63、80、100、125、160、200、250、315、400、500。

端铣时，应根据侧吃刀量 a_e 选择合理的铣刀直径，通常取可转位面铣刀直径 $d \geqslant (1.2 \sim 1.6) a_e$ mm。

同一直径的可转位面铣刀的齿数分为粗齿、中齿、细齿三种。粗铣长切屑工件或同时参加切削的刀齿过多引起振动时可选用粗齿面铣刀。铣短切屑工件或精铣钢件时可选用中齿面铣刀。细齿面铣刀的每齿进给量较小，常适用于加工薄壁铸件，在较小的 f_z 时，能使进给速度 v_f 增大，从而能获得较高的生产率。

（三）可转位面铣刀几何角度

1. 背前角 γ_p 和侧前角 γ_f

可转位面铣刀的背前角 γ_p 和侧前角 γ_f 有三种组合：正前角型、负前角型和正负前角型。

正前角型的 γ_f 和 γ_p 均为正值。采用带后角刀片。它的主要特点是切削轻快、排屑容易；但切削刃强度差。可在切削刃上磨出负倒棱，以提高切削刃强度。它适用于加工普通钢、铸铁、不锈钢和非铁材料。通常取 $\gamma_p = 7°$，$\gamma_f = 0°$。铣削铝合金时取 $\gamma_p = 15°$，$\gamma_f = 14°$。

负前角型的 γ_f 和 γ_p 均为负值。可以采用不带后角、两面均可使用的刀片，因而刀片的利用率高。适用于粗铣铸钢、铸铁和高硬度、高强度钢。但铣削时，切削力大，功率消耗多，所以机床的动力与刚性要足够。通常取 $\gamma_p = -5° \sim -10°$，$\gamma_f = -3° \sim -10°$。

正负前角型综合了上述两类铣刀的优点，既保证了切削刃具有足够的耐冲击性能,又不致使切削力过大。通常取负 γ_f 和正 γ_p。负 γ_f 能保证切入时前面和工件开始接触点远离刀尖,正 γ_p 有利于使切屑从过渡表面排出。一般取 $\gamma_p = 0° \sim 10°$,$\gamma_f = 0° \sim -10°$。

可转位铣刀片的型号表示方法与可转位车刀片相似。常用可转位铣刀片有三角形、矩形、圆形和正方形等几类。每类又有带后角和不带后角两种。

目前,常用可转位铣刀片的几何形状如图 10-34 所示,前面上磨出 $-10°$ 的负倒棱,以增强切削刃的强度。刀片上磨有平行于进给方向的修光刃,宽度 $b_\varepsilon' = 1.4 \sim 2\text{mm}$,有助于减小表面粗糙度。当铣刀每转进给量大于修光刃宽度 b_ε' 时,根据需要,可在铣刀上安置刃长为 10mm 或 4.5mm 的修光刀片。

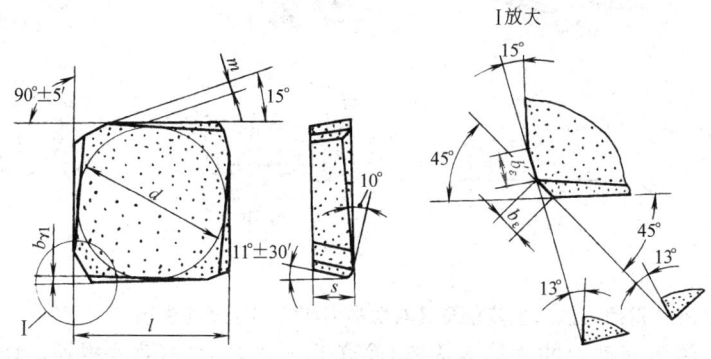

图 10-34　可转位铣刀片的几何形状

随着耐机械冲击和热冲击的新硬质合金牌号的出现,刀片制造工艺不断改进,国内外很多工具厂开发了有断屑槽的铣刀刀片,可转位铣刀铣削刀片的切断槽型见表 10-4。同一把铣刀更换不同材质、不同断屑槽的刀片,就可加工不同材料的工件。

表 10-4　可转位铣刀铣削刀片的断屑槽型

类型	轻型(L)	普通(M)	重型(H)
简图	-L	-M	-H
特点	锋利的正前角切削刃,平稳的切削性能。用于低进给率,低机床功率和低切削力要求场合	用于混合加工的正前角槽形,中等进给率场合	用于高安全性要求和高进给率要求场合

2. 主偏角

可转位面铣刀的主偏角大小直接影响切削厚度、切削力和刀具寿命等。目前常用可转位面铣刀的主偏角有 90°、45°、10°,以及主偏角随背吃刀量变化的圆刀片,如图 10-35 所示。

90° 主偏角面铣刀铣削时,进给力 F_f 很大,不会产生被加工表面承受的垂直进给力 F_{f_n},因此,适用于铣削低强度结构的工件或薄壁工件以及获得直角边方肩铣。

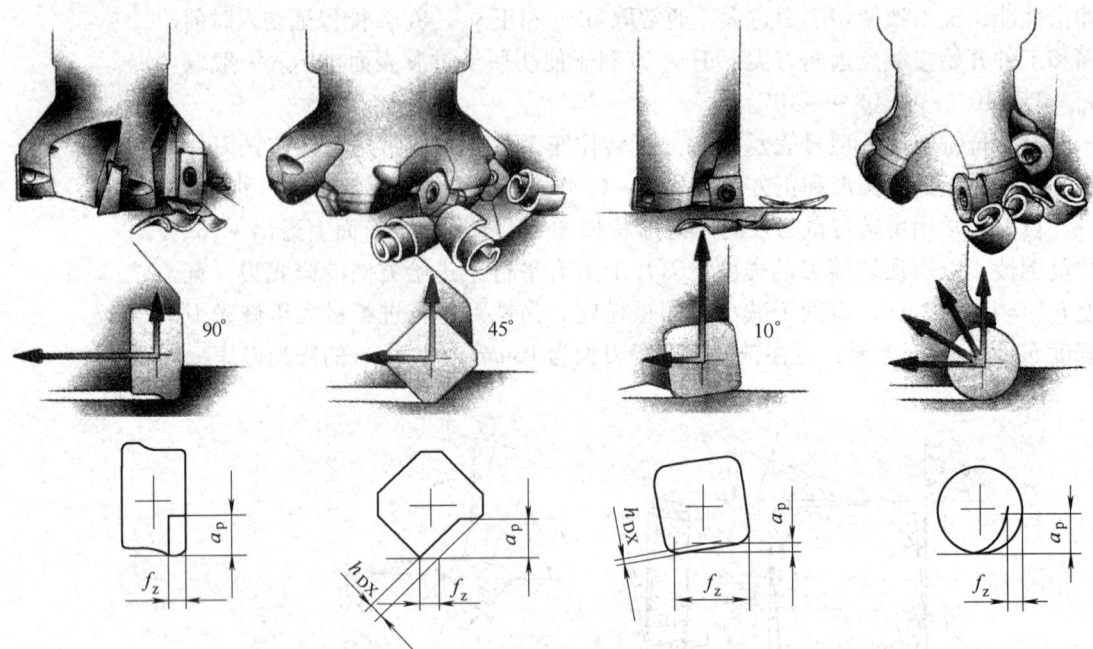

图 10-35 常用面铣刀主偏角及其对切削力和切削厚度的影响

45°主偏角面铣刀的进给力 F_f 和垂直进给力 F_{f_n} 大小接近相等,切削平稳。铣削时,机床消耗功率相对较小。铣刀开始切入时较轻快,当用大悬伸或小刀柄刀具铣削时,会减弱振动趋势。该铣刀减小了切削厚度,在保持中等切削刃负载的情况下,可增大工作台进给速度,来提高生产效率。它适用于普通用途端铣及短切屑材料的铣削。

10°主偏角面铣刀允许在非常高的切削参数下进行切削。其工作台进给速度非常高,但切削厚度仍很小。切削力主要产生在轴向,因而可降低振动趋势,并获得很高的金属切除率。它主要用于高进给铣削等。

圆刀片面铣刀随背吃刀量不同,刀片的主偏角和切削负载均会有所变化。刀片有非常坚固切削刃,可多次转位使用。它是高进给率、高金属切除率的粗加工铣刀,适用于耐热合金和钛合金加工以及大余量、高进给加工。

二、其他种类面铣刀

(一) 陶瓷可转位面铣刀

由于刀片成分、压制工艺及刀具几何参数的不断改进,陶瓷刀具已成功地用于铣削加工。但其刀片较脆,主要用于加工灰铸铁、球墨铸铁、可锻铸铁、冷硬铸铁和表面淬火钢等。在正常情况下,它的寿命比一般硬质合金高几倍。

陶瓷刀片材料有氧化铝陶瓷(Al_2O_3)、混合陶瓷(Al_2O_3+TiC)和氮化硅陶瓷(Si_3N_4),可根据加工材料和加工条件等来选择。

陶瓷可转位面铣刀分为双负前角型和正负前角型。粗铣时都选用双负前角型。主偏角常采用 $\kappa_r=45°$、75°。一般采用 0.2mm×20°负倒棱,以提高切削刃的强度，延长刀具寿命。

（二）立方氮化硼可转位面铣刀

立方氮化硼（CBN）可转位面铣刀用于精铣和半精铣高硬度（45～65HRC）的冷硬铸铁、淬火钢、镍基冷硬耐磨工件以及渗碳、渗氮和表面淬硬工件。它也适用于硬度在30HRC以下磨蚀性很强，用其他材料无法铣削的珠光体灰铸铁。CBN面铣刀的寿命比陶瓷或硬质合金面铣刀高十几倍。

CBN面铣刀都采用双负前角型。一般取-5°～-7°。刀片的后角为0°，刀片须磨出0.2mm×20°负倒棱或倒0.05～0.13mm刃口圆角。刀片采用楔块式或上压式夹紧在刀体上。

铣削50～60HRC白口铸铁时，$v_c = 150～300$m/min，$f_z = 0.15～0.38$mm/z，$a_p = 3.8$mm。

（三）聚晶金刚石可转位面铣刀

聚晶金刚石（PCD）面铣刀主要用于加工有色金属及其合金和非金属材料。特别适用于加工高硅铝合金，但它不能用于加工钢、铁等黑色金属。

用聚晶金刚石铣刀加工工件，具有尺寸稳定、生产效率高、加工表面粗糙度小等优点。在汽车工业中，广泛用于加工气缸体、气缸盖、变速箱壳体等，不仅用于连续切削，也可用于断续切削的铣削加工。

这种铣刀的刀片是以硬质合金刀片为基体，将一定形状的聚晶金刚石复合刀片毛坯焊接在硬质合金刀片上。这种刀片只有一个切削刃，不能转位使用，如图10-36所示。

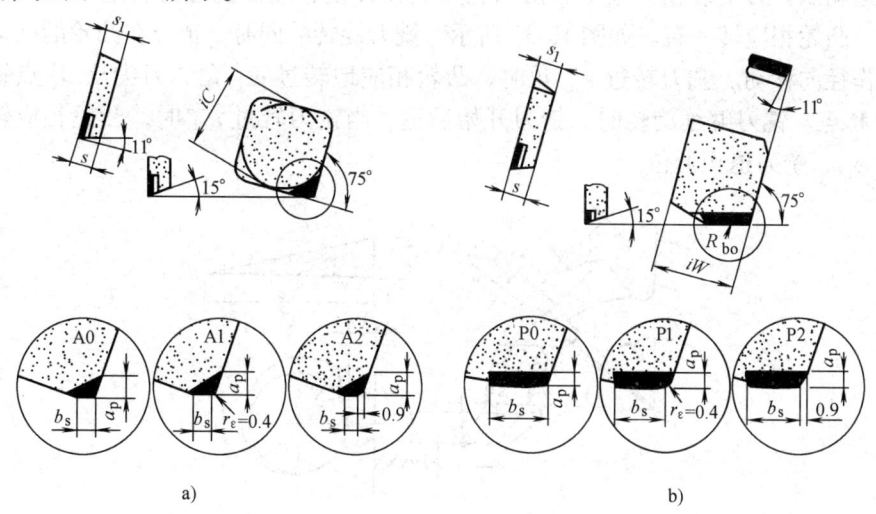

图10-36 金刚石铣刀片形状
a）切削刀片 b）修光刀片

实践证明，PCD面铣刀铣削铝合金时，切削速度高于1000m/min，采用正负前角型（$+\gamma_p$、$-\gamma_f$）效果较佳。因为此时，不仅加强了切削刃强度，不会像双正前角那样容易崩刃，又很少产生积屑瘤，既可获得很好加工质量和很高的生产效率，又可大大延长刀具寿命。

PCD面铣刀使用时，切削速度高，离心力大，要特别注意刀片夹紧可靠性。并应对面铣刀进行动平衡,确保铣削时不产生振动。刀片切削刃的跳动应严格控制在 0.005mm 以内,修光刃应与铣削平面平行,因此刀片在轴向和径向都可以进行微调。

使用该面铣刀时,需使用充足的冷却液,切削用量逐步调整到最佳值,并及时更换刀片。

第八节 铲齿成形铣刀

成形铣刀是在铣床上加工成形表面的专用刀具。与成形车刀相似,其刃形是根据工件廓形设计计算的。它具有较高的生产率,并能保证工件形状和尺寸的互换性,因此得到广泛使用。成形铣刀按齿背形状可分为尖齿和铲齿两种。尖齿成形铣刀齿数多,具有合理的后角,因而切削轻快、平稳,加工表面质量好,铣刀寿命长。但尖齿成形铣刀需要专用靠模或在数控工具磨床上来刃磨后面,刃磨工艺复杂。刃形简单的成形铣刀一般作成尖齿成形铣刀,刃形复杂的都做成铲齿成形铣刀。

一、铲齿成形铣刀的铲齿过程

铲齿成形铣刀的刃形与后面通常在铲齿车床上用铲刀铲齿获得的。铲齿时,铣刀套在心轴上,并安装在铲齿车床两顶尖之间,由机床主轴驱动作旋转运动。铲刀安装在刀架上,由凸轮驱动作往复移动。铣刀每转过一个刀齿时,凸轮相应转一转。如图 10-37 所示,铣刀旋转的同时,铲刀在凸轮的推动下作径向移动。铣刀转过 $\varepsilon_\text{工}$ 角时,凸轮相应地转过 $\phi_\text{工}$ 角,刀尖从 B_1 点铲至 M 点。铣刀继续旋转时,铲刀开始后退。当铣刀转过 $\varepsilon_\text{退}$ 时,凸轮相应转过 $\phi_\text{退}$,铲刀退至原位。

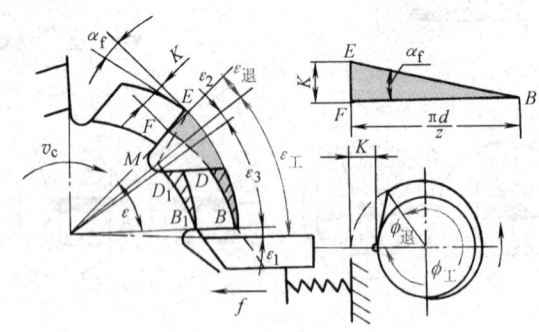

图 10-37 铲齿过程

铲齿后所得的齿背曲线为阿基米德螺旋线。它具有下列特性:

1) 由图 10-37 可知,由铲齿车刀的顶刃和根刃分别铲出的 B_1D_1 和 BD 为径向等距线,其径向距离保持不变。所以沿前面重磨后,其轴向断面形状保持不变。

2) 如图 10-38 所示阿基米德齿背曲线的方程式为

$$\rho = R - b\theta$$

$$\tan\psi = \rho/\rho' = (R-b\theta)/(-b) = \theta - R/b$$

重磨后，铣刀的直径变化不大，所以 ψ 角变化很小，故后角变化也很小。

铲齿成形铣刀的制造、刃磨比尖齿成形铣刀方便，但热处理后铲磨时修整成形砂轮较费时。若不进行铲磨，则刃形误差较大。此外，它的前、后角不够合理，所以加工表面的质量不高。

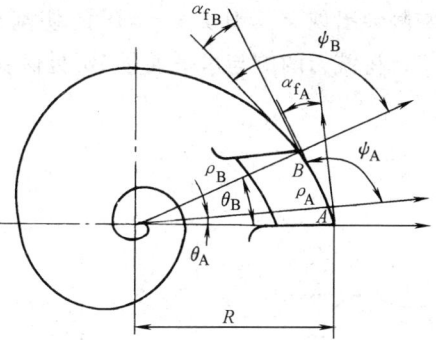

图 10-38　重磨后铲齿成形铣刀后角变化

二、铲削量及后角分析

由图 10-37 可知，当铣刀转过齿间角 ε 时，铲刀的径向移动量为 K，K 称为铲削量，亦即凸轮升程，由 $\triangle EBF$ 可得

$$\tan\alpha_f = Kz/\pi d \tag{10-9}$$

式中　d——铣刀外径；
　　　z——铣刀齿数。

α_f 为铣刀顶刃侧后角，又称为铣刀名义侧后角。由图 10-39 可知，由于切削刃上各点的铲削量相同，而其直径、偏角不相等，所以切削刃上各点后角 α_o 各不相等。

切削刃上任意点 x 的侧后角 α_{f_x} 与名义侧后角 α_f 之间的关系为

$$\tan\alpha_{f_x} = Kz/\pi d_x = (R/R_x)\tan\alpha_f \tag{10-10}$$

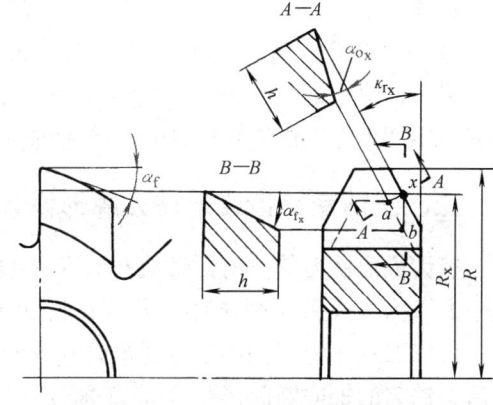

图 10-39　铲齿铣刀后角分析

由图 10-39 可知，α_{o_x} 和 α_{f_x} 之间存在下述关系

$$\tan\alpha_{o_x} = \overline{xa}/h = (\overline{xb}\sin\kappa_{r_x})/h = \tan\alpha_{f_x}\sin\kappa_{r_x} \tag{10-11}$$

切削刃上任意点 x 的 α_{o_x} 与 α_f 之间关系为

$$\tan\alpha_{o_x} = (R/R_x)\tan\alpha_f\sin\kappa_{r_x} \tag{10-12}$$

式中　R_x——切削刃上任意点 x 的半径；
　　　κ_{r_x}——切削刃上任意点 x 的主偏角。

由式（10-12）可知，切削刃上任意点的直径愈大，或 κ_r 角愈小，则 α_{o_x} 愈小。α_{o_x} 一般不应小于 $3°\sim 4°$，以免铣刀后面与工件加工表面发生严重摩擦。当 α_{o_x} 过小时，可采取下列改善措施：

1）适当地增大成形铣刀的侧后角，通常取 $\alpha_f = 10°\sim 15°$。为了保证最小的 α_{o_x} 不小于 $3°\sim 4°$，可将 α_f 增至 $17°$。

2) 适当修改工件形状，图 10-40a 为半圆成形铣刀，若做成整半圆刃形，两侧会出现 $\kappa_{r_x}=0°$、$\alpha_{o_x}=0°$ 的切削刃。为了消除这种情况，可修改工件形状，将铣刀两侧与水平线呈 10°处圆弧改成与圆弧相切的斜线使 $\kappa_{r_x}=10°$，保证 $\alpha_{o_x}>2°$。

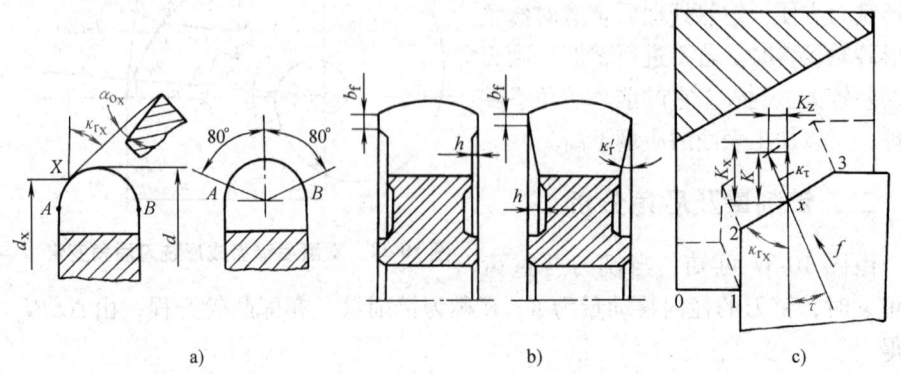

图 10-40 α_{o_x} 过小改善措施

a) 适当修改工件形状 b) 磨出凹槽或副偏角 c) 采用斜向铲齿

3) 在 $\kappa_{r_x}=0°$ 的切削刃处磨出凹槽或副偏角，如图 10-40b 所示。

4) 采用斜向铲齿。图 10-40c 为成形铣刀轴向剖视形状，采用倾斜 τ 角的斜向铲齿，使原来 $\kappa_{r_x}=0°$ 的切削刃 $\overline{12}$ 获得轴向铲削量 K_z，因而形成了后角。当 $\kappa_{r_x}<10°$ 时，一般采用 $\tau=10°\sim15°$ 的斜向铲齿。

三、正前角铲齿成形铣刀廓形设计

铲齿成形铣刀的前角常做成 0°。但零度前角铣刀的切削条件较差，切削效率低。为了改善切削条件，尤其在粗加工或加工其他非金属材料（木材）时，可以取 $\gamma_f>0°$。例如铣普通钢时 $\gamma_f=5°\sim10°$。当铲齿成形铣刀有了前角以后，铣刀的轴向断面形状（铲刀廓形）与工件形状不同。由于成形铣刀制造的需要，设计时，必须求出其轴向断面形状。

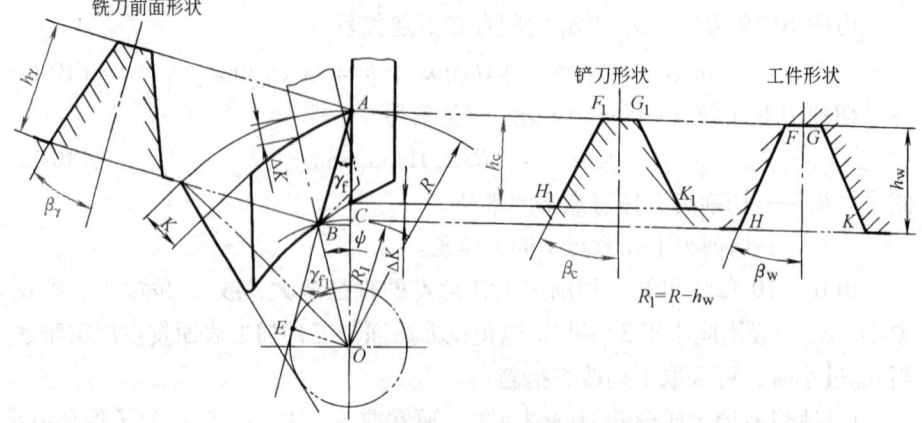

图 10-41 正前角铲齿成形铣刀廓形设计

如图 10-41 所示，当 $\gamma_f > 0°$ 时，铣刀加工出来的工件形状 $HFGK$，应符合工件图样要求。此时铲刀形状，亦即铣刀轴向断面形状为 $H_1F_1G_1K_1$。显然，这两个形状宽度相等（$FG = F_1G_1$、$HK = H_1K_1$），而高度不等，$h_w > h_c$。从图 10-41 中可得

$$h_c = h_w - \Delta K = h_w - Kz(\psi/360°) \qquad (10\text{-}13)$$

式中
$$\psi = \gamma_{f_1} - \gamma_f$$

由 $\triangle OEB$ 可得

$$\sin\gamma_{f_1} = R\sin\gamma_f/(R - h_w) \qquad (10\text{-}14)$$

铲刀齿形角 β_c 可按下式求出

$$\tan\beta_c = h_w\tan\beta_w/h_c \qquad (10\text{-}15)$$

式中 β_w——工件轴向断面内齿形角。

用铲刀铲削铣刀时，通常可用样板沿着铣刀前面检查齿形，所以还必须求出铲齿铣刀前面高度 h_γ。由图 10-41 可知

$$h_\gamma = (R_1\sin\psi)/\sin\gamma_f \qquad (10\text{-}16)$$

前面中齿形角 β_γ 可按下式计算

$$\tan\beta_\gamma = (h_w\tan\beta_w)/h_\gamma \qquad (10\text{-}17)$$

成形铣刀的结构尺寸通常根据工件廓形最大高度等加工条件来决定。

复习思考题

10-1 用图表示圆柱形铣刀和面铣刀的静止参考系和几何角度。

10-2 标注出图 10-1 所示的各种铣刀铣削时的背吃刀量 a_p 和侧吃刀量 a_e。

10-3 试述铣削过程特点。

10-4 试分析比较圆柱铣削时顺铣和逆铣主要优缺点。

10-5 试述硬质合金面铣刀产生破损原因，可采取哪些措施来减少破损。

10-6 试述常用各种铣刀的结构特点，使用场合？怎样选择其主要参数？

10-7 铲齿曲线应满足哪几个要求？通常采用什么曲线作为铲齿曲线？

10-8 用铲齿成形铣刀铣削 $10 \times 102\text{mm} \times 112\text{mm} \times 16\text{mm}$，45 钢花键轴。已知铣刀参数：铣刀外径 $d = 80\text{mm}$、$\gamma_f = 5°$、齿数 $z = 10$、铲削量 $K = 4.5\text{mm}$。求铣刀轴向和前面廓形。

10-9 试分析可转位硬质合金螺旋齿玉米铣刀提高切削效率的机理。

第十一章 螺纹刀具

螺纹刀具指加工内外螺纹的刀具。它可以分为车刀类、铣刀类、拉刀类以及螺纹滚压工具类。其中有代表性的也是应用较广的是丝锥。本章着重介绍丝锥的结构、类型与选用,并介绍其他类型螺纹刀具的结构与选用方法。

第一节 丝 锥

一、丝锥的结构与几何参数

丝锥的基本结构是一个轴向开槽的外螺纹。图 11-1 所示是最常用的普通螺纹丝锥。在它的切削部分上铲磨出锥角 2ϕ,以使切削负荷分配到几个刀齿上。校正部分有完整的齿形,以控制螺纹参数并引导丝锥沿轴向运动。柄部方尾供与机床联接,或通过扳手传递转矩。丝锥轴向开槽以容纳切屑,同时形成前角。切削锥的顶刃与齿形侧刃经铲磨形成后角。丝锥的中心部有锥心,用以增强丝锥的强度。

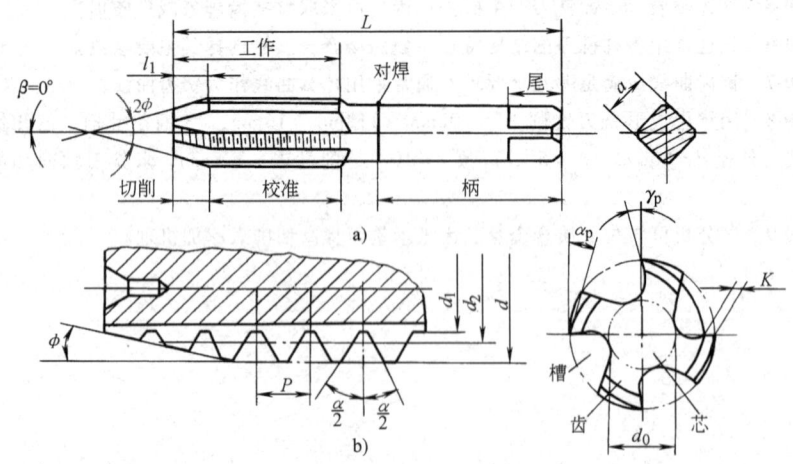

图 11-1 丝锥的结构

攻螺纹的切削运动是丝锥的旋转与轴向移动组合成的螺旋运动。当切出一段螺纹后,丝锥齿侧就能与螺纹螺旋面咬合,自动引导攻入。丝锥的切削部分可理解为一把螺旋拉刀。切削顶刃按螺旋面展开,其半径递增形成齿升量 a_f,校正部分齿形无齿升量,相当于拉刀的校正齿。

丝锥的参数包括螺纹参数与切削参数两部分。螺纹参数有大径 d、中径 d_2、小径 d_1、螺距 P 及牙形角 α 等,由被加工的螺纹的规格来确定。切削参数有锥角 2ϕ、前角 γ_p、后角 α_p、槽数 Z 等,由被加工的螺纹的精度、尺寸来选择。

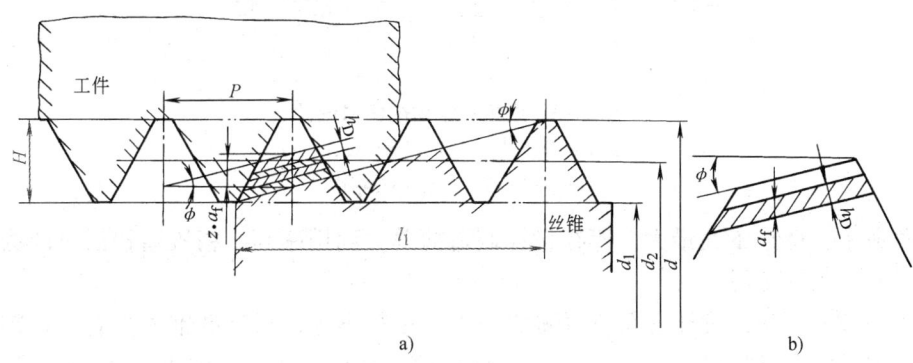

图 11-2　丝锥的切削参数
a) 结构图　b) 齿形放大图

由图 11-2 可知,锥角 2ϕ、切削部分长度 l_1、原始三角形高度 H 之间的关系为

$$\tan\phi = \frac{H}{l_1} \tag{11-1}$$

刀齿径向齿升量

$$a_f = \frac{P\tan\phi}{Z} \tag{11-2}$$

式(11-1)、式(11-2)表明,在螺距、槽数不变的情况下,切削锥角愈大,齿升量与切削厚度也愈大,而切削部分长度就愈小。这就使攻螺纹时导向性变差,加工表面粗糙度增大。如果切削锥角磨得过小,则齿升量与切削厚度就减小,使切削变形增大,转矩增大,切削部分长度增长,使攻螺纹时间延长。

为解决以上的矛盾,丝锥标准中推荐手用成套丝锥是 2~3 支为一组,成套丝锥的锥半角 ϕ 值如下:

头锥:锥半角 ϕ 较小,约 4°30′,切削部分长度为 8 牙。
二锥:锥半角 ϕ 约 8°30′,切削部分长度为 4 牙。
精锥:锥半角 ϕ 约 17°,切削部分长度为 2 牙。

一般材料攻通孔螺纹时,往往直接使用二锥攻螺纹。在加工较硬材料或尺寸较大的螺纹时,就用 2~3 支成组丝锥,依次分担切削工作量,以减轻丝锥的单齿负荷。攻不通孔螺纹时,最后必须采用精锥。

成组丝锥切削图形有两种设计方案,如图 11-3 所示。其中:

(1) 等径设计　每支丝锥大、中、小径相等,仅切削锥角不等。头锥 ϕ

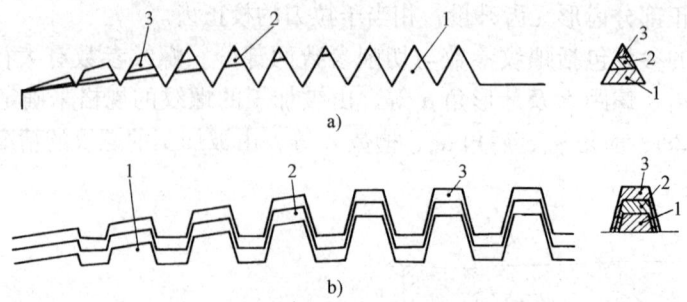

图 11-3 成组丝锥切削图形设计
a) 等径设计 b) 不等径设计
1—头锥 2—二锥 3—精锥

角最小，精锥 ϕ 角最大。等径设计制造简单，利用率高。精锥磨损后可改为二锥、头锥使用。

（2）不等径设计 每支丝锥大、中、小径不等，只有精锥才具有工件螺纹要求的廓形与尺寸。不等径设计负荷分配合理，齿顶、齿侧均有切削余量，适用于高精度螺纹或梯形螺纹丝锥。

普通丝锥做成直槽。如需控制排屑方向，可选用螺旋槽丝锥，或将切削部分磨出槽斜角。加工通孔右旋螺纹用左旋槽，使切屑从孔底排出。加工不通孔右旋螺纹用右旋槽，使切屑从孔口排出。此外螺旋槽丝锥增大了实际前角，有效的降低了转矩，提高了螺纹加工表面质量。

二、丝锥的结构类型与应用特点

丝锥按加工螺纹的形状、切削方式及本身的结构可分为许多类型。表 11-1 列举了几种丝锥的名称、特点和应用范围。

表 11-1 丝锥的结构特点与应用范围

类型	简图及国标代号	特 点	适用范围
手用丝锥	手用、机用丝锥 GB/T3464.1—2007	手动攻螺纹，常为两把成组使用。用合金工具钢制造	单件小批生产通孔、不通孔螺纹
机用丝锥	长柄机用丝锥 GB/T3464.3—2007	用于钻、车、镗、铣床上，切削速度较高，经铲磨齿形。用高速钢制造	成批大量生产通孔、不通孔螺纹

(续)

类型	简图及国标代号	特　点	适用范围
螺母丝锥	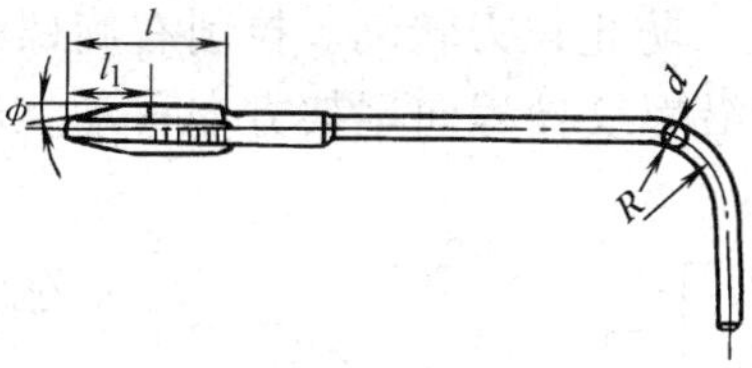 短柄：GB/T967—2008； 长柄：JB/T8786—1998	切削锥较长，攻螺纹完毕工件从柄尾流出，丝锥不需倒转。分短柄、长柄、弯柄三种结构	大量生产专供螺母攻螺纹（M2～52）
锥形丝锥	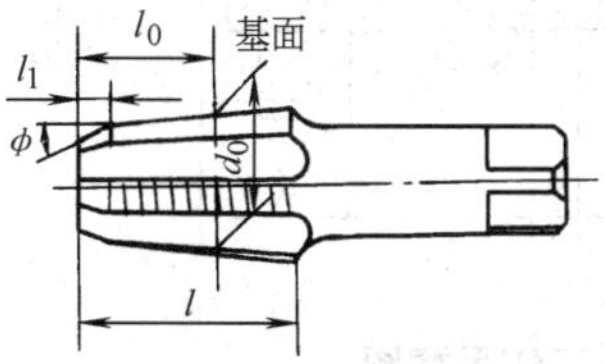	切削锥角与螺纹锥角相等，无校准部分。攻螺纹时要强迫做螺旋运动，并控制攻螺纹长度	专供锥管螺纹攻螺纹
板牙丝锥		切削锥加长，齿槽数增多	板牙攻螺纹
螺旋槽丝锥	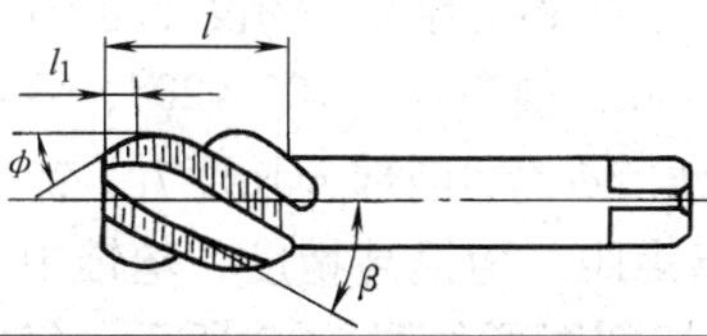	螺旋槽排屑效果好，并使切削实际前角增大，降低转矩	中小尺寸螺孔，不锈钢、铜铝合金材料攻螺纹
刃倾角丝锥	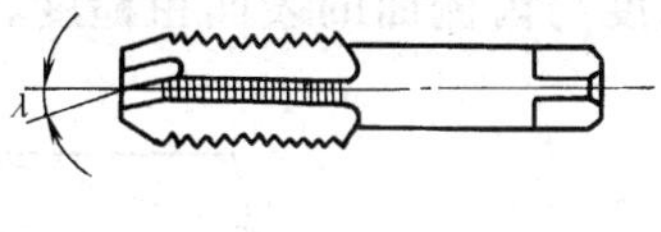	将直槽丝锥切削部分磨出刃倾角（$\lambda_s = 10° \sim 30°$）。具有螺旋槽丝锥优点，而且制造简单	通孔螺纹
跳牙丝锥	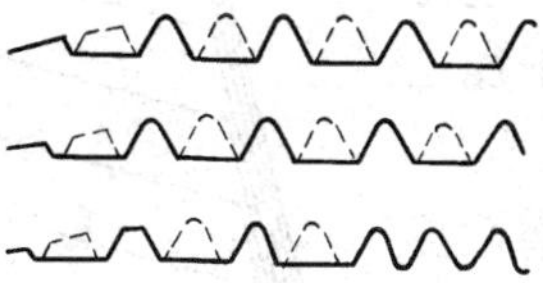	奇数槽丝锥将工作部分齿牙沿螺旋线间隔磨去。改善切削变形与摩擦条件，防止齿形拉毛、烂牙、崩齿	韧性材料细牙螺纹
内贮屑丝锥	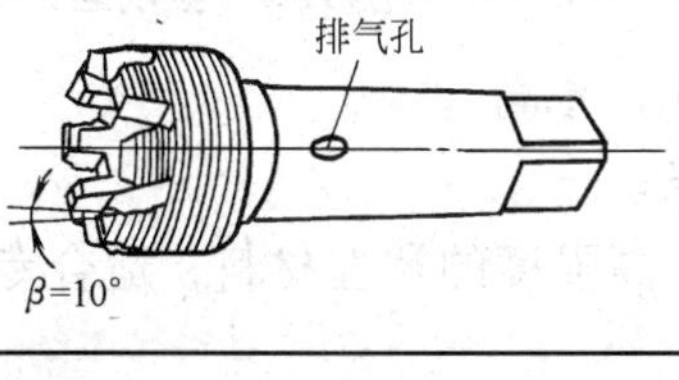 $\beta=10°$	丝锥芯部有贮屑孔，切削锥部开有若干不通槽，形成前角与刃倾角。改善精锥导向与排屑性能	用于大直径高精度螺孔的精锥

三、拉削丝锥

拉削丝锥可以加工梯形、方形、三角形单头或多头内螺纹。在普通车床上一次拉削成形，效率很高，操作简单，质量稳定。

拉削丝锥的工作情况如图11-4所示。先将工件套入丝锥的前导部，再将工件夹紧，用插销把拉刀与刀架联接，防止拉刀转动。拉削右旋螺纹时工件由车床主轴带动反向旋转，拉刀同时沿螺纹导程向尾架方向移动。丝锥拉出工件后，螺孔就加工完毕。

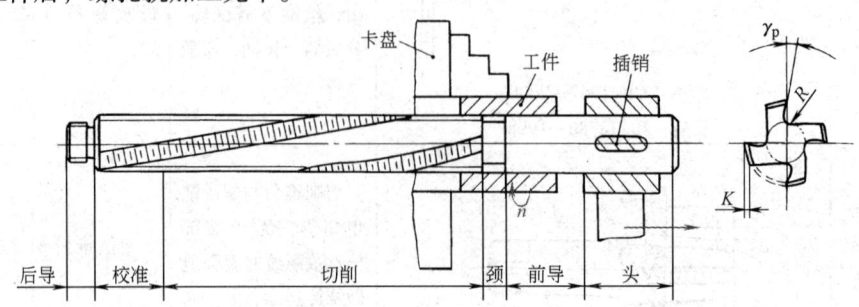

图11-4　拉削丝锥工作示意图

拉削丝锥实质上是一把螺旋拉刀。它的结构设计与几何参数选择是综合了丝锥、铲齿成形铣刀、拉刀三种刀具的设计方法。其中螺纹部分的参数、切削锥角、校准部分的齿形等都属于梯形丝锥参数。后角、铲削量、前角及齿形角修正都按铲齿成形铣刀设计方法计算。头、颈和引导部分的设计均类似拉刀。

拉削丝锥一般齿升量是 $0.01\sim0.02\mathrm{mm}$，前角 $\gamma_p = 10°\sim20°$，后角 $\alpha_p = 4°\sim5°$。当选定槽数 Z 后，即可计算出锥角 2ϕ、切削部分长度 l_1、铲削量 K 等切削参数。校准部分长度为（4~5）倍螺距。为提高精度，丝锥中径做出微量正锥度（约 $0.5\mathrm{mm}$），切削锥部分的切削图形如图11-5所示。每个刀齿侧刃均有微小的切削余量，以保证齿形精度与齿侧面的表面粗糙度。这是拉削丝锥设计的重要特点之一。

四、挤压丝锥

挤压丝锥不开容屑槽，也无切削刃。它是利用塑性变形的原理加工螺纹的，可用于加工中小尺寸的内螺纹。它的主要优点是：

1) 挤压后的螺纹表面组织紧密，耐磨性提高。攻螺纹后扩张量极小，螺纹表面被挤光，提高了螺纹的精度。

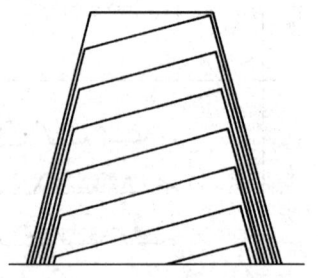

图11-5　拉削丝锥切削图形

2) 可高速攻螺纹，无排屑问题，生产率高。

3) 丝锥强度高，不易折断，寿命长。

挤压丝锥主要适用于加工高精度、高强度的塑性材料，适合专用机床或自动生产线上使用。

图11-6所示为挤压丝锥的结构。切削部分的大径、中径、小径均作出正锥角，攻螺纹时先是齿尖挤入，逐渐扩大到全部齿，最后挤压出螺纹齿形。挤压丝锥的端截面呈多棱形，以减少接触面，降低转矩。

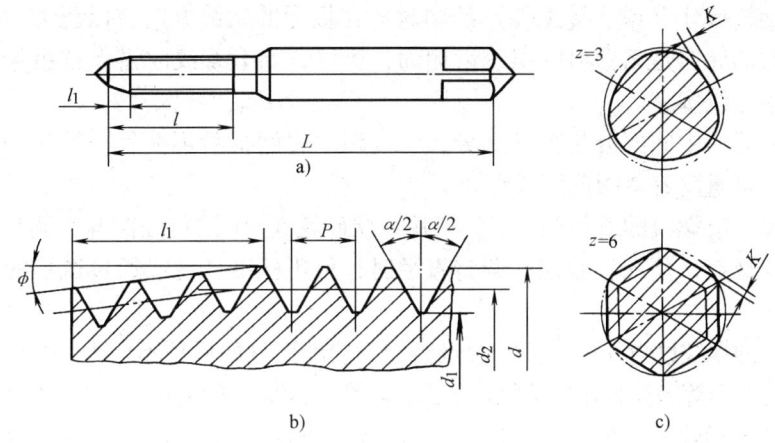

图 11-6　挤压丝锥

a) 结构图　b) 齿形放大图　c) 端截面放大图

挤压丝锥的直径应比普通丝锥增加了一个弹性恢复量，常取 $0.01P$。挤压丝锥的直径、螺距等参数制造精度要求较高。

选用挤压丝锥时，预钻孔直径可取螺纹底径加上一个修正量。修正量的数值与工件材料有关，需通过工艺实验决定。

第二节　其他螺纹刀具

一、板牙

板牙是加工与修整外螺纹的标准刀具。它的基本结构是一个螺母，轴向开出容屑孔以形成切削齿前面。因结构简单，制造使用方便，故在中小批生产中应用很广。

加工普通外螺纹常用圆板牙，其结构如图 11-7 所示。圆板牙左右两个端面上都磨出切削锥角 2ϕ，齿顶经铲磨形成后角。

套丝时先将圆板牙放在板牙套中，用紧定螺丝固紧。然后套在工件外圆

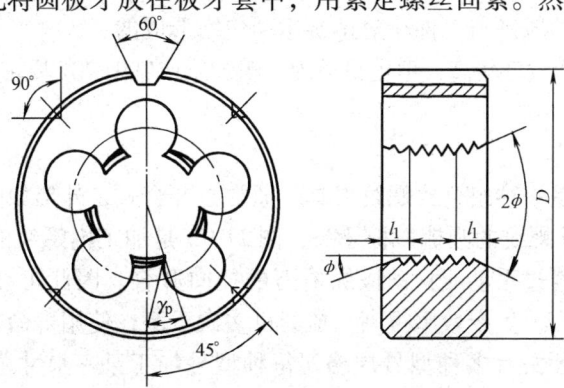

图 11-7　圆板牙

上，在旋转板牙（或旋转工件）的同时应在板牙的轴线方向施以压力。因为套螺纹时的导向是靠套出的螺纹齿侧面，所以开始套螺纹时需保持板牙端面与螺纹中心线垂直。

圆板牙的中间部分是校准部分，一端切削刃磨损后可换另一端使用。都磨损后，可重磨容屑槽前面或废弃。

当加工出螺纹的直径偏大时，可用片状砂轮在60°缺口处割开，调节板牙架上紧定螺钉，使孔径收缩。调整直径时，可用标准样规或通过试切的方法来控制。

板牙的螺纹廓形在内表面，很难磨制。校准部分的后角不但为零，而且热处理后的变形等缺陷也难以消除。因此，板牙只能加工精度要求不高的螺纹。

板牙外形除圆形外，还有四方、六方形，它们适合用四方或六方扳手带动，一般在狭窄加工现场作修理工作用。此外还有管形或拼块结构，它们分别适用于转塔车床、自动车床及钳工修理工作。

二、螺纹铣刀

螺纹铣刀有盘形、梳形与铣刀盘三类，多用于铣削精度不高或对螺纹粗加工，但都有较高的生产率。

盘形螺纹铣刀用于粗切蜗杆或梯形螺纹，工作情况如图11-8a所示。铣刀与工件轴线交错ψ角（ψ角等于工件的螺纹升角）。由于是铣螺旋槽，为减少铣槽的干涉，直径宜选得较小，齿数选择较多，以保持铣削的平稳。为改善切削条件，刀齿两侧可磨成交错的，以增大容屑空间，但需有一个完整的齿形，以供检验。

梳形螺纹铣刀由若干个环形齿纹构成，宽度大于工件的长度，一般作成铲齿结构，用于专用的铣床上加工较短的三角形螺纹。其工作情况如图11-8b所示。工件转一周，铣刀相对工件轴线移动一个导程，即可全部铣出螺纹。

铣刀盘是指用硬质合金刀头的高速铣削螺纹刀具。常见的有内、外旋风铣削刀盘。刀盘轴线相对工件轴线倾斜一个螺旋升角，刀盘高速旋转形成主运动。工件每转一周，旋风头沿工件轴线移动一个导程作进给运动。螺纹表面是切削刃运动的轨迹与工件相对螺旋运动包络形成的。

铣刀盘的生产效率较高，但也只适用于粗加工或铣削精度要求不高的螺纹。

三、板牙头

螺纹板牙头是一种组合式螺纹刀具，通常是开合式，外形如图11-9所示。图11-9a是加工外螺纹的圆梳刀板牙头，图11-9b是加工内螺纹的径向梳刀板牙头。使用时可通过手动或自动操纵梳刀的径向开合。因此可在高速切削螺纹时达到快速退刀，生产效率很高。梳刀可多次重磨，使用寿命较长。

螺纹梳刀板牙头有多种型号规格，每种型号加工某一尺寸范围，螺纹尺寸可在此范围内调节。

板牙头结构复杂，成本较高。通常在转塔、自动和组合机床上使用。

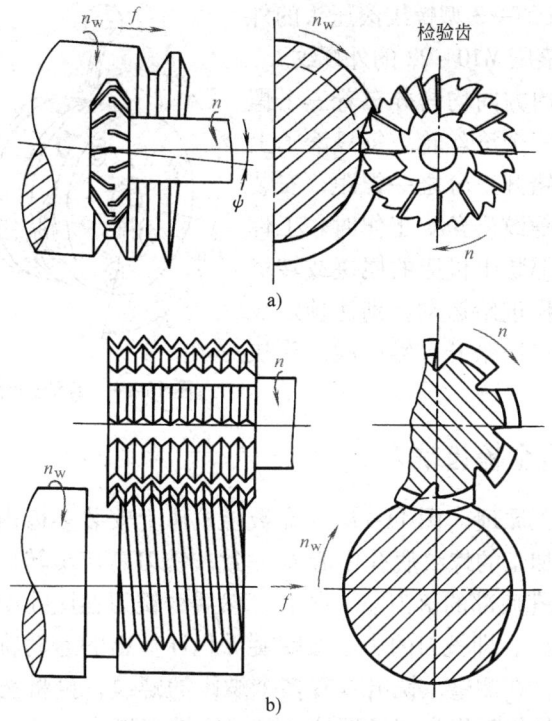

图 11-8 螺纹铣刀
a)盘形螺纹铣刀 b)梳形螺纹铣刀

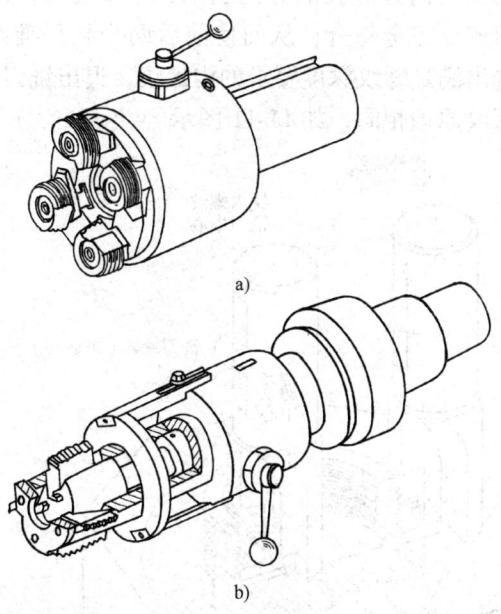

图 11-9 板牙头
a)圆梳刀板牙头 b)切向螺纹梳刀板牙头

自动开合螺纹板牙头是一种高精度、高效率的工具,适合在卧式车床、转塔车床、自动车床上使用。

图 11-10 是 YGT—3 型螺纹滚压头的外形结构，适用于滚压 M10～22 的外螺纹。

滚压头在圆周方向均匀分布着三个螺纹滚子，相当于三个滚丝轮。每只滚子上的环形齿纹相互错开三分之一螺距，安装时都倾斜了一个螺纹升角。工作时，工件旋转，滚压头柄部装于机床的尾座或转塔刀架上，沿轴向作进给运动，到达预定长度后，三个滚子自动张开，然后滚压头快速返回。

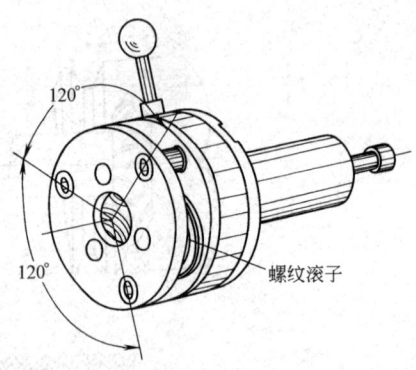

图 11-10　自动开合螺纹滚压头

四、硬质合金梳齿铣刀

螺纹铣刀加工原理（图 11-11）。在数控机床上安装多齿内螺纹铣刀，其坐标原点应与预加工的螺纹底孔中心 O 一致。铣刀高速旋转后，将铣刀中心从 O 点推进到底孔底部的落刀点 L 位置，然后令铣刀在底孔中围绕孔心按螺旋线导程旋转 360°，即铣刀的中心按螺旋导程计算出的运动轨迹绕螺纹中心作螺旋进刀运动，在侧壁上铣出具有多个螺距的螺纹，再将铣刀沿径向退回到孔心处。如果梳铣刀齿长超过螺纹长度，则铣刀绕中心转一周就可加工完毕。如果梳铣刀齿长小于螺纹长度，则铣刀绕中心转一周后须再移动螺距的整数倍，即沿底孔的轴向离开底孔的方向退出一个高度 H，使铣刀的刀尖与上个导程的螺纹的轨迹点完全吻合，从而使前后两个导程准确衔接，重复上述步骤，根据需要铣出满足螺纹深度要求的内螺纹，退出铣刀，加工完成。

铣外螺纹与内螺纹原理相同，如 11-11 图示。

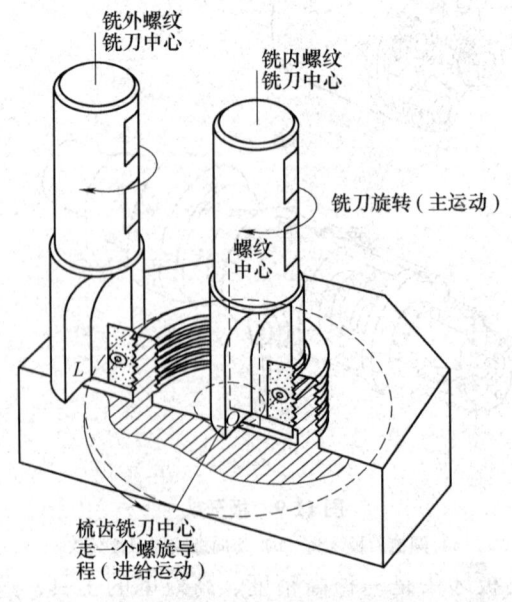

图 11-11　硬质合金梳齿铣刀

梳齿螺纹铣刀的工艺具有多方面的优点：

1) 在数控、加工中心设备上采用螺旋插补方式铣削螺纹，可获得高精度螺纹。是现代高速加工螺纹用的先进刀具。选用可更换刀片，可减少重磨，提高螺纹切削效率。

2) 螺纹梳铣刀的加工工艺与螺纹车刀、丝锥等螺纹刀具比较，还具有其特殊的优点。既可加工非回转体零件内螺纹和外螺纹；一个螺纹刀片，可加工相同螺距，不同直径、不同旋向的螺纹。大大减少刀具的储备。同时避免了常规攻螺纹时的切屑阻塞、攻螺纹时丝锥折断的危险。

螺纹梳铣刀铣削大直径螺纹时，更能大大降低成本。

3) 铣锥螺纹时，不需事先加工出锥孔。

复习思考题

11-1 螺纹刀具有哪些类型？它们各适合在什么场合，加工哪些类型螺纹？

11-2 图示丝锥结构及其主要切削角度与齿形参数。

11-3 常用丝锥有哪些类型，它们的结构特点，适用范围如何？

11-4 为什么说拉削丝锥实质上是一把螺旋拉刀，试用拉刀、铲齿成形铣刀的结构参数分析拉削丝锥的几何参数。

11-5 螺旋槽丝锥的实际前角用何公式计算？

11-6 比较挤压丝锥与普通丝锥的优缺点。

11-7 圆板牙，盘形、梳形螺纹铣刀，板牙头等刀具的结构及其工作原理如何？

第十二章 切齿刀具

切齿刀具是指切削各种齿轮、蜗轮、链轮和花键等齿廓形状的刀具。切齿刀具种类繁多，本章主要介绍加工渐开线圆柱齿轮的铣刀、滚刀、插齿刀的工作原理及其选择使用方法。

第一节 切齿刀具的分类

按照齿形的形成原理，切齿刀具可分为两大类。

一、成形法切齿刀具

这类刀具切削刃的廓形与被切齿槽形状相同或近似相同。较典型的成形法切齿刀具有两类。

1. 成形齿轮铣刀（图12-1a）

它是一把铲齿成形铣刀，可加工直齿与斜齿轮。工作时铣刀旋转并沿齿槽方向进给，铣完一个齿后工件进行分度，再铣第二个齿。盘形齿轮铣刀加工精度不高，效率也较低，适合单件小批生产或修配工作。

2. 指形齿轮铣刀（图12-1b）

它是一把成形立铣刀。工作时铣刀旋转并进给，工件分度。这种铣刀适合于加工大模数的直齿、斜齿轮，并能加工人字齿轮。

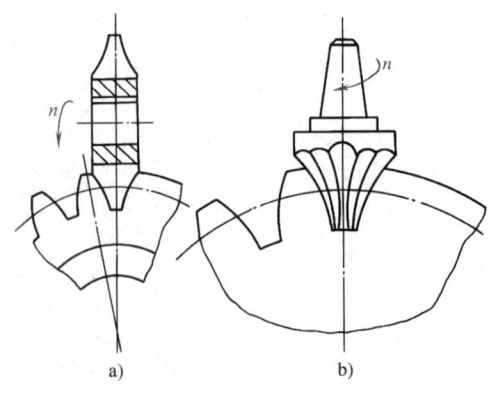

图12-1 成形齿轮铣刀
a）成形齿轮铣刀 b）指形齿轮铣刀

二、展成法切齿刀具

这类刀具切削刃的廓形不同于被切齿轮任何断面的槽形。切齿时除主运动外，还需有刀具与齿坯的相对啮合运动，称为展成运动。工件齿形是由刀具齿形在展成运动中若干位置包络切削形成的。

展成切齿法的特点是一把刀具可加工同一模数的任意齿数的齿轮,通过机床传动链的配置实现连续分度,因此刀具通用性较广,加工精度与生产率较高,在成批加工齿轮时被广范使用。较典型的展成切齿刀具如图 12-2 所示。

图 12-2a 是齿轮滚刀的工作情况。滚刀相当于一个开有容屑槽的、有切削刃的蜗杆状的螺旋齿轮。滚刀与齿坯啮合传动比由滚刀的头数与齿坯的齿数决定,在展成滚切过程中切出齿轮齿形。滚齿可对直齿或斜齿轮进行粗加工、半精加工或精加工。

图 12-2b 是插齿刀的工作情况。插齿刀相当于一个有前后角的齿轮。插齿刀与齿坯啮合传动比由插齿刀的齿数与齿坯的齿数决定,在展成滚切过程中切出齿轮齿形。插齿刀常用于加工带台阶的齿轮,如双联齿轮、三联齿轮等。特别能加工内齿轮及无空刀槽的人字齿轮,故在齿轮加工中应用很广。

图 12-2c 是剃齿刀的工作情况。剃齿刀相当于齿侧面开有屑槽形成切削刃的螺旋齿轮。剃齿时剃齿刀带动齿坯滚转,相当于一对螺旋齿轮的啮合运动。在啮合压力下剃齿刀与齿坯沿齿面的滑动将切除齿侧的余量,完成剃齿工作。剃齿刀一般用于 6 级、7 级精度齿轮的精加工。

图 12-2d 是弧齿锥齿轮铣刀盘的工作情况。这种铣刀盘是专用于铣切螺旋锥齿轮的刀具。例如加工汽车后桥传动齿轮就必须使用这类刀具。铣刀盘高

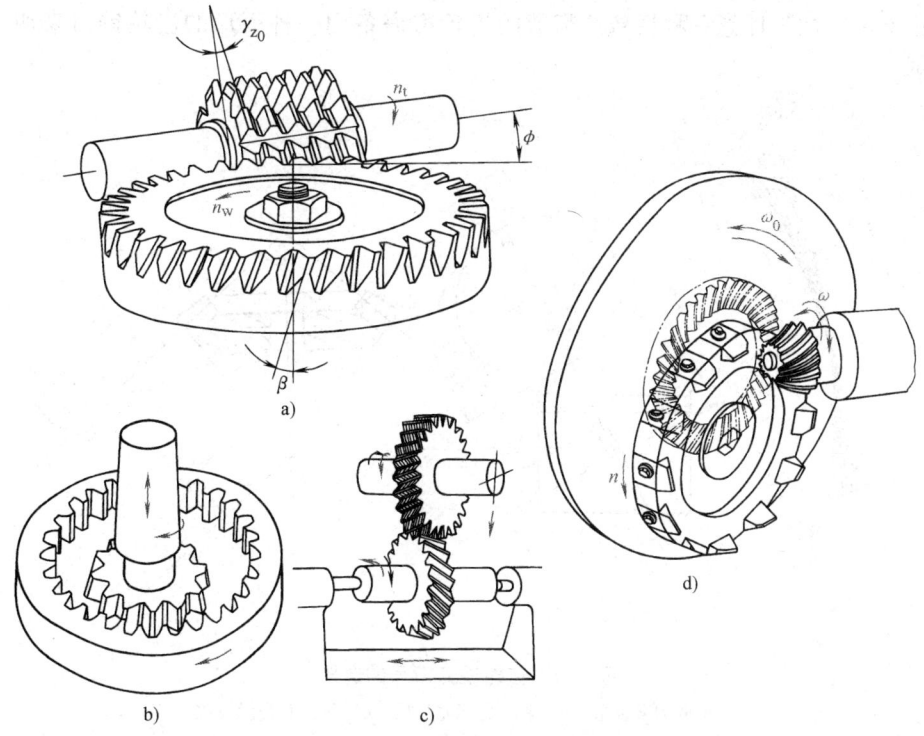

图 12-2 展成切齿刀具
a) 齿轮滚刀 b) 插齿刀 c) 剃齿刀 d) 弧齿锥齿轮铣刀盘

速旋转是主运动。刀盘上刀齿回转的轨迹相当于假想平顶齿轮的一个刀齿，这个平顶齿轮由机床摇台带动与齿坯作展成啮合运动，切出被切齿坯的一个齿槽。然后齿坯退回分齿，摇台反向旋转复位，再展成切削第二个齿槽，依次完成弧齿锥齿轮的铣切工作。

按照被加工齿轮的类型，切齿刀具又可分为以下几类：

1）加工渐开线圆柱齿轮的刀具：如齿轮铣刀、滚刀、插齿刀、剃齿刀等。

2）加工蜗轮的刀具：如蜗轮滚刀、飞刀、剃刀等。

3）加工锥齿轮的刀具：如直齿锥齿轮刨刀、弧齿锥齿轮铣刀盘等。

4）加工非渐开线齿形工件的刀具：如摆线齿轮刀具、花键滚刀、链轮滚刀等。这类刀具有的虽然不是切削齿轮，但其齿形的形成原理也属于展成法，所以也归属于切齿刀具类。

第二节　齿轮铣刀

齿轮铣刀一般做成盘形，可用于加工模数为 0.3～16mm 的圆柱齿轮。实质上它就是一把铲齿成形铣刀，其廓形由齿轮的模数、齿数、分圆压力角决定。如图 12-3 所示，齿轮的齿数愈少，基圆直径就愈小，渐开线齿形曲率半径也就愈小。齿数多到无穷大时，齿轮变为齿条，齿形变为直线。因此从理论上说，加工任意一种模数、齿数的齿轮都需备用一种刃形的齿轮铣刀来切削。

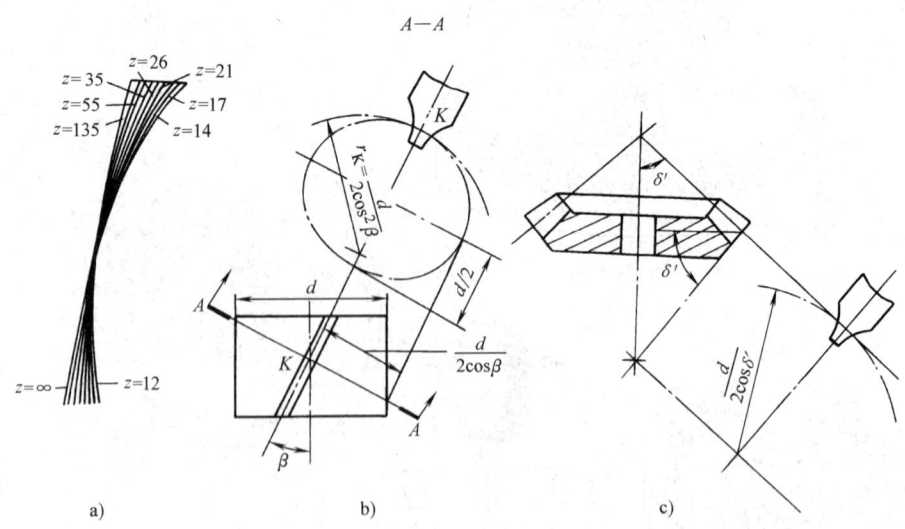

图 12-3　齿轮铣刀刀号的选择
a) 不同刀号齿形　b) 斜齿轮当量齿数　c) 锥齿轮当量齿数

为减少铣刀的储备，每一种模数的铣刀，由 8 或 15 把铣刀组成一套，每一铣刀号用于加工某一齿数范围的齿轮，详见表 12-1。

表 12-1 齿轮铣刀刀号及其加工齿数

铣刀号		1	$1\frac{1}{2}$	2	$2\frac{1}{2}$	3	$3\frac{1}{2}$	4	$4\frac{1}{2}$
加工齿数	$m=0.3\sim8$mm 8件一套	12~13		14~16		17~20		21~25	
	$m=9\sim16$mm 15件一套	12	13	14	15~16	17~18	19~20	21~22	23~25
铣刀号		5	$5\frac{1}{2}$	6	$6\frac{1}{2}$	7	$7\frac{1}{2}$	8	
加工齿数	$m=0.3\sim8$mm 8件一套	26~34		35~54		55~134		≥135	
	$m=9\sim16$mm 15件一套	26~29	30~34	35~41	42~54	55~79	80~134	≥135	

表 12-1 中每种铣刀号的齿形是按加工齿数范围中最小的齿数设计的。如加工的齿数不是范围中最小者，将有齿形误差。这种误差将使加工的齿轮除分圆处以外的齿厚变薄，增大了齿侧间隙，这对低精度的齿轮是允许的。

在修配工作中，齿轮铣刀也可用于加工斜齿轮。此时需按齿轮的法向模数选择铣刀模数，按法平面的当量齿数 z_V 选择铣刀刀号。由图 12-3 知，齿槽 K 点曲率半径为 r_K

$$r_K = d/2\cos^2\beta$$

以 $2r_K$ 为分圆的齿轮齿数就是当量齿数

$$z_V = z/\cos^3\beta \qquad (12\text{-}1)$$

式中　β——分圆螺旋角；

　　　z——齿数。

因为斜齿轮的法平面不是渐开线，再加上选择刀号、分度等误差。所以用齿轮铣刀加工斜齿轮的精度不高于 9 级。

加工低精度的直齿锥齿轮也可近似用齿轮铣刀。这种铣刀齿形按大端面上齿形设计，齿厚按小端面齿形计算，分圆压力角是 20°。

加工直齿锥齿轮用的齿轮铣刀带有"△"梯形标记，选择时需注意。选择铣刀号时需按齿轮锥面上的当量齿数 z_V 计算

$$z_V = z/\cos\delta' \qquad (12\text{-}2)$$

式中　δ'——锥齿轮节锥半角。

第三节　插　齿　刀

一、插齿刀工作原理

如图 12-4 所示，插齿刀的外形像一个齿轮，齿顶、齿侧做出后角，端面做出前角，形成切削刃。

插齿的主运动是插齿刀的上下往复运动。切削刃上下运动轨迹形成的齿轮称作产形齿轮。插齿刀与齿坯相对旋转形成圆周进给运动，它相当于产形

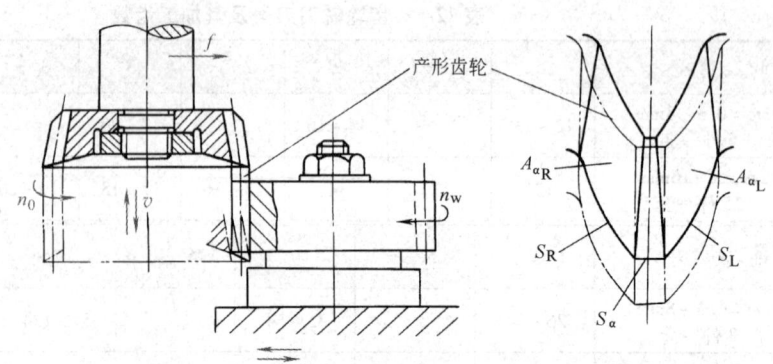

图 12-4 插齿刀工作原理

齿轮与被切齿轮作无间隙的啮合。所以插齿刀切出齿轮的模数、压力角与产形齿轮的模数、压力角相同，齿数由插齿刀与齿坯啮合运动的传动比决定。

插齿刀开始切齿时有径向进给，切到全齿深时停止进给。为减少插齿刀与齿面摩擦，插齿刀在返回行程时，齿坯有让刀运动。这些都靠机床上的机构（如凸轮）得以实现。

加工斜齿轮时，插齿刀的产形齿轮必须与被切齿轮坯螺旋角大小相等，旋向相反。插齿时插刀上下运动的同时，由机床上螺旋导轨装置使插齿刀形成附加的螺旋运动。插齿与滚齿比较，插齿的进给运动不受展成运动传动比的限制，因此可选用较慢的圆周进给，以增加齿形包络刃数，减小齿形表面粗糙度。

在高速插齿机上采用高性能涂层高速钢制造的插齿刀可有效提高插齿的生产率，已为当前广泛应用。

二、插齿刀结构分析

插齿刀的基本参数是模数 m、齿数 z_0 与齿形角 α_0。

分圆直径
$$d_0 = mz_0 \tag{12-3}$$

基圆直径
$$d_{b_0} = mz_0 \cos\alpha_0 \tag{12-4}$$

由于插齿刀有后角，所以如图 12-4 所示，齿顶刃后面及两侧刃后面均缩在产形齿轮之内。插齿刀重磨后直径减小，齿厚变薄。但仍要求齿形是同一基圆上的渐开线。所以插齿刀不同端断面相当于不等位移系数的变位齿轮。

如图 12-5 所示，设 0—0 断面的变位系数 $x_{00}=0$，称插齿刀的原始断面。Ⅰ—Ⅰ 断面 $x_{01} \geqslant 0$，Ⅲ—Ⅲ 断面 $x_{01} \leqslant 0$。不同断面的变位系数与其到原始断面的距离 b 成正比。变位量 x 是变位系数 x_0 与模数 m 的乘积。

$$x = x_0 m = b\tan\alpha_{pa}$$
$$x_0 = b\tan\alpha_{pa}/m \tag{12-5}$$

式中　x_0——任意断面齿形变位系数；

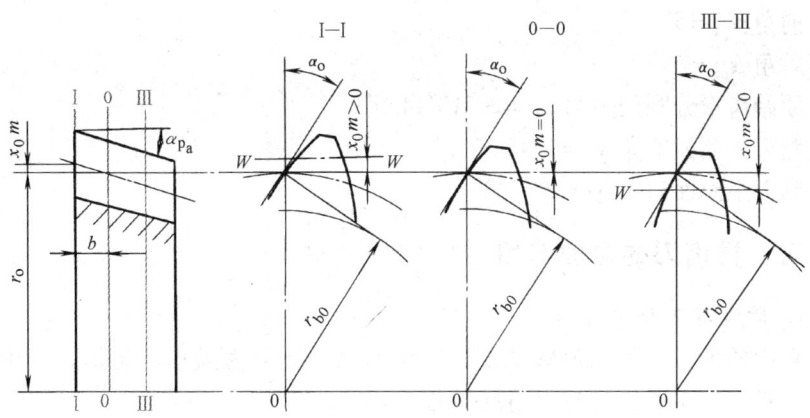

图 12-5 不同断面插齿刀的齿形

b——任意断面到原始断面之间距离，在原始断面前为正，在原始断面后为负；

α_{pa}——齿顶背后角。

任意断面插齿刀参数由下式计算

分圆半径 r_0

$$r_0 = mz_0/2 \tag{12-6}$$

顶圆半径 r_{ao}

$$r_{ao} = r_0 + m(h_a^* + c^* + x_0) \tag{12-7}$$

根圆半径 r_{fo}

$$r_{fo} = r_0 - m(h_a^* + c^* + x_0) \tag{12-8}$$

分圆齿厚 s_0

$$s_0 = m\pi/2 + 2x_0 m\tan\alpha_0 \tag{12-9}$$

插齿时啮合中心距 a_{01}

$$a_{01} = (z_1 + z_0)m\cos\alpha/2\cos\alpha' \tag{12-10}$$

插齿时啮合角 α'

$$\mathrm{inv}\alpha' = 2(x_1 + x_0)\tan\alpha/(z_1 + z_0) + \mathrm{inv}\alpha \tag{12-11}$$

实际生产中是通过测量被切齿坯公法线长度来控制插齿时啮合中心距以及插齿时啮合角的。

对某一插齿刀言，r_0、α_{pa}、α_0 是常数。分析插齿刀分圆齿厚知，s_0 值与 b 值成正比。因为插齿刀端断面是渐开线，柱断面是螺旋线，所以插齿刀齿侧表面是渐开螺旋面。插齿刀任意圆柱断面齿形是阿基米德螺旋线，两侧螺旋线方向相反。一侧相当于左旋螺旋齿轮，另一侧是右旋螺旋齿轮。制造插齿刀时，就是按齿侧螺旋面的参数来调整机床加工齿侧表面的。

为了补偿由于插齿刀前、后角造成的齿形误差，设计插齿刀时修正了的原始齿形角，比标准值略增大一点，使得磨出前、后角后，产形齿轮的分圆压力角接近 20°。

标准插齿刀的切削角度为

前角 $\gamma_{pa} = 5°$；

后角 $\alpha_{pa} = 6°$；

原始齿形分圆压力角 $\alpha_0 = 20°10'14.5''$；

侧刃主断面前角 $\gamma_o = 1°42'50''$；

侧刃主断面后角 $\alpha_o = 2°2'32''$。

三、插齿刀的合理选用

1. 插齿刀类型的选择

直齿插齿刀按加工模数范围、齿轮形状不同分为盘形、碗形、带锥柄等几种。它们的主要规格与应用范围见表 12-2。

表 12-2　插齿刀类型、规格与用途　　　　（单位：mm）

序号	类型	简图	应用范围	规格 d_0	规格 m	d_1 或莫氏锥度
1	盘形直齿插齿刀		加工普通直齿外齿轮和大直径内齿轮	$\phi 63$	$0.3 \sim 1$	31.743
				$\phi 75$	$1 \sim 4$	
				$\phi 100$	$1 \sim 6$	
				$\phi 125$	$4 \sim 8$	
				$\phi 100$	$6 \sim 10$	88.90
				$\phi 200$	$8 \sim 12$	101.60
2	碗形直齿插齿刀		加工塔形，双联直齿轮	$\phi 50$	$1 \sim 3.5$	20
				$\phi 75$	$1 \sim 4$	31.743
				$\phi 100$	$1 \sim 6$	
				$\phi 125$	$4 \sim 8$	
3	锥柄直齿插齿刀		加工直齿内齿轮	$\phi 25$	$0.3 \sim 1$	Morse No. 2
				$\phi 25$	$1 \sim 2.75$	
				$\phi 38$	$1 \sim 3.75$	Morse No. 3

插齿刀的精度分为 AA、A、B 三级，分别用于加工 6、7、8 级精度的圆柱齿轮。

2. 插齿刀选用时的校验

插齿刀选用时需根据被切齿轮的参数进行必要的校验，目的是防止切齿时产生顶切、根切或过渡曲线干涉。下面以直齿插齿刀切外齿轮为例，说明插齿刀校验的基本原理。

（1）校验过渡曲线干涉　图 12-6a 所示为插齿刀产形齿轮 O_0 与被切齿轮 O_1 啮合的情况。从图中看出极限啮合点 K_{01} 以上的齿形可以切出渐开线，K_{01} 以下的齿形是插齿刀齿角切出的过渡曲线。K_{01} 的曲率半径是 $\rho_{K_{01}}$。

图 12-6b 所示为齿轮 O_1 与配对齿轮 O_2 的啮合情况。从图中可以看出极限

啮合点在 K_{21}、K_{21} 的曲率半径是 $\rho_{K_{21}}$。

当 $\rho_{K_{21}} < \rho_{K_{01}}$ 时，说明齿轮 O_2 的齿顶渐开线与齿轮 O_1 的过渡曲线啮合。显然此时不能满足传动的要求，称为过渡曲线干涉。

校验不产生过渡曲线干涉的条件是

$$\rho_{K_{21}} > \rho_{K_{01}} \tag{12-12}$$

从图 12-6 的几何关系可推导出如下计算式

$$\rho_{K_{01}} = a_{01}\sin\alpha_{01} - \sqrt{r_{a_0}^2 - r_{b_0}^2} \tag{12-13}$$

$$\rho_{K_{21}} = a_{12}\sin\alpha_{21} - \sqrt{r_{a_2}^2 - r_{b_2}^2} \tag{12-14}$$

插齿刀变位系数愈大，产生过渡曲线干涉的可能愈大。因此，新插齿刀校验不产生过渡曲线干涉后，重磨后则更安全。

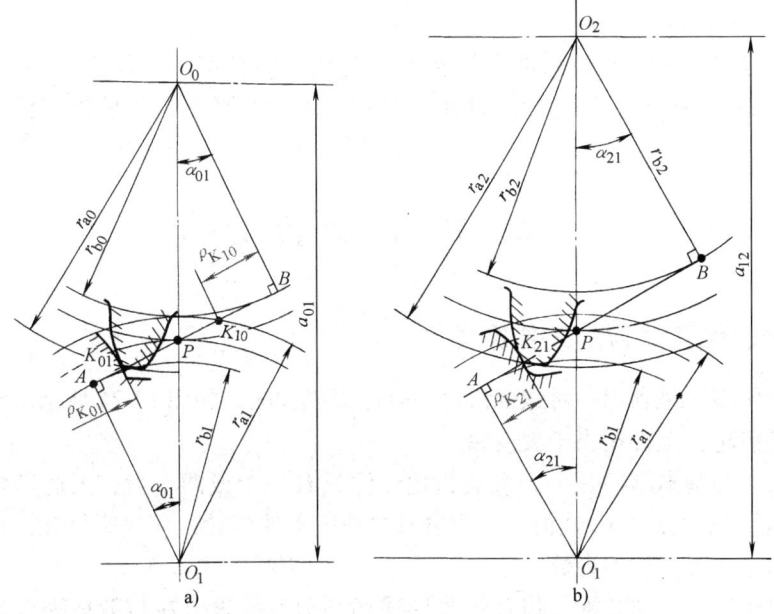

图 12-6 插齿刀与被切齿轮啮合示意图
a) 插齿刀与被切齿轮啮合　b) 被切齿轮与配对齿轮啮合

(2) 校验根切　在图 12-6a 中，若刀具 O_0 齿顶深入到齿轮 O_1 基圆之内，则插齿刀齿角运动轨迹将把齿轮根部沉割，称为根切。根切影响齿轮的强度。

显然，不产生根切的条件是：$\rho_{K_{01}} > 0$。

插齿刀变位系数愈小，被切齿轮齿数愈少，根切的可能性愈大。因此用旧的插齿刀切少齿数的小齿轮时特别要校验根切。

(3) 校验顶切　在图 12-6a 中，若齿轮 O_1 齿顶深入到插齿刀 O_0 基圆之内，则齿轮的齿顶不可能被切出渐开线齿形，称为顶切。顶切影响齿轮的正常传动。

显然，不产生顶切的条件是：$\rho_{K_{10}} > 0$。

插齿刀变位系数愈小，被切齿轮齿数愈多，顶切的可能性愈大。因此用旧的插齿刀切较多齿数的大齿轮时特别要校验顶切。

(4) 插齿刀产形齿轮变位系数的测定 插齿刀选用校验时，首先要测定端面刃形产形齿轮的变位系数 x_0。常用的方法是测量前端面齿的公法线 W'，然后用下式换算

$$x_0 = (W' - W)/2m\sin\alpha_0 \tag{12-15}$$

式中　W'——实测插齿刀端面公法线长；

　　　W——$x_0 = 0$ 时公法线长。

$$W = m\cos\alpha_0[\pi(k - 0.5) + z_0\mathrm{inv}\alpha_0] \tag{12-16}$$

$$k = 0.111z_0 + 0.5 \tag{12-17}$$

式中　α_0——原始齿形角；

　　　k——测公法线时的跨齿数；

　　　z_0——插齿刀齿数。

3. 插齿刀安装

插齿刀与工件安装精度直接影响齿轮加工的精度。刀具安装的要求是：装夹可靠，垫板尽可能有较大直径与厚度，两端面平行且与插齿刀保持良好的接触。安装时需校正前面与外径的跳动量，一般不大于 $0.02\mathrm{mm}$。

第四节　齿 轮 滚 刀

一、齿轮滚刀的工作原理

齿轮滚刀是利用一对螺旋齿轮啮合原理工作的，如图 12-2a 所示。滚刀相当于小齿轮，工件相当于大齿轮。

滚刀的基本结构是一个螺旋齿轮，但只有一个或两个齿，因此其螺旋角 β_0 很大，螺旋升角 γ_{z0} 就很小，使滚刀的外貌不像齿轮，而呈蜗杆状。滚刀的头数即是螺旋齿轮的齿数。

由于滚刀轴向开槽，齿背铲磨形成切削刃，故滚刀在与齿坯啮合运动过程中就能切出齿轮槽形。被切齿轮的法向模数 m_n 和分圆压力角 α 与滚刀法向模数和法向齿形角相同，齿数 z_2 由滚刀的头数 z_0 与啮合传动比 i 决定。齿轮滚刀端面齿形具有渐开线，则滚切出的齿轮也具有渐开线齿形。

滚齿的主运动是滚刀的旋转。进给运动包括齿坯的转动及齿轮滚刀沿工件轴线的移动。调节滚刀与工件的径向距离，就可控制滚齿时的背吃刀量。滚切斜齿轮时，工件还有附加运动，它与滚刀的进给运动配合，可在工件圆柱表面切出螺旋齿槽。

为保持滚刀与工件齿向一致，如图 12-7 所示，齿轮滚刀安装时令其轴线与工件端面倾斜 ϕ 角。ϕ 角的调正有三种情况：

1) 滚刀与被切齿轮螺旋角旋向一致时，如图 12-7a 所示

$$\phi = \beta - \gamma_{z0} \tag{12-18}$$

2) 滚刀与被切齿轮螺旋角旋向相反时，如图 12-7b 所示

$$\phi = \beta + \gamma_{z0} \tag{12-19}$$

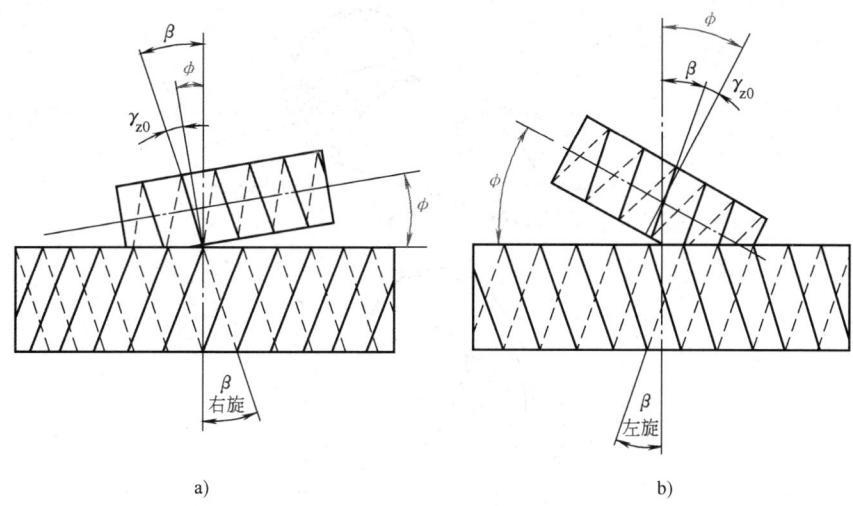

图 12-7 齿轮滚刀的安装角

a）螺旋线旋向一致 b）螺旋角旋向相反

3）被切齿轮是直齿轮时

$$\phi = \gamma_{z0} \quad (12\text{-}20)$$

式中 β——被切齿轮螺旋角；

γ_{z0}——滚刀螺旋升角。

二、滚刀产形蜗杆

如图 12-8 所示，滚刀左、右两侧切削刃分别分布在左右两个螺旋面上，这两个螺旋面构成的蜗杆称为滚刀的产形蜗杆。滚切齿轮时，就是滚刀的产形蜗杆与被切齿坯展成啮合的过程。

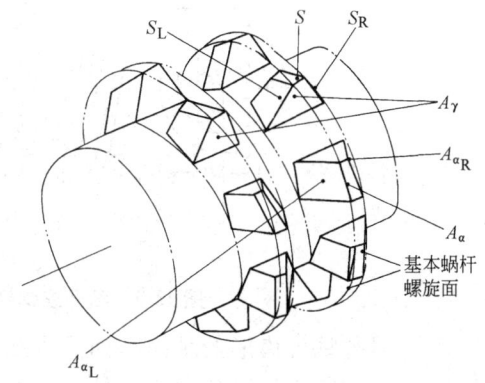

图 12-8 齿轮滚刀的产形蜗杆

齿轮滚刀设计时可选用三种产形蜗杆。

1. 渐开线蜗杆

渐开线蜗杆实质上就是斜齿轮。端断面的齿形是渐开线，与基圆柱相切的断面中，齿形左、右侧分别为斜角等于正、负 α_0 的直线，其几何特征如图 12-9 所示。

渐开线蜗杆轴向断面齿形不是直线，因此为加工制造、精度检验带来一定困难。不能用工具显微镜投影法测轴向齿形角，必须用滚刀检验仪测量与基圆柱相切断面的齿形角；不能用径向铲齿代替轴向铲齿，否则重磨后齿形发生变化等。因此，只有高精度的滚刀才将滚刀的产形蜗杆设计成渐开线蜗杆。

2. 阿基米德蜗杆

阿基米德蜗杆实质上是一个梯形螺纹，其几何特征如图 12-10 所示。

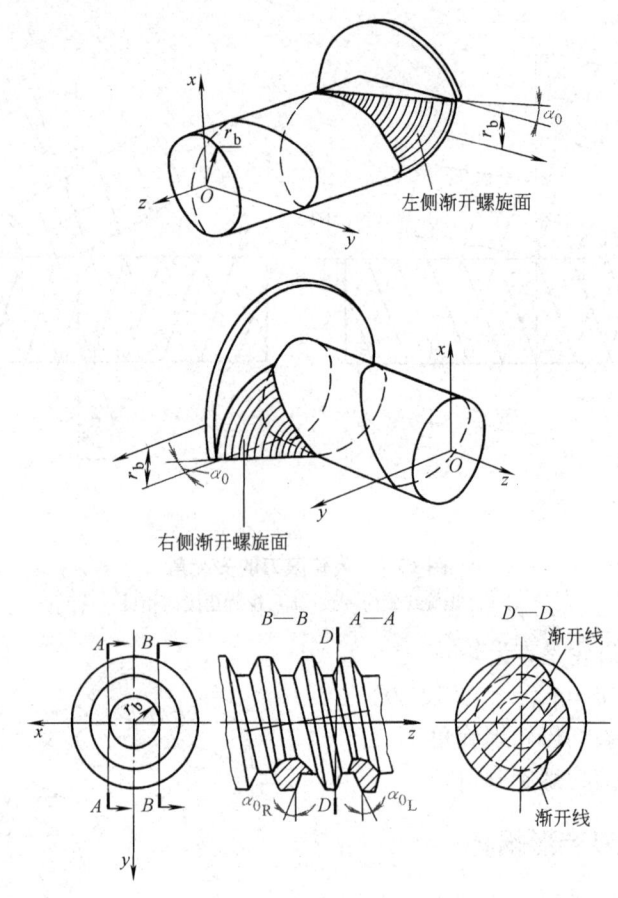

图 12-9　渐开线蜗杆的几何特征

阿基米德蜗杆齿形的轴向断面是直线，齿形角分别为 $+\alpha_x$、$-\alpha_x$。因此可用检验轴向断面齿形角的方法控制蜗杆的精度。或可理解为用直线刃零前角的车刀，安装在蜗杆的轴心线上，即可车出精确的阿基米德蜗杆螺旋面。此外，直线齿形可用径向铲齿代替轴向铲齿，使制造工艺简便。

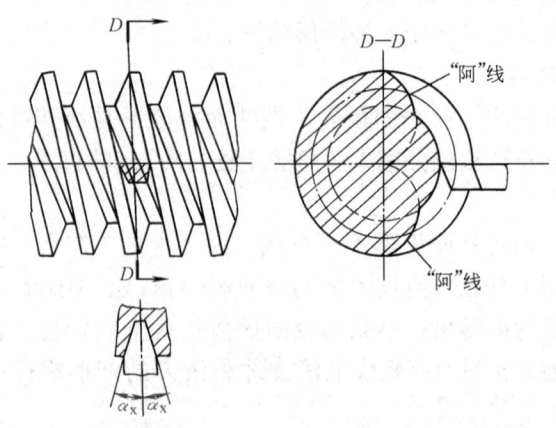

图 12-10　阿基米德蜗杆的几何特征

阿基米德蜗杆的端断面是阿基米德螺旋线。这一特征说明阿基米德蜗杆在理论上不能满足渐开线齿轮的啮合要求，因为它不是齿轮，而是螺纹。最终使切出的齿轮端面不是渐开线，形成齿形的理论误差。但根据分析计算可知，经过合理设计，修正阿基米德蜗杆原始齿形角，可以控制滚刀齿形误差在很小的范围之内。如零前角直槽阿基米德滚刀的齿形误差只有 $2\sim10\mu m$，对齿轮的传动精度影响较小，所以阿基米德产形蜗杆被广泛采用。

3. 法向直廓蜗杆

法向直廓蜗杆实质上是在齿形法断面中具有直线齿形的梯形螺纹，其几何特征如图 12-11 所示。图中齿槽的法断面 N—N 为直线齿形称为齿槽法向直廓蜗杆。齿纹法断面 N_1—N_1 为直线齿形称为齿纹法向直廓蜗杆。

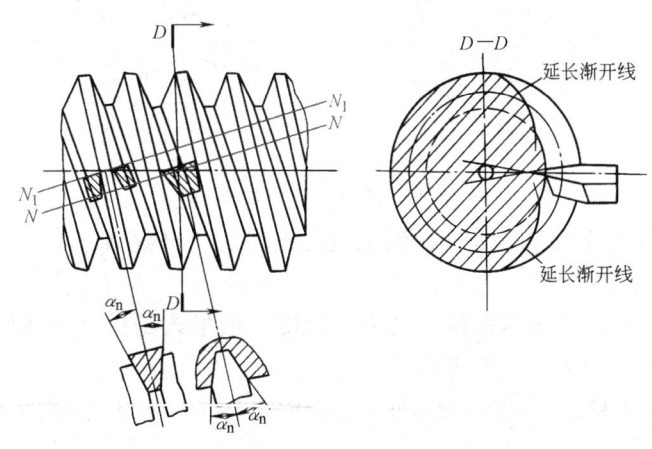

图 12-11 法向直廓蜗杆的几何特征

法向直廓蜗杆的工艺较为方便。用直线刃车刀安装在 N—N 或 N_1—N_1 断面进行车削，铲磨时用工具显微镜投影方法测量法向齿形角，以控制齿形精度。

法向直廓蜗杆轴向断面是延长渐开线，因此理论上也不能满足渐开线齿轮的啮合要求。即使合理设计，修正蜗杆原始齿形角，其齿形误差也比阿基米德蜗杆滚刀大。

法向直廓蜗杆滚刀主要用于制造大模数、多头、螺旋槽滚刀，或用于粗加工的滚刀。

三、阿基米德滚刀结构参数与选用

整体阿基米德滚刀结构如图 12-12 所示，分刀体、刀齿两部分。刀体包括内孔、键槽、轴台、端面。内孔是安装的基准，套装在滚刀的刀轴上，用键槽传递转矩。两端有轴台，其外圆精度较高，用于校正滚刀安装时的径向跳动。每个刀齿有顶刃、左右侧刃，它们都分布在产形蜗杆的螺旋面上。如图 12-8 所示，滚刀的顶刃与侧刃分别用同一铲削量铲削（铲磨），得到的齿侧也是阿基米德螺旋面，左侧铲面导程小于产形蜗杆导程，右侧铲面导程大于产形蜗杆导程，使两侧铲面与顶面缩在产形蜗杆的螺旋面之内。这样既可保证有正确的刃形,获得所需的后角,而且使重磨前面后能保持齿形不变。

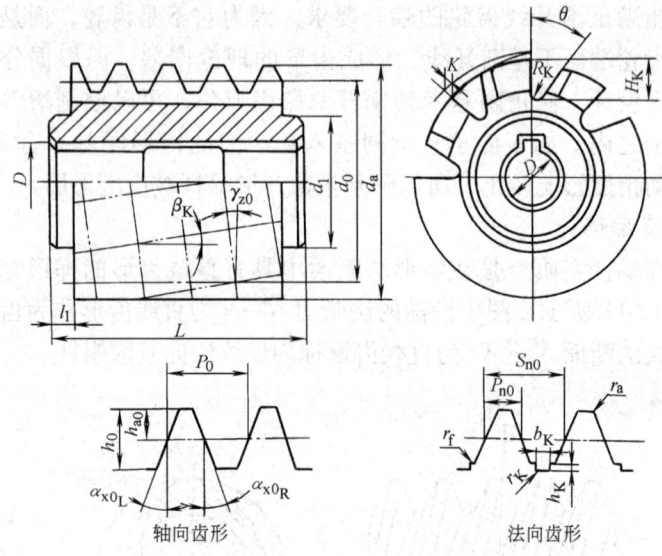

图 12-12 整体阿基米德滚刀

滚刀的参数分三类,即切削参数、齿形参数、结构参数。

1. 滚刀的切削参数

(1) 滚刀前面结构与选择 滚刀前面的一般形式是由直母线形成的螺旋面。它的特征由前角、容屑槽螺旋角决定。

前角定义在假定工作平面顶刃处,用符号 γ_{fa} 标注,分圆前角用 γ_f 标注,如图 12-13 所示。

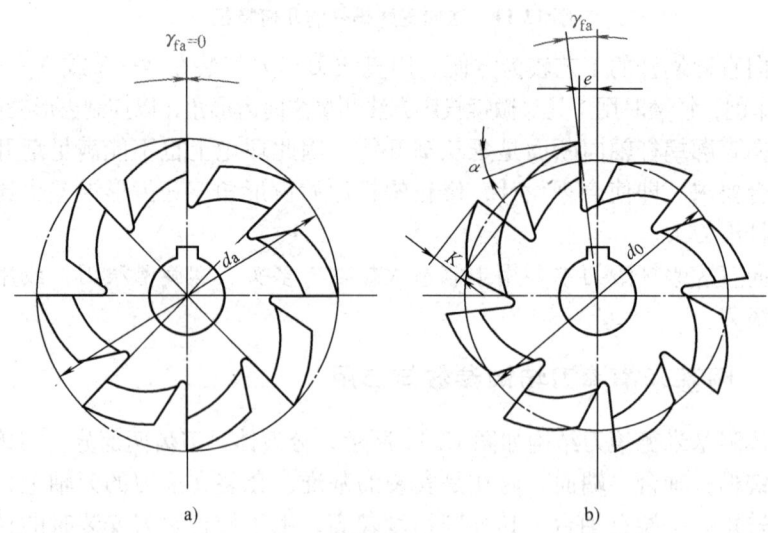

图 12-13 滚刀前角
a) 零前角 b) 正前角

$$\sin\gamma_{fa} = 2e/d_a \tag{12-21}$$

$$\sin\gamma_f = 2e/d_0 \qquad (12\text{-}22)$$

容屑槽螺旋角定义在分圆柱上,用符号 β_K 标注。常取 $\beta_K = -\gamma_{z0}$,即容屑槽与滚刀产形蜗杆螺纹垂直,旋向相反,如图 12-14 所示。

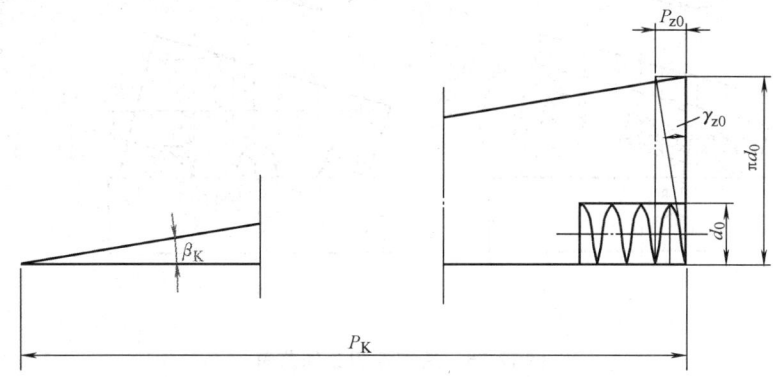

图 12-14 滚刀容屑槽导程

$$\tan\beta_K = \pi d_0/P_K \qquad (12\text{-}23)$$

前角与螺旋角组合可能有四种形式:

1) 零前角直槽滚刀: $\gamma_f = 0°$、$\beta_K = 0°$。
2) 正前角直槽滚刀: $\gamma_f > 0°$、$\beta_K = 0°$。
3) 零前角螺旋槽滚刀: $\gamma_f = 0°$、$\beta_K \neq 0°$。
4) 正前角螺旋槽滚刀: $\gamma_f > 0°$、$\beta_K \neq 0°$。

零前角直槽滚刀的优点是制造、刃磨、检验方便,产形蜗杆与渐开线蜗杆近似,造形误差最小。

正前角滚刀可以改善切削条件,提高切齿精度与滚齿效率。由前角引起的齿形误差,可通过修正产形蜗杆的原始齿形角得到一定的消除。一般精滚刀取 $\gamma_f = 9°$,粗滚刀可适当增加到 $12° \sim 15°$。

如图 12-15 所示,直槽滚刀左、右侧切削刃的工作前角不等,一侧大于零,另一侧小于零。顶刃具有刃斜角,其大小相当于螺旋升角,有利于提高切齿的平稳性。

螺旋槽滚刀 $\beta_K = -\gamma_{z0}$,可使两侧切削刃的工作前角相等,均为 $0°$。

根据以上分析,为权衡加工精度、效率,滚刀成本,四种前面结构的适用范围是:

零前角直槽滚刀:模数 $1 \sim 10$mm 的标准齿轮滚刀。
正前角直槽滚刀:齿轮专业工厂使用的滚刀。
零前角螺旋槽滚刀: $\gamma_{z0} > 5°$ 的多头、大模数滚刀及蜗轮滚刀。
正前角螺旋槽滚刀:较少使用。

(2) 滚刀后面结构参数 后面包括齿顶铲面及左、右侧铲面,它们都是阿基米德螺旋面。由于阿基米德蜗杆轴向断面具有直线齿形,因此如图 12-16 所示,当采用同一铲削量 K 分别对齿顶及侧刃进行铲削(磨),就相当于齿侧用铲削量 K_z 进行轴向铲齿。铲齿后齿形角、齿顶、齿根宽度不变,重磨前面

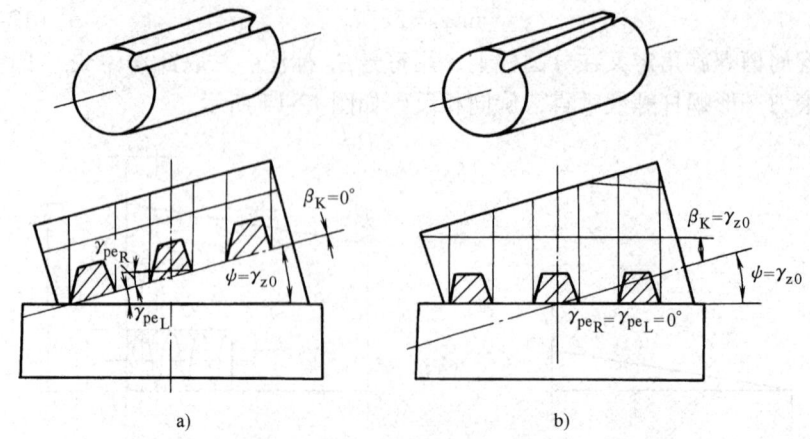

图 12-15 滚刀侧刃工作前角
a) 直槽滚刀　b) 螺旋槽滚刀

后相当于有了位移量的变化,不影响滚刀产形蜗杆与齿坯的正确啮合。

从滚刀后面的结构可知,齿轮滚刀实质上是一个变位螺旋齿轮。重磨前面后,产形蜗杆变位系数减少,节圆减小,但齿形角、模数不变。因此切齿时可调节与齿坯啮合的中心距,就仍能加工出合乎要求的渐开线齿轮。

一般齿轮滚刀顶刃后角取 $10°\sim12°$,按此计算并选择铲削量凸轮,铲磨后两侧刃正交平面后角约为 4°左右。

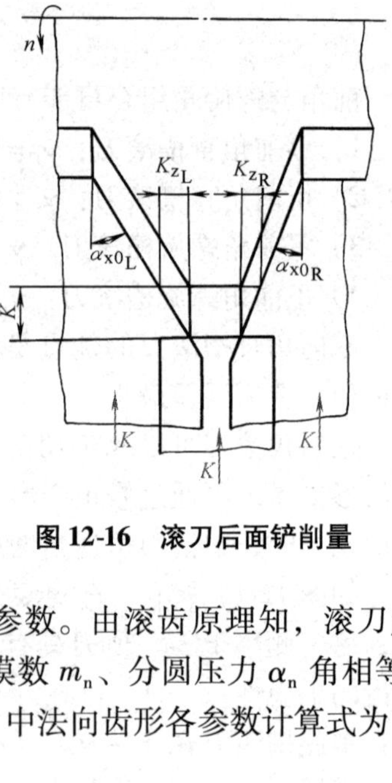

图 12-16 滚刀后面铲削量

2. 滚刀的齿形参数

滚刀的齿形参数指模数、齿形角、齿高等参数。由滚齿原理知,滚刀产形蜗杆法向模数、齿形角应与被切齿坯的法向模数 m_n、分圆压力 α_n 角相等,其余法向齿形参数可按齿轮标准计算。图 12-12 中法向齿形各参数计算式为

法向齿距 p_{no}

$$p_{no} = m_n\pi \tag{12-24}$$

法向齿厚 s_{no}

$$s_{no} = m_n\pi/2 \tag{12-25}$$

齿顶高 h_{ao}

$$h_{ao} = m_n(h_a^* + c^*) \tag{12-26}$$

全齿高 h_0

$$h_0 = 2m_n(h_c^* + c^*) \tag{12-27}$$

圆角半径 r_a

$$r_a = r_f = 0.3m_n \tag{12-28}$$

m_n >4mm 的滚刀,齿形根部需制出铲磨用退刀槽参数:宽度 b_k、深度 h_k、圆角半径 r_k 等。

齿形中齿高方向参数与法向齿形相同,齿距 p_0 和齿形角 α_{x0_L}、α_{x0_R} 与法向齿形不同

$$p_0 = p_{n_0}/\cos\gamma_{z0} \tag{12-29}$$

对零前角直槽滚刀而言

$$\alpha_{x0_L} = \alpha_{x0_R} = \cot\alpha_{n0}\cos\gamma_{z0} \tag{12-30}$$

对螺旋槽滚刀而言,α_{x0_L} 与 α_{x0_R} 不等,需参考有关资料计算。

3. 滚刀的结构参数

滚刀的结构参数包括安装定位结构参数及刀齿、容屑槽参数。

(1) 外形结构参数 如图 12-12 所示,滚刀的外形尺寸包括外径 d_a、孔径 D、全长 L、凸台直径 d_1 及宽度 l_1 等。表 12-3 列出了部分标准齿轮滚刀的外形尺寸。

表 12-3 标准齿轮滚刀外形尺寸(GB/T6083—2001) (单位:mm)

模数系列		I型					II型				
1	2	d_a	L	D	L_1	z_K	d_a	L	D	l_1	z_K
1		63	63	27		16	50	32	22		
1.25	—							40			
1.5							63	50			12
2	1.75	71	71	32				56			
2.5	2.25	80	80				71	63	27		
3	2.75	90	90				80	71			
	3.25					14		80			
	3.5	100	100	40	5		90	90	32	5	
	3.75							100			
							100				
4	4.5	112	112				112	112			
5	5.5	125	125				118	118			10
6	6.5	140	140	50		12	118	125	40		
	7						125	132			
8		160	160								
	9	180	180	60			140	150			
10		200	200				150	170	50		

增大滚刀外径的优点是:能使分圆螺旋升角减少,有利于减少理论齿形误差;可加大孔径,有利提高刀轴刚性及滚齿效率;有利于增大齿槽数,减少齿形包络误差。但大直径的滚刀也使锻造、热处理工艺的难度提高,同时增加了滚齿切入的时间。所以滚刀标准中分 I 型与 II 型。I 型的外径、孔径、齿槽数均大于 II 型,可选用与精度较高的 AA 级滚刀;II 型用于 A、B、C 级滚刀。

(2) 端面齿槽参数 滚刀端面齿槽形状类似铲齿成形铣刀,如图 12-17 所示,主要参数有槽数 Z、槽深 H_K、铲削量 K 以及槽形角、槽底圆弧半径等。

图中 h_0 表示齿形深度;K 是齿背精加工时用的铲磨量,它决定了切削刃的后角;K_1 是齿背粗加工时用的铲削量,也称不铲磨部分铲削量,一般选取

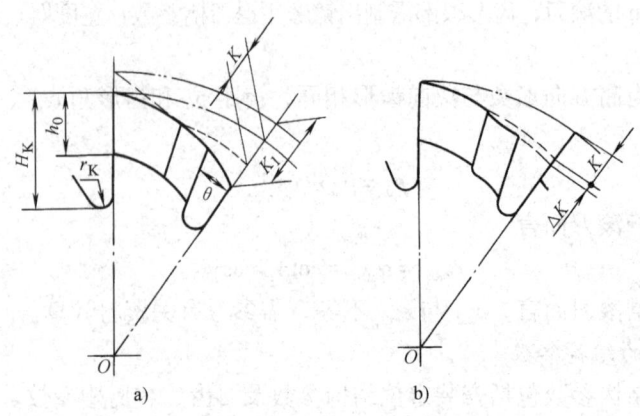

图 12-17 滚刀端面齿形
a) 两次铲削齿形　b) 双线凸轮铲削齿形

1.5K。粗加工选用铲削量较大的目的是将铲磨时砂轮不能磨出的部分预先铲掉，以免形成负后角。有的工厂采用双线凸轮粗铲，将不能磨出的部分预先铲下 ΔK，如图 12-17b，一般 $\Delta K = 0.6 \sim 0.9$ mm。

（3）分圆参数　分圆参数是指分圆直径 d_0、分圆螺旋升角 γ_{z0}，它们是滚刀齿形计算的原始参数。

如图 12-18 所示，滚刀原始齿形断面在新、旧滚刀重磨的中间位置，即取

$$d_0 = d_{a0} - 2h_{a0} - 0.2K \quad (12\text{-}31)$$

由于滚刀理论造形误差在分圆处为零，远离分圆部位的误差就增大。分圆直径取新、旧滚刀重磨的中间尺寸，可使重磨前后齿顶、齿根误差分布均匀。

分圆螺旋升角 γ_{z0} 可按下式计算

$$\sin\gamma_{z0} = m_n z_0 / d_0 \quad (12\text{-}32)$$

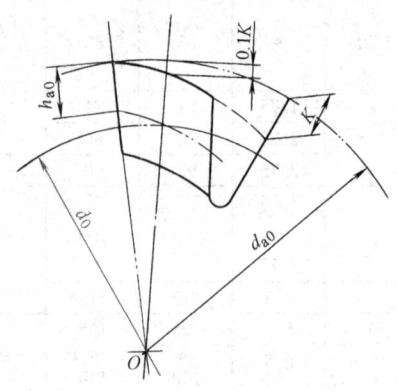

图 12-18 滚刀分圆直径

滚刀端面应打印分圆螺旋升角 γ_{z0}、模数 m_n、精度等级，供选择使用。

4. 滚刀精度等级

标准滚刀的制造精度分 AA、A、B、C 4 个等级。根据被加工齿轮工作平稳性精度要求选用。一般 AA 级滚刀用于加工 6~7 级精度齿轮，A 级滚刀用于加工 7~8 级精度齿轮，B 级滚刀用于加工 8~9 级精度齿轮，C 级滚刀用于加工 10 级以上精度齿轮。加工 6 级以上精度齿轮，要采用 AAA 或更高精度的滚刀。

四、其他齿轮滚刀简介

1. 剃（磨）前滚刀

剃（磨）前滚刀用于剃（磨）齿前的预加工。它与齿轮滚刀的主要区别

是齿形应根据不同的留剃（磨）形式来计算。常用的留剃形式如图 12-19 所示，其特点是：

1）齿厚作薄，留出剃（磨）余量，Δ 是分圆留剃（磨）量，一般按模数大小选取，约 0.08~0.18mm。

2）剃前齿形的齿根有修缘刃，使齿轮顶部切出倒角，避免剃齿后齿顶产生毛刺或碰伤。

3）剃前齿形的齿顶作出加宽的凸角，使齿根部切出沉割，减轻剃齿刀齿顶负荷，以提高剃齿刀的耐用度。

4）磨前齿形作出带圆头的凸角，使齿根有少量的沉割，磨后齿形能与齿底光滑衔接。这种齿形能保留齿底热处理获得的表面应力状态，适合重载齿轮的磨前加工。

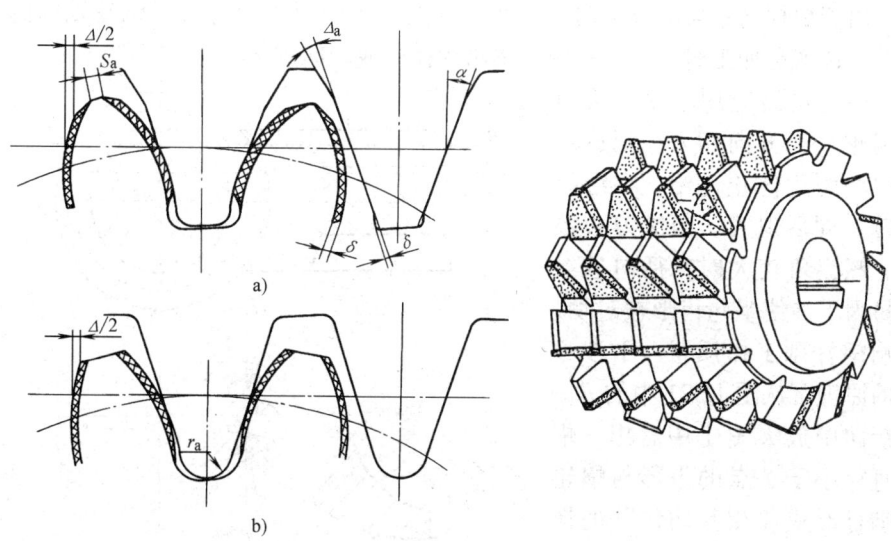

图 12-19　剃前、磨前滚刀的齿形
a）带凸角修缘齿形　b）圆头凸角齿形

图 12-20　硬质合金刮削滚刀

2. 硬质合金刮削滚刀的特点

图 12-20 所示是硬质合金刮削滚刀，它可用于 45~64HRC 硬齿面的精加工，代替磨齿。这种技术提高了大模数齿轮精加工的效益。

硬质合金刮削滚刀设计成直槽负 30°前角，刀片选用 YT05、材 21、材 22 等新牌号，采用真空炉焊，制造精度高。齿坯预先用剃前滚刀加工，留出适当的精刮余量。热处理后可用 v_c = 30~70m/min 速度刮削滚齿。A 级滚刀可加工 7~8 级齿轮，齿面粗糙度达到 Ra0.32~1.25μm。

在钟表和精密仪器、仪表制造业中，广泛使用整体硬质合金齿轮滚刀加工多种小模数齿轮。制造滚刀的材料为细颗粒和超细颗粒硬质合金。

第五节　蜗轮滚刀简介

一、蜗轮滚刀的工作原理与进给方式

蜗轮滚刀是利用蜗杆与蜗轮啮合原理工作的。所以蜗轮滚刀产形蜗杆的参数均应与工作蜗杆相同。加工时蜗轮滚刀与蜗轮的轴交角、中心距也应与蜗杆副工作状态相同。

如图 12-21 所示，阿基米德蜗杆与蜗轮啮合时，通过中心的断面 O—O 相当于齿条与齿轮的啮合。离中心的 A—A、B—B 断面均为非渐开线的共轭齿廓啮合。各断面中的啮合点连成一条空间曲线，就是蜗杆与蜗轮啮合的接触线。由于蜗杆与蜗轮啮合呈曲线接触，故滚刀工作时不允许有沿蜗轮轴向的移动，也就是加工时只允许采用沿蜗轮的径向或切向进给。

径向进给应用较多，滚刀沿蜗轮直径方向切入，到达规定中心距后停止进给，在继续滚转一周后退刀。当滚刀头数多、螺旋角较大时，径向进给容易因干涉使蜗轮齿形被过切，影响蜗杆副工作质量。干涉过切的原理可从图 12-21 中的 B—B 断面中放大图 I 中看出，蜗杆直径小于 J 点的齿形与蜗轮的啮合形成"相互钩住"的情况，不能拉开，只能切向旋进旋出。因此用径向进给切削蜗轮时，远离中心断面中产形蜗杆与被切蜗轮钩住的部分将被切掉，使蜗杆副啮合接触面减少。

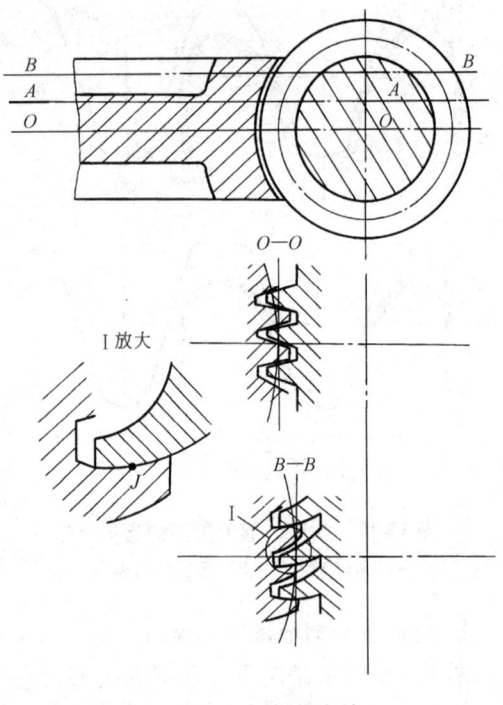

图 12-21　蜗杆副啮合情况

切向进给是滚刀沿本身轴线进给，啮合中心距保持不变。此时工件除展成运动外还需有一个附加的运动，即滚刀移动一个齿距，工件多转 $1/z$ 周。

切向进给没有干涉过切现象，而且可选用较小的进给量，增加齿形包络的切削刃数，提高蜗轮的精度。此外切向进给滚刀磨出切削锥，刀齿负荷均匀，有利延长刀具寿命。但是切向进给必须使用具有切向进给机构的滚齿机，同时需要了解蜗杆副的装配条件。如果结构上不允许切向装配，仍需用径向装配时，则蜗杆的参数必须满足以下条件

$$\tan\alpha_{x1} \geq \tan\gamma_{z1} \frac{\sqrt{d_{a1}^2 - d_1^2}}{d_{a1}} \qquad (12\text{-}33)$$

式中　α_{x1}——阿基米德蜗杆轴向断面齿形角；
　　　γ_{z1}——蜗杆分圆柱螺旋升角；
　　　d_{a1}——蜗杆顶圆直径；
　　　d_1——蜗杆分圆直径。

二、蜗轮滚刀的结构特点

蜗轮滚刀是根据工作蜗杆副参数设计的专用滚刀。外形结构上与齿轮滚刀比较有如下的特点：

1) 蜗轮滚刀产形蜗杆类型、分圆直径、头数、旋向、齿形角等参数均应与工作蜗杆相等。

2) 由于直径受工作蜗杆的制约，当滚刀强度不足时可将键槽开到端面上，而直径再小的滚刀只能做成带柄的形式。

3) 由于直径受工作蜗杆的制约，往往螺旋升角较大，常用螺旋槽的结构。一般又多采用零前角，以减少设计制造误差。

4) 注意有切削锥的蜗轮滚刀，大多需用切向进给的工艺。而且要验算蜗杆副的参数是否满足径向装配条件。

复习思考题

12-1　用盘形齿轮铣刀加工直、斜齿轮时，刀号如何选择？如加工 $m_n = 3\text{mm}$、$z = 28$、$\beta = 30°$ 斜齿轮，试问齿轮铣刀的刀号选择多少？

12-2　何谓滚刀产形蜗杆？加工渐开线齿轮的滚刀产形蜗杆有哪些？常用哪一种，为什么？

12-3　滚刀的前角与螺旋角有几种组合方式，零前角、直槽滚刀的优点是什么？

12-4　滚刀的前、后角是如何形成的？

12-5　决定阿基米德滚刀产形蜗杆轴向齿形角的原则是什么？

12-6　齿轮滚刀有哪些主要结构参数？如何选择？加工 $m_n = 3\text{mm}$、$z = 28$、$\beta = 30°$ 斜齿轮，试问齿轮滚刀外径、孔径、长度宜选用多少？

12-7　使用滚刀时如何正确安装、调整与重磨？

12-8　蜗轮滚刀在工作原理、结构方面与齿轮滚刀有什么区别？

12-9　直齿插齿刀前、后刀面是什么性质的表面，为什么？

12-10　插齿刀有哪些主要结构参数？如何选择？

12-11　插齿刀在使用时如何正确安装、重磨与校验？

第十三章 数控刀具及其工具系统

机械加工自动化生产可分为由专用机床组成的刚性专用化自动生产和以数控机床为主的柔性通用化自动生产。在刚性专用化自动生产中，对刀具来说，以提高其复合化程度来获取最佳经济效益；而在柔性通用化自动生产中，为适应多变加工零件的需要，可通过提高刀具及工具系统的标准化、系统化和模块化程度来获取最佳经济效益。

本章简述对数控刀具的特殊要求，车削类、镗铣类数控工具系统，刀具预调、磨损与破损的自动监测。

第一节 对数控刀具的特殊要求

数控刀具应适应加工零件品种多、批量小的要求，除应具备普通刀具应有的性能外，还应满足以下基本要求：

1）刀具切削性能和寿命要稳定可靠。用数控机床进行加工时，对刀具实行定时强制换刀或由控制系统对刀具寿命进行管理。同一批数控刀具的切削性能和刀具寿命不得有较大差异，以免频繁地停机换刀或造成加工工件大量报废。

2）刀具应有较高的寿命。应选用切削性能好、耐磨性高的涂层刀具以及合理地选择切削用量。

3）应确保可靠地断屑、卷屑和排屑。紊乱切屑会给自动化生产带来极大的危害。

4）能快速地转位或更换刀片以及换刀或自动换刀。

5）能迅速、精确地调整刀具尺寸。

此外，还应尽可能做到以下几点：

6）必须从数控加工特点出发来制订数控刀具的标准化、系列化和通用化结构体系。

7）应建立完整的数据库及其管理系统。数控刀具的种类多，管理较复杂。既要对所有刀具进行自动识别、记忆其规格尺寸、存放位置、已切削时间和剩余寿命等；又要对刀具的更换、运送、刀具切削尺寸预调等进行管理。

8)应有完善的刀具组装、预调、编码标识与识别系统。
9)应有刀具磨损和破损在线监测系统。

第二节 刀具快换、自动更换和尺寸预调

一、刀具快换或自动更换

1. 刀片转位或更换

为了减少换刀时间,数控机床一般都使用可转位刀具。刀具磨损后只需将刀片转位或更换新刀片就可继续切削。它的换刀精度取决于刀片精度和刀槽精度。目前中等精度刀片适用于粗加工,精密级刀片适用于半精加工。在精加工时仍需尺寸调整。

2. 更换刀头模块

根据加工需要,可不断更换车、镗、切断、攻螺纹和检测等刀头模块,如图13-1所示。刀头模块通过中心拉杆来实现快速夹紧或松开。拉紧时,不仅刀头端面与刀杆端面贴紧,而且拉紧孔产生微小弹性变形,向外胀开,消除侧面间隙而获得很高的精度和刚度,其径向和轴向精度分别为 ±2μm 和 ±5μm。自动换刀时间为2s。

3. 更换刀夹

如图13-2所示,刀具与刀夹一起从数控车床上取下。刀片转位或更换后,

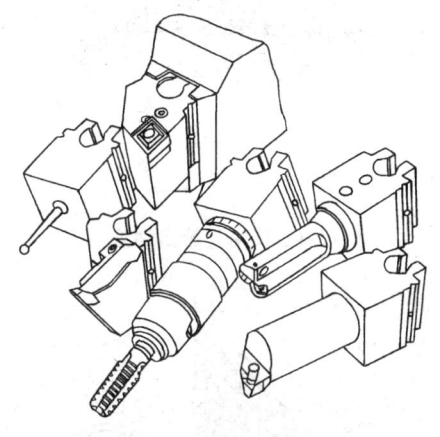

图13-1 更换刀头模块

在调刀仪上进行调刀。可使用较低精度的刀片和刀柄,但刀夹精度要求较高。

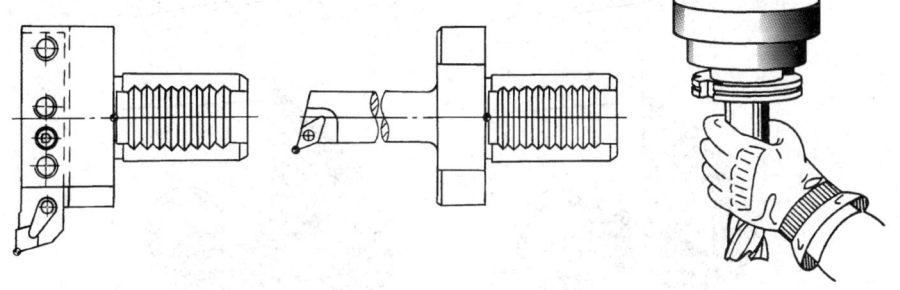

图13-2 更换刀夹   图13-3 手动更换刀柄

4. 手动换刀

在数控铣床上连续对工件进行钻、铰、镗、铣、攻螺纹等加工。应将各种刀具分别装在刀柄上,并在调刀仪上调整相应尺寸。加工时根据加工顺序连续手动更换刀柄(图13-3)。

5. 自动换刀

图 13-4 所示为带转塔刀架的加工中心。转塔刀架上配置了加工零件所需的刀具。加工时按加工指令转塔刀架转过一个或几个位置来进行自动换刀。换刀动作少,换刀迅速。

如图 13-5 所示,在刀库中存储着加工所需的刀具,按指令,机床和刀库

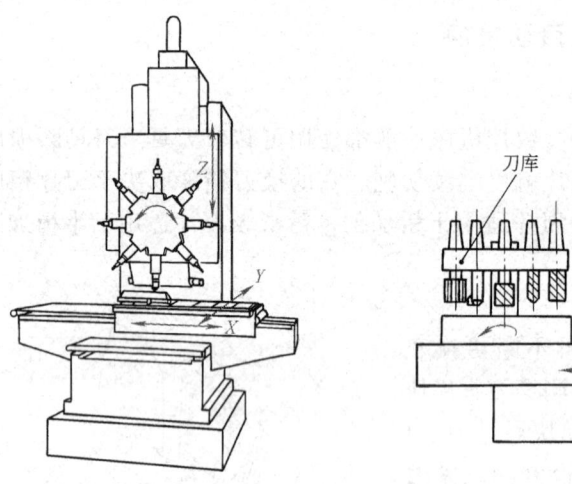

图 13-4 转塔刀架自动换刀

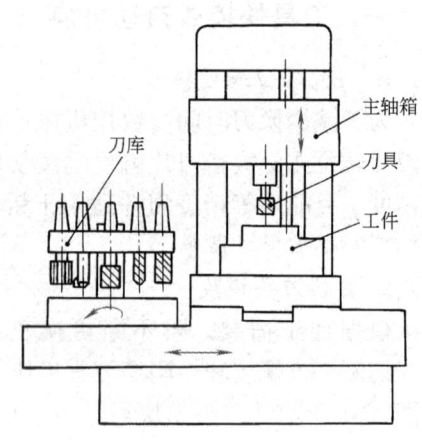

图 13-5 利用刀库和机床运动来自动换刀

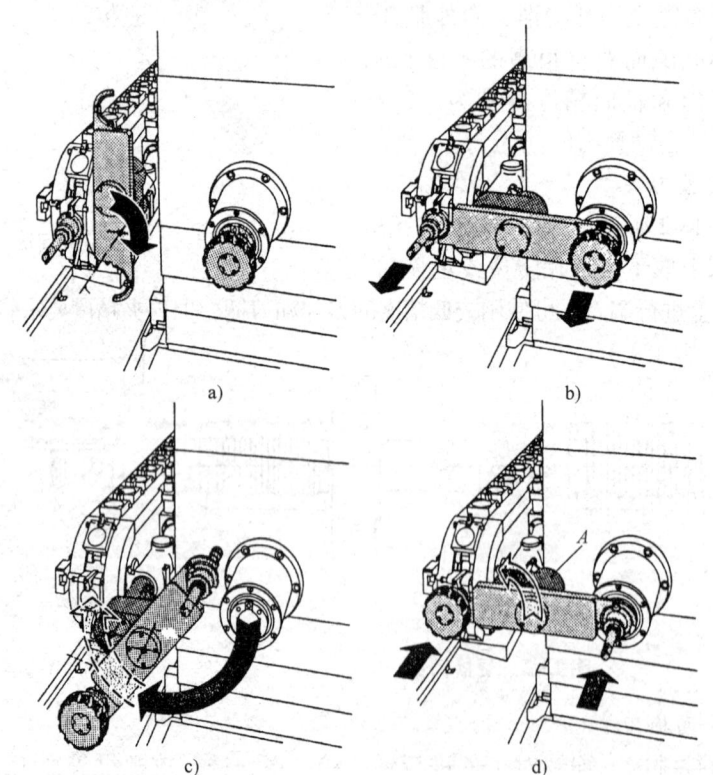

图 13-6 利用刀库和机械手自动换刀过程

的运动互相配合来实现自动换刀。也可以通过机械手实现自动换刀，其过程如图 13-6 所示。

二、数控刀具尺寸预调

为了确保刀具快换后不经试切可获得合格尺寸，数控刀具都在机外预先调整至预定的尺寸。

1. 数控刀具尺寸的预调方法

刀具的轴向和径向尺寸的调整方法可根据刀具结构及其所配置的工具系统采用表 13-1 中所列的各种方法。

表 13-1 常用刀具尺寸调整结构和方法

刀具尺寸调整方法		示　　　例
轴向位置	用调节螺母	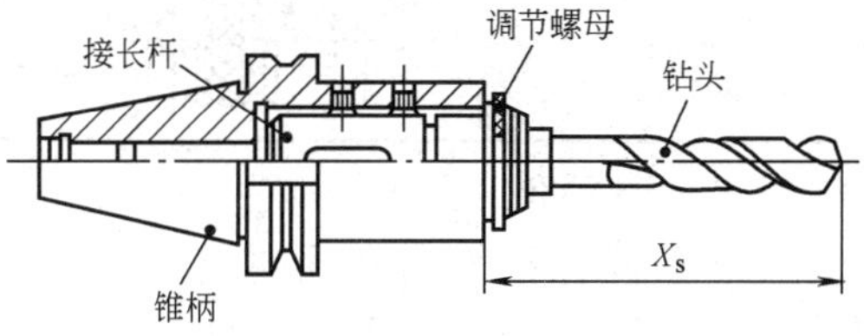
	用调节螺钉	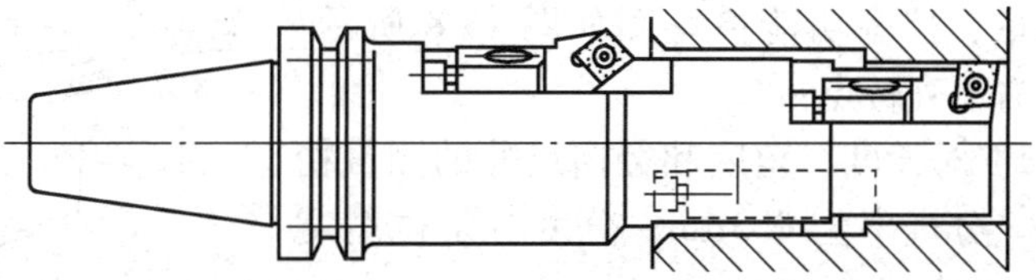
径向位置	倾斜微调	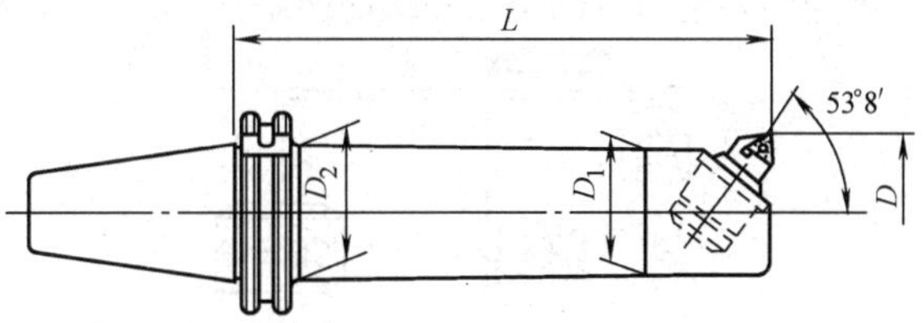
	径向调整	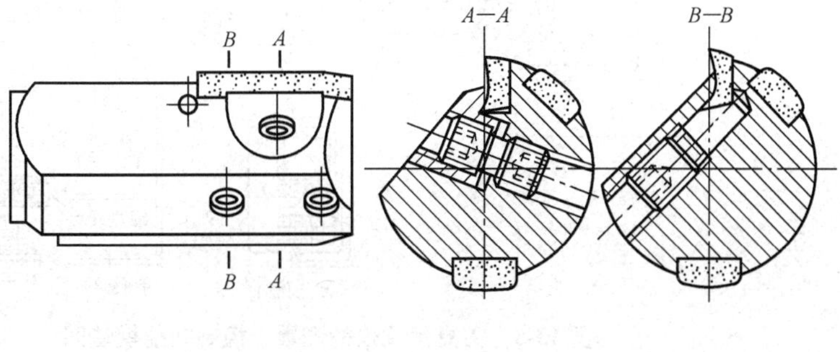

（续）

刀具尺寸调整方法		示 例
径向位置	螺杆滑块式	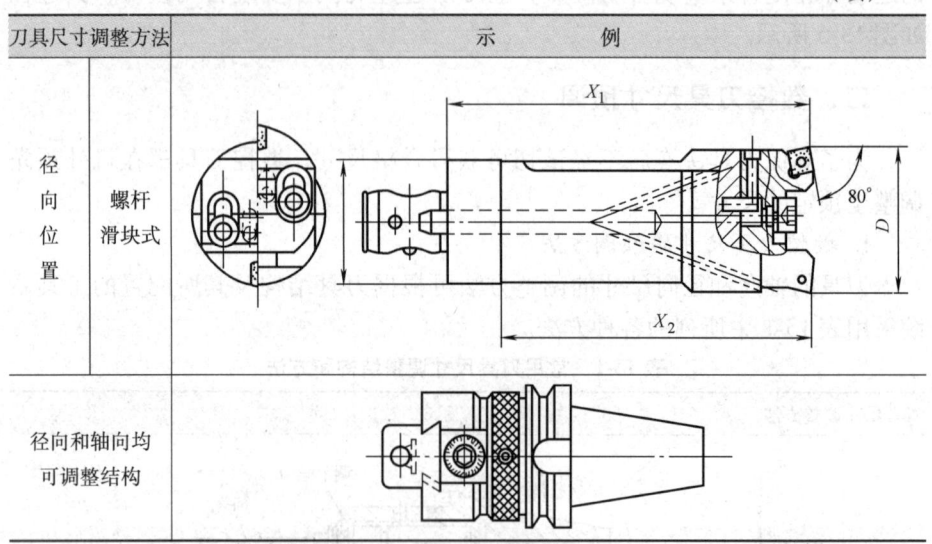
径向和轴向均可调整结构		

2. 数控刀具尺寸预调仪

数控刀具尺寸预调包括轴向和径向尺寸、角度等调整和测量。图 13-7 所示为镗铣类数控刀具用光学测量式刀具预调仪。其测量、控制功能模块图如图 13-8 所示。它具有下列特点：

1）对长度、角度和径向尺寸的测量精度高。分辨率为 $0.5\mu m$；分度台定位精度为 $\pm 0.01°$。

2）能对静止和回转的刀具自动检测。

3）能确定回转型刀具的偏心和跳动误差。

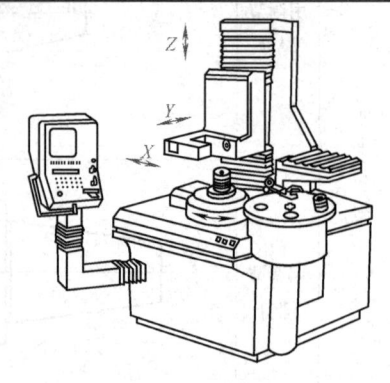

图 13-7 光学测量式立式多工位刀具预调仪

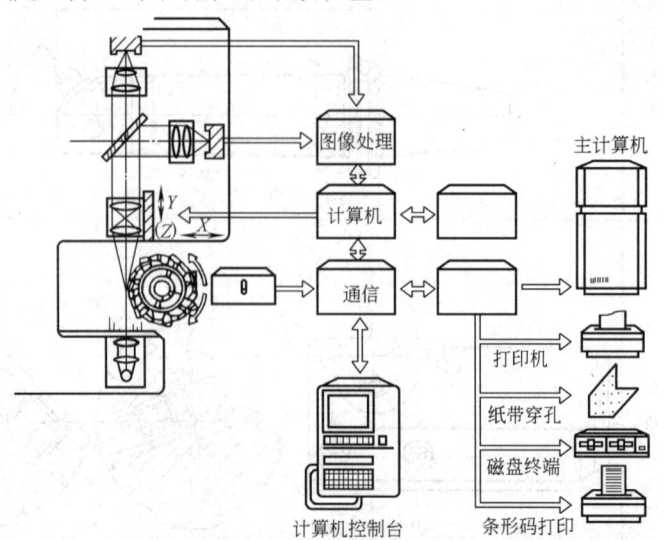

图 13-8 刀具预调仪的测量、控制功能模块图

4) 能自动对焦，可实现自动标定循环。
5) 配有刀具信息编码的集成读数头。

第三节 数控刀具的工具系统

数控刀具的工具系统是指用来联接机床主轴与刀具之间的辅助系统。它除了刀具之外，还包括实现刀具快换所必需的定位、夹持、拉紧、动力传递和刀具保护等部分。在数控加工中，使用的刀具种类多，要求换刀迅速。为此，通过标准化、系列化和模块化来提高其通用化程度，且也便于刀具组装、预调、使用和管理。因此，研究用较少种类的刀具满足多种工件的加工需求，建立包括刀具、刀夹、刀座和刀柄等工具结构体系和标准，是数控加工基础。为此不少国家和公司都制定出自己的标准和体系。

数控刀具的工具系统按用途可分为车削类数控工具系统和镗铣类数控工具系统；按结构可分为整体式工具系统和模块式工具系统。

一、车削类数控工具系统

车削类数控工具系统的组成和结构与下列因素有关。

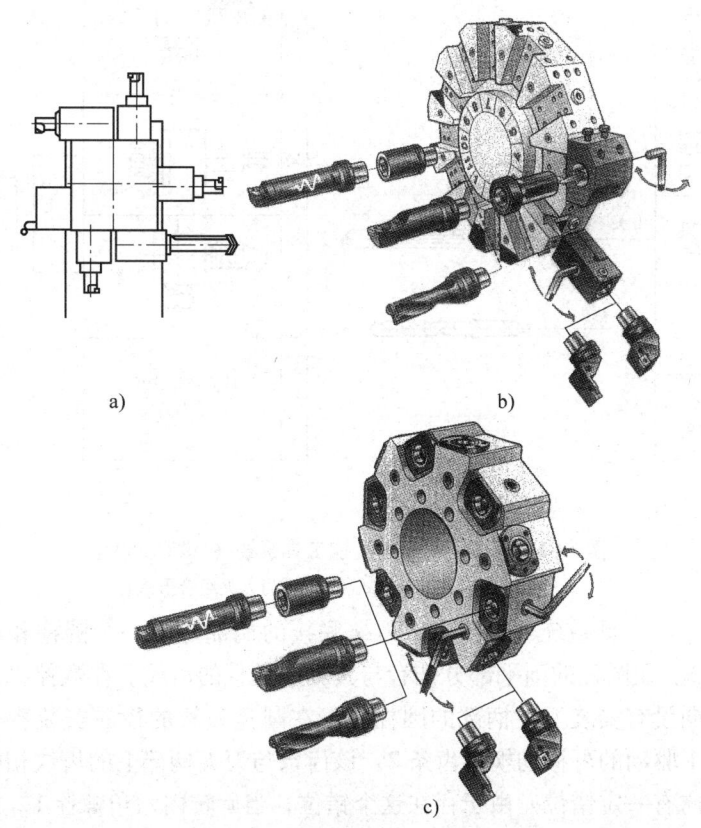

图 13-9 常见数控车床刀架形式
a) 四方刀架 b) 径向装刀盘形刀架 c) 轴向装刀盘形刀架

1. 机床刀架的结构形式

常见数控车床刀架的结构形式如图 13-9 所示。机床刀架的结构形式不同，刀具与机床刀架之间的刀夹、刀座也就不同。

2. 刀具类型

刀具类型不同，所需的刀夹就不同。例如钻头和车刀的刀夹就不同。

3. 工具系统中有无动力驱动

有动力驱动的刀夹与无动力驱动的刀夹的结构显然不同，图 13-10 所示为动力驱动的钻夹头。

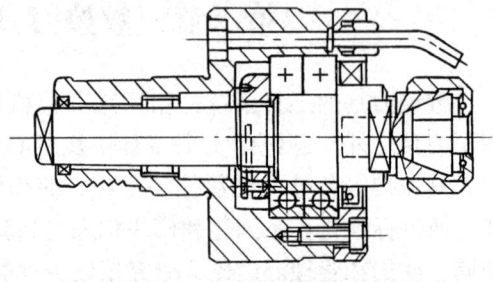

图 13-10 动力驱动的钻夹头

CZG 整体式车削类数控工具系统在我国已较普及使用（图 13-11），它相当于德国标准 DIN69880。

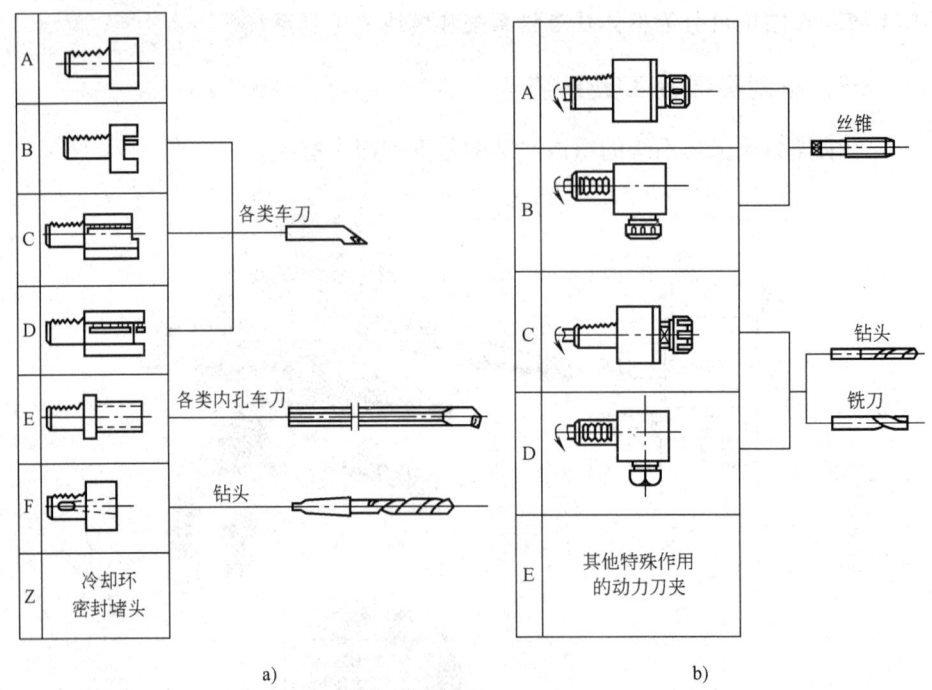

图 13-11 CZG 车削类数控工具系统（DIN69880）
a）非动力刀夹组合形式　b）动力刀夹组合形式

CZG 车削工具系统与数控车床刀架联接的柄部是由一个圆柱和法兰组成（图 13-12）。在圆柱的削平部分铣有与其轴线垂直的齿纹。在数控机床的圆盘刀架的轴向设有安装刀夹柄部的圆柱孔，在圆盘刀架的径向安装着一个由内六角螺栓 1 驱动的可移动楔形齿条 2，该齿条与刀夹柄部上的齿纹相啮合，并沿刀柄轴向有一定错位。由于存在这个错位，当旋转内六角螺栓 1，楔形齿条 2 移动，在径向压紧刀夹柄部的同时，使柄部的法兰紧密地贴紧在刀架的端面上，并产生足够的拉紧力。

CZG 车削工具系统具有装卸简便、快捷、刀夹重复定位精度高、联接刚性高等优点。

目前许多国外公司研制开发了只更换刀头模块的模块式车削工具系统。现以 Sandvik 结构为例（图 13-13）简要地说明其工作原理。

当拉杆 4 向后移动，前方的涨环 3 端部由拉杆头部锥面推动，涨环 3 拉刀头模块向后移

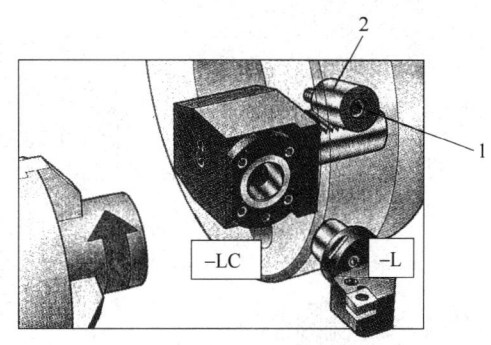

图 13-12　CZG 车削类数控工具系统安装和夹紧

动，将刀头模块锁定在刀柄 2 上，如图 13-13b 所示。当拉杆 4 向前移动，涨环 3 与拉杆头部锥面接触点的直径减小，涨环直径缩小，涨环 3 外缘周边和刀头模块内沟槽分离，拉杆 4 将刀头模块推出，如图 13-13c 所示。拉杆可以通过液压装置自动驱动，也可以通过螺栓或凸轮手动驱动。该系统换刀迅速，能获得很高的重复定位精度（±2μm）和联接刚性。

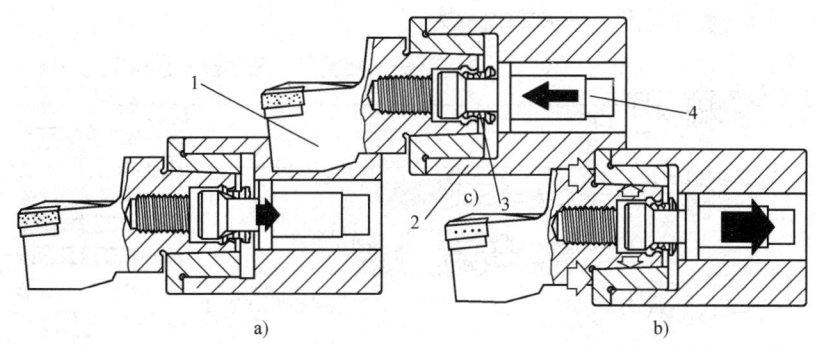

图 13-13　Sandvik 模块式车削工具系统
1—带有椭圆三角短锥接柄的刀头模块　2—刀柄　3—可涨开涨环　4—拉杆

二、镗铣类数控工具系统

镗铣类数控工具系统采用 7:24 锥柄与机床联接。它具有不自锁、换刀方便、定心精度高等优点。它可分为整体式和模块式两大类。

1. 整体式镗铣类工具系统

这类工具系统的柄部与夹持刀具的工作部分连成一体，不同品种和规格的工作部分都必须带有与机床主轴联接的柄部。

图 13-14 所示为我国整体式镗铣类工具系统 TSG82 工具系统图，它展示了 TSG82 工具系统中各种工具的组合型式，供选用时参考。它包含刀柄、多种接杆和少量刀具，可进行加工平面、斜面、沟槽、铣削、钻孔、铰孔、镗孔和攻螺纹等工序。其特点是结构简单、使用方便、装卸灵活、更换迅速，在国内得到广泛使用。

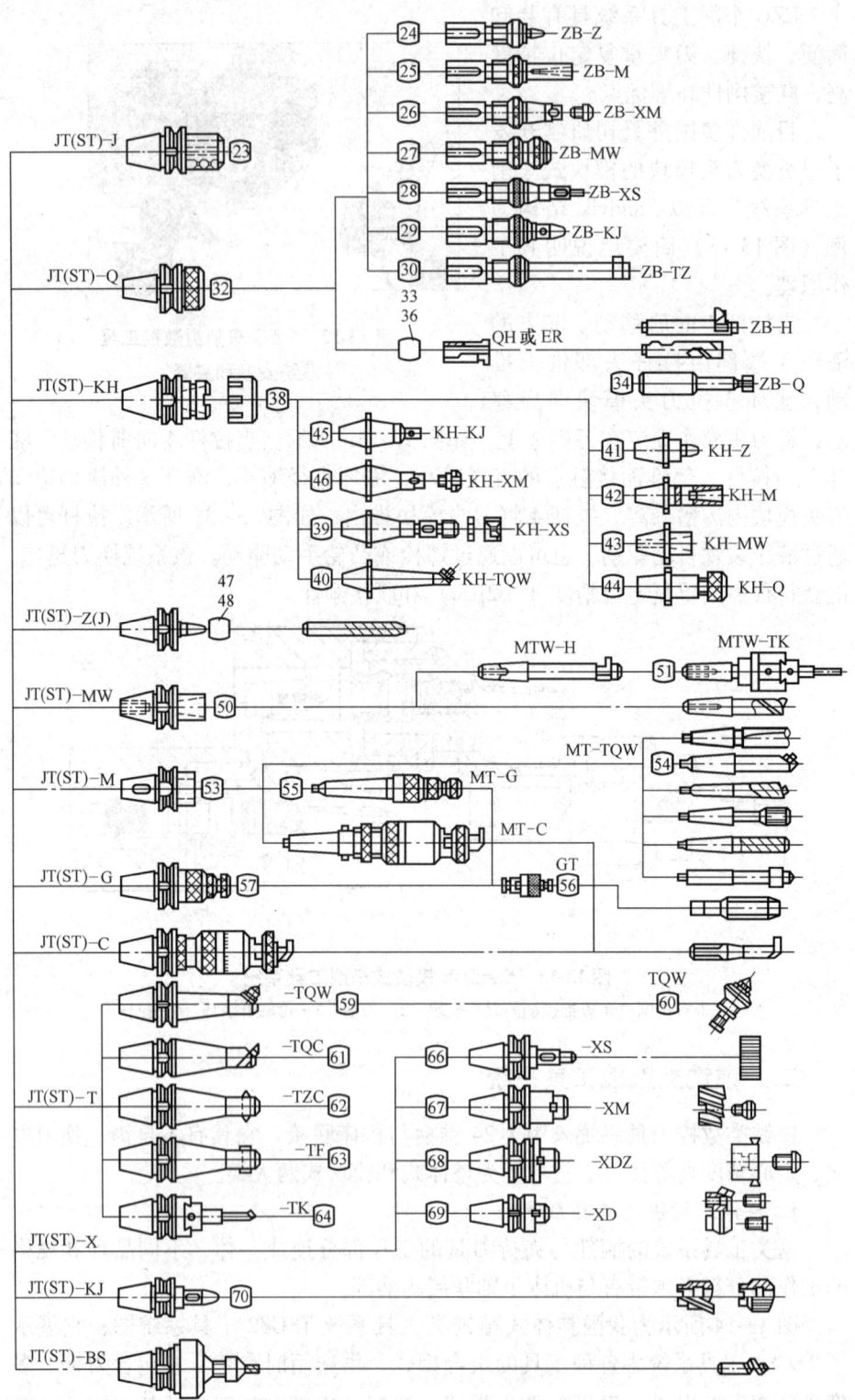

图 13-14　TSG82 工具系统图

TSG82 工具系统中各种工具柄部形式、尺寸代号、工具的代号和意义分别见表 13-2 和表 13-3。

表 13-2　TSG82 工具系统工具柄部的形式

柄部的形式		柄部的尺寸	
代号	代号的意义	代号的意义	举例
JT	加工中心机床用锥柄柄部，带机械手夹持槽	ISO 锥度号	50
ST	一般数控机床用锥柄柄部，无机械手夹持槽	ISO 锥度号	40
MTW	无扁尾莫氏锥柄	莫氏锥度号	3
MT	有扁尾莫氏锥柄	莫氏锥度号	1
ZB	直柄接杆	直径尺寸	32
KH	7:24 锥度的锥柄接杆	锥柄的锥度号	45

表 13-3　TSG82 工具系统工具的代号和意义

代号	代号的意义	代号	代号的意义	代号	代号的意义
J	装接长杆用刀柄	C	切内槽工具	TZC	直角型粗镗刀
QH 或 ER	弹簧夹头	KJ	用于装扩、铰刀	TF	浮动镗刀
KH	7:24 锥度快换夹头	BS	倍速夹头	TK	可调镗刀
Z（J）	用于装钻夹头（贾氏锥度加注 J）	H	倒锪端面刀	X	用于装铣削刀具
		T	镗孔刀具	XS	装三面刃铣刀用
MW	装无扁尾莫氏锥柄刀具	TZ	直角镗刀	XM	装面铣刀用
M	装带扁尾莫氏锥柄刀具	TQW	倾斜式微调镗刀	XDZ	装直角面铣刀用
G	攻螺纹夹头	TQC	倾斜式粗镗刀	XD	装面铣刀用

TSG82 工具系统中各种工具的型号由汉语拼音字母和数字组成。分前、后两段，在两段之间用"—"相联，其表示方法如下：

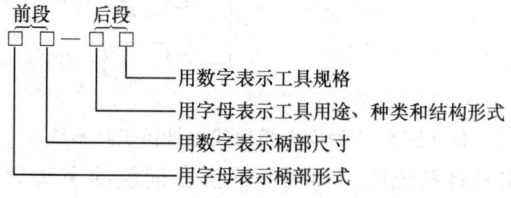

例如：

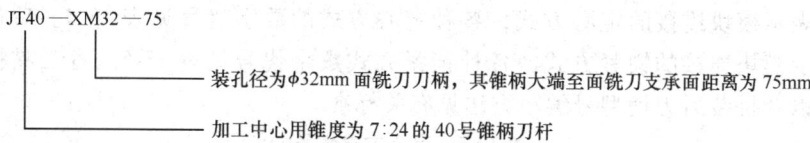

2. 模块式镗铣类工具系统

随着数控机床的普及使用，工具的需求量迅速增加。为了便于生产和管理，缩短生产周期，减少工具的储备量，工具系统的发展趋向是模块化。20 世纪 80 年代以来，许多国内外公司相继开发了模块式镗铣类工具系统。如图 13-15 所示，模块式工具系统的柄部和工作部分分开，制成主柄模块、中间模块和工作模块三大系列化模块。然后用各种模块组成不同用途、不同规格的模块式工具系统。

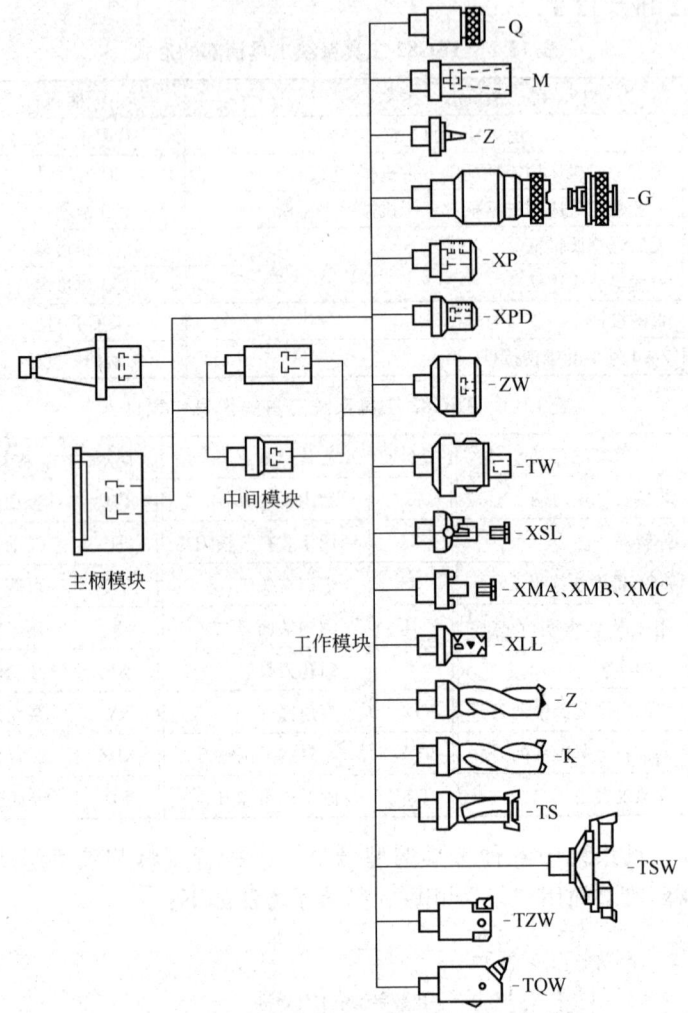

图 13-15　TMG21 模块式镗铣类工具系统

镗铣类模块式工具系统的名称用汉语拼音词组的字头命名，统称 TMG 系统。为了区别各种不同结构的工具系统，需在 TMG 之后加上两位数字。前位数字表示模块连接的定心方式，各种定心方式的数字代号见表 13-4。后位数字表示模块连接的锁紧方式。各种锁紧方式数字代号见表 13-5。各工具模块型号以及拼装后刀柄型号编写方法见有关标准。

表 13-4　定心方式代号

前位数字代号	模块连接的定心方式
1	短圆锥定心
2	单圆柱面定心
3	双键定心
4	端齿啮合定心
5	双圆柱面定心

表 13-5 锁紧方式代号

后位数字代号	模块连接的锁紧方式
0	中心螺钉拉紧
1	径向销钉锁紧
2	径向楔块锁紧
3	径向双头螺栓锁紧
4	径向单侧螺钉锁紧
5	径向两螺钉垂直方向锁紧
6	螺纹联接锁紧

（1）圆柱定心径向销钉锁紧式工具系统（TMG21） 我国工厂生产的 TMG21 模块式工具系统的连接结构如图 13-16 所示。模块之间采用圆柱插入孔内来定心的。定位圆柱的横向有锥端滑销 3。定位孔两侧有内锥端固定螺钉和外锥端紧固螺钉，其轴线与滑销轴线偏离一定距离。模块的定位圆柱插入孔后，用力拧紧外锥端紧固螺钉，此时，紧固螺钉和固定螺钉的内、外锥面使滑销带动刀具模块向右移动，使贴合面贴紧，并产生巨大正压力，使模块与模块紧密地连接起来。TMG21 工具系统有下列特点：

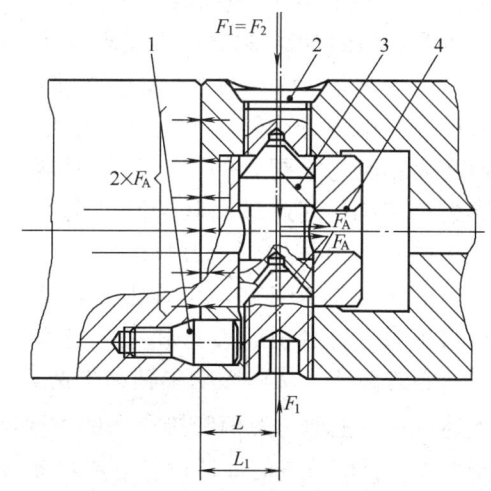

图 13-16 圆柱定心径向销钉锁紧结构
1—定位销 2—固定螺钉
3—锥端滑销 4—紧固螺钉

1) 模块之间采用径向锁紧，更换刀具或工作模块时，不必卸下整套工具，特别适用于重型数控镗铣床。

2) 采用精密的孔和轴配合来定位，同时轴向力使端面紧密贴合，增加了刀柄刚性。但刀柄精度取决于轴和孔的配合间隙以及结合端面的轴向跳动，这两项制造允差极小，因而制造困难。

3) 配合圆柱的前端有直径略小的鼓形导入部分，便于组装时插入孔内。

（2）圆锥定心轴向螺栓拉紧式工具系统（TMG10） TMG10 模块式工具系统的连接结构如图 13-17 所示。由图可知，它具有以下特点：

1) 该系统模块之间采用短锥定心，中心螺栓轴向拉紧结构。拉紧后，除锥面接触外，端面还紧密贴合。因而定心精度高，联接刚度好。

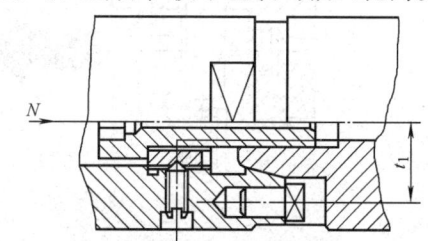

图 13-17 圆锥定心轴向螺栓拉紧式工具系统

2)模块的拆装不方便。更换工作模块时,必须把所有的连接模块全部拆卸下来。

3)这种结构在制造过程中,即使超差也可以修复。

由于结构简单,生产成本比 TMG21 工具系统低。它适用于中小型数控镗铣床及加工中心。

3. 高速铣削用的工具系统

高速铣削有许多优点,目前国内外已使用转速达 20000～60000r/min 的高速加工中心。因此,高速加工所使用的工具系统必须满足:①很高的几何精度和装夹重复精度;②很高的装夹刚度;③高速运转时安全可靠。

传统主轴的7:24前端锥孔在高速旋转下,由于离心力的作用会发生膨胀,膨胀量的大小随着旋转半径与转速的增大而增大。但与它配合的7:24实心刀柄则膨胀量较小,因此锥柄联接刚度会降低,在拉杆拉力作用下,刀具的轴向位置发生变化(图13-18)。主轴锥孔呈喇叭口状扩张,还会引起刀具和夹紧机构质量中心的偏离,从而影响主轴动平衡。

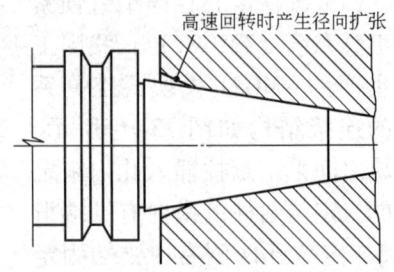

图 13-18 在高速运转中离心力使主轴锥孔扩张

由上述可知,主轴与刀柄联接存在的主要问题是联接刚度、精度、动平衡等性能变差。目前改进的最佳途径是将原来仅靠锥面定位改为锥面与端面同时定位。这种方案最有代表的是德国 HSK 刀柄、美国的 KM 刀柄以及日本 BiG-plus 刀柄。

德国 HSK 双面定位型空心刀柄是一种典型的1:10 短锥面工具系统(图13-19)。HSK 刀柄由锥面和端面共同实现定位和夹紧。其主要优点是:①采用锥面和端面过定位的结合方式,提高了结合刚度;②锥部短,采用空心结构,质量轻,自动换刀快;③采用1:10锥度,楔紧效果较好,故有较强的抗扭能力;④有较高安装精度。因此这种刀柄的应用日益广泛。但这种结构的缺点是:与现在的主轴结构和刀柄不兼容;制造工艺难度大、制造成本高。

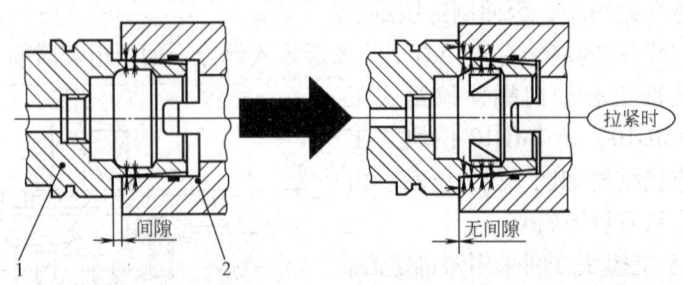

图 13-19 HSK 刀柄与主轴联接结构与工作原理
1—HSK 刀柄 2—主轴

图 13-20 所示为美国的 KM 刀柄，采用 1∶10 短锥配合，锥柄长度仅为 7∶24 锥柄长度 1/3，部分解决了锥面与端面同时定位而产生的干涉问题。刀柄为空心结构，当拉杆轴向移动时，拉杆上圆弧槽推动钢球径向凸出，卡在刀柄槽内，使刀柄一起轴向移动。在拉杆轴向拉力作用下，短锥可径向收缩，实现端面与锥面同时接触定位。锥度配合部分有较大过盈量（0.02～0.05mm），所需的加工精度比 7∶24 长锥配合所需的精度低。锥柄直径较小，在高速旋转时的扩张小，高速性能好。它的主要缺点：①它与传统的 7∶24 锥柄联接不兼容；②短锥的自锁会使换刀困难；③锥柄是空心的，夹紧需由刀柄的法兰实现，这样增加了刀具悬伸量，削弱了联接刚度。

日本 BIG-PLUS 刀柄的锥度仍然为 7∶24（图 13-21）。将刀柄装入主轴时，端面的间隙为 (0.02±0.005) mm。锁紧后，利用主轴内孔的弹性膨胀，使刀柄端面贴紧，（图 13-21 上半部），刚性增强；同时使振动衰减效果提高，轴向尺寸稳定。普通 BT 刀柄端面不贴紧，有空隙（图 13-21 下半部）。它能迅速推广应用的一个原因是它和普

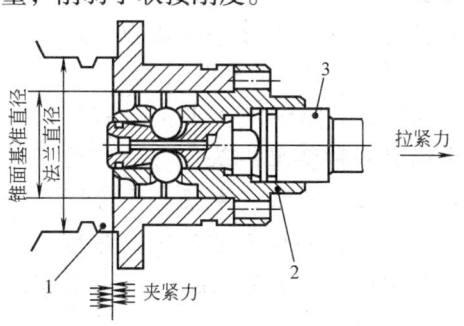

图 13-20 KM 刀柄与主轴联接结构
1—KM 刀柄　2—主轴　3—拉杆

通刀柄之间有互换性。它所允许的极限转速为 40000r/min。由于是过定位安装，必须严格控制锥面基准线与法兰端面的轴向位置精度，与它配合的主轴也须控制这一轴向精度，因此制造困难。

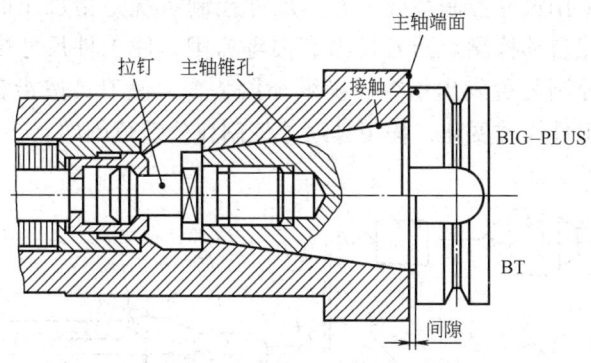

图 13-21 BiG-PLUS 刀柄（图上半部）与 BT 刀柄（图下半部）的比较

在加工中心进行高速切削时，不平衡工具系统会产生很大离心力，使机床和刀具振动。其结果一方面影响工件的加工精度和表面质量；另一方面影响主轴轴承和刀具使用寿命。所以高速铣削用的工具系统都应进行动平衡。目前还没有制定专门的平衡标准，一般要达到 G2.5 或 G6.5 平衡指标。

高速铣削时，刀具的旋转速度高，无论从保证精度方面考虑，还是从操作安全方面考虑，对它的装夹技术有很高的要求。原来工具系统的弹簧夹头、

螺钉等传统的刀具装夹方法已不能满足高速加工需要。为此德国 Schunk 等公司开发了高精度液压夹头，如图 13-22 所示。通过使用内六角螺栓扳手拧紧加压螺栓 1，提高油腔 2 内的油压，促使油腔的内壁 3 均匀径向膨胀，从而起到夹紧刀具 5 的作用。这种夹头具有精度高（定位精度 ≤3μm）、传递转矩大、结构对称性好、外形尺寸小等优点，是高速铣削不可缺少的辅助工具。

热装夹头是继液压夹头之后开发出的另一种新型夹头。它是一种无夹紧元件的夹头，夹紧力比液压夹头大，可传递更大的转矩，并且结构对称性好，更适合模具的高速铣削。

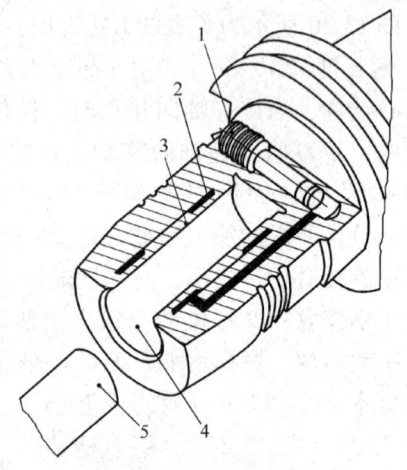

图 13-22　高精度液压夹头
1—加压螺栓　2—油腔　3—油腔内壁　4—装刀孔　5—刀具

第四节　刀具尺寸的控制系统与刀具磨损、破损检测

一、刀具尺寸的控制系统

在自动化生产中，为了缩短调刀、换刀时间，保证加工精度，提高生产效率，已广泛采用尺寸控制系统。刀具尺寸控制系统是指加工时对工件已加工表面进行在线自动检测。当刀具因磨损等原因，使工件尺寸变化而达到某一预定值时，控制装置发出指令，操纵补偿装置，使刀具按指定值进行微量位移，以补偿工件尺寸变化，使工件尺寸控制在公差范围内。

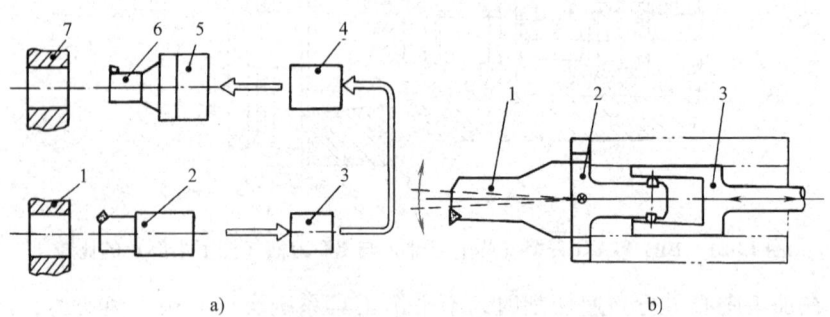

图 13-23　镗孔尺寸控制系统
a) 尺寸控制系统工作原理
1—已加工工件　2—测头　3—控制装置　4—补偿装置　5—镗头　6—镗刀　7—待加工工件
b) 拉杆—摆块式补偿装置
1—镗刀　2—摆块　3—拉杆

尺寸控制系统由自动测量装置、控制装置和补偿装置组成。图 13-23a 所示为典型镗孔尺寸控制系统。加工后的工件由测头 2 进行测量，其测量值传递给控制装置 3，控制装置将测量值与规定尺寸进行比较，获得尺寸偏差值，然后将偏差值信号转换和放大，再传递给补偿装置 4。补偿装置利用信号，使镗头上的镗刀 6 产生微量位移，然后继续加工下一件。图 13-23b 所示为常用的拉杆—摆块式补偿装置。刀具的径向尺寸补偿由拉杆的轴向移动转换为摆块的摆动来实现。

二、刀具磨损的检测与监控

1. 刀具磨损的直接检测与补偿

在加工中心或柔性制造系统中，加工零件的批量小。为了保证加工精度，较好方法是直接检测刀具的磨损量，并通过补偿机构对相应尺寸误差进行补偿，如图 13-24 所示的镗刀切削刃的磨损测量原理图。当镗刀停在测量位置时，测量装置移近刀具并与切削刃接触，磨损测量传感器从刀柄的参考表面上测取读数。切削刃和参考表面与测量装置的相邻两次接触，其读数变化值即为切削刃的磨损值。测量过程、数据的计算和磨损值的补偿过程都可以由计算机进行控制和完成。

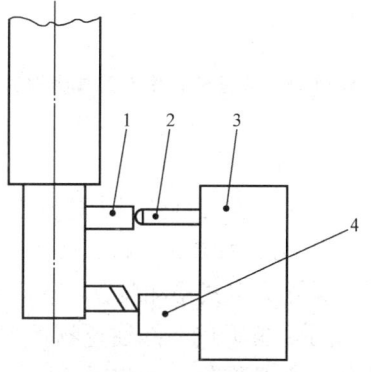

图 13-24 镗刀磨损测量
1—参考表面 2—磨损传感器
3—测量装置 4—刀具触头

2. 刀具磨损的间接测量和监控

在加工过程中，多数刀具的磨损区被工件或切屑遮盖，很难直接测量刀具的磨损值，因此多采用间接测量方法。

（1）以刀具寿命为判据　这种方法目前在加工中心和柔性制造系统中得到广泛使用。对于使用条件已知的刀具，其寿命可根据用户提供的使用条件实验确定或者根据经验确定。刀具寿命确定后，可按刀具编号送入管理程序中。在调用刀具时，从规定的刀具使用寿命中扣除切削时间，用到剩余刀具寿命少于下次使用时间时发出换刀信号。

（2）以加工表面粗糙度为判据　加工表面粗糙度与刀具磨损之间关系如图 13-25 所示。因此可以通过监测工件表面粗糙度来判断刀具的磨损状态。图 13-26 所示是利用激光技术监测表面粗糙度的示意图。激光束通过透镜射向工件加工表面，由于粗糙度的变化，使反射的激光强度也不相同。因而通过检测反射光的强度和对信号的比较分析来识别表面粗糙度和判别刀具的磨损状态。这种监测系统便于在线实时检测。

三、刀具破损检测

刀具破损检测是保证机械加工自动化生产正常进行的重要措施。在自动

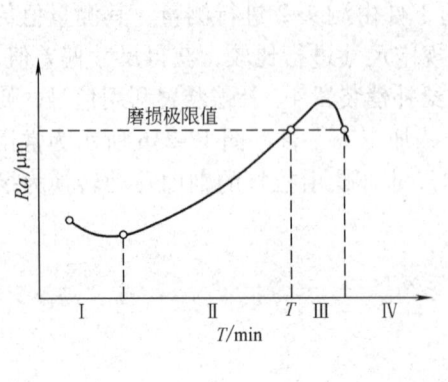

图 13-25　表面粗糙度与刀具磨损的关系

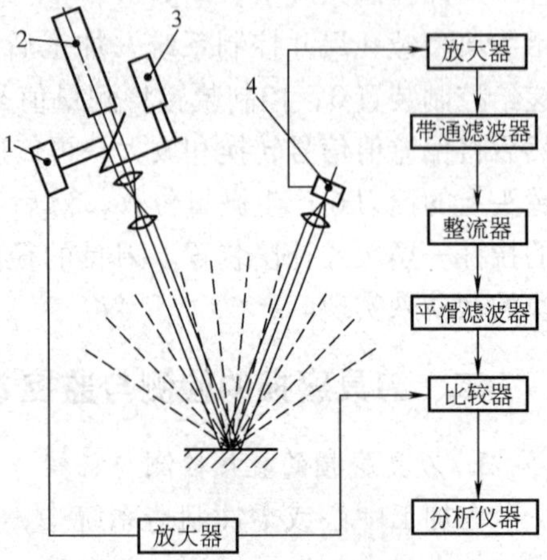

图 13-26　激光检测工件表面粗糙度
1—参考探测器　2—激光发生器
3—斩波器　4—测量探测器

化生产中，若刀具破损未能及时发现，会导致工件报废，甚至损坏机床。

1. 光电式刀具破损检测

采用光电式检测装置可以直接检测钻头或丝锥是否完整或折断。如图 13-27 所示，光源的光线通过隔板中的小孔射向刚加工完毕返回的钻头，若钻头完好，光线受阻，光敏元件无信号输出；若钻头折断，光线射向光敏元件，发出停机信号。这种破损检测装置易受切屑干扰。

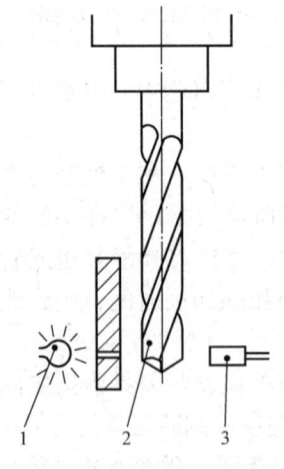

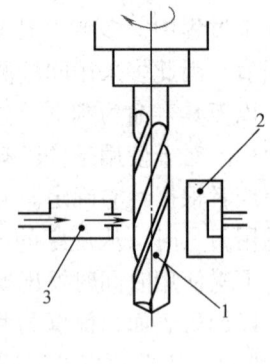

图 13-27　光电式检测装置
1—光源　2—钻头　3—光敏元件

图 13-28　气动式检测装置
1—钻头　2—气动压力开关　3—喷嘴

2. 气动式刀具破损检测

气动式刀具破损检测原理与光电式相似，如图 13-28 所示。当钻头或丝锥返回原位后，气阀接通，喷嘴喷出的气流被钻头挡住，压力开关不动作。当刀具折断时，气流就冲向气动压力开关，发出刀具折断信号。这种方法的优缺点和应用范围与光电式检测装置相同。

此外，在加工中心上还有利用声发射方法来检测刀具破损。

复 习 思 考 题

13-1 对数控刀具有哪些特殊要求？

13-2 试述生产中常用的刀具快换和自动更换方法。

13-3 简述数控刀具尺寸的预调方法。

13-4 何谓数控刀具工具系统，它包括哪些部分？

13-5 简述 CZG 车削工具系统结构及其特点。

13-6 试说明 Sandvik 模块式车削工具系的工作原理。

13-7 试分析比较模块式镗铣类工具系统 TMG21 和 TMG10 的结构及其优缺点。

13-8 试分析比较高速铣削用的刀柄 HSK、KM 和 BiG-plus 结构及其优缺点。

13-9 试分析数控镗铣类工具系统 7∶24 工具柄部的优缺点。

13-10 简述常用刀具磨损和破损检测方法。

13-11 试举例说明刀具尺寸补偿工作原理。

第十四章 磨削与砂轮

磨削是机械制造中最常用的加工方法之一。它的应用范围很广,可以加工外圆、内圆、平面、螺纹、花键、齿轮以及钢材切断等;其加工的材料也很广,如淬硬钢、钢、铸铁、硬质合金、陶瓷、玻璃、石材、木材和塑料等。磨削常用于精加工和超精加工,也可用于荒加工(如磨削钢坯,磨割浇冒口等)和精加工(直接磨出麻花钻沟槽)。根据加工精度的不同要求,通常将磨削加工分为普通磨削、精密磨削和超精密磨削。普通磨削能达到的表面粗糙度为 $Ra0.8 \sim 0.2\mu m$,尺寸精度为 IT6;精密磨削能达到的表面粗糙度为 $Ra0.20 \sim 0.05\mu m$,尺寸精度为 IT5;超精密磨削能达到的表面粗糙度为 $Ra0.05 \sim 0.01\mu m$,尺寸精度为 IT4~IT3。磨削加工容易实现自动化,因而它的用途愈来愈广。在工业发达国家中,磨床在机床容量中已占 25% 以上。目前,磨削主要用于精加工和超精加工。

第一节 磨削运动

磨削的主运动是砂轮的旋转运动。砂轮的切线速度即为磨削速度 v_c (单位为 m/s)。

磨削的进给运动一般有三种。以外圆磨削(图 14-1)为例进行说明。

1. 工件的旋转进给运动

进给速度为工件的切线速度 v_w (单位为 m/min)。

2. 工件相对砂轮的轴向进给运动

进给量用工件每转相对于砂轮的轴向移

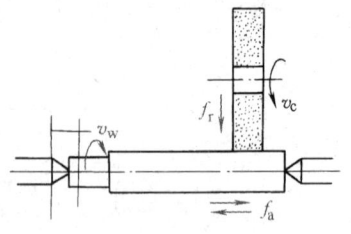

图 14-1 外圆磨削运动

动量 f_a (单位为 mm/r)表示,进给速度 v_f (单位为 mm/min)为 nf_a (其中 n 为工件的转速,单位为 r/min)。

3. 砂轮径向进给运动

此运动为砂轮切入工件的运动。进给量用工作台每单行程或双行程砂轮切入工件的深度(磨削深度)f_r (单位为 mm/单行程或 mm/双行程)表示。

外圆磨削的常用磨削用量为:

v_c: 25~50m/s (用于氧化铝或碳化硅砂轮); 80~150m/s (用于 CBN 砂轮或人造金刚石砂轮)。

v_w: 粗磨 20~30mm/min; 精磨 20~60mm/min。

f_a: 粗磨(0.3~0.7)Bmm/r; 精磨(0.3~0.4)Bmm/r(B 为砂轮宽度,单位为 mm)。

f_r: 粗磨 0.015~0.05mm/单行程或 0.015~0.05mm/双行程; 精磨 0.005~0.01mm/单行程或 0.005~0.01mm/双行程。

第二节 砂 轮

砂轮是用结合剂将磨粒固结成一定形状的多孔体(图 14-2)。要了解砂轮的切削性能,必须研究砂轮的各组成要素。

一、砂轮的组成要素

1. 磨料

磨料分为天然磨料和人造磨料两大类。一般天然磨料含杂质多,质地不匀。天然金刚石虽好,但价格昂贵,故目前主要使用人造磨料。常用人造磨料有棕刚玉(A),白刚玉(WA),铬刚玉(PA);黑碳化硅(C),绿碳化硅(GC);人造金刚石(MBD 等)和立方氮化硼(CBN)等。其性能与适用范围见表 14-1。

国家标准规定,磨料分为固结磨具磨料(F 系列)和涂附磨具磨料(P 系列)两种。

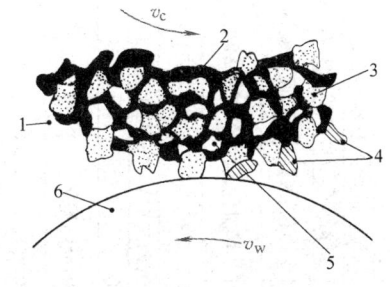

图 14-2 砂轮的构造
1—砂轮 2—结合剂 3—磨粒
4—磨屑 5—气孔 6—工件

2. 粒度

粒度是指磨粒的大小。GB/T 2481.1—1998 和 GB/T 2481.2—2009 规定,固结磨具用磨料粒度的表示方法为:粗磨料 F4~F220(用筛分法区别,F 后面的数字大致为每英寸筛网长度上筛孔的数目),微粉 F230~F1200(用沉降法区别,主要用光电沉降仪区分)。

3. 结合剂

把磨粒固结成磨具的材料称为结合剂。结合剂的性能决定了磨具的强度,耐冲击性,耐磨性和耐热性。此外,它对磨削温度和磨削表面质量也有一定的影响。

4. 硬度

磨粒在外力作用下从磨具表面脱落的难易程度称为硬度。砂轮的硬度反映了结合剂固结磨粒的牢固程度。砂轮硬就是磨粒固结得牢,不易脱落;砂轮软,就是磨粒固结得不太牢,容易脱落。砂轮的硬度对磨削生产率和磨削

表 14-1 砂轮组成要素、代号、性能和适用范围

系别	名称	代号	性能	适用范围
刚玉	棕刚玉	A	棕褐色，硬度较低，韧性较好	磨削碳素钢，合金钢，可锻铸铁与青铜
	白刚玉	WA	白色，较 A 硬度高，磨粒锋利，韧性较差	磨削淬硬的高碳钢，合金钢，高速钢，成形零件
	铬刚玉	PA	玫瑰红色，韧性比 WA 好	磨削高速钢，不锈钢，成形磨削，刃磨刀具，高表面质量磨削
碳化物	黑碳化硅	C	黑色带光泽，比刚玉类硬度高，导热性好，但韧性差	磨削铸铁，黄铜，耐火材料及其他非金属材料
	绿碳化硅	GC	绿色带光泽，较 C 硬度高，导热性好，韧性较差	磨削硬质合金，宝石，光学玻璃
超硬磨料	人造金刚石	MBD,RVD,SCD 和 M-SD 等	白色、淡绿，黑色，硬度最高，耐热性较差	磨削硬质合金，花岗岩，大理石，宝石，陶瓷等高硬度材料
	立方氮化硼	CBN,M-CBN 等	棕黑色，硬度仅次于 MBD，韧性较 MBD 等好	磨削高性能高速钢，不锈钢，耐热钢及其他难加工材料

类别		粒度号	特性	适用范围
磨粒	粗粒	F4,F5,F6,F8,F10,F12,F14,F16,F20,F22,F24		荒磨
	中粒	F30,F36,F40,F46		一般磨削。加工表面粗糙度可达 Ra0.8μm
	细粒	F54,F60,F70,F80,F90,F100		半精磨，精磨和成形磨削。加工表面粗糙度可达 Ra0.8~0.1μm
	微粒	F120,F150,F180,F220		精磨，精密磨，超精磨，成形磨，螺纹磨，所磨刀具
微粉		F230,F240,F280,F320,F360,F400,F500,F600,F800,F1000,F1200		精磨，精密磨，超精磨，精研，加工表面粗糙度可达 Ra0.05~0.01μm

名称	代号	特性
陶瓷	V	耐热，耐油，耐酸碱，具有一定抛光作用，耐热性好，不耐碱
树脂	B	强度高，富有弹性，具有一定抛光作用，耐热性差，不耐碱
橡胶	R	强度高，弹性更好，抛光性好，耐热性差，耐油和酸，易堵塞

等级	超软			软			中软			中			中硬			硬			超硬
代号	D	E	F	G	H	J	K	L	M	N	P	Q	R	S	T				Y
选择	磨未淬硬钢选用 L~N，磨淬火钢选用 H~K，高表面质量磨削时选用 K~L，刃磨硬质合金刀具选用 H~J																		
	磨削淬火钢，合金钢选用 H~K，高表面质量磨削时选用 K~L，刃磨刀具																		
	成形磨削，精密磨					磨削淬火钢，刃磨刀具					磨削硬度不高的韧性材料					磨削轴承沟道砂轮，无心磨导轮，抛光砂轮				磨削热敏性高的材料

组织号	0	1	2	3	4	5	6	7	8	9	10	11	12	13	14
磨粒率(%)	62	60	58	56	54	52	50	48	46	44	42	40	38	36	34
用途	成形磨削，精密磨削				磨削淬火钢合金钢选用 H~K，高表面质量磨削时选用 K~L，刃磨刀具						磨削硬度不高的韧性材料				磨削热敏性高的材料

表面质量都有很大的影响。如果砂轮太硬，磨粒磨钝后仍不能脱落，则磨削效率很低，工件表面粗糙并可能被烧伤。如果砂轮太软，磨粒未磨纯已从砂轮上脱落，砂轮损耗大，形状不易保持，影响工件质量。砂轮的硬度合适，磨粒磨钝后因磨削力增大而自行脱落，使新的锋利的磨粒露出，这种砂轮具有自锐性。砂轮自锐性好，磨削效率高，工件表面质量好，砂轮的损耗也小。

5. 组织

组织表示砂轮中磨料、结合剂和气孔间的体积比例。根据磨粒在砂轮中占有的体积百分数（称磨料率），砂轮可分为 0 ~ 14 组织号。组织号从小到大，磨料率由大到小，气孔率由小到大。组织号大，砂轮不易堵塞，切削液和空气容易带入磨削区域，可降低磨削温度，减少工件的变形和烧伤，也可提高磨削效率，但组织号大，不易保持砂轮的轮廓形状。常用的砂轮组织号为 5。

表 14-1 列出了砂轮的五个组成要素，代号，性能和适用范围，供选择砂轮时参考。

二、砂轮的形状，尺寸和标志

为了适应在不同类型磨床上的各种使用需要，砂轮有许多形状。常用砂轮的形状，代号和用途见表 14-2（GB/T 2484—2006）。

表 14-2 常用砂轮的形状，代号及主要用途

代号	名称	断面形状	形状尺寸标记	主要用途
1	平面砂轮	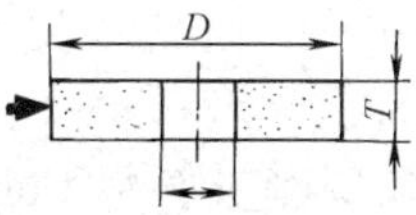	$1 - D \times T \times H$	磨外圆、内孔、平面及刃磨刀具
2	筒形砂轮	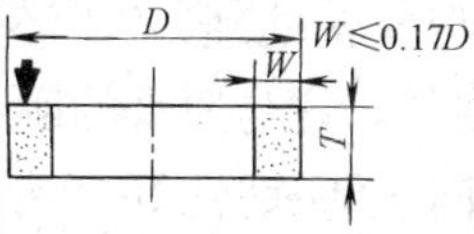	$2 - D \times T - W$	端磨平面
4	双斜边砂轮	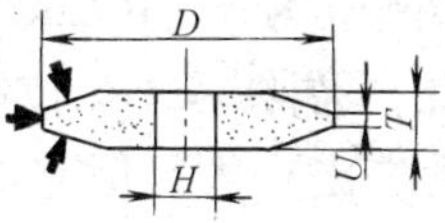	$4 - D \times T/U \times H$	磨齿轮及螺纹
6	杯形砂轮	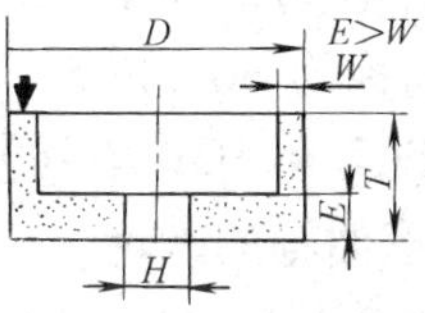	$6 - D \times T \times H - W, E$	端磨平面，刃磨刀具后刀面
11	碗形砂轮	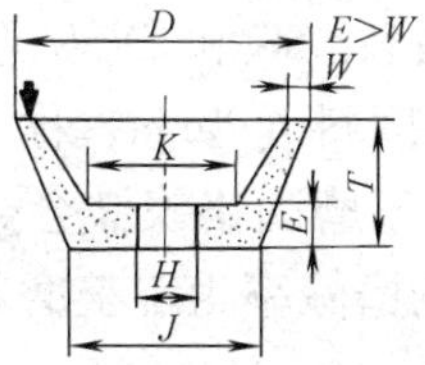	$11 - D/J \times T - W, E, K$	端磨平面，刃磨刀具后刀面

(续)

代号	名称	断面形状	形状尺寸标记	主要用途
12a	碟形一号砂轮		12a−D/J×T/U ×H−W, E, K	刃磨刀具前刀面
41	薄片砂轮		41−D×T×H	切断及磨槽

注: ➡所指表示基本工作面。

砂轮的标志印在砂轮端面上。其顺序是：形状代号、尺寸、磨料、粒度号、硬度、组织号、结合剂和允许的最高线速度。例如：

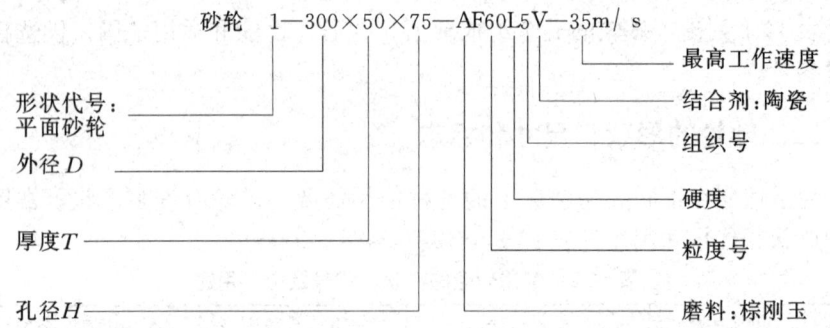

三、SG 砂轮和 TG 砂轮

20 世纪 80 年代美国推出两种新的陶瓷刚玉磨料 Cubitron（3M 公司）和 SG（Norton 公司）。Cubitron 经过化学陶瓷化处理、SG 经过晶体凝胶化处理，干燥固化后破碎成颗粒，最后烧结成磨料。这与原来的刚玉（A，WA 等）经熔炼后冷却固化、然后破碎的制法不同。SG 韧性好（为原来刚玉的 2~2.5 倍）、晶体很小（$0.1 \sim 0.2 \mu m$，而原来刚玉为 $5 \sim 10 \mu m$）、耐磨、自锐性好、磨粒锋利、形状保持好、寿命长。因此，磨除率（单位时间内磨除材料量）高、磨削比（磨除材料量与砂轮损耗量之比）大，但它的制造成本较高。目前常用的是 SG 与 WA（或 A）的混合砂轮，其中 SG 所占比例有 100%、50%、30%、20% 和 10% 等多种，分别称为 SG、SG5、SG3、SG2 和 SG1 砂轮。纯 SG 砂轮用于粗磨，SG5、SG3、SG2 和 SG1 等用于精磨。SG 磨料砂轮在我国工厂已使用，如用于汽车行业中磨曲轴的砂轮。

除此以外，还有 SG 与 GC 混合的砂轮以及 SG 与 CBN 混合的砂轮。后者称为 CVSG。20 世纪 90 年代在工业发达国家，SG 和 CVSG 等砂轮已被普遍采用。

21 世纪初，Norton 公司又推出 TG 磨料（Targa，称为第二代 SG 磨料），它的磨粒有很细的棒状晶态结构，适用于磨削铬镍铁合金、高温合金等难加工材料，适合于缓进给磨削。TG 磨料的磨除率为刚玉磨料的 2 倍，寿命为刚玉磨料的 7 倍。

四、人造金刚石砂轮与立方氮化硼砂轮

1. 人造金刚石砂轮

如图 14-3 所示的人造金刚石砂轮由磨料层 1 和基体 2 两部分组成。磨料层由人造金刚石磨粒与结合剂组成,厚度约为 1.5~5mm,起磨削作用。基体起支承磨削层的作用,并通过它将砂轮紧固在磨床主轴上。基体常用铝、钢、铜或胶木等制造。人造金刚石砂轮用于磨削高硬度的脆性材料,如硬质合金、花岗岩、大理石、宝石、光学玻璃和陶瓷等,还可磨削有一定韧性的热喷焊耐磨合金,如 NiCr15C 等。

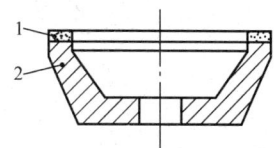

图 14-3 人造金刚石砂轮和立方氮化硼砂轮的构造
1—磨料层 2—基体

人造金刚石砂轮的结合剂有金属（代号 M,常用的是青铜）、树脂和陶瓷三种。金属结合剂金刚石砂轮具有结合强度高、耐磨性好、寿命长和能承受大负荷磨削等特点,适合于粗磨、高性能硬脆材料的成形磨削、半精磨和超精密磨削。但是金属结合剂的金刚石砂轮自锐性差,容易堵塞,在磨削中易产生由砂轮偏心所引起的激振力,因而影响磨削过程的稳定性和工件表面质量,为此砂轮必须经常修整。树脂和陶瓷结合剂的金刚石砂轮适合于半精磨、精磨和抛光。

金刚石砂轮中金刚石的含量用浓度来表示。常用的浓度有 150%、100%、75%、50% 和 25% 等 5 种。所谓 100% 浓度是指磨削层每 cm^3 体积中含有 4.39 克拉（1 克拉 = 0.2g）金刚石,50% 浓度是指每 cm^3 体积中含有 2.2 克拉金刚石,其余依次类推。高浓度金刚石砂轮适于粗磨、小面积磨削和成形磨削;低浓度适于精磨和大面积磨削。青铜结合剂的金刚石砂轮常采用 100%~150% 的浓度。树脂结合剂的金刚石砂轮常采用 50%~75% 的浓度。

金刚石砂轮的标记（GB/T 6409.1—1994）举例如下:

A	50×4×10	×3	RVD	100/120	B	75
形状代号:	外径厚度孔径	磨料层厚度	磨料牌号	粒度	结合剂	浓度
平形砂轮	mm mm mm	mm			树脂	75%

2. 立方氮化硼砂轮

立方氮化硼砂轮的结构与人造金刚石砂轮相似。立方氮化硼只有一薄层。立方氮化硼磨粒非常锋利又非常硬,其寿命为刚玉磨粒的 100 倍。立方氮化硼砂轮用来磨削高硬度、高韧性的难加工钢材,如高钒高速钢和耐热合金等。立方氮化硼砂轮特别适合高速磨削和超高速磨削,但需采用经改制的特殊水剂切削液,而不能采用普通的水剂切削液。

第三节 磨削过程

一、砂轮的形貌

如图 14-4a 所示,砂轮上的磨粒是一颗形状很不规则的多面体。图 14-4b

中的刚玉和碳化硅的 F36~F80 磨粒的平均尖角 β 在 104°~108°之间，平均尖端圆角半径 r_β 在 7.4~35μm 之间。

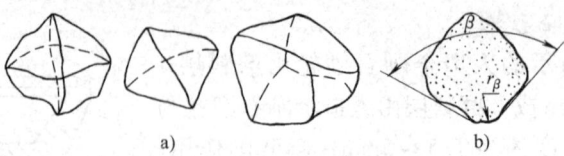

图 14-4　砂轮上磨粒的形状

a) 外形　b) 典型磨粒断面

磨粒尖端在砂轮上的分布，无论在方向、高低和间距方面，在砂轮的轴向和径向都是随机分布的。砂轮的形貌除决定于磨料种类、粒度号和组织号外，还取决于砂轮的修整情况。经修整后的砂轮，磨粒负前角可达 -80°~-85°。在磨削过程中，磨粒的形状还将不断地变化。

二、磨削过程分析

磨削与铣削相比，磨粒刃口钝，形状不规则，分布不均匀。其中一些突出和比较锋利的磨粒，切入工件较深，切削厚度较大，起切削作用（图 14-5a）。由于切屑非常细微，磨削温度很高，磨屑飞出时氧化形成火花。比较钝的、突出高度较小的磨粒，切不下切屑，只起刻划作用（图 14-5b），在工件表面上挤压出微细的沟槽，使金属向两边塑性流动，造成沟槽两边微微隆起。更钝的、隐藏在其他磨粒下面的磨粒只稍微滑擦着工件表面，起抛光作用（图 14-5c）。另外，即使参加切削的磨粒，在刚进入磨削区时，也先经过滑擦和刻划阶段，然后再进行切削（图 14-6）。所以磨削过程是包括切削、刻划和抛光作用的综合复杂过程。

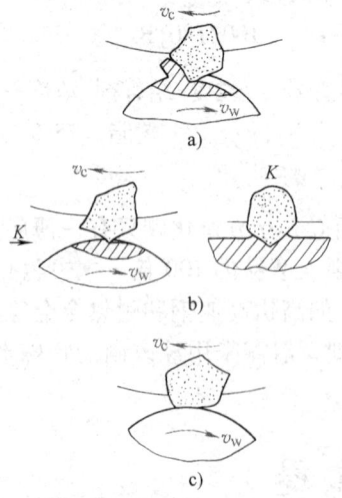

图 14-5　磨削过程中磨粒的切削、刻划和抛光作用

a) 切削作用　b) 刻划作用　c) 抛光作用

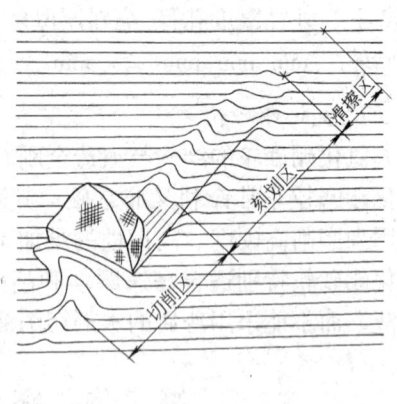

图 14-6　磨粒的切削过程

图 14-7 表示了磨削时磨粒切削金属层的情况和工件表面的微观形状。工件的表面粗糙度由砂轮的形貌和磨削用量所决定。

磨削所以能达到很高的精度,很小的表面粗糙度数值,是因为经过精细修整的砂轮,磨粒具有微刃等高性;磨削厚度很小,除了切削作用外,还有挤压和抛光作用;磨床砂轮回转精度很高,工作台纵向液压传动,运动平稳,精度高,横向能微量进给。

但是,磨削与其他切削加工方法相比,切除单位体积的切屑功率消耗大,磨削表面变形、烧伤、应力都比较大。

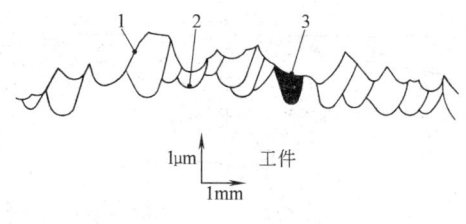
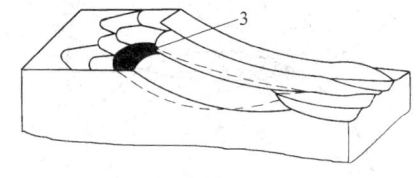

图 14-7 磨削时磨粒的切削层和工件表面的微观形状

1—n 次磨削所得的表面　2—$n+1$ 次磨削所得的表面
3—某磨粒所切削的工件材料面积

三、磨削厚度分析

由于砂轮上磨粒的形状和分布都极不规则,不同的磨粒在磨削过程中所起的作用又各不相同,所以各磨粒的切削厚度相差悬殊。要定量分析随机分布的各磨粒的切削厚度必须采用概率统计方法,这比较复杂。为了便于工艺分析,这里采用一个简单的数学模型(假想磨粒沿着砂轮的轴向,周向和径向都是均匀分布,各切削刃等高)来计算理论状态下每个磨粒的磨削厚度。

1. 理想平均磨削厚度 $h_{D_{av}}$

图 14-8 所示为磨削外圆的情况。f_r 为工作台每单行程或双行程后砂轮的径向进给量(磨削深度,单位为 mm)。设砂轮上的 A 点以线速度 v_c(单位为 m/s)从位置 A 转到位置 C 的同时,工件上的 C 点以线速度 v_w(单位为 m/min)从位置 C 转到位置 B,则

$$\widehat{BC}/(v_w/60) = \widehat{AC}/v_c \tag{14-1}$$

图中面积 ABC 就是 $\widehat{AC}$ 内的磨粒所磨去的金属。设砂轮圆周上每毫米长度内有 m 颗磨粒,则平均每颗磨粒的最大磨削厚度 $h_{D_{max}}$(单位为 mm)应为

$$h_{D_{max}} = \frac{BD}{\widehat{AC}m} \tag{14-2}$$

由于 f_r 和 $\widehat{BC}$ 都极小,可认为 $\triangle CBD$ 为直角三角形,且 $BD \perp CD$。于是

$$h_{D_{max}} = \frac{\widehat{BC}\sin(\alpha+\beta)}{\widehat{AC}m} = \frac{v_w}{60v_c m}\sin(\alpha+\beta)$$

解 $\triangle OCO_w$,再经推导得

$$h_{D_{max}} = \frac{v_w}{30v_c m}\sqrt{f_r(1/D+1/D_w)} \tag{14-3}$$

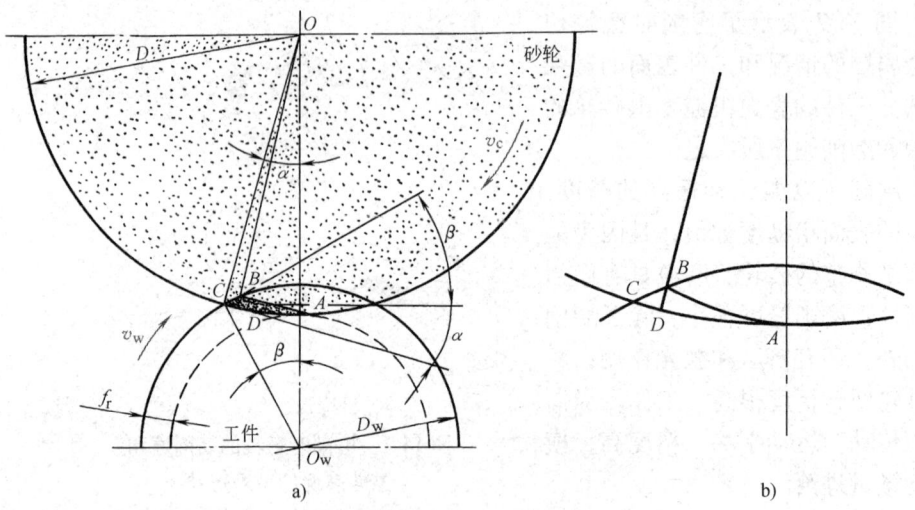

图 14-8　理想平均磨削厚度
a) 计算图　b) ABCD 局部放大图

若取 $h_{D_{max}}$ 的一半作为平均磨削厚度 $h_{D_{av}}$，并使式 (14-3) 也适用于内圆磨削和平面磨削，则

$$h_{D_{av}} = \frac{v_w}{60 v_c m} \sqrt{f_r(1/D \pm 1/D_w)} \tag{14-4}$$

上式中根号内正号用于外圆磨削；负号用于内圆磨削。对于平面磨削，因为工件直径 $D_w \to \infty$，故 $1/D_w = 0$。上式中 D 为砂轮直径，单位与工件直径 D_w 一样，均为 mm。

由式 (14-4) 可知：每颗磨粒的平均磨削厚度 $h_{D_{av}}$ 随工件旋转进给速度 v_w、砂轮径向进给量 f_r 的增大而增大；随砂轮速度 v_c、砂轮直径 D、砂轮粒度号的增大（粒度号大，m 大）而减小。影响 $h_{D_{av}}$ 较大的是 v_w、v_c 和 m，影响较小的是 f_r 和 D。

$h_{D_{av}}$ 愈大，磨削生产率愈高；但是磨粒切削负荷愈重，磨削力愈大，磨削温度愈高，砂轮磨损愈快，磨出工件的表面质量愈差。

2. 当量磨削厚度 $h_{D_{eq}}$

磨削时材料切除率 Q（每分钟砂轮磨去的材料体积，单位为 mm^3/min）可从下式求出（图 14-9）

$$Q = 1000 v_w f_r f_a \tag{14-5}$$

式中　f_a——工件每转工作台轴向进给量，单位为 mm。

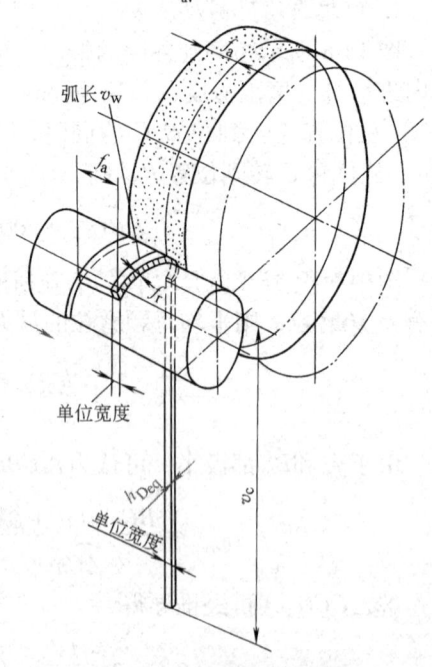

图 14-9　当量磨削厚度

设砂轮宽度为 B（单位为 mm），则每 mm 砂轮宽度的材料切除率 q [单位为 $mm^3/(min \cdot mm)$] 应为

$$q = \frac{Q}{B} = \frac{1000v_w f_r f_a}{B} \tag{14-6}$$

磨削研究实验表明，q/v_c 与磨削力、砂轮寿命和工件表面粗糙度间存在着一定的关系，而且 q/v_c 的数值与实际磨下的金属层厚度基本相等。所以，1975 年国际生产技术研究会（CIRP）把 q/v_c 定名为当量磨削厚度 $h_{D_{eq}}$（单位为 mm），其物理意义如图 14-9 所示，为实际磨削厚度。

$$h_{D_{eq}} = \frac{q}{v_c} = \frac{1000v_w f_r f_a}{1000 \times 60 v_c B} = \frac{v_w f_r f_a}{60 v_c B} \tag{14-7}$$

从式 (14-7) 中，通过 $h_{D_{eq}}$ 也可以分析各磨削工艺参数对磨削力、磨削温度、砂轮磨损和工件质量的影响。

四、磨削力

如图 14-10 所示，磨削力 F 可以分解为三个互相垂直的分力（进给力 F_f，背向力 F_p 和切削力 F_c）。其中 $F_f = (0.1 \sim 0.2) F_c$，$F_p = (1.6 \sim 3.2) F_c$。F_p 特别大是磨削的一个特征。这是因为磨粒以负前角切削，刃口钝圆半径与切削厚度之比相对很大，而且磨削时砂轮与工件接触宽度较大等的缘故。

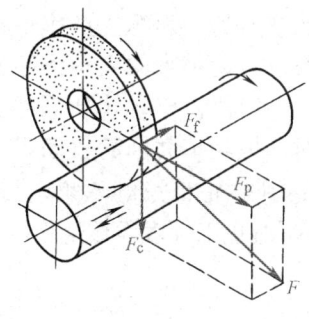

图 14-10 磨削力

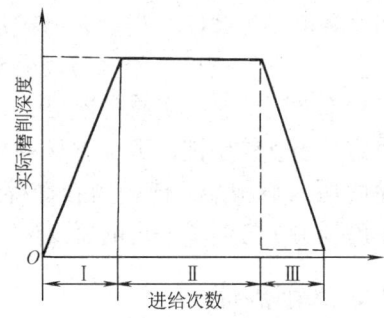

图 14-11 磨削阶段

五、磨削阶段

磨削时，由于背向力 F_p 很大，引起工件、夹具、砂轮和磨床系统产生弹性变形，使实际磨削深度与磨床刻度盘上所显示的数值有差别。所以，普通磨削的实际磨削过程可分为三个阶段，图 14-11 为其示意图。图中虚线为磨床刻度盘所显示的磨削深度。

1. 初磨阶段（Ⅰ）

当砂轮开始接触工件时，由于工艺系统的弹性变形，实际磨削深度比磨床刻度盘所显示的径向进给量小。工件、夹具、砂轮和磨床的刚性愈差，此阶段愈长。

2. 稳定阶段（Ⅱ）

当工艺系统弹性变形达到一定程度后，继续径向进给时，其实际磨削深

度基本上等于径向进给量。

3. 清磨阶段（Ⅲ）

在磨去主要加工余量后，可以减少径向进给量或完全不进给再磨一段时间。这时，由于系统的弹性变形逐渐恢复，实际磨削深度大于径向进给量。随着工件被磨去一层又一层，实际磨削深度趋近于零，磨削火花逐渐消失。这个清磨阶段主要是为了提高磨削精度和表面质量。

掌握了这三个阶段的规律，在开始磨削时，可采用较大的径向进给量以提高生产率；最后阶段应采用无径向进给磨削以提高工件质量。

六、恒压力磨削与恒功率磨削

实践证明，磨削力的大小决定了磨削生产率的高低和工件表面是否被烧伤。在一定的磨削条件下，存在着一个最佳背向力 F_p 值的区域。在这个区域内磨削，生产率高，工件质量也能保证。于是在自动磨削场合下出现了控制 F_p 使为定值的磨削方法，称为恒压力磨削。它不同于普通的恒径向进给磨削，而是使砂轮架以恒定的压力压向工件。这样，磨削从一开始就进入"正常"磨削状态，没有空程，生产率可以提高。在砂轮锋利时，能更快地磨去余量；当砂轮磨钝后，能自动减少径向进给量，因而避免了振动和工件表面被烧伤。国内某厂在生产中已使用锆刚玉砂轮以10000N恒压力进行重负荷磨削。

但这种恒压力磨削，当砂轮磨钝后，就磨不下材料，影响生产率；在自动磨床上，又不易获得信号来自动修整砂轮。所以，近年来的大切深磨削常采用恒功率磨削。它的实质是控制磨削力 F_c 使之为定值，F_c 值由所需磨去材料量决定。当砂轮磨钝，磨不下材料，F_c 较小时，恒功率磨削的自动系统迫使砂轮的切入量增加，使钝磨粒破碎，脱落，达到砂轮自锐的效果。另外，恒功率磨削由于控制了一定的磨削量，所以，也可避免工件表面被烧伤。

七、磨削温度

磨削由于切削速度很高，切削厚度很小，切削刃很钝，所以切除单位体积切削层所消耗的功率约为车、铣等切削加工方法的10~20倍，磨削所消耗能量的大部分转变为热能。磨削时产生的热量经由工件、砂轮、磨屑和切削液传走。由于砂轮和工件接触时间短，砂轮的导热性较差，所以传入砂轮的热量较少（约为10%~15%）。磨削热量传入磨屑的也不多（约在10%以下），因磨屑热容量小，磨屑在空气中氧化呈火花飞出。传给工件的热量占大多数，使磨削区域的工件上形成高温。

磨削温度是指磨削过程中磨削区域的平均温度，约在400~1000°C之间。磨削温度影响磨粒的磨损，磨屑与磨粒的粘附；影响工件表面的加工硬化、烧伤和裂纹，使工件热膨胀、翘曲，形成内应力；为此，磨削时需采用大量的切削液进行冷却，并冲走磨屑和碎落的磨粒。

磨削温度主要与砂轮磨削深度（径向进给量）f_r，磨削速度 v_c 和工件进给速度 v_w 有关。f_r 增加，磨削面积增大，磨削厚度增大，v_c 增加，挤压与摩擦速度增大；都使磨削热增加，磨削温度提高。其中，f_r 的影响更大。v_w 增加，虽然磨削厚度增加，磨削热增加，但由于工件与砂轮的接触时间短了，传入工件表层的热量少了，磨削温度反而降低。

八、砂轮的磨损与修整

砂轮磨损与失去磨削性能的形式有以下几种：

1. 磨粒的磨损

磨粒在磨去工件表层的同时，自己的棱角也被磨平，形成棱面 A（图 14-12）。

2. 磨粒的破碎

磨粒在磨削的瞬间升到高温，又在切削液的作用下骤冷。这种急热骤冷的频率很高，在磨粒中产生很大的热应力，磨粒容易因热疲劳而碎裂（图 14-2 中 B 处）。

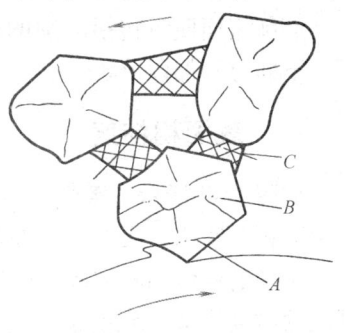

图 14-12 磨粒的磨损，破碎和脱落

3. 砂轮表面堵塞

磨削过程中，在高温高压下被磨削材料会粘附在磨粒上，磨下的磨屑也会嵌入砂轮气孔中。这样，其气孔被堵塞，砂轮表面变光，砂轮便失去磨削能力。使用硬度高、组织号小、粒度号大的砂轮磨削韧性材料时，砂轮最容易发生堵塞现象。

4. 砂轮轮廓失真

砂轮表面的磨粒在磨削力作用下脱落（图 14-12 中 C 处结合剂破裂）不匀，使砂轮轮廓失真。砂轮硬度太软时容易发生失真现象。

砂轮磨损与失去磨削性能后，若继续使用，则磨削生产率下降，磨削力与功率消耗增大，磨削表面质量恶化，工件变形，磨削精度下降，还会发生振动和噪声。所以，发现砂轮失去磨削能力时，就应及时修整砂轮。

修整砂轮常用的工具有大颗粒金刚石笔（图 14-13a）、多粒细碎金刚石笔

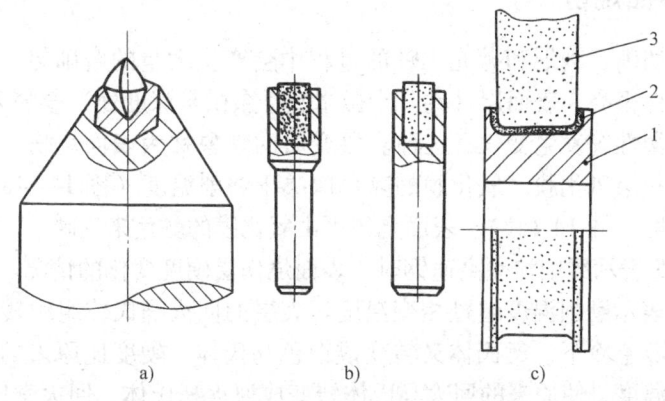

图 14-13 修整砂轮用的工具

a）大颗粒金刚石笔　b）多粒细碎金刚石笔　c）金刚石滚轮

1—轮体　2—金刚石　3—被修正砂轮

(图 14-13b) 和金刚石滚轮（图 14-13c）。多粒金刚石笔修整效率较高，所修整的砂轮磨出的工件表面粗糙度较小。金刚石滚轮修整效率更高，适于修整成形砂轮。

大颗粒金刚石笔修整砂轮时，每次修整深度为 $2\sim20\mu m$，轴向进给速度为 $20\sim60mm/min$，一般砂轮的单边总修整量为 $0.1\sim0.2mm$。

第四节 磨削表面质量

磨削表面质量包括磨削的表面粗糙度、表面烧伤和表面残余应力三个方面，下面分别加以分析。

一、表面粗糙度

如图 14-7 所示，磨削表面粗糙度是由砂轮上的磨粒在工件表面上形成的残留面积和磨床、夹具、工件和砂轮系统振动所形成的振纹所组成。

磨削的残留面积取决于砂轮的粒度、硬度、砂轮的修整情况和磨削用量。砂轮的粒度号大，硬度选择适当；修整砂轮时，金刚石笔切入量小，轴向进给慢；磨削时，v_c/v_w 大、f_a/B 小、f_r 小，则表面粗糙度小。在磨削用量中，对表面粗糙度影响最大的是 v_c/v_w，其次是 f_a/B，影响最小的是 f_r。

磨削过程中的振动是一个很复杂的问题。振动远比残留面积对表面粗糙度的影响大。磨削中有强迫振动（磨床旋转部件不平衡而引起）、低频共振（强迫振动频率与系统固有频率相近而引起），还有高频自激振动等。其中尤以高频自激振动为常见。消除振动，减小振波的主要措施包括：严格控制磨床工件主轴的径向圆跳动；对砂轮及其他高速旋转部件仔细平衡；保证磨床工作台慢进给时无爬行；提高磨床动刚度；减小磨削用量；选择合适的砂轮和采取吸振措施等。

二、表面烧伤

磨粒在切削、刻划和抛光工件的过程中会产生大量的磨削热，使磨削表面的温度升得很高，表面层（约几十微米到千余微米深度处）金属发生相变，使其硬度与塑性等发生变化。这种表层变质的现象称为表面烧伤。高温的磨削表面生成一层氧化膜，氧化膜的颜色取决于磨削温度（图 14-14a）与表面变质层的深度（图 14-14b）。表面烧伤可由氧化膜的颜色来反映。

图 14-15 表示磨削淬硬高速钢时，表面烧伤层硬度变化的情况。

曲线 A 表示磨削温度超过相变温度。表层的回火马氏体组织转变成奥氏体，在切削液急冷下，奥氏体又转变成白色马氏体，硬度比原来的高。往深处去的内层温度，使原来的回火马氏体转变成回火托氏体、回火索氏体组织，硬度逐渐下降。再往深处，回火组织逐渐减少，硬度回升，直到原组织硬度。

曲线 B 表示磨削温度未达到相变温度，处于回火温度范围内。此时，原来的回火马氏体组织变成回火托氏体、回火索氏体组织,所以表层硬度降低。最表层因为加工硬化,硬度稍高一些。

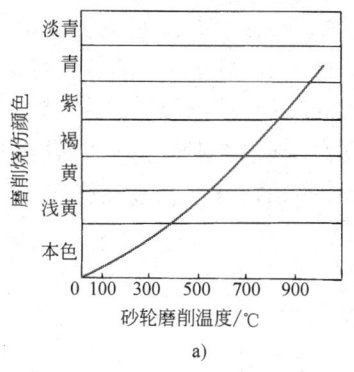
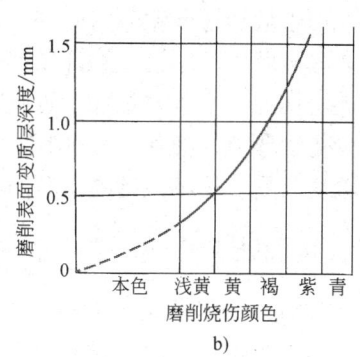

图 14-14　磨削时表面烧伤颜色的变化

a) 磨削温度对烧伤颜色的影响　　　b) 烧伤颜色与表面变形层深度的关系
加工条件:用 WAF60K 砂轮平面　　　加工条件:用 WAF60K 砂轮平面磨
磨削淬硬工具钢,不加切削液　　　削淬硬工具钢,不加切削液
$f_r = 0.005 \sim 0.05 \text{mm}, v_w = 6\text{m/min}$　　$v_w = 3 \sim 9\text{m/min}$

曲线 C 也表示磨削温度未达相变温度,与 B 不同的是磨粒较钝。此时,表层因淬火组织转变为回火组织而硬度有所降低,但稍里一些就因加工硬化而比原来的硬度有所提高。

严重的烧伤,其烧伤颜色肉眼就可分辨。轻微的烧伤则须经酸洗后才能显现。滚动轴承厂规定,轴承内、外滚道磨削后,要用酸洗法抽检其有无烧伤。

表面烧伤破坏了零件的表面组织,影响零件的使用性能和寿命。避免烧伤就要减少磨削热,加速磨削热的传散。具体措施有以下四个方面:

(1) 合理选用砂轮　要选择硬度较软、组织较疏松的砂轮,并及时修整。选用特制的大气孔砂轮,因散热

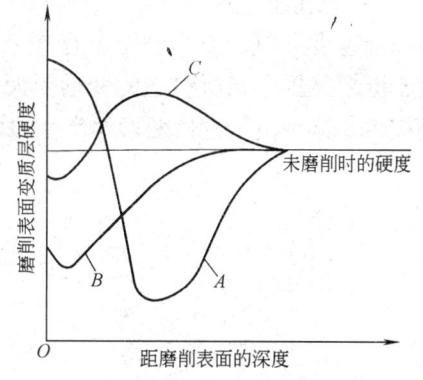

图 14-15　磨削淬硬钢时表面烧伤层硬度的变化

条件好,不易堵塞,能有效地避免表面烧伤。树脂结合剂砂轮退让性好,比陶瓷结合剂砂轮不易使工件表面烧伤。用砂轮端面磨平面时,可将砂轮端面倾斜很小一个角度或将砂轮端面修凹,以减少与工件的接触面积,避免烧伤。

(2) 合理选择磨削用量　磨削时砂轮切入量 f_r 对磨削温度影响最大。所以,为了避免表面烧伤,宜减少 f_r,提高工件的旋转进给速度 v_w 和工件轴向进给量 f_a,砂轮与工件的接触时间少了,虽然每颗磨粒的平均磨削厚度大了,但磨削温度仍能降低,可以减轻或避免表面烧伤。

(3) 采取良好的冷却措施　选用冷却性能好的切削液，采用较大的流量，使用能使切削液喷入磨削区的冷却效果较好的喷嘴（如直角喷嘴），或采用喷雾冷却，切削液透过砂轮体内的内冷却方法，可以有效地避免表面烧伤。

(4) 改进磨床的结构　磨床能否保证精确的砂轮切入量是能否保证工件表面不被烧伤的一个重要条件。近代磨床采取静压导轨或滚动导轨，滚珠丝杠，减少传动环节，消除传动间隙，提高进给机构刚性等一系列措施以精确控制砂轮切入量。这不但提高了磨削精度，也可防止工件表面烧伤。

三、表面残余应力

残余应力是指零件在去除外力和热源作用后，存在于零件内部的，保持零件内部各部分平衡的应力。零件磨削后，表面存在残余应力的原因有下列三个方面：

(1) 金属组织相变引起的体积变化　例如磨削淬硬的轴承钢，磨削温度使表层组织中的残留奥氏体转变成回火马氏体，体积膨胀，于是里层产生残余拉应力，表层产生残余压应力。这种由相变引起的残余应力称为相变应力。

(2) 不均匀热胀冷缩　例如磨削导热性较差的材料，表层与里层温度相差较多。表层温度迅速升高又受切削液急速冷却，表层的收缩受到里层的牵制，结果里层产生残余压应力，表层产生残余拉应力。这种由热胀冷缩不均匀引起的残余应力称为热应力。

(3) 残留的塑性变形　如图 14-16 所示，磨粒在切削、刻划磨削表面后，在磨削速度方向，工件表面上存在着残余拉应力；在垂直于磨削速度方向，由于磨粒挤压金属所引起的变形受两侧材料的约束，工件表面上存在着残余压应力。这种由于塑性变形而产生的残余应力称为塑变应力。

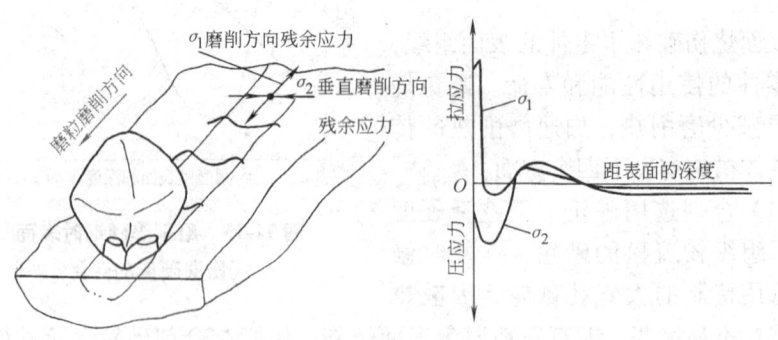

图 14-16　因磨削表面塑性变形而产生的残余应力

磨削后工件表层的残余应力是由相变应力、热应力和塑变应力合成的。

表面残余拉应力会降低零件的疲劳强度，与工作应力合成后还可能导致裂纹的产生。因此，在考虑磨削工艺时，应尽量减少和避免残余拉应力的产生。比较有效的措施是，采用立方氮化硼砂轮磨削，减少砂轮切入量 f_r，采用切削液，增加清磨次数等。

第五节　先进磨削方法

长期以来，以提高生产率和加工质量为目标的先进磨削方法发展迅速，其中常用的有深切缓进给磨削、超精密磨削与镜面磨削以及砂带磨削等。

一、深切缓进给磨削

深切缓进给磨削又称蠕动磨削，是 20 世纪 60 年代发展起来的一种高效磨削工艺。它的磨削深度达 1~30mm，工件进给速度 v_w 为 10~100mm/min，是普通磨削的 1/1000~1/100。磨钢时材料切除率可达 3kg/min，磨铸铁时可达 4.5~5kg/min。可直接从铸、锻毛坯上磨出成品，以磨代车，以磨代铣。它适合磨削成形表面和沟槽，特别适合于耐热合金等难加工材料和淬硬金属的成型加工。如直接磨出航空发动机涡轮叶片的榫槽，滚动轴承内环、外环滚道，麻花钻螺旋槽和花键槽等。我国于 20 世纪 70 年代中期开始研究深切缓进给磨削，现已用它磨制燃气轮机叶片的叶根圆弧槽（图 14-17a）、三爪自定心卡盘卡爪的导向槽（图 14-17b）、齿条的齿形和连杆结合面等多种零件以及硬质合金螺纹梳刀等刀具。

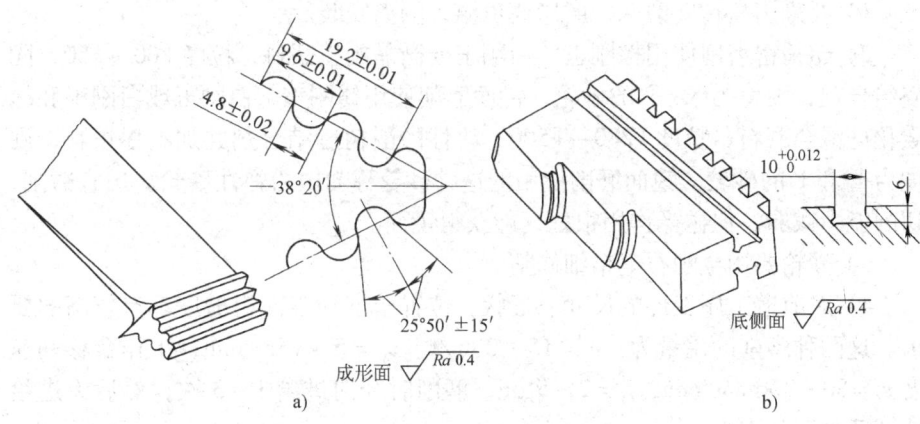

图 14-17　深切缓进给磨削实例
a）燃气轮机叶片　b）三爪自定心卡盘的卡爪

深切缓进给磨削的特点是：
1）由于磨削弧面大，参加切削的磨粒多，且节省了工作台频繁往返所花费的制动、换向和两端越程时间，所以生产率比普通磨削高 3~5 倍。
2）由于砂轮不需要无数次撞入工件端部锐边，所以能较长时间保持砂轮的轮廓精度。
3）磨削力很大，磨削温度很高，工件表面易烧伤，磨床容易振动。

深切缓进给磨削必须采取的措施是：
1）要采用顺磨，并用大量切削液（压力高达 0.8~1.2MPa，流量达 80~200L/min）来冷却和冲走脱落的磨粒及磨屑。

2) 要选用超软的、粒度号小和组织号大的砂轮或大气孔砂轮。磨削耐热合金等难加工材料时，最好选用 WA 与 GC 的混合磨料砂轮或立方氮化硼砂轮。

3) 对磨床要求功率大（砂轮电动机功率为 0.2~1kW/mm 砂轮宽），主轴承载能力高，刚度要大于 $140N/\mu m$；工作台低速运动均匀而无爬行，并有快速返程装置；要有高效的切削液过滤装置。

20 世纪 90 年代深切缓进给磨削又采用高速磨削（$v_c = 150m/s$）。采用此项技术的轧辊粗磨床，其砂轮驱动功率达 487kW，工件驱动功率达 55kW，材料切除率为 6~7kg/min。

二、超精密磨削与镜面磨削

能获得表面粗糙度值在 $Ra0.05~0.01\mu m$ 之间的表面磨削方法称为超精密磨削。能获得表面粗糙度值在 $Rz0.05\mu m$ 以下表面的磨削方法称为镜面磨削。我国在 20 世纪 60 年代就研究成功了超精密磨削和镜面磨削，并制成了相应的高精度磨床，使这项先进磨削工艺在生产中得到推广。目前，超精密磨削已成为对黑色金属和半导体等硬脆材料进行精密加工的主要方法之一。

超精密磨削与镜面磨削必须采取的措施有：

1) 要采用高精度磨床，磨床要恒温，隔离安装。

2) 超精密磨削使用棕刚玉、白刚玉或微晶刚玉磨料，粒度 F60~F80，陶瓷结合剂，硬度为 K、L 的砂轮。镜面磨削使用铬刚玉、白刚玉或白刚玉和绿碳化硅混合磨料，粒度 F280~F500，改性酚醛树脂结合剂并加石墨填料，硬度为 E 和 F 的砂轮。镜面磨削使用的这种砂轮称为微粉弹性砂轮。用它磨削，切削能力微弱，但抛光作用很好，能获得镜面。

3) 砂轮要用金刚石笔精细修整。

4) 对前道工序工件的尺寸、形状，位置精度和表面粗糙度都有较高的要求。这两种磨削的用量为：$v_c = 15~20m/s$，$v_w = 5~15m/min$，工作台移动速度 $v_f = 50~200mm/min$，$f_r = 2~5\mu m$，磨削时径向进给 1~3 次，然后无进给清磨几次至几十次。

20 世纪 80 年代以来，镜面磨削又有新发展，采用铸铁纤维结合剂金刚石微粉砂轮，使用电解在线修整技术，磨削速度提高到 50m/s。

三、砂带磨削

用高速运动的砂带作为磨削工具，磨削各种形状表面的方法称为砂带磨削（图 14-18）。砂带由基体、结合剂和磨粒组成（图 14-19）。常用的基体是牛皮纸，布（斜纹布，尼龙纤维，涤纶纤维）和纸—布组合体。纸基砂带平整，磨出的工件表面粗糙度小。布基砂带承载能力高。纸—布基砂带综合两者的优点。砂带上结合剂有两层，底胶把磨粒粘结在基体上，复胶固定磨粒间位置，结合剂常用的是树脂。砂带上仅有一层经过精选的粒度均匀的磨粒，通过静电植砂，使其锋刃向上，切削刃具有较好的等高性。因此，砂带磨削材料切除率高，磨削表面质量好。

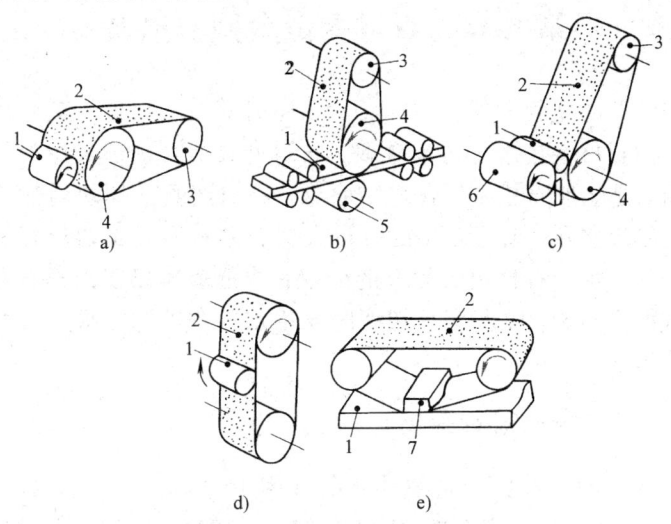

图 14-18　砂带磨削的几种形式
a）磨外圆　b）磨平面　c）无心磨　d）自由磨削　e）成形磨削
1—工件　2—砂带　3—张紧轮　4—接触轮　5—承载轮　6—导轮　7—成形导向板

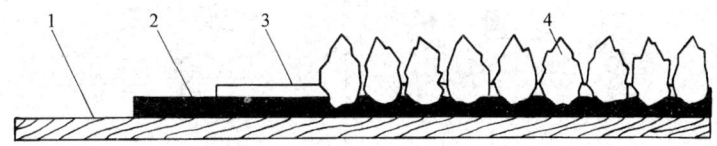

图 14-19　砂带的结构
1—基体　2—底胶　3—复胶　4—磨粒

20 世纪 60 年代制成砂带磨床后，砂带磨削发展非常快。目前，工业发达国家的砂带磨削已占磨削加工量的一半左右。砂带磨削有以下特点：

1）砂带上磨粒颗颗锋利，砂带磨削面积又大，所以生产率比铣削和砂轮磨削都高得多。它除了可磨金属外，还可磨木材、皮革、橡胶、石材和陶瓷等。

2）磨削温度低，砂带有弹性，磨粒可退让，工件不会烧伤和变形，加工质量好。

3）砂带柔软，能贴住成形表面磨削，适合于磨削复杂的型面。

4）砂带磨床结构简单，功率消耗少，但占用空间大，噪声大。

5）不能磨削小直径的深孔、不通孔、柱坑孔、阶梯外圆和齿轮等。

6）砂带经常要换，砂带消耗量大。

20 世纪 90 年代美国的砂带已用 Cubitron 和 SG 磨料取代普通刚玉。新磨料韧性好，磨粒很少发生宏观折断，而只是微破碎形成新的锋刃。另外，由于采用新基体、新结合剂，砂带寿命延长，消耗量也大大减少。近年来砂带磨削也用于大切深强力磨削，而且数控和自适应控制的砂带磨床也已应用。

第六节　石材人造金刚石磨具

随着建筑业的蓬勃发展，大理石、花岗岩等石材获得大量应用，加工这种硬脆材料的石材磨具用得愈来愈多。石材磨具的切削部分用的是人造金刚石，它是由人造金刚石粉末压合烧结而成。石材磨具的非切削部分是由钢材制成的，两者焊接在一起。常用的石材人造金刚石磨具是切割石材用的人造金刚石圆锯片，加工石材边缘的人造金刚石成形磨轮以及抛光石材平面和成形面的各种抛光砂轮。石材磨具切削时要用水充分冷却，水是石材磨具必需的切削液。

一、石材人造金刚石圆锯片

石材人造金刚石圆锯片是节块式的（图 14-20），已有建材行业标准 JC 340—1992（1996）和国家标准 GB/T 6409.1—1994。圆锯片主要尺寸为：名义直径 D、名义宽度 T 和齿数 z。圆锯片最大名义直径 D 为 3m，圆锯片最小名义宽度 T 为 2.5mm，齿数 z 为 14 ~ 160。

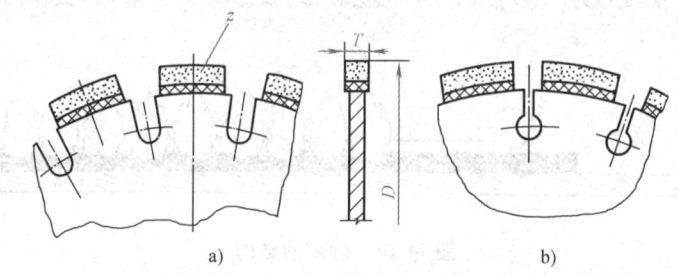

图 14-20　节块式人造金刚石圆锯片

a) 宽槽形　b) 窄槽型

D—圆锯片名义直径　T—圆锯片名义宽度，节块宽度　z—齿数

图 14-21 所示为石材人造金刚石圆锯片的外形图。节块由粉末状人造金刚石热压成形烧结到薄钢板上组成。各节块再焊接到圆形基体上。石材人造金刚石圆锯片是锯切花岗岩、大理石、混凝土、陶瓷、水泥制品、耐火材料、玻璃、沥青、塑料和电木等非金属材料的高效、优质和经济的磨具。

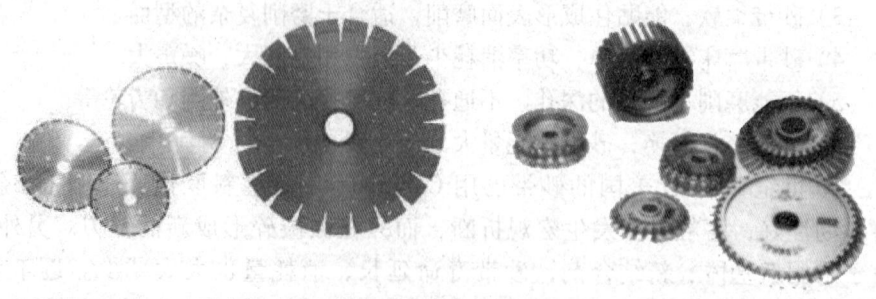

图 14-21　石材人造金刚石圆锯片照相图　　图 14-22　烧结类人造金刚石成型磨轮

二、成形磨轮

成形磨轮有烧结类人造金刚石和电镀类人造金刚石两种。烧结类人造金刚石成形磨轮如图 14-22 所示，它是由粉末状人造金刚石压制烧结成方块后焊接到钢轮上，然后加工成为成形磨轮，这类金刚石成型磨轮用于磨削花岗岩的花边。

电镀类人造金刚石成形磨轮如图 14-23a 所示，它是用粉末状人造金刚石用电镀法制成单块后焊接到钢轮上的，它用来磨削大理石花边。图 14-23b 所示为几种所磨的大理石花边的形状。

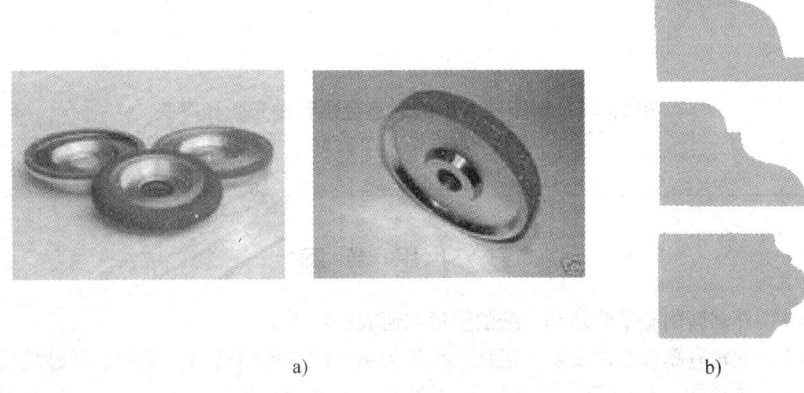

a)　　　　　　　　　　　　b)

图 14-23　电镀类人造金刚石成型磨轮

a) 电镀类人造金刚石成型磨轮照相图　b) 磨制大理石花边部分形状

三、抛光磨轮

大理石、花岗岩等石材经人造金刚石圆锯片切割后，其平面需磨平和抛光，此时，应采用树脂结合剂的人造金刚石磨盘（图 14-24a）或者树脂填埋式金属结合剂人造金刚石磨盘（图 14-24b）来磨平，然后用树脂结合剂的人造金刚石抛光盘来抛光。磨削和抛光用水作切削液。

 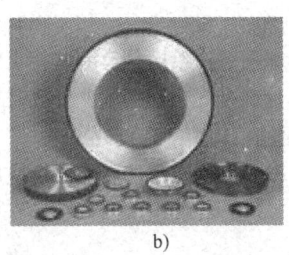

a)　　　　　　　　　　　　b)

图 14-24　树脂人造金刚石磨盘

a) 树脂结合剂人造金刚石磨盘　b) 树脂填埋式金属结合剂人造金刚石磨盘

大理石、花岗岩等石材的周边经成形磨轮加工后也需要研磨和抛光。图

14-25 所示为各种成形抛光磨轮和磨头，它们都由树脂结合剂的人造金刚石制成，并装在石材磨边机和花线机上使用，或装在电动工具和风动工具上手工使用。

a)

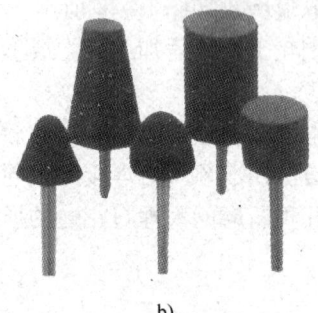
b)

图 14-25　树脂结合剂的人造金刚石抛光轮和磨头
a）抛光轮　b）磨头

复 习 思 考 题

14-1　外圆磨削有哪些运动？磨削用量如何表示？

14-2　砂轮有哪些组成要素？用什么代号表示？砂轮如何选用？说明下列砂轮代号的意义：

1－400×50×203WAF60K5V－35m/s；

11－150/120×35×32－10，20，100GCF36J5B－50m/s。

14-3　SG 砂轮与普通砂轮有何区别？什么是 TG 砂轮，它有什么特点？

14-4　超硬砂轮（人造金刚石砂轮与立方氮化硼砂轮）和普通砂轮有何区别？

14-5　砂轮形貌对磨削过程有何影响？磨削有何特点？

14-6　什么是理论平均磨削厚度和当量磨削厚度？哪些因素影响磨削厚度？

14-7　为何要采用恒压力磨削和恒动率磨削？

14-8　磨削温度对工件质量有何影响？如何降低磨削温度？

14-9　砂轮磨损与失去磨削性能的形式有哪些？对磨削有何影响？

14-10　磨削表面质量包括哪些方面？哪些因素影响磨削质量？为提高磨削质量应采取哪些措施？

14-11　深切缓进给磨削有哪些特点？采用深切缓进给磨削要采取哪些措施？

14-12　什么是超精密磨削？什么是镜面磨削？超精密磨削与镜面磨削对磨床、砂轮、砂轮修整和磨削工艺有何要求？

14-13　砂带磨削有哪些特点？可应用于哪些方面？

参 考 文 献

[1] 吴岳昆. 金属切削原理与刀具 [M]. 北京：机械工业出版社，1978.
[2] 陈日曜. 金属切削原理 [M]. 北京：机械工业出版社，1993.
[3] 周泽华. 金属切削理论 [M]. 北京：机械工业出版社，1992.
[4] 袁哲俊. 金属切削刀具 [M]. 2 版. 上海：上海科学技术出版社，1993.
[5] 艾兴，肖诗纲. 切削用量简明手册 [M]. 3 版. 北京：机械工业出版社，1994.
[6] 肖诗纲. 刀具材料及其合理选择 [M]. 2 版. 北京：机械工业出版社，1990.
[7] 韩荣第，于启勋. 难加工材料切削加工 [M]. 北京：机械工业出版社，1996.
[8] 倪志福，陈壁光. 群钻—倪志福钻头 [M]. 上海：上海科学技术出版社，1999.
[9] 袁哲俊，王先逵. 精密和超精密加工技术 [M]. 北京：机械工业出版社，2003.
[10] 杨叔子. 机械加工工艺师手册 [M]. 北京：机械工业出版社，2003.
[11] 张伯霖. 高速切削技术及应用 [M]. 北京：机械工业出版社，2003.
[12] 张基岚. 机夹可转位刀具手册 [M]. 北京：机械工业出版社，1994.
[13] 全国刀具标准化技术委员会 GB/T 12204—1990. 金属切削　基本术语 [S]. 北京：中国标准出版社，1991.
[14] 全国磨料磨具标准化技术委员会. GB/T 2481.1—1998 固结磨具用磨料　粒度组成的检测和标记　第 1 部分：粗磨粒 F4 ~ F220 [S]. 北京：中国标准出版社，1998.
[15] 全国磨料磨具标准化技术委员会. JB/T 7425—1994. 超硬磨具技术条件 [S]. 北京：中国标准出版社，1994.
[16] 磨料磨具与磨削研究所. 金刚石与磨料磨具工程. 1988 ~ 2004.
[17] 机械工程手册编辑委员会编. 机械工程手册 [M]. 2 版. 北京：机械工业出版社，1997.
[18] 现代机械制造工艺装备标准应用手册编委会. 现代机械制造工艺装备标准应用手册 [M]. 北京：机械工业出版社，1997.
[19] 上海市金属切削技术协会. 金属切削手册 [M]. 上海：上海科学技术出版社，2000.
[20] 赵仲义，于信汇，诸乃雄. 超高速切削加工技术 [C] //. 中国高校金属切削研究会第五届年会论文集. 武汉：华中理工大学，1995.
[21] 张书桥. 干式切削加工技术及其应用 [M]. 工具技术，2002.
[22] 全国磨料磨具标准化技术委员会. GB/T 2481.2—2009 固结磨具用磨料　粒度组成的检测和标记. 第 2 部分：微粉 [S]. 北京：中国标准出版社，2009.

《金属切削原理与刀具》
第5版
陆剑中 孙家宁 主编

读者信息反馈表

尊敬的老师：

您好！感谢您多年来对机械工业出版社的支持和厚爱！为了进一步提高我社教材的出版质量，更好地为我国高等教育发展服务，欢迎您对我社的教材多提宝贵意见和建议。另外，如果您在教学中选用了本书，欢迎您对本书提出修改建议和意见。

机械工业出版社教材服务网网址：http://www.cmpedu.com

一、基本信息

姓名_____ 性别_____ 职称_____ 职务_____

邮编_____ 地址_____

任教课程_____ 电话_____—_____（H）_____（O）

电子邮件_____ 手机_____

二、您对本书的意见和建议

（欢迎您指出本书的疏误之处）

三、您对我们的其他意见和建议

请与我们联系：

100037　机械工业出版社·高等教育分社　刘小慧　收
Tel：010—88379712，88379715，68994030（Fax）
E-mail：lxh9592@126.com